1+X 职业技能等级证书培训考核配套教材

焊接机器人编程与维护（初级）

宁波摩科机器人科技有限公司　组编

主　编　宋星亮　兰　虎　宋宁宁

副主编　刘从胜　吴正勇　李　勋　马一鸣

参　编　张丽红　程祥华　宋晓虎　郭　跃

　　　　倪海建　张　鹏　宋若武　朱桂林

　　　　刘小霞　宋若林

机械工业出版社

本书依据教育部1+X焊接机器人编程与维护职业技能等级标准要求，并融入作者20余载对焊接机器人应用的实践经验编写而成。

全书共分为5个项目，包括焊接机器人安全操作、焊接机器人系统选型配置、焊接机器人系统装调、焊接机器人基础编程和焊接机器人维护保养等内容。书中以国际品牌发那科（FANUC）机器人和国产品牌埃夫特（EFORT）机器人为例，采用“项目-任务”的方式重点介绍焊接机器人系统的选型方法、系统装调要领、编程技巧和维护保养要点。每个项目下设若干任务，通过证书技能要求、项目引入、知识目标、能力目标、学习导图、任务描述、知识准备、任务实施、项目评价和工匠故事等教学环节的设计，促进焊接机器人编程与维护领域的知识学习和技能培养。

为方便“教”和“学”，本书配套多媒体课件及微视频动画（采用二维码技术呈现，扫描二维码可直接观看视频内容）等数字资源包，凡选用本书作为教材的教师均可登录机械工业出版社教育服务网（http://www.cmpedu.com）注册后下载。

本书既可作为职业院校装备制造大类、电子信息大类等与智能制造密切相关专业的教材，也可作为焊接机器人编程与维护职业技能等级认证培训用书，还可供工程技术人员参考。

图书在版编目（CIP）数据

焊接机器人编程与维护：初级/宋星亮，兰虎，宋宁宁主编. —北京：机械工业出版社，2022.10

1+X职业技能等级证书培训考核配套教材

ISBN 978-7-111-71499-6

Ⅰ.①焊…　Ⅱ.①宋…②兰…③宋…　Ⅲ.①焊接机器人-程序设计-职业技能-鉴定-教材②焊接机器人-维修-职业技能-鉴定-教材　Ⅳ.①TP242.2

中国版本图书馆CIP数据核字（2022）第156440号

机械工业出版社（北京市百万庄大街22号　邮政编码100037）
策划编辑：王莉娜　　　责任编辑：王莉娜　赵文婕
责任校对：郑　婕　张　薇　封面设计：鞠　杨
责任印制：单爱军
北京虎彩文化传播有限公司印刷
2023年1月第1版第1次印刷
210mm×285mm · 14.25印张 · 435千字
标准书号：ISBN 978-7-111-71499-6
定价：49.00元

电话服务	网络服务
客服电话：010-88361066	机　工　官　网：www.cmpbook.com
010-88379833	机　工　官　博：weibo.com/cmp1952
010-68326294	金　　书　　网：www.golden-book.com
封底无防伪标均为盗版	机工教育服务网：www.cmpedu.com

前　言

焊接是金属加工领域的关键工艺技术之一，大量应用于航空航天、轨道交通、船舶、工程机械、汽车、家电等行业。作为劳动密集型工种，焊接对于操作技能要求非常高，传统手工作业方式难以保证焊接质量的一致性。机器人焊接技术是焊接自动化取得突破性进步的关键。

焊接机器人是工业机器人非常典型的应用。以智能焊接机器人为代表的通用智能制造装备和新型焊接模式，正在打破传统人工作业所带来的成本、环境、工作强度和专业要求等多重限制，推动着工业焊接走向智能化、精准化、高效化的发展之路。

为贯彻落实《国家职业教育改革实施方案》，积极推动1+X证书制度的实施。在此背景下，针对焊接机器人高素质技术技能人才培养，以教育部1+X焊接机器人编程与维护职业技能等级证书标准为依据，融入编者20余载对焊接机器人应用的实践及教学经验，校企协同编写了本书。

本书主要特点如下：

1. 岗课赛证融通。立足机器人焊接细分应用领域，根据焊接机器人系统操作员和运维员岗位职责，重构机器人课程知识体系，辅以焊接机器人编程与维护赛项激励，实现焊接技术与自动化、工业机器人技术等专业学生的职业技能等级证书获取。

2. 项目式学习，将岗位工作过程“切片”处理。全书共设置5个项目，每个项目配置2~3个任务，按照证书技能要求、项目引入、知识目标、能力目标、学习导图、任务描述、知识准备、任务实施、项目评价、工匠故事等模块，全要素呈现岗位知识、技能和素养训练过程。

3. 交叉式任务实施。选用发那科机器人和埃夫特机器人为载体，融入发那科机器人的智能化、柔性化功能和埃夫特机器人的易操作、便维护的特点。

本书由宁波摩科机器人科技有限公司宋星亮、浙江师范大学兰虎、宁波摩科机器人科技有限公司宋宁宁任主编。具体编写分工如下：项目1由宋星亮、兰虎、宋宁宁共同编写，项目2由宁波摩科机器人科技有限公司刘从胜和马一鸣共同编写，项目3由埃夫特智能装备股份有限公司李勋、郭跃、张鹏和朱桂林共同编写，项目4由上海发那科机器人有限公司吴正勇和内蒙古职业技术学院张丽红共同编写，项目5由宁波摩科机器人科技有限公司程祥华、倪海建、宋若武、宋晓虎、宋若林、刘小霞共同编写。

本书的编写工作得到了焊接机器人编程与维护职业技能等级标准专家委员以及工业机器人、焊接领域相关院校老师的大力支持和帮助，在此表示衷心的感谢。

由于编者水平有限，书中难免有不当之处，恳请读者批评指正。

编　者

二维码索引

目　　录

项目1

焊接机器人安全操作

【证书技能要求】

焊接机器人编程与维护职业技能等级要求(初级)	
1.1.1	能根据安全标志及其使用导则,识别安全标志
1.1.2	能根据安全标志及其使用导则,安装安全标志
1.1.3	能按照安全标志及其使用导则,维护安全标志
1.2.1	能按照安全要求,正确穿戴防护服、手套、围裙、护腿及保护设备
1.2.2	能按照安全要求,正确预防弧光、火花、烟尘、气体带来的职业危害
1.2.3	能按照安全要求,正确预设焊接防护设施
1.3.1	能按照操作手册,进行设备的机械、电气、水路、气路等安装的安全检查
1.3.2	能按照操作手册,进行防护装置、保护装置及保护措施的检查并消除显性安全隐患
1.3.3	能按照操作手册,进行设备操作、编程、维护运行的安全检查
2.2.1	能根据自动焊组成要素,熟知焊接机器人基本组成
2.2.2	能根据焊接要求,熟知周边设备与防护装置

【项目引入】

本项目以焊接机器人编程与维护实训工作站为教学及实践平台，围绕上述职业技能等级要求，通过安装、维护和管理安全标志及防护装置，实现对焊接机器人编程与维护实训工作站的安全认知和系统认知。根据焊接机器人系统安全应用流程，本项目共设置 3 个任务。

【知识目标】

1. 掌握焊接机器人编程与维护实训工作站的单元组成及模块功能。
2. 熟知常见安全标志及其表达的信息。
3. 熟知焊接机器人编程与维护实训工作站配置的安全防护装置。
4. 熟知对应不同角色人员的焊接机器人编程与维护实训工作站安全操作规程。

【能力目标】

1. 识别焊接机器人编程与维护实训工作站的模块组成。
2. 识别焊接机器人编程与维护实训工作站的安全标志及防护装置。
3. 安装与维护焊接机器人编程与维护实训工作站的安全标志。
4. 点检焊接机器人编程与维护实训工作站的安全防护装置功能。

【学习导图】

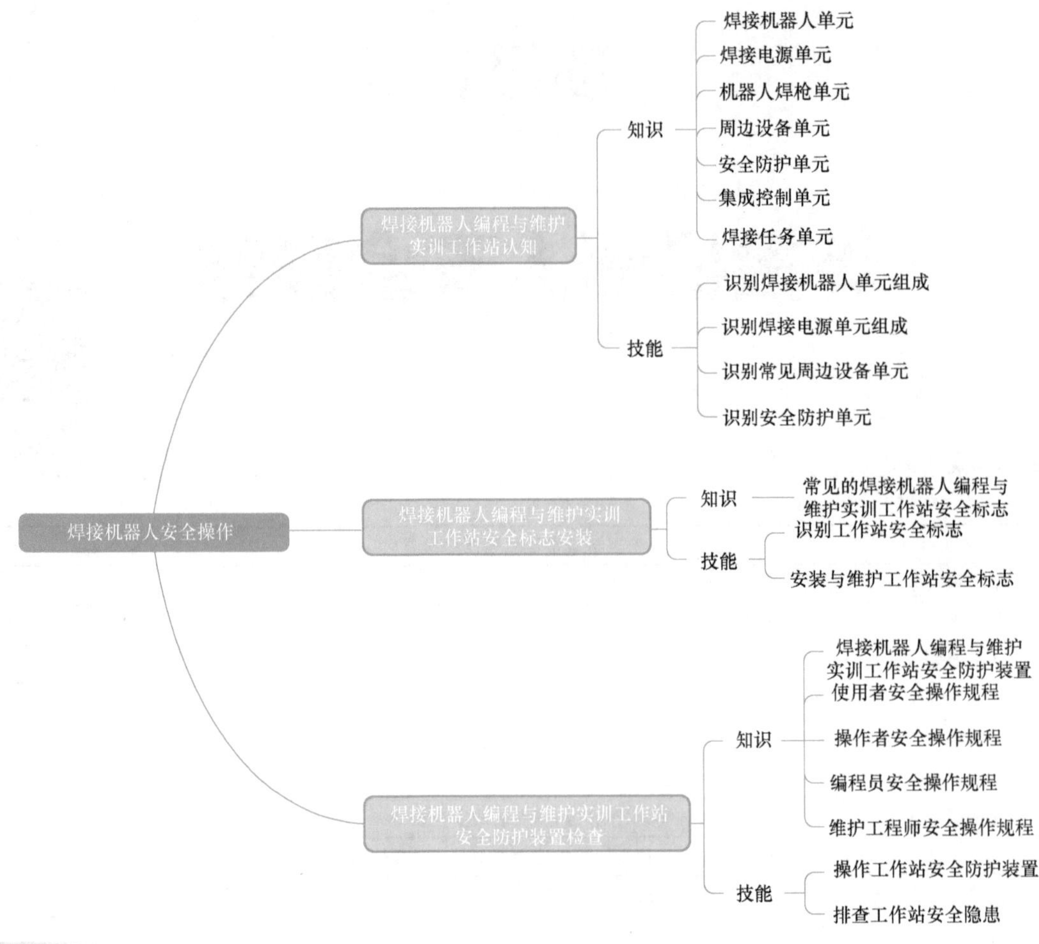

【平台准备】

实施安全操作前需进行焊接机器人编程与维护实训工作站及焊接材料的相关准备工作。需要准备的内容主要为焊接机器人单元、焊接电源单元、周边设备单元、安全防护单元、焊接任务单元、集成控制单元等，具体如下：

焊接机器人单元	焊接电源单元		机器人焊枪单元
焊接机器人	焊接电源	送丝机	机器人焊枪
周边设备单元			
柔性焊接工作台	焊接定位夹具	清枪站	工具柜

（续）

安全防护单元			
自动升降遮光屏	移动式烟尘净化器	气瓶柜	安全锁
机器人安装平台	安全防护围栏	安全标志牌	防护用具
焊接任务单元		**集成控制单元**	
焊丝	保护气体	操作控制单元	

任务 1.1　焊接机器人编程与维护实训工作站认知

【任务描述】

焊接机器人编程与维护实训工作站工作流程大致为：从焊接任务单元选择待焊试件，放置在周边设备单元中的柔性焊接工作台上固定；操作焊接机器人单元设备携带焊枪完成空间定向和移位动作；编制任务程序，设置焊接电源单元参数，启动安全防护单元设备；通过集成控制单元实现自动运转机器人，进行焊接作业。

本任务通过认知焊接机器人编程与维护实训工作站，掌握焊接机器人编程与维护实训工作站的组成及功能。

【知识准备】

众所周知，焊接机器人种类繁多，其工作站组成也因待焊工件的坡口、接头形式、几何尺寸和工艺方法等各不相同。综合来看，工业机器人在焊接领域的应用，可以看作是工艺系统和执行系统的集成创新。以图 1-1 为例，一套标准的焊接机器人编程与维护实训工作站主要包括焊接机器人单元、焊接电源单元、机器人焊枪单元、周边设备单元、安全防护单元、集成控制单元和焊接任务单元 7 个单元模块。

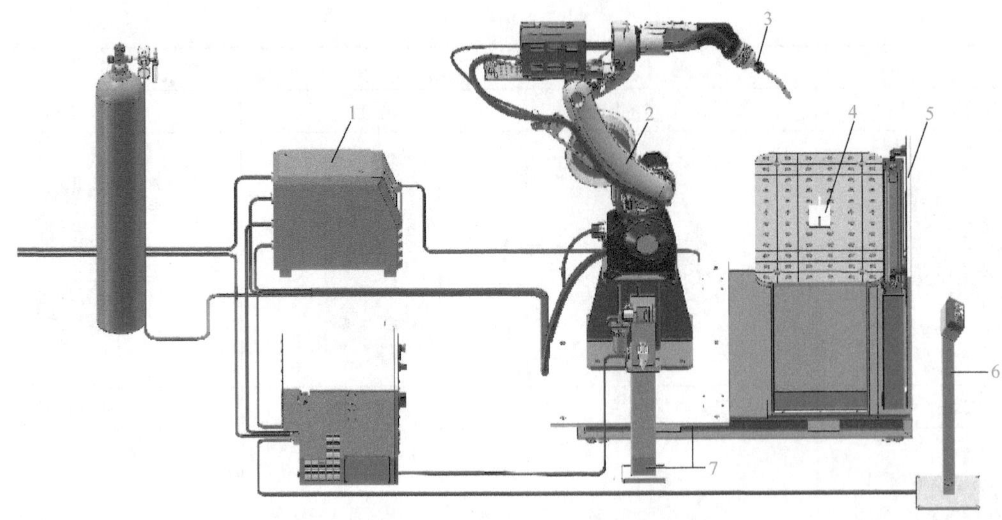

图 1-1　焊接机器人编程与维护实训工作站的组成

1—焊接电源单元　2—焊接机器人单元　3—机器人焊枪单元　4—焊接任务单元
5—安全防护单元　6—集成控制单元　7—周边设备单元

需要指出的是，上述 7 个单元模块的配置在实际焊接机器人编程与维护实训工作站系统集成中可根据客户（或焊接任务）要求进行合理调整。图 1-2~图 1-4 分别展示了初级、中级、高级焊接机器人编程与维护实训工作站的单元模块配置。显然，级别越高，系统拥有的运动轴数越多，焊接智能化程度也越高。

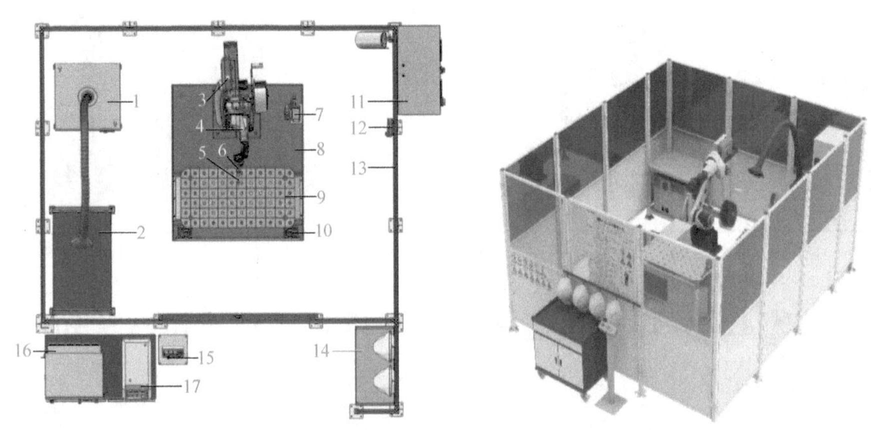

图 1-2　初级焊接机器人编程与维护实训工作站

1—移动式烟尘净化器　2—焊接任务　3—送丝机及附件　4—机器人本体　5—机器人焊枪　6—防碰撞传感器　7—清枪站
8—机器人安装底台　9—柔性焊接工作台　10—自动升降遮光屏　11—气瓶保护柜　12—示教器
13—安全防护房　14—安全工具　15—集成控制单元　16—机器人控制器　17—焊接电源

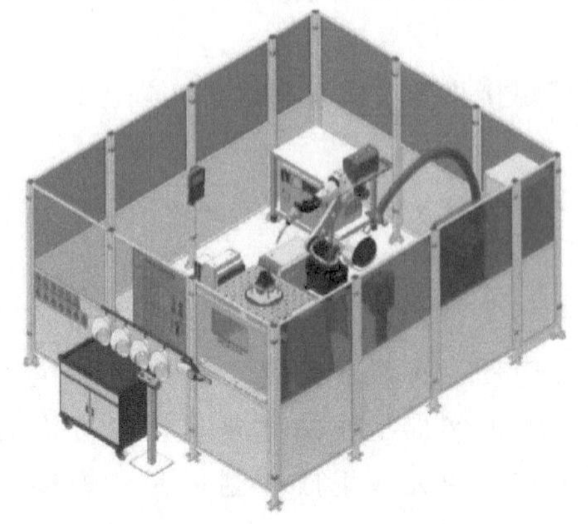

图 1-3　中级焊接机器人编程与维护实训工作站

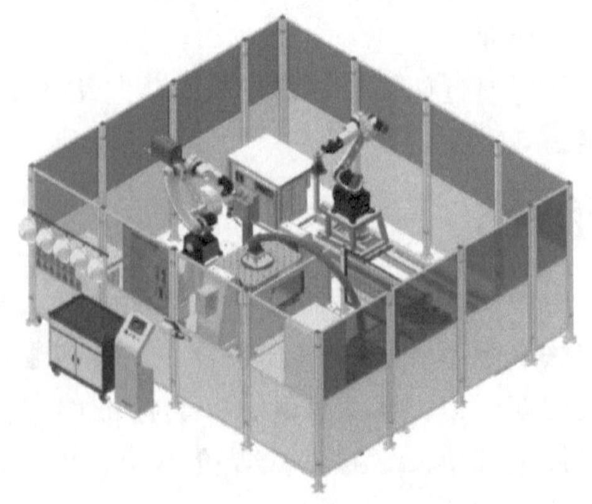

图 1-4　高级焊接机器人编程与维护实训工作站

中级工作站在初级工作站的基础上增加了变位，实现了机器人外部轴联动，高级工作站在中级工作站的基础增加了一台机器人和机器人行走地轨。也就是说，中级工作站包含初级工作站的内容，高级工作站包含初、中级工作站的内容。

1.1.1　焊接机器人单元

焊接机器人单元是焊接工艺的实施载体，主要携带焊枪完成空间定位和定向运动，通常由机器人本体（操作机）、机器人控制器和示教盒构成。焊接机器人单元的组成及功能见表1-1。

表1-1　焊接机器人单元的组成及功能

单元组成	功能	图示
机器人本体	①主流构型为垂直6关节串联结构，可携带焊枪完成空间定位和定向运动，位姿重复性可达±0.02mm ②为减小线束对机器人运动轨迹的限制，焊接机器人本体大多采用中空手腕设计 ③为提高机器人动作的灵活性和可达性，可以利用冗余自由度，如7轴本体或外部附加轴等	
机器人控制器	①工业机器人的"大脑"，具备交互、感知、控制和决策等功能，有封闭式（日系）和开放式（欧系）两种。目前品牌机器人制造商的一套机器人控制器可以同时控制4台/套机器人（最多56根轴） ②可以集成弧焊、点焊、激光焊接/切割等工艺软件包，方便用户设置工艺参数及进行作业过程（状态）检测 ③支持与焊接电源间不同制式的总线通信（如DeviceNet、CC-Link等）和以太网通信（如EtherNet/IP、Profinet等）	
示教盒	人机交互接口，主要用于机器人手动操作、任务编程、诊断控制及状态确认等	

1.1.2　焊接电源单元

焊接电源单元是焊接工艺装备的核心，主要负责将工业级交流电源波形转换成满足焊接工艺需求的电流、电压波形，由焊接电源、送丝机、冷却装置和焊接工艺包等组成。焊接电源单元的组成及功能见表1-2。

表1-2　焊接电源单元的组成及功能

单元组成	功能	图示
焊接电源	①提供适合弧焊和类似工艺所需的电流、电压输出特性，具有低飞溅、单双脉冲等焊接功能 ②为实现机器人自动化焊接，通常选择全数字焊接电源，支持与机器人控制器间的总线通信（如DeviceNet、CC-Link等）或以太网通信（如EtherNet/IP、Profinet等）	

（续）

单元组成	功能	图示
送丝机	①受焊接电源控制，能够连续稳定地将盘装或桶装焊丝输送至焊枪前端或熔池中 ②送丝机可带送丝电源（一体式）或不带送丝电源（分体式），主要有推丝、拉丝和推拉丝三种送丝形式	
冷却装置	①提供持续长时间焊接作业条件时焊枪所需的冷却介质，避免焊枪及其组件过热烧损 ②当焊接电流超过200A或CO_2气体保护焊电流超过500A时，基本均采用水冷方式	

1.1.3 机器人焊枪单元

机器人焊枪单元是焊接工艺装备的“哨兵”，主要为电弧稳定燃烧及熔池保护所需介质提供通道，一般包括机器人焊枪和防碰撞传感器两部分。机器人焊枪单元的组成及功能见表1-3。

表1-3 机器人焊枪单元的组成及功能

单元组成	功能	图示
机器人焊枪	①提供维持电弧燃烧所需的焊丝、电流、气体、冷却介质的通道，通常分为手持焊枪和机器人专用焊枪 ②机器人焊枪的冷却方式主要有气冷和水冷两种，当焊接电流达到300A以上时，基本采用水冷焊枪	
防碰撞传感器	当检测到机械臂及末端执行器（如焊枪）与周边环境（设备和焊接试件）发生碰撞时，及时发送反馈信号给机器人控制器，使机器人停止运动，以避免机械臂及末端执行器受损	

1.1.4 周边设备单元

周边设备单元主要指的是焊接工艺辅助设备，如提高焊接效率和质量的清枪站、变位机，扩大机器人工作半径的行走轴等。周边设备单元的组成及功能见表1-4。

表1-4 周边设备单元的组成及功能

单元组成	功能	图示
清枪站	清理焊枪喷嘴内的积尘飞溅并向喷嘴内喷洒防飞溅液，同时能够剪出焊丝端头，保证焊丝干伸长度的一致性，提高引弧成功率和电弧跟踪的精度	

（续）

单元组成	功能	图示
柔性焊接工作台及夹具	①通常采用钢制网孔桌面，利于放置快速定位夹具固定焊接试件，以保证焊接质量 ②焊接夹具按动力源可分为手动、气动、液压、磁力、电动和混合等形式	

注：除上述周边设备外，常见的周边设备还包括定制的机器人安装底台和焊接工装等。

1.1.5　安全防护单元

安全防护单元是焊接机器人编程与维护实训工作站的基础性安全保障单元，通常包括焊接烟尘净化器、安全防护房（含安全锁）、自动升降遮光屏和气瓶保护柜等。安全防护单元的组成及功能见表1-5。

表1-5　安全防护单元的组成及功能

单元组成	功能	图示
焊接烟尘净化器	①净化焊接作业过程中产生的大量悬浮在空气中的、对人体有害的细小金属颗粒 ②根据布局数量及形式的不同，可以将焊接烟尘净化器分为单机移动式烟尘净化器和中央/集成式烟尘净化系统	
安全防护房	①固定式防护装置，包括可拆卸的护栏、屏障和保护罩等 ②通常与安全门锁、安全光幕、安全地毯、激光区域保护扫描器等搭配使用	
自动升降遮光屏	①活动式防护装置，焊接时通过信号控制遮光屏升起，遮挡弧光，避免现场人员被弧光伤害；待焊接结束时，控制遮光屏落下 ②通常与安全防护房搭配使用，形成区域内和区域外双层防护措施	
气瓶保护柜	①主要储存气瓶。其目的是保护气瓶不受柜子外面火灾影响，并保护周围物品免受内部火灾的影响 ②通过保护柜内的固定带来固定气瓶，有效防止气瓶的倾倒	

1.1.6 集成控制单元

集成控制单元是焊接工艺系统和机器人执行系统的集中控制枢纽。集成控制单元的组成及功能见表 1-6。

表 1-6　集成控制单元的组成及功能

单元组成	功能	图示
操作控制单元	①作为集成控制单元的人机交互物理按钮，一般配置有“启动”“暂停”“再启动”“急停”等功能 ②支持与机器人控制器间的 I/O 点对点通信、总线通信（如 DeviceNet、CC-Link 等）和以太网通信（如 EtherNet/IP、Profinet 等）等	

1.1.7 焊接任务单元

焊接任务单元是焊接机器人编程与维护实训工作站应用对象的集合，主要包含基础试件包、焊接任务包、竞赛任务包和行业任务包等。

【任务实施】

图 1-5 所示为初级焊接机器人编程与维护实训工作站。请识别图中标号的各单元的名称，并在表 1-7 中写出各单元的名称及其功能。

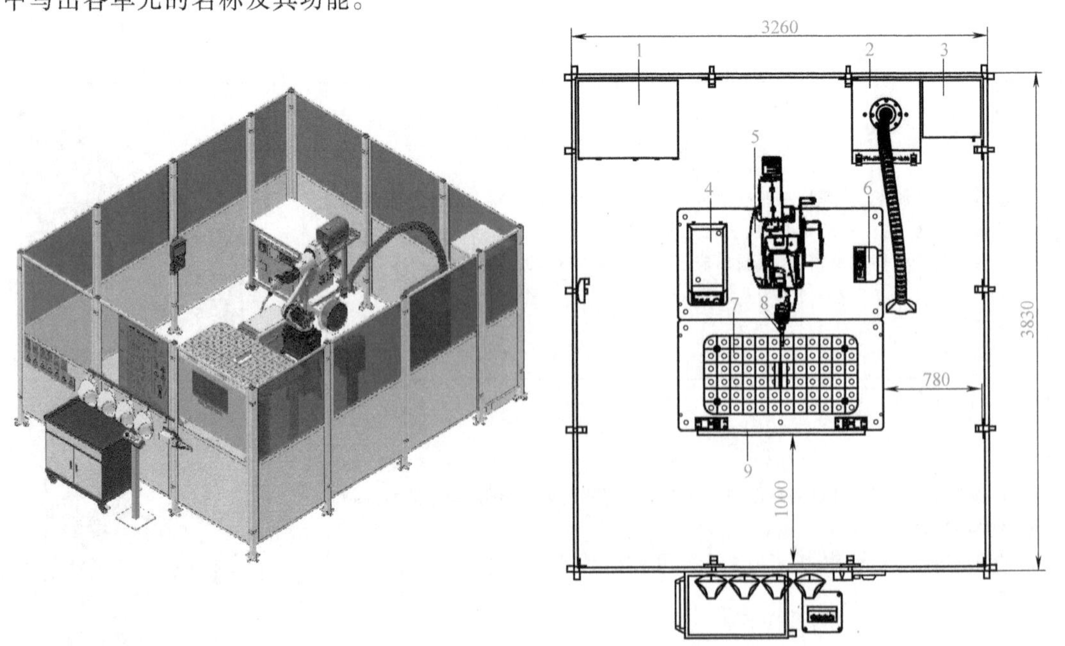

图 1-5　初级焊接机器人编程与维护实训工作站

表 1-7 初级焊接机器人编程与维护实训工作站各单元名称与功能

标号	单元名称	功能
1		
2		
3		
4		
5		
6		
7		
8		
9		

任务 1.2 焊接机器人编程与维护实训工作站安全标志安装

【任务描述】

焊接机器人编程与维护实训工作站是一套融光、机、电于一体的柔性数字化装备，其装调、编程和维护过程中的作业安全至关重要。从工艺角度看，伴随焊接过程产生的烟尘、弧光、噪声、废气、残渣、飞溅、电磁辐射等危害人体健康；从设备角度看，焊接机器人可以高速运转，尤其焊枪前端裸露的焊丝，存在碰撞、划伤等潜在危险。因此，熟知、管理和维护焊接机器人编程与维护实训工作站的安全标志，是安全、高效应用机器人进行焊接作业的前提。

本任务通过安装焊接机器人编程与维护实训工作站的安全标志，熟知常见的安全标志及其含义。

【知识准备】

为预防在进行焊接机器人编程与维护实训工作站装调、编程和维护作业的过程中发生安全事故，通常在工作站各单元的醒目位置安装相应的安全标志。表 1-8 列出的是焊接机器人编程与维护实训工作站配置的禁止标志、警告标志、指令标志和提示标志 4 类安全标志。

表 1-8 常见的焊接机器人编程与维护实训工作站安全标志

类型	图形标志	含义	类型	图形标志	含义
禁止标志		禁止吸烟 No smoking	警告标志		当心爆炸 Warning explosion
		禁止倚靠 No leaning			当心中毒 Warning poisoning
警告标志		注意安全 Warning danger			当心触电 Warning electric shock

（续）

类型	图形标志	含义	类型	图形标志	含义
警告标志		当心机械伤人 Warning mechanical injury	指令标志		必须戴防尘口罩 Must wear dustproof mask
		当心弧光 Warning arc			必须戴安全帽 Must wear safety helmet
		当心高温表面 Warning hot surface			必须穿防护鞋 Must wear protective shoes
指令标志		必须戴遮光护目镜 Must wear opaque eye protection	提示标志		急救点 First aid

【任务实施】

本任务是在焊接机器人单元、焊接电源单元和安全防护单元的合适位置安装禁止倚靠标志、当心弧光标志、当心触电标志和当心爆炸标志，从光、机、电、气四方面实现焊接机器人编程与维护实训工作站的安全警示。具体步骤如下：

（1）安装禁止倚靠标志　选取禁止倚靠标志，将其安装在焊接机器人本体的大臂处，如图 1-6 所示。

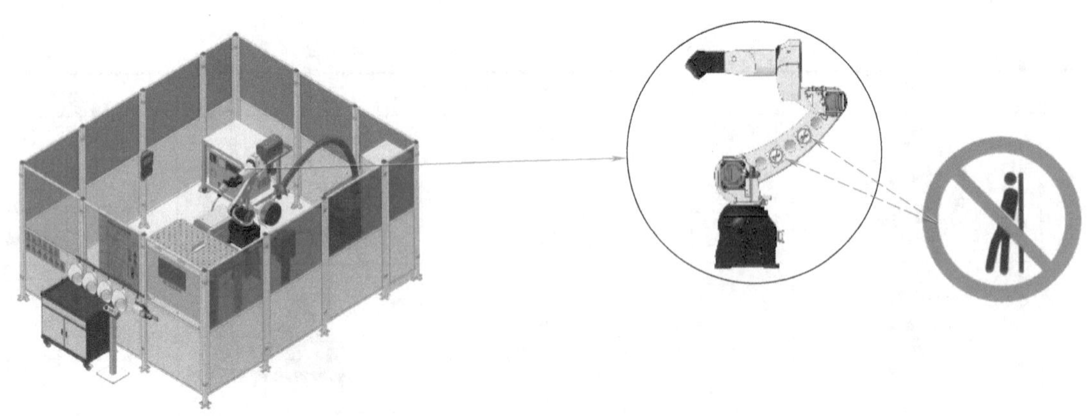

图 1-6　安装禁止倚靠标志

（2）安装当心弧光标志　选取当心弧光标志，将其安装在自动升降遮光屏处，如图 1-7 所示。

（3）安装当心触电标志　选取当心触电标志，将其安装在焊接电源处，如图 1-8 所示。

（4）安装当心爆炸标志　选取当心爆炸标志，将其安装在气瓶保护柜处，如图 1-9 所示。

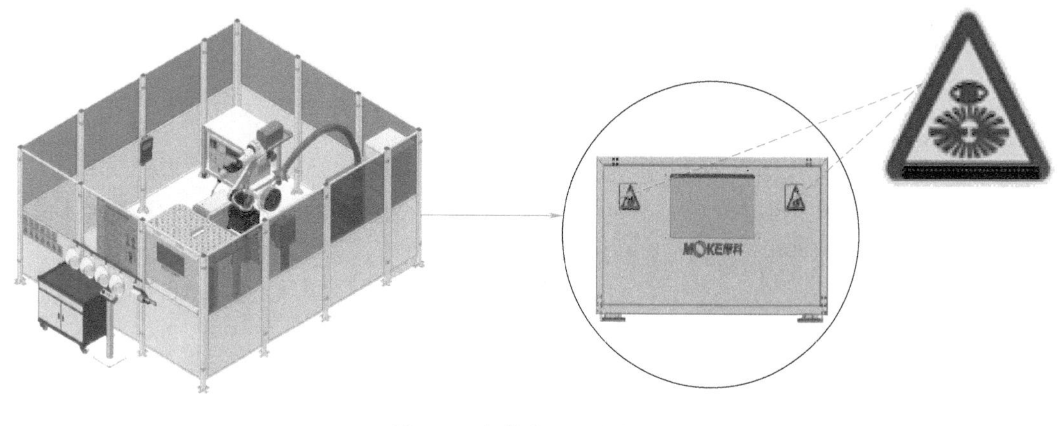

图 1-7　安装当心弧光标志

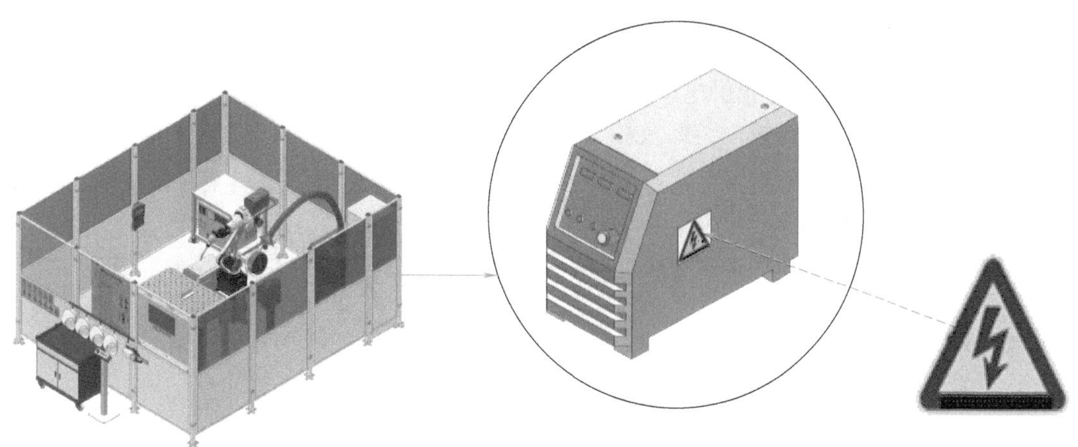

图 1-8　安装当心触电标志

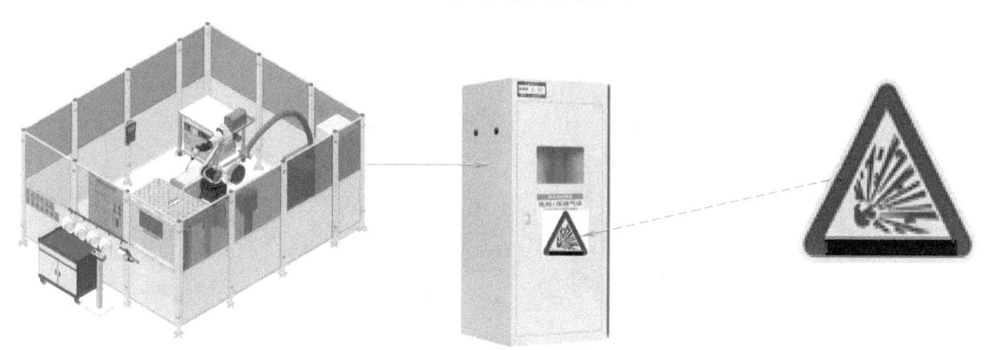

图 1-9　安装当心爆炸标志

任务 1.3　焊接机器人编程与维护实训工作站安全防护装置检查

【任务描述】

如上所述，焊接机器人作业过程存在工艺和装备两方面的潜在危险。除安装安全标志外，为进一步防范或降低因人工误操作导致的人、机、物损伤（坏），焊接机器人编程与维护实训工作站须配置安全防护单元。熟知、管理和维护焊接机器人编程与维护实训工作站的安全防护装置，同样是安全、高效应用机器人完成焊接任务的前提。本任务通过点检焊接机器人编程与维护实训工作站的安全防护单元，熟知焊接机器人编程与维护实训工作站的安全防护单元及使用方法。

【知识准备】

1.3.1 焊接劳保用品

焊接现场环境较为恶劣，焊接过程中产生的烟尘、弧光、飞溅、电磁辐射等会危害人体健康，因此在焊接作业开始前须穿戴好劳保用品（图 1-10），具体要求如下：

1）戴好安全帽。在进入工位区域前，必须戴好安全帽。

2）穿好焊接防护服。焊接防护服具备阻燃功能，可以保护操作人员不被烫伤和烧伤。

3）穿好绝缘鞋。焊接电源的输入电压一般为 220~380V，穿好绝缘鞋可有效防止触电事故的发生。

4）准备好绝缘手套、护目镜。装卸及预装配焊接试件时，须戴绝缘手套，避免双手被试件边角划伤。焊前须戴上护目镜。特别强调的是，手持示教器进行机器人焊接任务编程时，须摘下绝缘手套。

图 1-10 焊接劳保用品穿戴示意

1.3.2 安全防护装置

目前市场上应用的焊接机器人绝大部分是传统工业机器人，尚无法实现人机协作，须在焊接机器人工作区域内使用固定式防护装置（可拆卸的护栏、屏障、保护罩等）和活动式防护装置（手动或电动操作的各种门、保护罩等）确立安全作业空间，如图 1-11 所示。

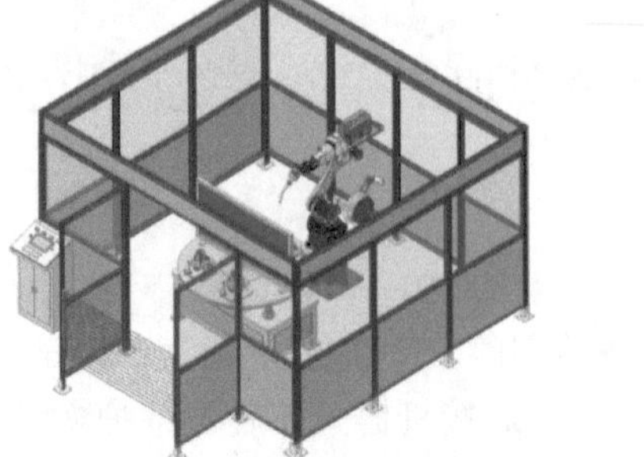

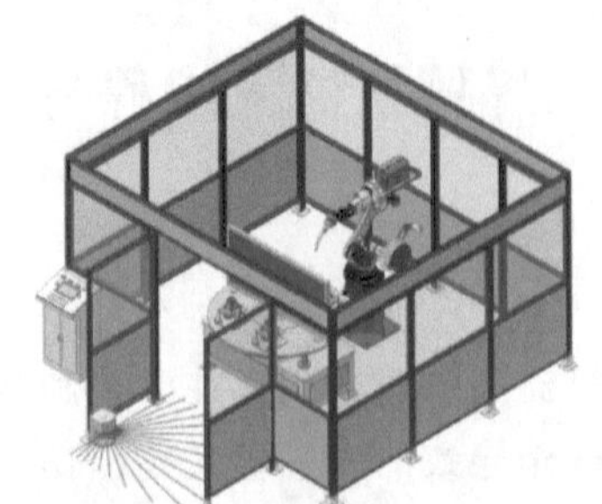

图 1-11 焊接机器人编程与维护实训工作站安全防护装置

启动焊接机器人编程与维护实训工作站之前，须正确认识工作站的安全防护开关（按钮）及其功能，如安全门锁、集成控制急停按钮、示教器急停按钮和机器人控制器急停按钮等，见表1-9。

表1-9 焊接机器人编程与维护实训工作站的安全防护开关按钮及其功能

序号	安全防护开关按钮	功能	图示
1	安全门锁	安全门锁位于安全防护（房）门上，当机器人自动运行时，打开安全门锁，机器人就会减速直至停止运行	
2	集成控制急停按钮	集成控制急停按钮位于安全防护房入口处的外部操作盒上。任何时候，按下集成控制急停按钮，机器人运动和任务程序均会立即停止。沿顺时针方向旋转集成控制急停按钮，解除急停状态	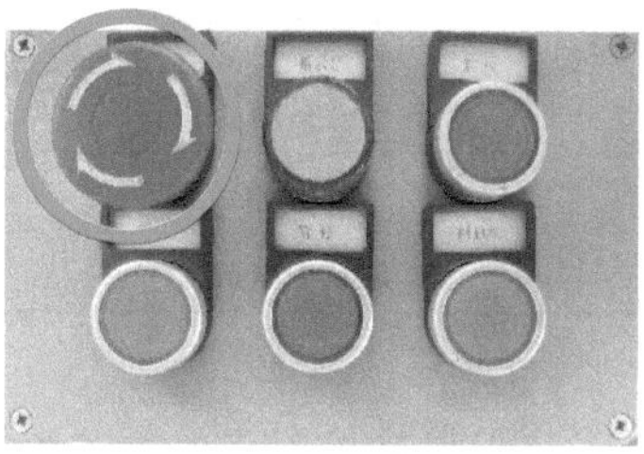
3	示教器急停按钮	示教器急停按钮位于示教器的右上角。任何时候，按下示教器急停按钮，机器人运动和任务程序均会立即停止。沿顺时针方向旋转示教器急停按钮，解除急停状态	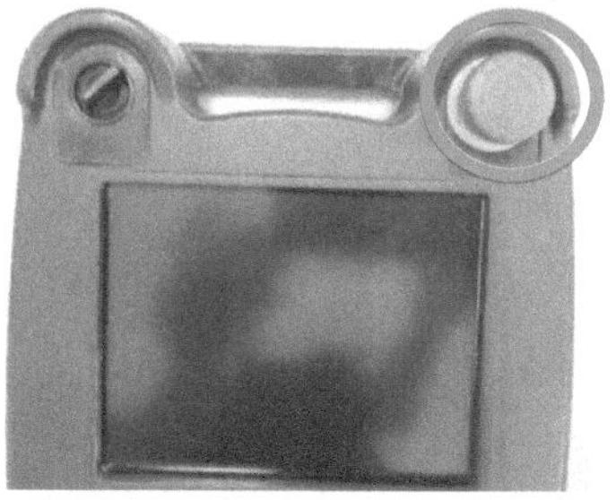
4	机器人控制器急停按钮	机器人控制器急停按钮位于控制器操作面板上。任何时候，按下机器人控制器急停按钮，机器人运动和任务程序均会立即停止。沿顺时针方向旋转机器人控制器急停按钮，解除急停状态	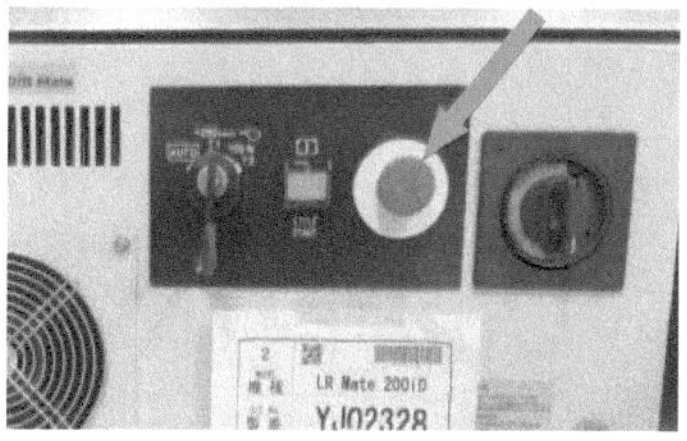

1.3.3 焊接电源

为保证作业安全，除燃弧焊接前需将焊接电源设置为“有效”外，其他时间应将焊接电源设置为“无效”。当焊接电源无效时，即使执行焊接开始指令，焊接电源也不会进行燃弧焊接。

1.3.4 安全操作规程

如上所述，焊接机器人编程与维护实训工作站应用的岗位角色主要分为操作者、程序员和维护工程师三种。不同岗位角色的工作任务见表1-10。

表 1-10 焊接机器人编程与维护实训工作站的岗位角色及其工作任务

工作任务	岗位角色		
	操作者	程序员	维护工程师
启动或关闭工作站	○	○	○
启动任务程序	○	○	○
选择任务程序		○	○
选择运行方式	○	○	○
工具中心点标定		○	○
焊接机器人零点校准		○	○
系统参数配置		○	○
任务编程调试		○	○
系统投入运行			○
日常保养维护			○
设备故障维修			○
系统停止运转			○
设备吊装运输			○

注：符号“○”表示该作业可以由该岗位人员完成。

在使用焊接机器人编程与维护实训工作站时，首先必须设法确保使用者的安全。在使用焊接机器人编程与维护实训工作站的过程中，进入机器人工作空间是十分危险的，应采取防止使用者进入机器人工作空间的措施。使用焊接机器人编程与维护实训工作站的一般性注意事项如下。

1）焊接机器人编程与维护实训工作站的各使用者，应接受机器人厂商主办的培训课程。

2）在设备运转时，即使机器人看上去已经停止，也可能是因为机器人在等待启动信号而处在即将动作的状态。此种状态下，应将机器人视为正在动作中。为确保使用者的安全，应以警示灯或蜂鸣器告知使用者机器人处于动作状态。

3）务必在焊接机器人编程与维护实训工作站的周围设置安全房和安全门，以防止使用者随意进入安全栅栏内。安全门上应设置联锁装置、安全插销等，以便使用者在打开安全门时，机器人会立即停止。集成控制单元在设计上可以连接来自此类联锁装置的信号。当安全门锁打开时，通过此信号，可使机器人急停。

4）周边设备均应连接地线。

5）应尽可能将周边设备设置在机器人的工作空间之外。

6）应在地板上清晰地划出机器人的工作空间，以便使用者了解机器人（包含握持工具）的动作范围。

7）应在地板上设置脚垫警报开关或安装光电开关，当使用者将要进入机器人的动作范围时，通过蜂鸣器或警示灯等发出警报，使机器人停下，以确保使用者的安全。

8）应根据需要设置锁具，使除操作者以外的人员不能接通机器人的电源。控制装置上所使用的断路器，可以通过上锁来禁止通电。

9）在进行周边设备单元的调试时，务必先断开机器人的电源再进行调试。

10）在使用操作面板和示教器时，由于戴手套可能出现误操作，所以务必摘下手套后再进行作业。

11）任务程序和系统变量等信息可以保存到存储卡等存储介质中。为防止因意外事故而引起数据丢失的情形，建议用户定期保存数据。

12）搬运或安装机器人时，务必按照正确方法进行操作。

13）在安装好后首次操作机器人时，务必以低速进行，然后逐渐加快速度，并确认机器人是否有异常。

14）在操作机器人时，务必确认安全防护房内没有人员后再进行操作。同时，应检查机器人是否存在潜在的危险，当确认存在潜在危险时，务必排除危险之后再进行操作。

15）不要在以下环境中使用机器人：

① 可燃性环境。

② 有爆炸可能的环境。

③ 受无线电干扰的环境。

④ 水中或高湿度环境。

⑤ 以运输人或动物为目的的环境。

⑥ 爬到机器人上面或悬垂于其下。

16）在连接与急停相关的周边设备单元（安全门锁等）和机器人的各类信号（外部急停等）时，务必确认急停动作，以避免出现错误连接。

【任务实施】

本任务是完成焊接机器人编程与维护实训工作站安全防护单元点检工作，工作流程如图1-12所示，包括急停按钮的位置和状态确认、自动升降遮光屏的状态确认、焊接电源的状态确认。

图1-12　焊接机器人编程与维护实训工作站安全防护单元点检工作流程

【项目评价】

本项目的项目评价见表1-11。

表1-11　项目评价

项目	任务	评价内容	配分	得分
焊接机器人安全操作	焊接机器人编程与维护实训工作站认知	熟悉焊接机器人编程与维护实训工作站的基本组成	30	
	焊接机器人编程与维护实训工作站安全标志安装	正确安装安全标志	30	
	焊接机器人编程与维护实训工作站安全防护装置检查	正确穿戴安全护具、检查安全隐患	40	
合计			100	

【工匠故事】

当工人就要当一个好工人

艾爱国，湖南华菱湘潭钢铁有限公司（以下简称湘钢）焊接顾问，湖南省焊接协会监事长，党的十五大代表，第七届全国人大代表。2021年6月29日，中共中央授予艾爱国同志“七一勋章”。2021年11月，艾爱国被授予第八届全国道德模范（全国敬业奉献模范）称号。2022年3月，被评选为2021年“大国工匠年度人物”。

艾爱国在湘钢工作一辈子，最高职务就是焊接班班长。他的老同事、退休职工李宁记得，20世纪80年代，领导想从职务的角度提拔他，但艾爱国婉言谢绝了领导好意，“我还是安心从事自己的岗位”。

50多年来，艾爱国手把手培养的600多个徒弟都已在祖国各地发光发热。他们当中，不少人获得了全国五一劳动奖章、湖南省劳动模范等荣誉。

“一定要保持工人本色，当工人就要当一个好工人。”艾爱国说。

干到老、学到老，艾爱国坚信，实践中遇到的问题，都可以在理论中找答案。在高难度的焊接任务中，有很多罕见的金属材料，通过反复研究和实验，艾爱国对材料的特点都了然于胸。厂里组建焊接研究室后，他的工艺研究成果对焊接技术的提高起到了很大作用。为了更好地从事科学研究，艾爱国58岁时自学了五笔字型输入法和工程制图软件。50多年来，艾爱国集丰厚的理论素养、实际经验和操作技能于一身，多次参与我国重大项目焊接技术攻关，攻克数百个焊接技术难关。

项目2

焊接机器人系统选型配置

【证书技能要求】

焊接机器人编程与维护职业技能等级要求（初级）	
2.1.1	能根据焊接任务，分析影响机器人焊接的主要因素
2.1.2	能根据焊接位置、坡口及接头形式，选用适合机器人焊接的工艺方法
2.1.3	能根据焊接位置、坡口及接头形式，调整焊枪角度及焊丝干伸长
2.1.4	能根据焊接位置、坡口及接头形式，选配机器人焊接相关功能
2.1.5	能根据焊接缺陷类型，分析产生原因及预防措施
2.2.1	能根据自动焊组成要素，熟知焊接机器人基本组成
2.2.2	能根据设备说明书，熟知焊接机器人主要技术指标含义
2.2.3	能根据设备说明书，熟知焊接电源主要技术指标含义
2.2.4	能根据焊接要求，熟知周边设备与防护装置
2.3.1	能根据焊接工艺和技术指标，选择焊接机器人
2.3.2	能根据焊接工艺和技术指标，选择焊接电源及焊枪
2.3.3	能根据焊接工艺和技术指标，选配周边设备
2.3.4	能根据机器人焊接安全规范，选配安全防护装置

【项目引入】

焊接工件时在进行机器人自动焊接前，应根据焊接任务要求进行焊接工艺方法分析、焊接机器人系统配置、焊接机器人编程与维护实训工作站配置等操作。只有正确地进行选型和配置，才能保证焊接任务的顺利实施。

本项目围绕工程机械行业挖掘机动臂焊接机器人编程与维护实训工作站案例进行分析讲解，通过学习掌握基本的焊接工艺知识，了解焊接机器人系统基本组成，熟悉焊接机器人编程与维护实训工作站的基本搭建方法。

【知识目标】

1. 熟知常用的焊接方法和焊接坡口形式。
2. 熟知影响机器人焊接质量的主要因素。
3. 熟知常见的焊接缺陷及产生的原因。
4. 熟知焊接机器人系统基本组成及组成设备的主要技术指标。

【能力目标】

1. 能根据焊接任务要求，选择合适的焊接工艺方法。
2. 能根据焊接任务要求，选配焊接机器人系统。
3. 能根据焊接任务要求，选配周边设备。
4. 能根据安全操作规范，选配安全防护装置。

【学习导图】

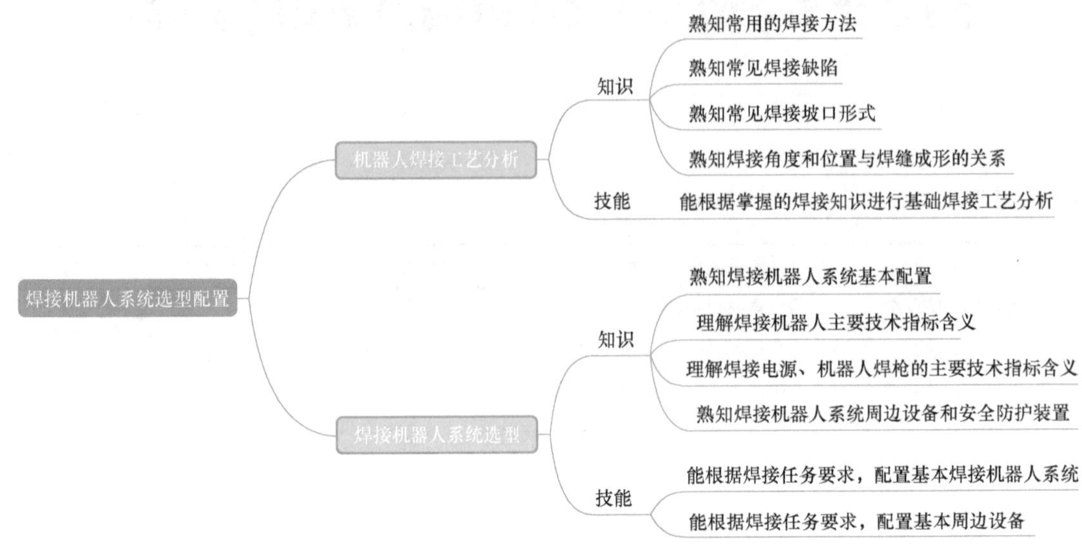

任务 2.1　机器人焊接工艺分析

【任务描述】

机器人焊接工艺主要包括焊接方法、焊接电源、母材、焊料、气体、板厚（管径及壁厚）、坡口形式、焊前装配、焊接位置、焊接顺序、焊接轨迹、焊枪姿态及焊接参数等。在制订机器人焊接工艺前，首先要对被焊工件和焊料有充分的了解，根据焊件的技术要求，通过工艺分析，运用机器人焊接工艺知识来拟订机器人的焊接方案，并充分考虑焊接顺序、关键点的处理、焊枪角度及机器人的姿态等问题。

本任务以挖掘机动臂（图 2-1）机器人焊接为例，进行焊接工艺分析。

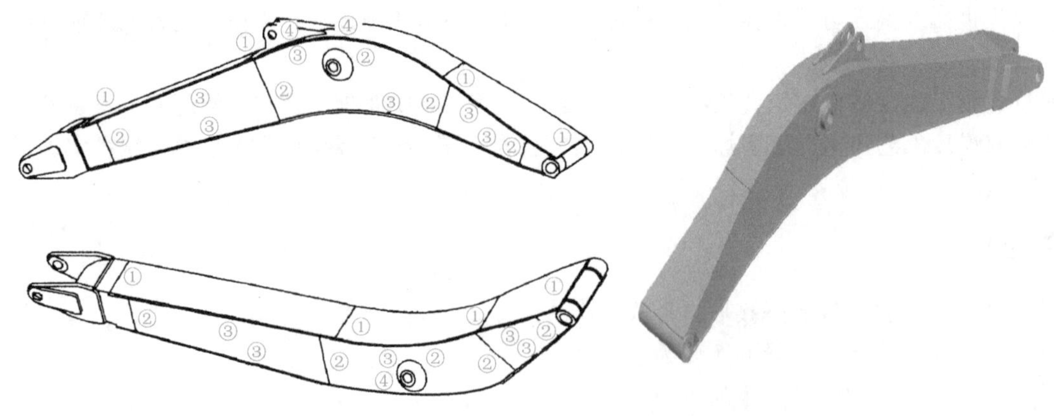

图 2-1　挖掘机动臂

【知识准备】

在进行机器人焊接工艺分析前，首先需要了解和掌握常见的焊接方法、焊接接头和焊接坡口形式、焊接缺陷、焊缝成形以及影响焊接的主要因素。通过掌握基本知识，合理分析焊接时所需的焊接工艺方法和为保证焊接质量应采取的方法。

2.1.1　常用机器人焊接工艺方法

常用机器人焊接工艺方法如图 2-2 所示。

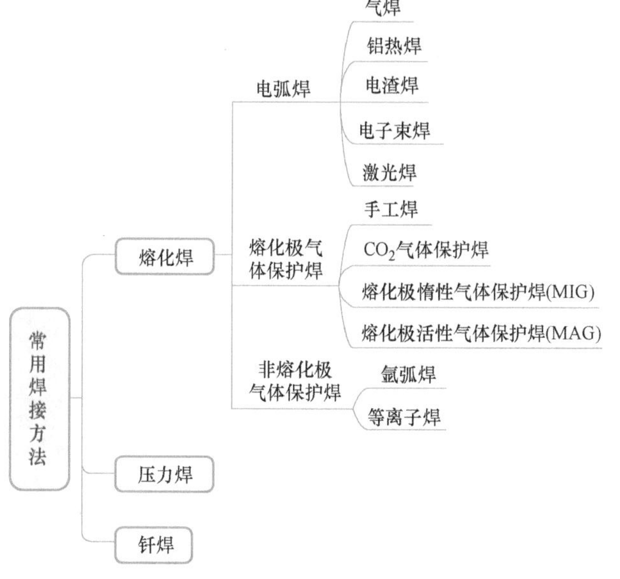

图 2-2　常用机器人焊接工艺方法

2.1.2　常见焊接位置、焊接坡口及焊接接头形式

根据设计或工艺需要，在焊件的待焊部位加工成一定几何形状和尺寸的沟槽，称为坡口。根据板厚不同，对接焊缝的焊接边缘可分为卷边、平对或加工成 V 形、X 形、K 形和 U 形等坡口，其主要焊接接头形式如图 2-3 所示。

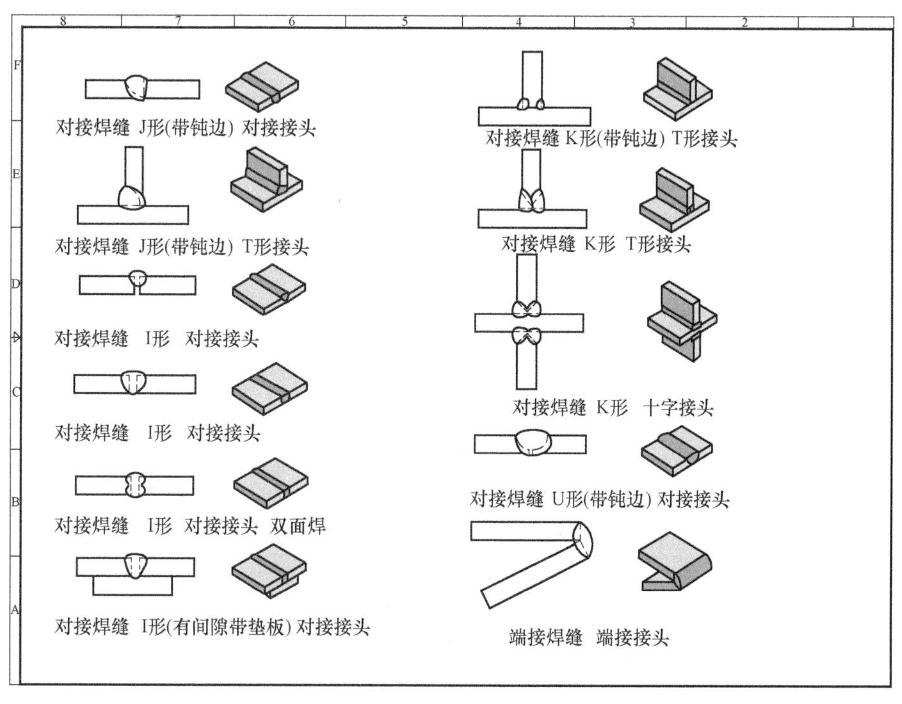

图 2-3　焊接接头形式

2.1.3　焊接缺陷

焊接过程中在焊接接头处产生的金属不连续、不致密或连接不良的现象，称为焊接缺陷。常见焊接缺陷见表 2-1。

表 2-1 常见焊接缺陷

焊接缺陷类型	示意图	焊接缺陷类型	示意图
未焊透	未焊透 未焊透	焊瘤	焊瘤 焊瘤
未熔合	未熔合 未熔合 未熔合	凹坑	凹坑 凹坑
咬边	咬边	下塌	下塌

焊接过程中产生的焊接缺陷除表 2-1 所列内容外，还有焊接气孔、裂纹等内部缺陷。焊接过程中产生的焊接缺陷可通过调整焊接工艺参数和焊接顺序，规范机器人编程等措施进行预防和改进。

2.1.4 影响机器人焊接的主要因素

在操作焊接设备（系统）进行手工焊接和自动焊接时会受到各种条件的影响和制约。影响焊接的主要因素如图 2-4 所示，影响机器人焊接的主要因素如图 2-5 所示。

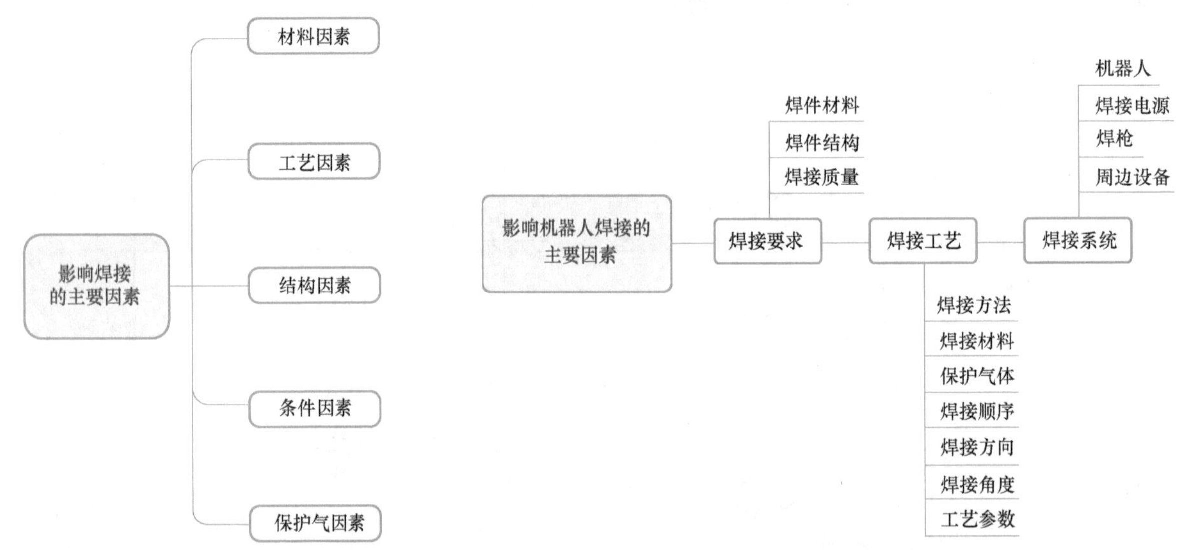

图 2-4 影响焊接的主要因素　　图 2-5 影响机器人焊接的主要因素

2.1.5 焊接角度、焊接方向、焊接位置与焊缝成形

1. 焊接角度与焊接方向

焊接角度是焊枪与母材之间在焊接时形成的角度，如图 2-6 所示。不同的焊接角度会产生不同的焊接效果。焊接方向是指操作者或机器人焊接时采用由右向左焊接还是由左向右焊接。由右向左焊接，焊枪喷嘴与焊接方向呈钝角（>90°），称为左向焊法；由左向右焊接，焊枪喷嘴与焊接方向呈锐角（<90°），称为右向焊法，如图 2-7 所示。

当焊接方向与焊接角度不同时，电弧与焊件作用方式有所不同，右向焊法的电弧大部分直接作用在焊件上，左向焊法的电弧大部分作用在液态熔池上，因此在相同的焊接电流、电弧电压、焊接速度下，得到的熔宽与熔深是不同的，图 2-8 和图 2-9 所示为焊接方向与焊接角度对焊缝成形的影响。

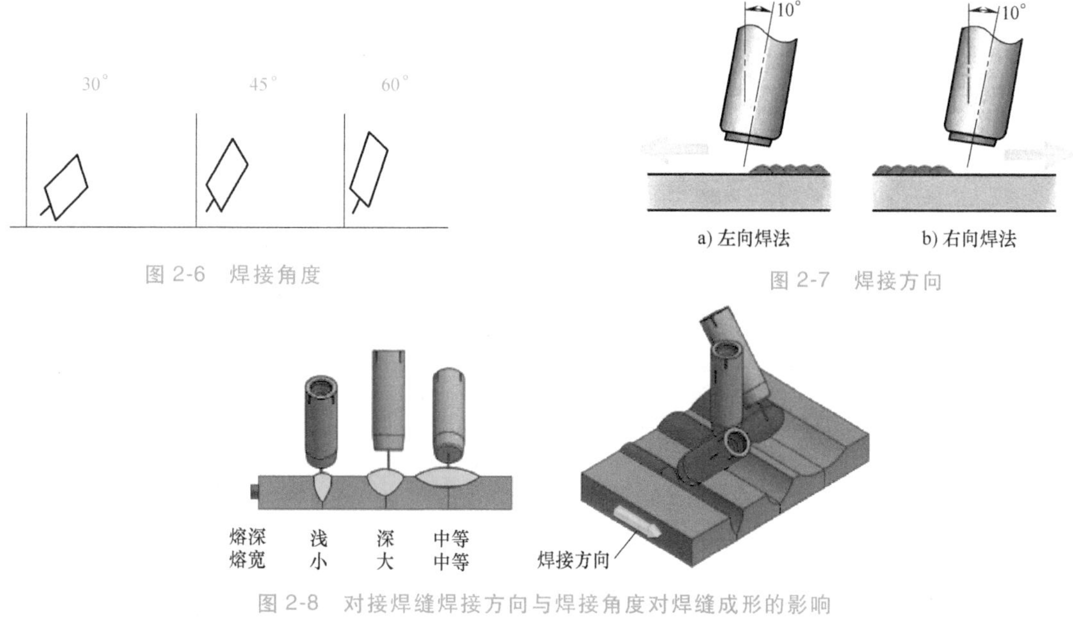

图 2-6　焊接角度

图 2-7　焊接方向

图 2-8　对接焊缝焊接方向与焊接角度对焊缝成形的影响

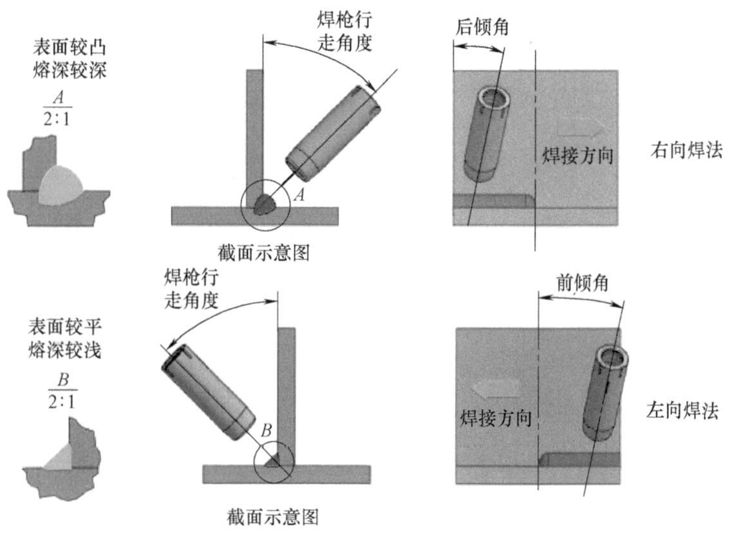

图 2-9　角焊缝焊接方向与焊接角度对焊缝成形的影响

2. 影响焊缝成形质量的操作因素

影响焊缝成形质量的操作因素有：焊件倾斜角度、焊枪行走角度、角焊缝焊枪行走角度、焊丝干伸长度、焊丝指向位置、焊接规范等，如图 2-10~图 2-15 所示。

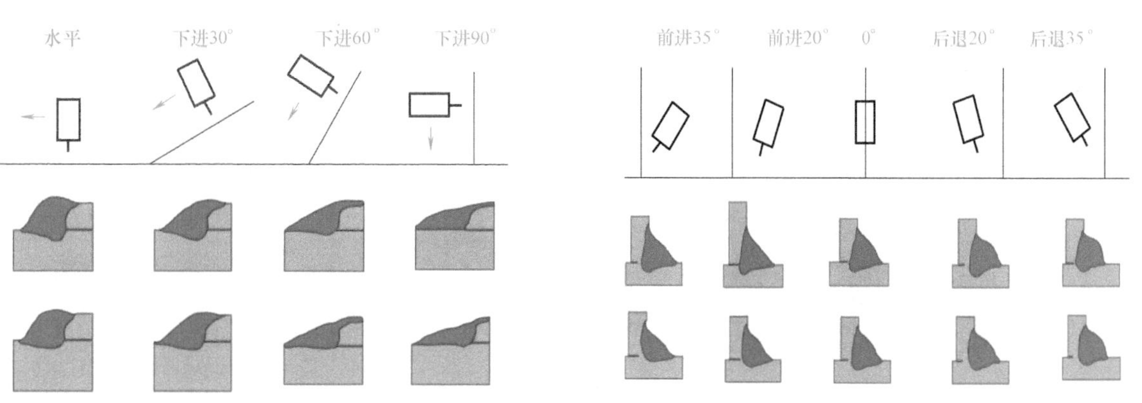

图 2-10　焊件倾斜角度对焊缝成形的影响（箭头表示熔接方向）

图 2-11　焊枪行走角度对焊缝成形的影响

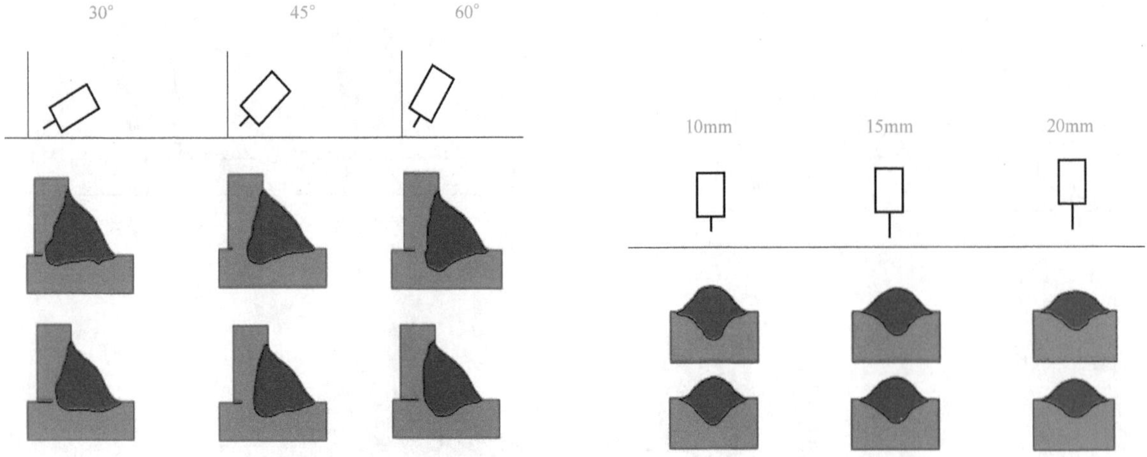

图 2-12　角焊缝焊枪行走角度对焊缝成形的影响

图 2-13　焊丝干伸长度对焊缝成形的影响

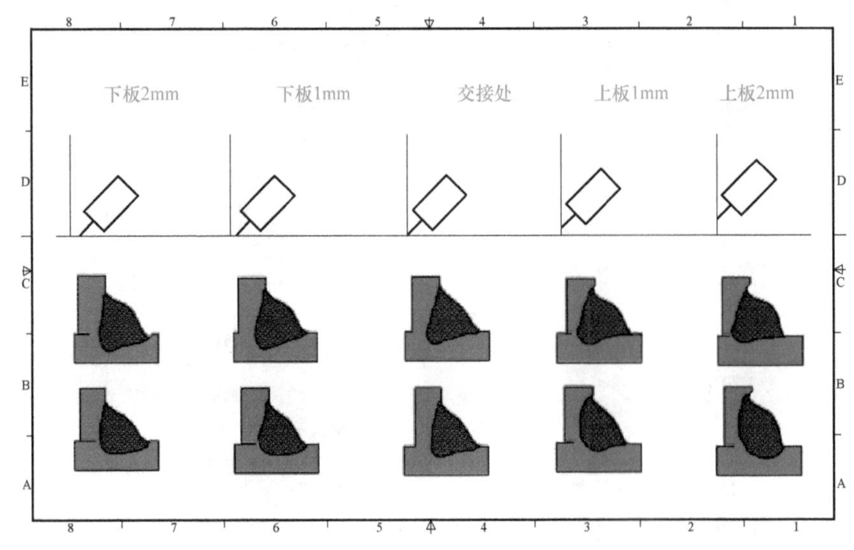

图 2-14　焊丝指向位置对焊缝成形的影响

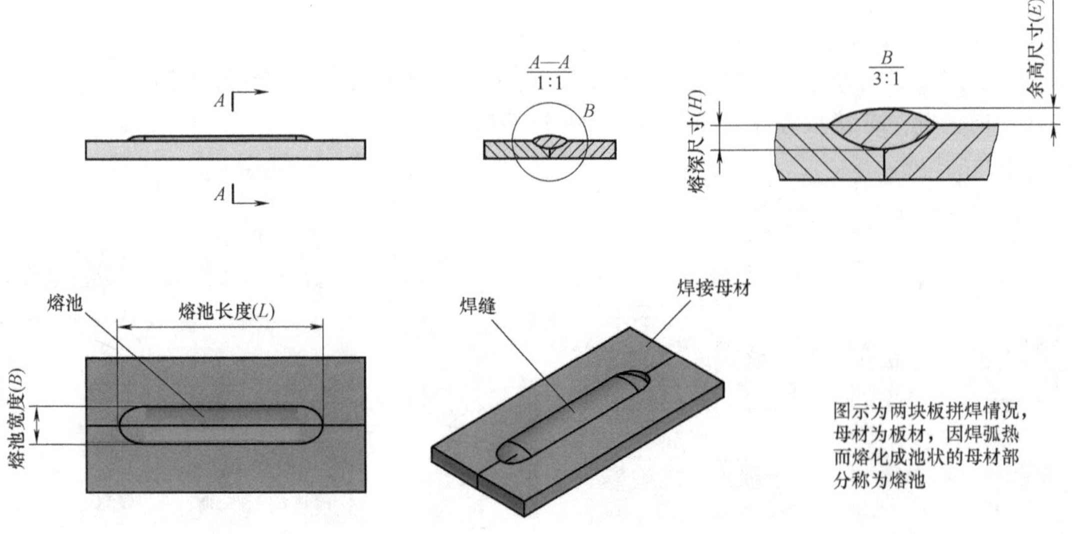

图 2-15　焊接规范对焊缝成形的影响

2.1.6 机器人与焊接工艺功能

由于焊接工艺和焊接质量等要求，在进行机器人焊接时还需根据需要选配相关的配套功能，以达到最佳焊接效果。机器人焊接常用功能有焊缝寻位功能、电弧跟踪功能、多层多道焊功能、参数过渡功能、摆焊功能、再起弧功能、焊接参数微调功能和程序偏移功能。（根据初级证书要求，本任务以摆焊功能为例描述。）

摆焊作业是一种焊枪在沿焊缝方向前进的同时，进行横向有规律摆动的焊接工艺。采用摆焊不仅能增加焊缝宽度，提高焊接强度，而且还能改善根部透度和结晶性能。因此，摆焊在金属材料角焊以及中、厚板坡口宽的焊接作业中被广泛应用。常用摆焊方式有 L 形摆焊、sin 形摆焊、圆形摆焊、8 字形摆焊，如图 2-16 所示。

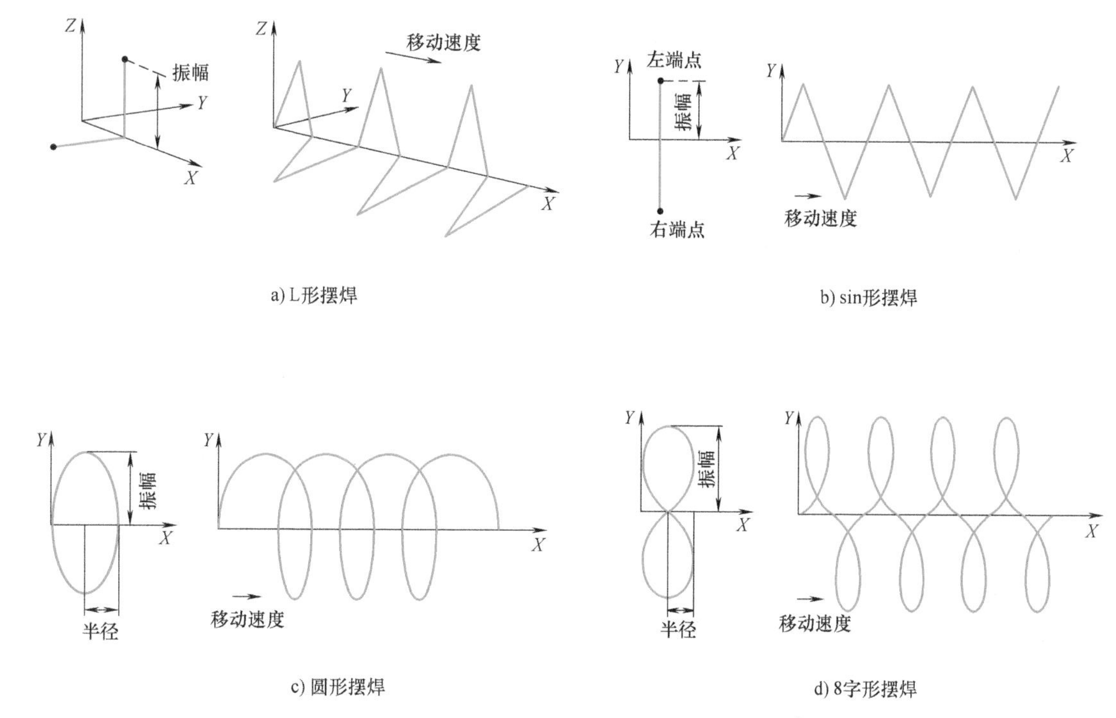

图 2-16 常用摆焊方式

机器人在进行摆焊作业时需设定摆焊坐标系、摆焊方向、摆焊操作角、摆焊中央隆起量等参数，如图 2-17 所示。

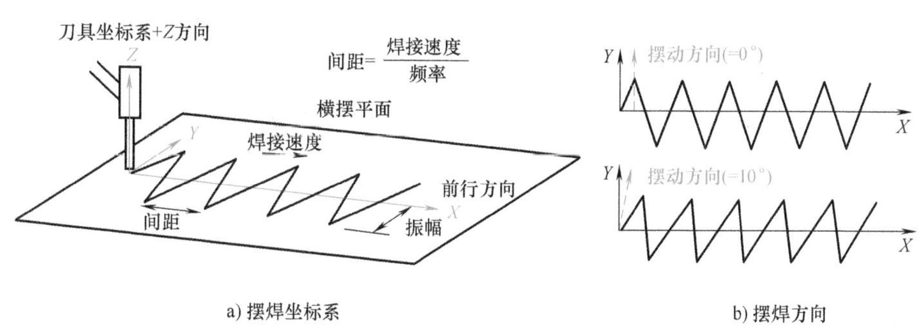

图 2-17 摆焊参数

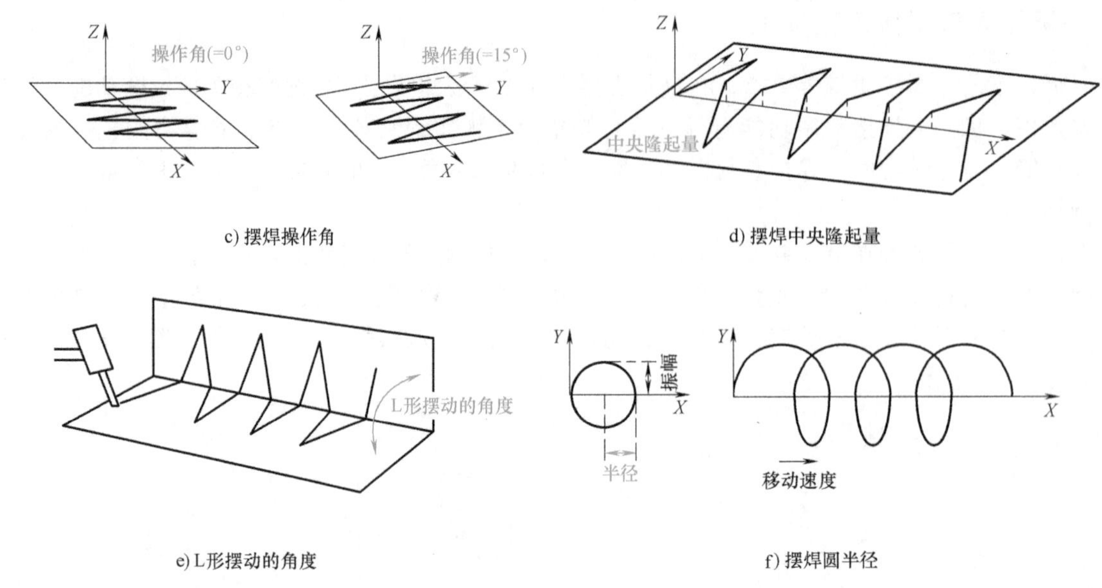

c) 摆焊操作角　d) 摆焊中央隆起量

e) L形摆动的角度　f) 摆焊圆半径

图 2-17　摆焊参数（续）

关于焊缝寻位、电弧跟踪、多层多道焊等功能在焊接机器人编程与维护职业技能等级（中级）中有详细描述。

【任务实施】

1. 实施前准备

挖掘机动臂技术图样、动臂数模等基础资料、动臂焊件实物。为方便实操，挖掘机动臂按 1∶50 比例缩小。

2. 实施步骤

挖掘机动臂机器人焊接步骤见表 2-2。

表 2-2　挖掘机动臂机器人焊接步骤

实施步骤	工艺分析	工艺确定
1. 材质分析	动臂结构件材料为 Q345D 及 35 钢	焊接工艺方法为熔化极惰性气体保护焊 焊丝为 ER50-6(ϕ1.2mm)
2. 焊件尺寸误差分析	由于焊件重复定位精度远不能满足±0.5mm，为保证焊接质量，需采用辅助功能	采用摆焊功能、接触式焊缝寻位功能、电弧跟踪功能
3. 定位焊缝分析	自动焊接前需在工装上进行定位和固定，以保证焊接尺寸要求	定位焊缝长度(L)：20mm≤L≤350mm；焊缝间距(d)：150mm≤d≤300m
4. 焊接坡口分析	焊接相同部位焊缝，焊接参数和焊缝填充量均一致。在实际焊接过程中，下料件尺寸及拼焊存在累计误差	对接焊缝坡口根部间隙保证在 3~6mm，编程则以坡口根部间隙 4.5mm 为基准
5. 焊接变形及预防措施	焊接时，由于局部高温加热导致在动臂内部产生焊接应力与变形	采用机器人摆焊功能及合理编排焊接顺序

任务 2.2　焊接机器人系统选型

【任务描述】

以挖掘机动臂为例，根据中、厚板部件的焊接特点以及动臂产品的尺寸要求和焊接要求，对焊接机器人系统配置、示教编程和焊接作业对中、厚板焊接机器人系统提出如下要求。

1）选用的机器人运动半径、重复定位精度应覆盖动臂的焊接范围，达到自动焊接要求。

2）选用的焊接机器人系统应具备解决“示教量大，示教修改频繁”问题的性能，需要有减轻作业者负担的操作性和应答性。

3）选用的焊接机器人系统应能适应工件的装配误差、安装夹具、变位器的误差等因素。

4）选用的焊接机器人系统应能满足多层多道焊要求。

【知识准备】

焊接机器人系统主要由焊接机器人、焊接电源和焊枪组成，根据焊接任务不同搭载不同的周边设备和安全防护装置，实现各种有色金属的机器人焊接，可降低劳动强度，提高产品质量。其中，焊接机器人主要完成焊接产品的焊接轨迹生成，焊接电源和焊枪主要完成产品的焊接。焊接机器人系统基本组成如图 2-18 所示，其主要技术指标如下。

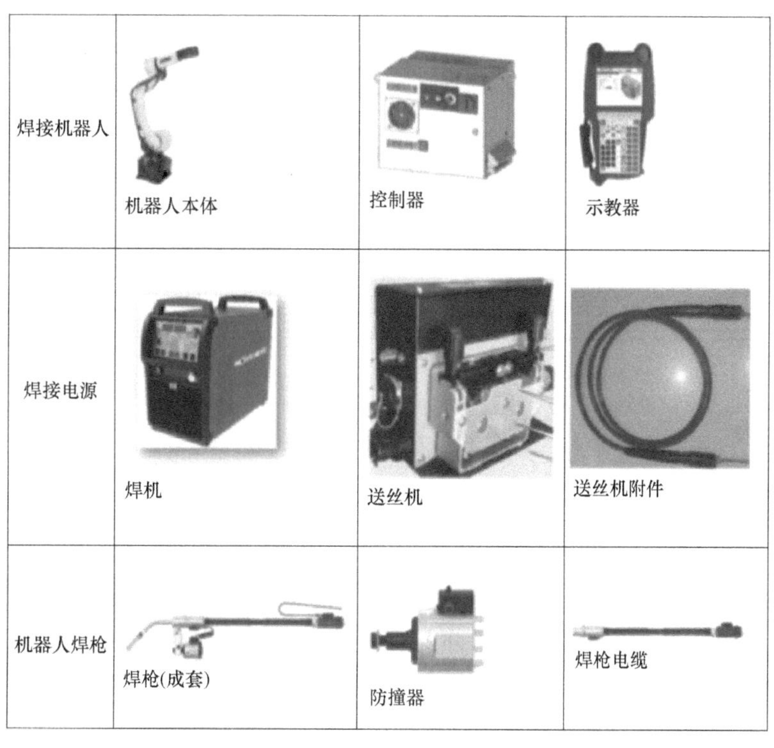

图 2-18　焊接机器人系统基本组成

1）焊接机器人的主要技术指标有机构形式、控制轴数、手腕部最大负载、可达半径（活动半径）、重复定位精度、最大运动速度、最大动作范围和安装方式。

2）焊接电源的主要技术指标有焊机类别、应用范围、工艺特性、额定焊接电流、额定负载持续率、与机器人的通信方式。

3）焊枪的主要指标有焊枪类别、冷却方式、专有功能、焊枪额定电流、焊枪暂载率、枪颈弯曲角度、接焊接电源的接口形式。

【任务实施】

挖掘机动臂焊接机器人系统选型步骤见表 2-3。

表 2-3　挖掘机动臂焊接机器人系统选型步骤

实施步骤	分析焊接任务要求	结论
1. 焊接机器人选型	①由于动臂焊缝形式和焊缝位置多样，焊缝偏离较远，所以选择 6 轴机器人，臂展为 1400mm 的焊接机器人即可满足要求 ②机器人手腕负载一般为焊枪、线缆、冷却水管、气管、送丝机及其他附件，因此负载一般为 3~12kg ③根据任务要求，采用外部轴协调变位机	根据产品要求和机器人制造商产品说明，本项目选用 FANUC M-10iD/12 焊接机器人
2. 焊接电源选型	此次动臂焊接采用焊接工艺方法为 MIG，故选择 MIG 焊机	MIG500 焊接电源
3. 焊枪选型	焊枪的类别根据焊机配置 MIG 焊枪。由于动臂板比较厚，焊接时输出的焊接电流大，冷却方式应选择水冷	HK500
4. 焊接功能选择	动臂构件存在坡口大、工件下料尺寸误差大、组对误差大、在焊接过程中容易产生焊接变形等问题	配置摆焊寻位功能、电弧跟踪功能

【项目评价】

本项目的项目评价见表 2-4。

表 2-4　项目评价

项目	任务	评价内容	配分	得分
焊接机器人系统选型配置	机器人焊接工艺分析	掌握常用机器人焊接工艺方法	30	
	焊接机器人系统选型	能根据焊接任务正确选择焊接机器人系统	70	
合计			100	

【工匠故事】

在超薄钢板上“绣花”

张冬伟，“80 后”，现已成长为我国 LNG（液化天然气）船焊接核心骨干，先后获得全国技术能手、全国“五一”劳动奖章、全国职业道德标兵等荣誉。

LNG 船被称为“海上超级冷冻车”，要在零下 163℃的极低温环境下漂洋过海，运送液化天然气，其建造技术只有发达国家的极少数船厂掌握。

一艘 LNG 船的殷瓦钢焊缝总长约有 140km，其中 90%采用的是自动焊，剩下的部分则需要人工焊接，一旦有一个小漏点，那么整艘船都会存在巨大的爆炸风险。殷瓦钢大部分厚度为 0.7mm，其焊接犹如在钢板上“绣花”，十分考验人的耐心和责任心。张冬伟耐住寂寞，不断地磨练自己的心性，培养专注度，常常几小时、十几小时守在殷瓦钢板上，持续不断地进行焊接。这样的技术活，他已经干了 20 余年。

回顾走过的历程，张冬伟说：“一行有一行的魅力，一行有一行的价值。只要我们有精益求精的精神，任何岗位都可以迸发出极致的美。”

项目3

焊接机器人系统装调

【证书技能要求】

焊接机器人编程与维护职业技能等级要求(初级)	
3.1.1	能按照安装说明书,检查安装技术资料
3.1.2	能按照安装说明书,备齐安装工具和设施
3.1.3	能按照安装说明书,进行系统硬件设备的安装
3.1.4	能按照安装说明书,进行强弱电线缆、通信电缆、气水管路的安装
3.2.1	能按照操作手册,进行I/O信号设定
3.2.2	能按照操作手册,进行系统通信设定
3.2.3	能按照操作手册,进行焊接软件的相关设定
3.2.4	能按照操作手册,进行坐标系、基准点设定
3.2.5	能按照操作手册,进行手动、自动操作设定
3.3.1	能按照操作手册,进行系统功能测试
3.3.2	能按照操作手册,进行系统试焊接调试
3.3.3	能按照操作手册,进行系统联调

【项目引入】

本项目以焊接机器人编程与维护实训工作站为教学及实践平台，围绕上述证书技能要求，通过安装和调试焊接机器人单元、焊接电源单元、机器人焊枪单元及其他单元，掌握焊接机器人编程与维护实训工作站各单元设备之间的通信方式和联调方法。根据焊接机器人编程与维护实训工作站装调流程，本项目共设置4个任务。

【知识目标】

1. 能够正确描述机器人本体的吊装方法。
2. 能够辨识机器人本体运动轴。
3. 能够阐明机器人关节坐标系和基（世界）坐标系的异同。
4. 能够辨识焊接机器人编程与维护实训工作站各单元设备的接口。
5. 能够判断机器人零点是否正确。

【能力目标】

1. 能够完成焊接机器人编程与维护实训工作站各单元设备的安装。
2. 能够完成焊接机器人编程与维护实训工作站各单元设备电、气路连接。
3. 能够完成焊接机器人编程与维护实训工作站各单元设备调试。
4. 能够完成焊接机器人编程与维护实训工作站联调。

【学习导图】

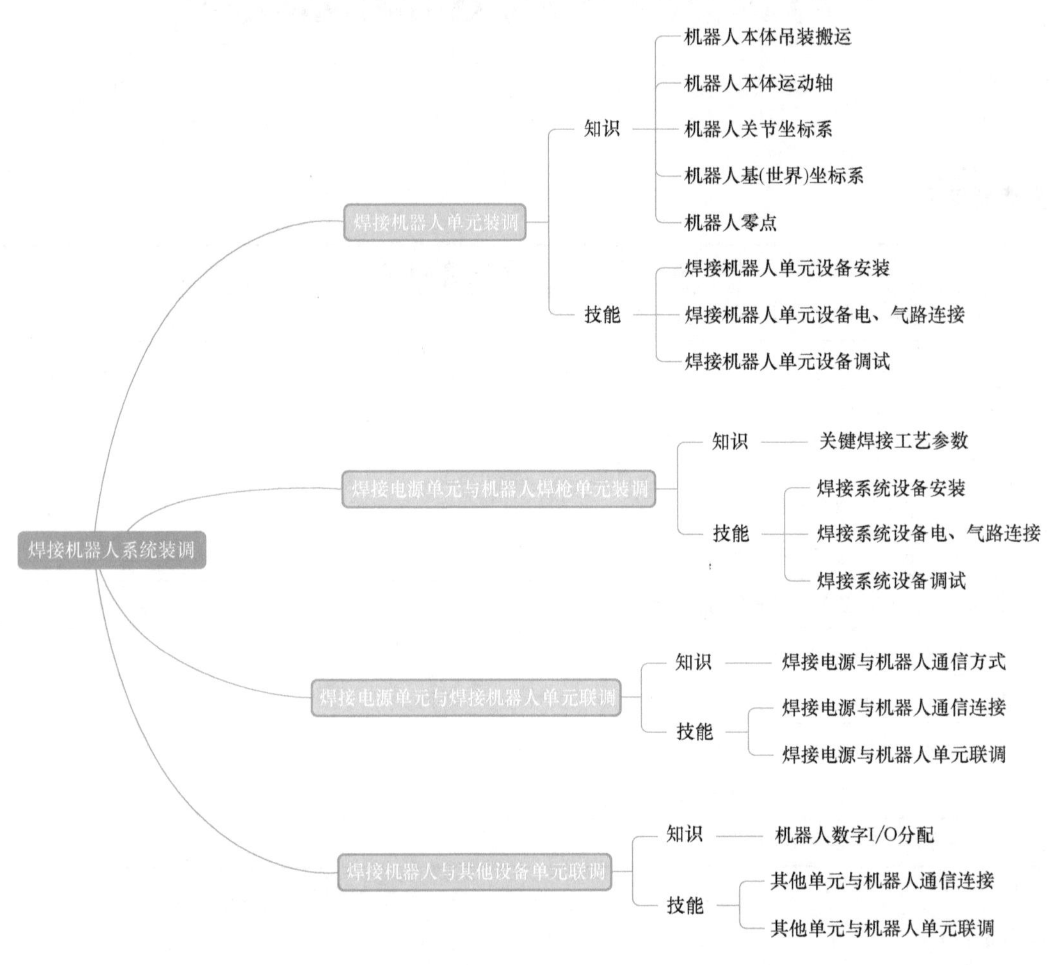

任务 3.1 焊接机器人单元装调

【任务描述】

根据机器人系统集成项目的工作流程，待焊接机器人编程与维护工作站的方案设计（含选型）与制造组装完成后，就要开始工作站各单元模块的安装与调试。通常先由机械装调组根据机械设计图样进行设备的机械安装和机械硬件调试，再由电气装调组根据电气设计图样进行设备的电气接线和基本电气调试，最后由电气工程师编写相应的控制器程序和机器人程序等，保证系统能够正常运转和模拟运行。

本任务通过安装机器人本体、连接焊接机器人单元设备的电气线缆及通信线缆（图 3-1 和图 3-2）、点动机器人等实操训练，掌握焊接机器人各单元设备的调试内容与方法。

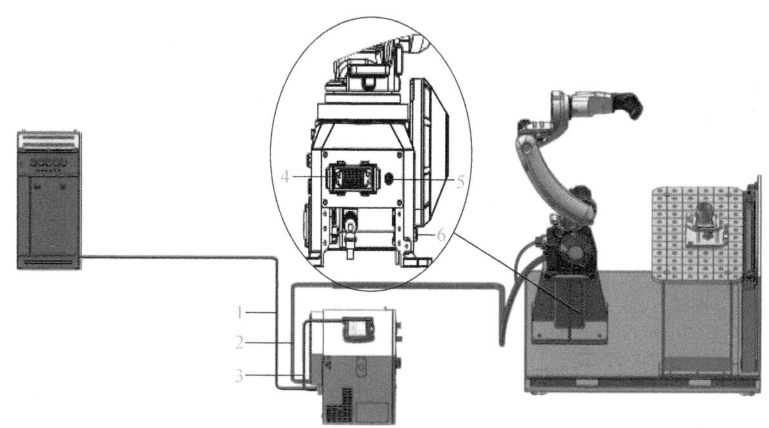

图 3-1　焊接机器人单元设备的连接（FANUC 机器人）

1—机器人连接电缆（动力电缆、信号电缆和接地线）　2—气管　3—机器人动力电缆、信号电缆用连接器　4—接地端子　5—示教器连接电缆　6—供电电缆

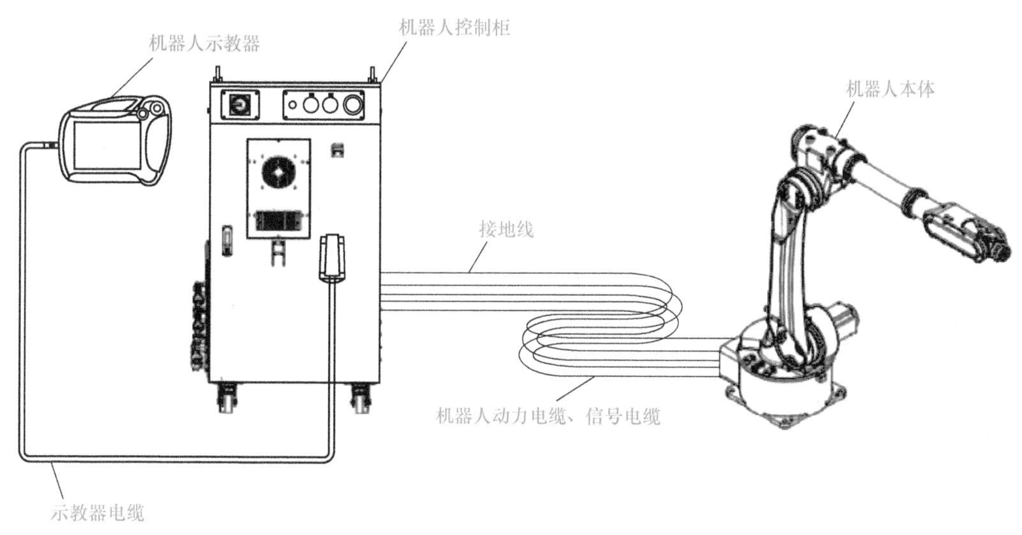

图 3-2　焊接机器人单元设备的连接（EFORT 机器人）

【知识准备】

3.1.1　机器人本体吊装搬运

通常情况下，由于焊接机器人本体的总重量超过 100kg，所以，搬运机器人本体需要采用吊车或叉车起重机辅助。需要特别提醒的是，搬运机器人本体时，务必采用说明书规定的运送姿势并在规定位置安装吊环螺钉和运送构件。当采用吊车搬运机器人本体时，将 M10 吊环螺钉安装在机器人机座的两个部位上，用两根吊索将机器人本体吊起来，如图 3-3a 所示，并使两根吊索交叉地进行吊装。当采用叉车起重机搬运机器人本体时，须安装专用的运送构件后再进行搬运，如图 3-3b 所示。

3.1.2　机器人本体运动轴

目前焊接机器人绝大多数为 6 轴垂直多关节串联机器人，其机座、机身、肩部、手臂和手腕等“连杆”部件（铸铁制作），经由腰、肩、肘、腕等“关节”首尾依次串联起来，属于空间铰接开式运

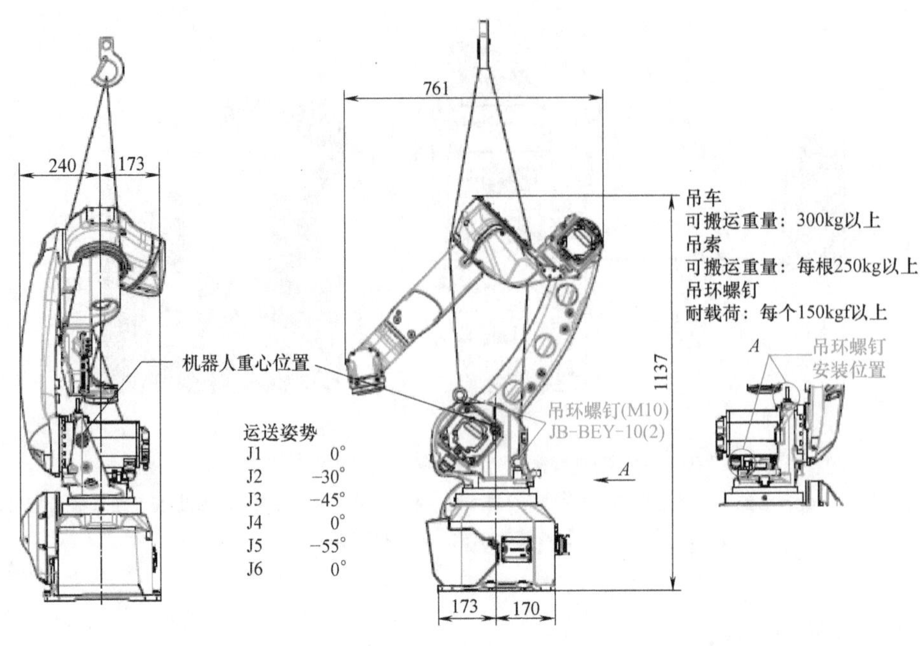

a) 吊车搬运

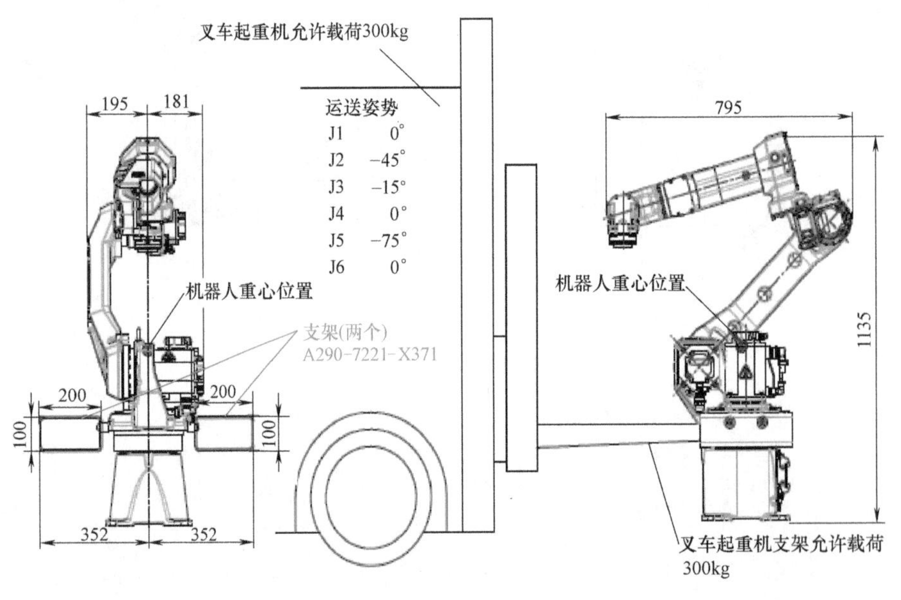

b) 叉车起重机搬运

图 3-3 机器人本体吊装搬运

动链，如图 3-4 所示。每个关节配备 1 根以上的运动轴，由交流伺服电动机驱动。此外，为提高工业机器人的通用性，机器人手腕末端通常设计成标准的机械接口（法兰或轴），以便安装作业所需的末端执行器（如焊枪）或末端执行器连接装置。

综上所述，垂直多关节型焊接机器人的每个活动关节都包含 1 根以上可独立转动或移动的运动轴。参考人体肢体构造，一般将腰、肩、肘 3 根关节运动轴合称为主关节轴，用于支承机器人手腕并确定其空间位置；将腕关节运动轴（如 FANUC 机器人 J4 ~ J6 轴）称为副关节轴，模仿人的手腕转动、摆动、回转动作，用于支承机器人末端执行器并确定其空间位姿，见表 3-1。

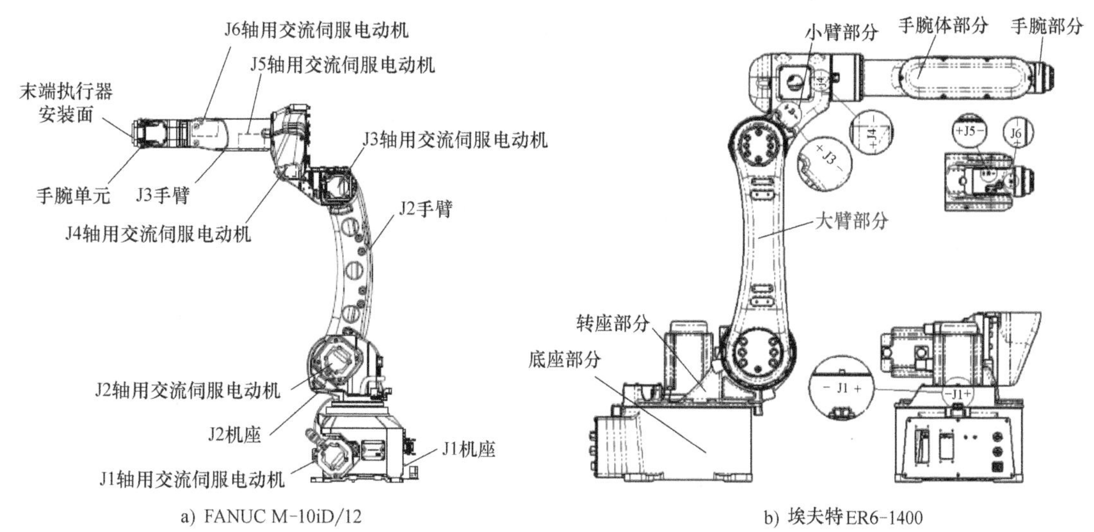

a) FANUC M-10iD/12　　b) 埃夫特ER6-1400

图 3-4　6 轴机器人机械结构

表 3-1　6 轴焊接机器人本体运动轴

关节	运动轴	动作描述
腰关节	J1	主关节轴，模仿人的手臂回转、俯仰、伸缩动作，用于支承机器人手腕并确定其空间位置
肩关节	J2	
肘关节	J3	
腕关节	J4～J6	副关节轴，模仿人的手腕转动、摆动、回转动作，用于支承机器人末端执行器并确定其空间位姿

3.1.3　机器人关节坐标系

关节坐标系（Joint Coordinate System，JCS）是固接在机器人各关节轴线上的空间坐标系，其数目与机器人本体运动轴的数目相等。对于平动关节而言，它表示的是机器人在关节坐标系中驱动此轴的平动中心线和平动方向；对于转动关节而言，它表示的是机器人在关节坐标系中驱动此轴的转动中心线和转动方向。也就是说，关节坐标系犹如一个空间自由刚体沿 X、Y、Z 直线方向平动和绕 X、Y、Z 轴转动受到 5 个刚性约束，仅保留沿 Z 轴方向的平动（移动轴）或绕 Z 轴的转动（旋转轴）。显然，垂直多关节型机器人本体的各运动轴均可实现单轴正向或反向转动。

6 轴焊接机器人本体在关节坐标系中的运动特点见表 3-2 和表 3-3。

表 3-2　6 轴焊接机器人本体在关节坐标系中的运动特点（FANUC M-10iD/12）

运动轴	动作描述	动作范围/(°)	动作图示	运动轴	动作描述	动作范围/(°)	动作图示
J1	手臂回转	-170～170	Z Y X	J2	手臂伸缩	-90～145	Z Y X

（续）

运动轴	动作描述	动作范围/(°)	动作图示	运动轴	动作描述	动作范围/(°)	动作图示
J3	手臂俯仰	180~275		J5	手腕摆动	-180~180	
J4	手腕转动	-190~190		J6	手腕回转	-450~450	

表 3-3　6 轴焊接机器人本体在关节坐标系中的运动特点（埃夫特 ER6-1400）

运动轴	动作描述	动作范围/(°)	动作图示	运动轴	动作描述	动作范围/(°)	动作图示
J1	手臂回转	-165~165		J4	手腕转动	-180~180	
J2	手臂伸缩	-135~75		J5	手腕摆动	-130~130	
J3	手臂俯仰	-83~170		J6	手腕回转	-360~360	

3.1.4　机器人基（世界）坐标系

基坐标系（Base Coordinate System，BCS）是固接在机器人机座上的直角坐标系。它在机器人机座上有相应的零点，这会使固定安装的机器人动作具有可预测性。不同品牌工业机器人的基坐标系的零点定义略有差异，例如 ABB、KUKA 和 Yaskawa MOTOMAN 是将机器人本体第 1 轴的轴线与机座安装面的交点定义为零点，而 FANUC 则是将机器人本体第 1 轴的轴线与第 2 轴轴线所在水平面的交点定义为零点。

6 轴焊接机器人本体在基坐标系中的运动特点见表 3-4 和表 3-5。

表 3-4　6 轴焊接机器人本体在基坐标系中的运动特点（FANUC M-10iD/12）

运动轴	动作描述	动作图示	运动轴	动作描述	动作图示
X	沿 *X* 轴平动	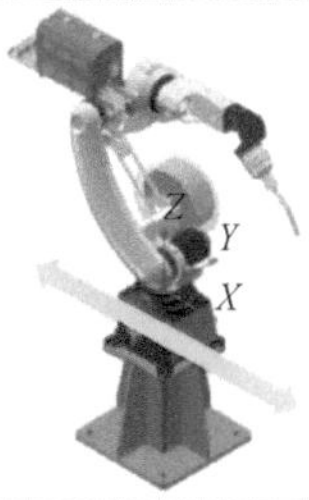	*W*	绕 *X* 轴转动	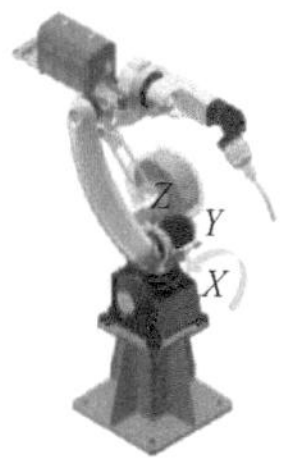
Y	沿 *Y* 轴平动	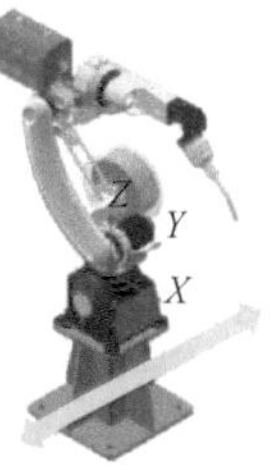	*P*	绕 *Y* 轴转动	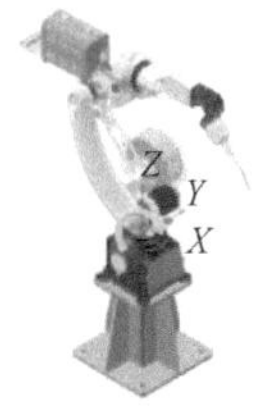
Z	沿 *Z* 轴平动	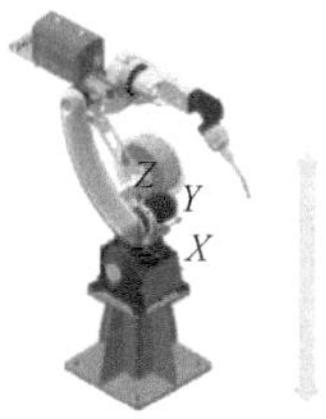	*R*	绕 *Z* 轴转动	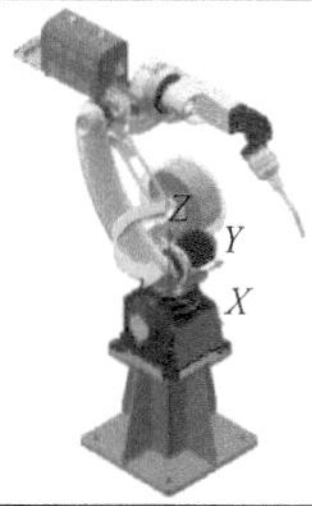

表 3-5　6 轴焊接机器人本体在基坐标系中的运动特点（埃夫特 ER6-1400）

运动轴	动作描述	动作图示	运动轴	动作描述	动作图示
X	沿 *X* 轴平动		*W*	绕 *X* 轴转动	
Y	沿 *Y* 轴平动		*P*	绕 *Y* 轴转动	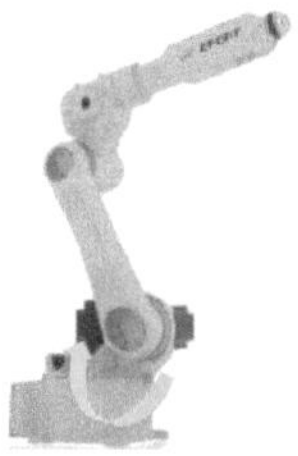
Z	沿 *Z* 轴平动	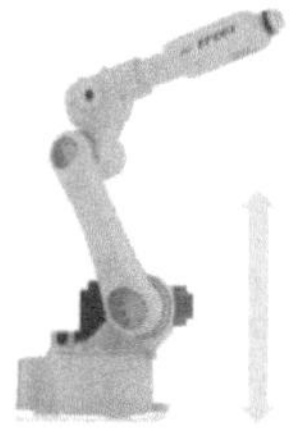	*R*	绕 *Z* 轴转动	

3.1.5 示教器按键与界面（FANUC）

示教器是管理应用工具软件与用户之间的接口的操作装置，一般通过电缆与机器人控制柜连接。当需要点动机器人、创建任务程序、执行程序测试、设置系统参数和确认状态时，都可以通过示教器上的开关/按钮和液晶显示（触摸）屏画面实现。例如，R-30iB Plus 机器人控制器配套的示教器布置有 68 个键控开关/按钮（其中 4 个专用于各应用工具）、两个 LED 和 1 个液晶显示屏（分辨率为 1024×768 像素）。示教器开关布局如图 3-5 所示，其开关/按钮功能见表 3-6。

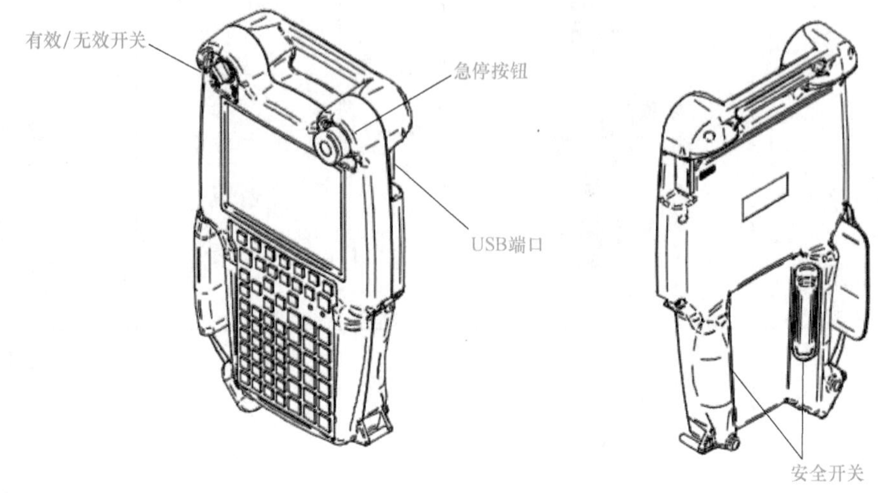

图 3-5 示教器开关布局（FANUC）

表 3-6 示教器开关/按钮功能（FANUC）

开关/按钮名称	功能
示教器有效/无效开关	示教器有效和无效状态切换。当示教器无效时，点动进给、程序创建、测试执行操作均无法进行
安全开关	3 档位置安全开关，仅按到中间点才为有效。有效时，松开安全开关或用力握住安全开关，机器人均会立即停止
急停按钮	不管示教器的状态是否有效，按下急停按钮，机器人都会立即停止

示教器按键按功能的不同可分为菜单功能键、点动功能键、执行功能键、编辑功能键、焊接功能键和其他按键，如图 3-6 所示。各按键功能见表 3-7~表 3-12。

此外，示教器上还有两个 LED，其含义见表 3-13。

值得注意的是，示教器显示界面上部的窗口为状态窗口（图 3-7），划分成 8 个 LED 显示、报警显示和倍率值 3 个区域。其中，8 个 LED 显示的含义见表 3-14。

表 3-7 菜单功能键（FANUC）及其功能

按键	功能
F1 F2 F3 F4 F5	功能键，用来选择界面最下行的功能键菜单
NEXT	翻页键，用来将功能键菜单切换到下一页

（续）

按键	功能
MENU　FCTN	按下<MENU>（菜单）键，显示菜单 <FCTN>（辅助）键用来显示辅助菜单
SELECT　EDIT　DATA	<SELECT>（一览）键用来显示程序一览界面 <EDIT>（编辑）键用来显示程序编辑界面 <DATA>（数据）键用来显示数据界面
STATUS	<STATUS>（状态显示）键，用来显示状态界面
I/O	<I/O>（输入/输出）键，用来显示 I/O 界面
POSN	<POSN>（位置显示）键，用来显示当前位置界面
DISP	单独按下<DISP>键，显示移动操作对象界面；与<SHIFT>键同时按下，菜单界面将会分割显示（单屏、双屏、三屏、状态/单屏）
DIAG HELP	单独按下<DIAG HELP>键，移动到提示界面，与<SHIFT>键同时按下，移动到报警界面
GROUP	单独按下<GROUP>（组切换）键，按照 G1→G1S→G2→G2S→G3→…→ G1 的顺序，依次切换组和副组；按下<GROUP>键的同时按下希望变更的组号码的数字键，即可变更为该组。此外，在按下<GROUP>键的同时按下<0>键，可以进行副组的切换

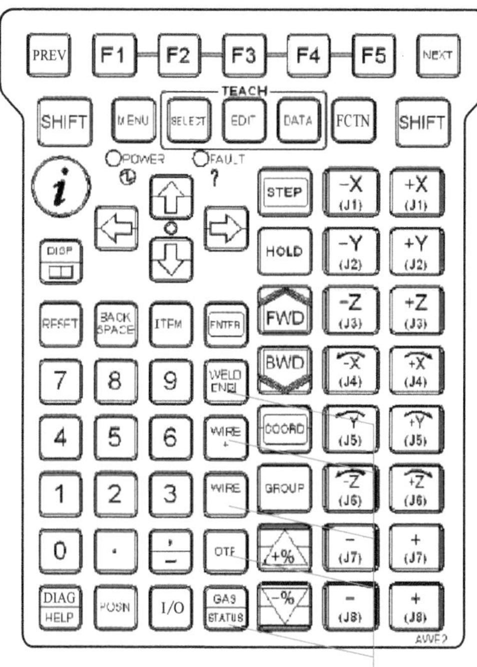

这些按键是Arc Tool相关的按键，根据应用程序的不同而不同

图 3-6　示教器按键布局（FANUC）

表 3-8　点动功能键（FANUC）及其功能

按键	功能
SHIFT	<SHIFT>键与其他按键同时按下时，可以进行点动进给、位置数据的示教、程序的启动等操作。左、右两个<SHIFT>键的功能相同
+X (J1)　+Y (J2)　+Z (J3) −X (J1)　−Y (J2)　−Z (J3) +X (J4)　+Y (J5)　+Z (J6) −X (J4)　−Y (J5)　−Z (J6) + (J7)　− (J8) − (J7)　+ (J8)	点动键，与<SHIFT>键同时按下，实现点动进给。<J7>键和<J8>键用于同一群组内的附加轴的点动进给，但是，5 轴机器人和 4 轴机器人等，从空闲中的按键起依次使用
COORD	<COORD>（手动进给坐标系）键，用来切换手动进给坐标系（点动的种类），依次进行如下切换："关节"→"手动"→"世界"→"工具"→"用户"→"关节"。与<SHIFT>键同时按下，弹出坐标系切换的点动菜单
−%　+%	倍率键，用来进行速度倍率的调整。依次进行如下切换："微速"→"低速"→"1%"→"5%"→"50%"→"100%"（5%以下时以 1%为刻度切换，5%以上时以 5%为刻度切换）

表 3-9　执行功能键（FANUC）及其功能

按键	功能
FWD　BWD	<FWD>（前进）键、<BWD>（后退）键与<SHIFT>键同时按下，用于程序的启动 程序执行中松开<SHIFT>键时，程序执行暂停
HOLD	<HOLD>（保持）键，用来中断程序的执行
STEP	<STEP>（断续）键，用于测试运转时断续运转和连续运转的切换

表 3-10　编辑功能键（FANUC）及其功能

按键	功能
PREV	<PREV>（返回）键，用于返回之前的状态。根据操作，有的情况下不会返回之前的状态
ENTER	<ENTER>（输入）键，用于数值的输入和菜单的选择
BACK SPACE	<BACK SPACE>（取消）键，用来删除光标位置之前的一个字符或数字

（续）

按键	功能
← ↓ ↑ →	光标键，用来移动光标。光标是指可在示教器界面上移动的、反相显示的部分。该部分成为通过示教器上的按键进行操作（数值/内容的输入或变更）的对象
ITEM	<ITEM>（项目选择）键，用于输入行号码后移动光标

表 3-11　焊接功能键（FANUC）及其功能

按键	功能
WELD ENBL	焊接起弧启用/禁用切换键
WIRE +	手动送出焊丝
WIRE -	手动退回焊丝
OTF	显示焊接中参数微调整界面
GAS STATUS	单独按下该键，显示弧焊状态界面。与<SHIFT>键同时按下，启动检气功能

表 3-12　其他按键（FANUC）及其功能

按键	功能
RESET	复位键，用于消除机器人报警信息
i	在状态窗口上显示闪烁的图标（通知图标）时按下此键，显示通知界面；与以下按键同时按下时，切换界面至图形显示等基于按键的操作 <MENU>（菜单）键 <FCTN>（辅助）键 <EDIT>（编辑）键 <DATA>（数据）键 <POSN>（位置显示）键 <JOG>（点动）键 <DISP>（界面切换）键

表 3-13　机器人示教器 LED 及其含义（FANUC）

LED 显示	显示含义
POWER(电源)	灯亮表示控制装置的电源接通
FAULT(报警)	灯亮表示发生报警

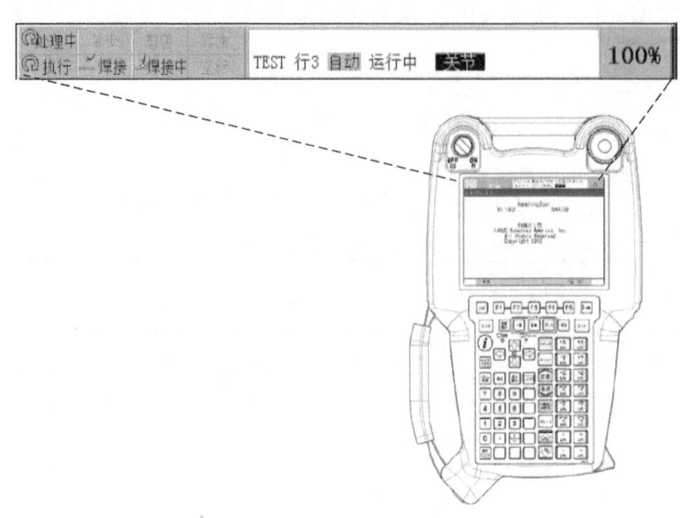

图 3-7　机器人示教器状态窗口（FANUC）

表 3-14　机器人示教器状态窗口 LED 显示的含义（FANUC）

LED 显示	显示含义
处理中	绿灯亮表示机器人正在进行某项作业
单段	黄灯亮表示处在单段运转模式下
暂停	红灯亮表示按下<HOLD>(暂停)键或输入 HOLD 信号
异常	红灯亮表示发生异常
执行	绿灯亮表示正在执行程序
焊接	绿灯亮表示启用焊接功能
焊接中	绿灯亮表示产生电弧
空转	黄灯亮表示启用空运行(空转)功能。空运行功能有效时,不进行焊接

待完成焊接机器人单元的安装后，首次启动机器人系统时，示教器状态栏会显示“机械手断裂”和“暂停”异常报警。此时，机器人手腕末端既未安装焊枪，也未集成外部集成控制按钮。为能够点动机器人，需要暂时禁用“末端执行器断裂”信号和“专用外部信号”，待后续相关设备或按钮集成后，再启用上述信号。

此时，通过点按机器人示教器上的<MENU>(菜单）键，选中弹出菜单的“系统”选项，修改配置中的“末端执行器断裂”和“专用外部信号”两个选项，将其状态更改为“禁用”即可，如图 3-8 所示。

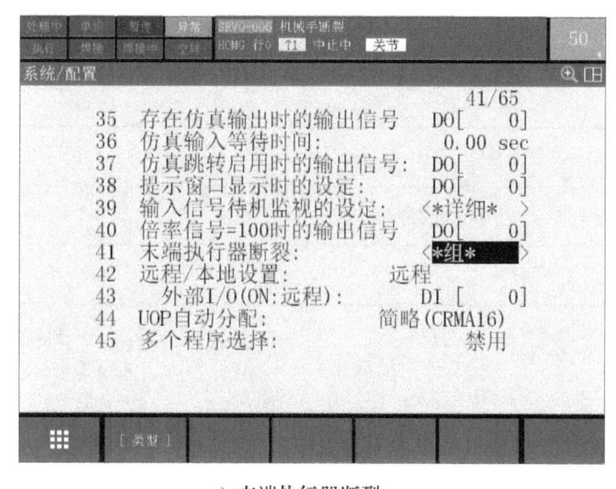

a) 末端执行器断裂

b) 专用外部信号

图 3-8　系统配置界面（FANUC）

3.1.6　示教器按键与界面（EFORT）

EFORT 示教器如图 3-9 所示，其基本参数和功能见表 3-15 和表 3-16。

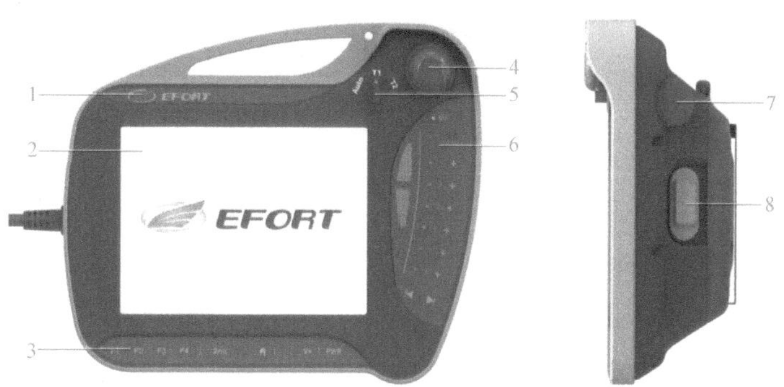

图 3-9　示教器（EFORT）

1、3、6—薄膜面板　2—液晶显示屏　4—急停按钮　5—模式旋钮　7—USB 接口　8—三段手压开关

表 3-15　示教器基本参数（EFORT）

项目	技术参数
显示器尺寸	TFT 8-in LCD
显示器分辨率	1024 像素×768 像素
是否触摸	是
功能按键	急停按钮、模式选择钥匙开关包括：自动（Auto）、手动慢速（T1）、手动全速（T2），28 个薄膜按键
模式旋钮	三段式模式旋钮
外接 USB	一个 USB 2.0 接口
电源	DV 24V
防尘、防水等级	IP65
工作环境	环境温度-20~70℃

表 3-16　示教器各部分功能（EFORT）

编号	名称	描述
1	薄膜面板 3	标识
2	液晶显示屏	用于人机交互，操作机器人
3	薄膜面板 2	包含 10 个按键
4	急停按钮	双回路急停按钮
5	模式旋钮	三段式模式旋钮
6	薄膜面板 1	包含 18 个按键和 1 个红、黄、绿三色 LED
7	USB 接口	USB2.0 接口，用于导入与导出文件及更新示教器
8	三段手压开关	手动模式下，按下手压开关伺服

示教器右侧按键如图 3-10 所示，下侧按键如图 3-11 所示。

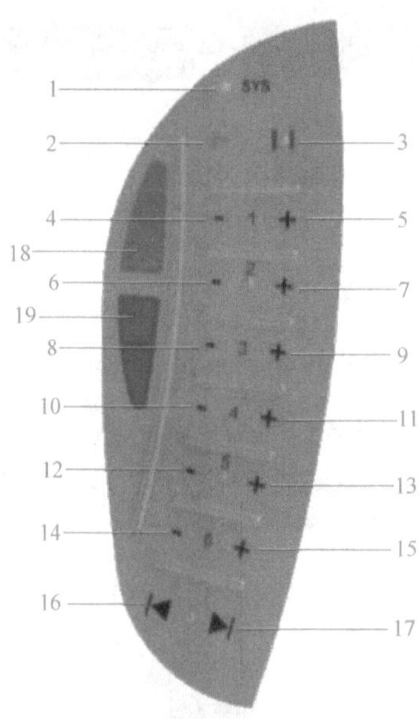

图 3-10　右侧按键

1—三色灯　2—开始　3—暂停　4—轴 1 运动-　5—轴 1 运动+　6—轴 2 运动-　7—轴 2 运动+　8—轴 3 运动-　9—轴 3 运动+　10—轴 4 运动-　11—轴 4 运动+　12—轴 5 运动-　13—轴 5 运动+　14—轴 6 运动-　15—轴 6 运动+　16—单步后退　17—单步前进　18—热键 1：慢速开关　19—热键 2：步进长度开关

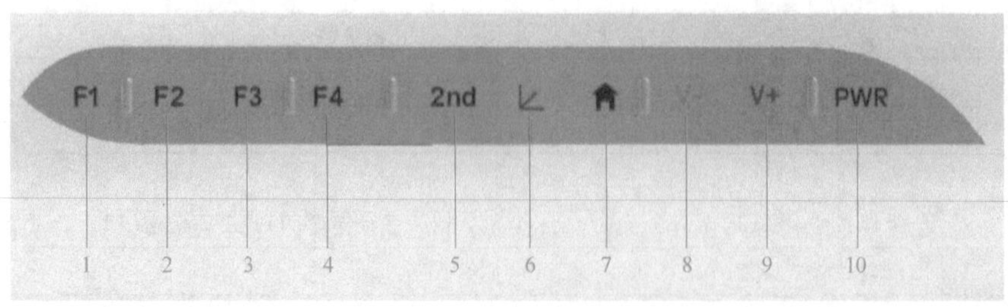

图 3-11　下侧按键

1—多功能键（调出/隐藏当前报警内容）　2—多功能键（双击截图）　3—多功能键（程序运行方式，有连续、单步进入、单步跳过等）　4—多功能键　5—翻页　6—坐标系切换　7—返回主页　8—速度-　9—速度+　10—伺服上电

EFORT 工业机器人示教器的界面包括状态栏、任务栏和显示区 3 个部分（图 3-12）。状态栏（图 3-13）显示了机器人工作状态，状态栏各图标功能见表 3-17。

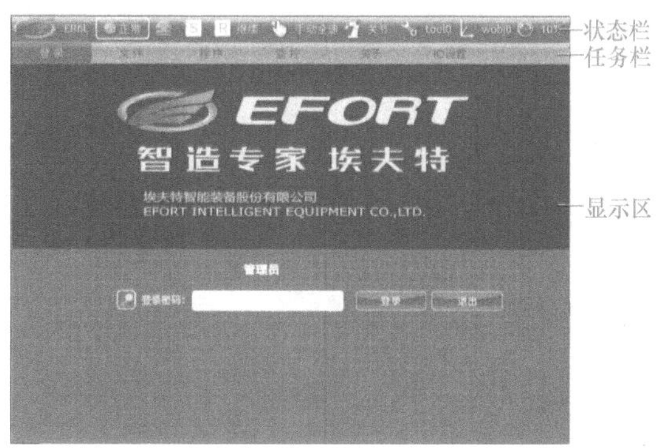

图 3-12 示教器界面（EFORT）

图 3-13 状态栏（EFORT）

表 3-17 状态栏（EFORT）各图标功能

编号	功能
1	桌面按键，单击图标进入桌面界面
2	机型显示，双击截图，长按 2s，导出截图功能
3	状态显示按键，单击进入报警日志界面。状态分为：正常（图标为绿色）、机器人状态正常；错误（图标为红色）、机器人存在报警；未连接（图标为红色），示教器和控制器未连接
4	急停信号状态，图标为绿色表示正常；图标为红色表示急停按钮被按下
5	伺服状态，图标为白色表示伺服关；图标为绿色表示伺服开
6	程序运行模式，图标为白色表示 Rpl 未运行；图标为绿色表示 Rpl 运行中
7	程序循环方式，包括继续：程序连续运行；单步跳过：单步执行一条指令，如果当前指令为调用子程序，子程序直接执行完成；单步进入：单步执行一条指令，如果当前指令为调用子程序，进入子程序，单步执行子程序的指令；运动跳过：单步执行运动指令，遇到非运动指令直接执行完成，到下一条运动指令暂停，如果指令为调用子程序，则子程序直接执行完毕，到下一条运动指令暂停；运动进入：单步执行运动指令，遇到非运动指令直接执行完成，到下一条运动指令暂停，如果指令为调用子程序，进入子程序，子程序中的运动指令单步执行
8	机器人运行模式，包括手动慢速（T1），手动全速（T2），自动（Auto）
9	机器人运动坐标系，包括关节坐标系，机器人坐标系，工具坐标系，用户坐标系
10	当前工具坐标系
11	当前工件坐标系
12	机器人运行速度

任务栏（图 3-14）中显示的是已打开的各功能快捷按键。其中，“登录”“文件”“程序”“监控”默认一直显示，其余显示的是在桌面中打开的各功能。

图 3-14 任务栏

EFORT 工业机器人的设置和功能图标都放置在显示区（图 3-15），单击功能图标可进入相应的界面（因不同型号的机器人功能不同，故开放的功能图标不同）。

图 3-15　示教器显示区

3.1.7　登录

EFORT 工业机器人提供操作者、工程师、管理员三个权限等级的账号，默认登录账号为操作者，支持账号切换：在图 3-12 所示界面的“登录密码”文本框中输入密码，单击“登录”按钮，即可登录相应账号，详细步骤见表 3-18。操作权限划分如图 3-16 所示。

	操作者	工程师	管理员
登录	√	√	√
监控	√	√	√
程序	×	√	√
文件	×	×	√
密码	----	666666	999999

图 3-16　操作权限划分

表 3-18　登录操作

步骤	图示	说明
1. 进入登录界面，单击显示区的“登录密码”文本框		若不在登录界面，可单击任务栏中的“登录”按键进入登录界面

（续）

步骤	图示	说明
2. 正确输入密码，然后单击✓按钮确认		
3. 单击“登录”按钮，登录成功		账号已由操作者切换为管理员

3.1.8　点动机器人（FANUC）

在示教模式（T1/T2）下，用户经常需要手动控制机器人以时断时续的方式运动，而不是一直连续地运动，这时就要用到“点动”功能。“点动”中“点”的意思是单击按键，“动”的意思是机器人运动，强调用户手动控制机器人各轴的运动（方向和速度）。所以，点动就是“一点一动，不点不动”。具体来说，点动机器人有以下两种操作方式。

（1）增量点动机器人　用户每点按（微动）运动轴键一次，机器人某一轴（或工具中心点）就会以设定好的速度转动固定的角度或步进一小段距离。到达固定角度或步进至设定距离后，机器人本体就会停止运动。当用户松开运动轴键并再次按下时，机器人又会以同样的方式运动。增量点动机器人适用于手动操作和任务编程时离目标（指令）位姿接近的场合，用来对机器人末端执行器（或焊件）的空间位姿进行精细调整，如图 3-17a 所示。

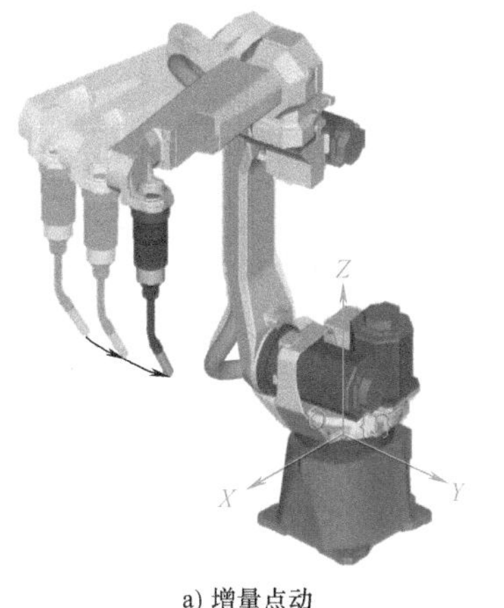

a) 增量点动

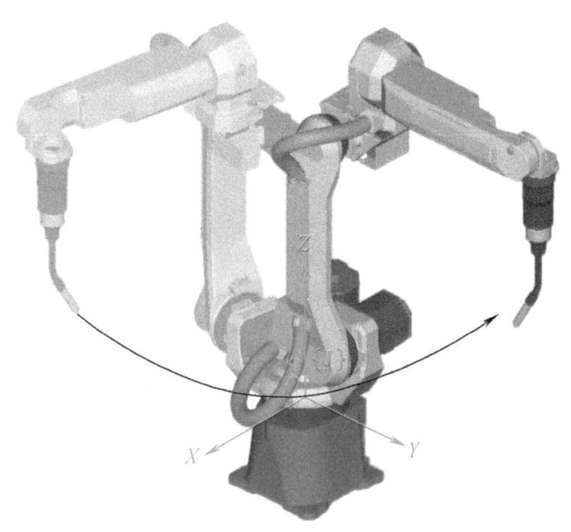

b) 连续点动

图 3-17　点动焊接机器人

（2）连续点动机器人　这是最常用的一种手动控制机器人移动方式。当用户持续按下运动轴键时，对应的轴（或工具中心点）就会以设定好的速度连续转动或平动，一旦用户松开按键，机器人就会立即停止运动。连续点动机器人适用于手动操作和任务编程时离目标（指令）位姿较远的场合，用来对机器人末端执行器（或焊件）的空间位姿进行快速粗调整，如图3-17b所示。

无论是增量点动机器人还是连续点动机器人，均需满足必要的操作条件（表3-19和表3-20），方能操纵机器人运动起来。

表3-19　点动机器人的条件（FANUC）

序号	条件	操作按键
1	机器人控制柜置于T1或T2模式	 AUTO T1 T2 100%
2	机器人示教器有效/无效开关置于ON位置	 OFF ON
3	适度用力按住示教器背面的安全开关	
4	所有报警信息已消除	 RESET
5	选择移动机器人的坐标系	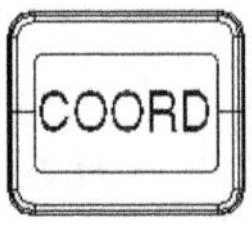 COORD
6	同时按住<SHIFT>键和运动轴点动键，选择机器人移动轴	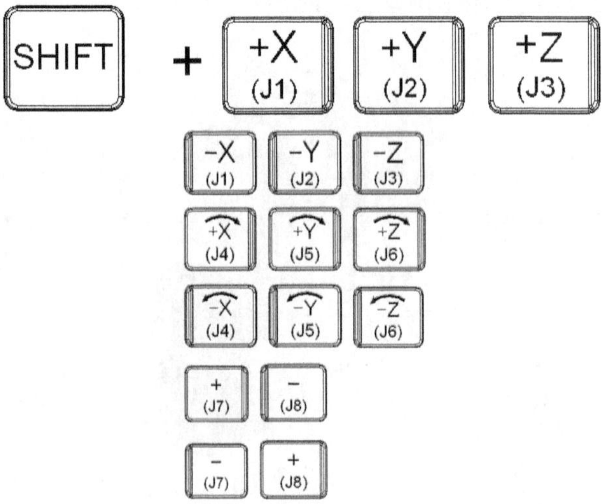 SHIFT + +X (J1) +Y (J2) +Z (J3) -X (J1) -Y (J2) -Z (J3) +X (J4) +Y (J5) +Z (J6) -X (J4) -Y (J5) -Z (J6) + (J7) − (J8) − (J7) + (J8)

表 3-20　点动机器人的条件（EFORT）

序号	条件	操作按键
1	机器人控制柜置于 T1 或 T2 模式	
2	所有报警信息已消除	
3	选择移动机器人的坐标系	
4	按住示教器背面的三段手压开关，点按示教器面板右侧机器人轴运动按键移动机器人	

3.1.9　核实机器人零点位置

焊接机器人各关节轴的零点位置的准确性直接影响机器人运动轨迹的精度。若零位数据不准或丢失，当机器人关节轴实现大范围转动时，很可能导致电缆及气管被拉断。因此，每次机器人系统上电开机时，均需要认真核实机器人全轴的零点位置。工业机器人制造商采用划线或贴标记牌等方式为其出厂的每台机器人本体做好零点位置标记（又称对合标记，图 3-18）。通过这一标记，将机器人移动到所有轴零点位置后，通过目测核实零点位置的准确性。

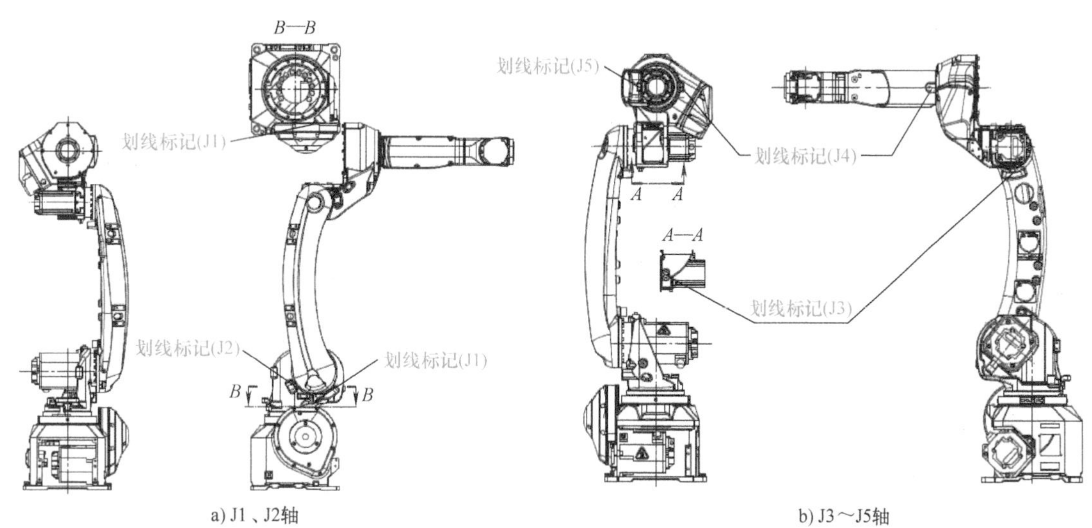

图 3-18　机器人各轴的对合标记位置

【任务实施】

本任务是完成焊接机器人单元设备的安装与调试工作，包括机器人本体安装、与控制柜电缆连接、电源输入电缆连接、系统上电开机、专用外部信号禁用、点动机器人和机器人零点位置核实等，如图 3-19 所示。

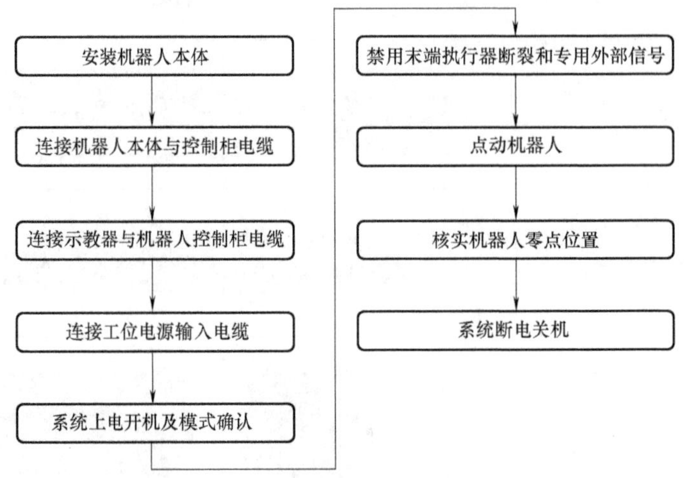

图 3-19　焊接机器人单元设备的安装与调试流程

1. FANUC 焊接机器人单元装调

（1）安装机器人本体　采用专用工具拆开机器人单元包装箱（木质），逐一核实机器人本体、示教器、控制柜及连接电缆是否缺失。确认无误后，参照机器人本体吊装搬运方法或机器人机构操作说明书，将机器人本体吊装至工位处的安装基座上，调整机器人水平位置，对准安装孔，然后用 4 个 M16×40 的螺栓（抗拉强度 $R_m = 1200N/mm^2$）将机器人机座固定在基座上，如图 3-20 所示。

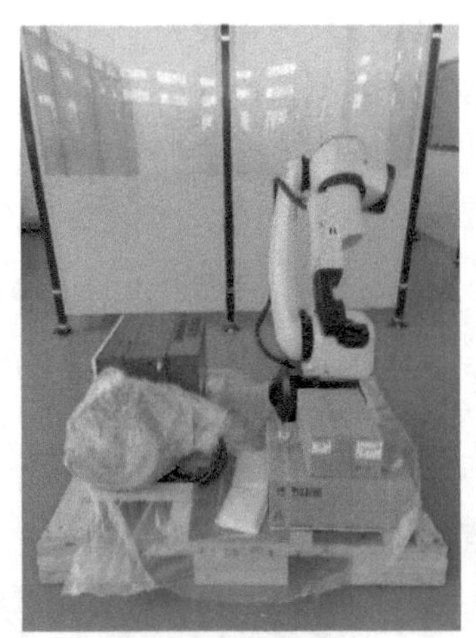
a) 机器人单元设备核实

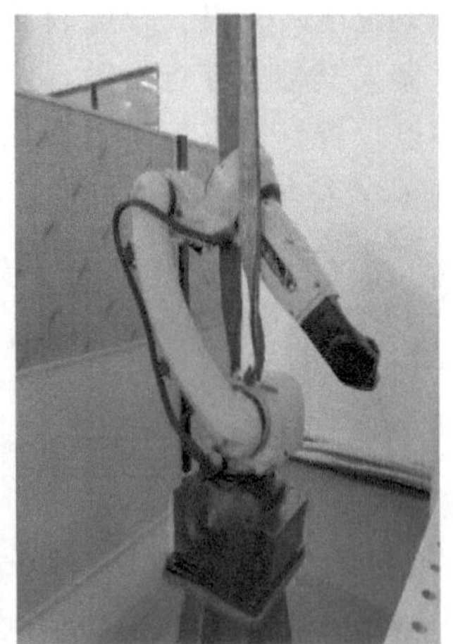
b) 将机器人本体与基座固定

图 3-20　安装机器人本体

（2）连接机器人本体与控制柜电缆　整理机器人控制柜侧的机器人连接电缆，将其正确插入机器人机座背面的接口（RMP），如图 3-21 所示。

（3）连接示教器与机器人控制柜电缆　整理机器人控制柜侧的示教器连接电缆，将其正确插入示教器侧的接口，如图 3-22 所示。

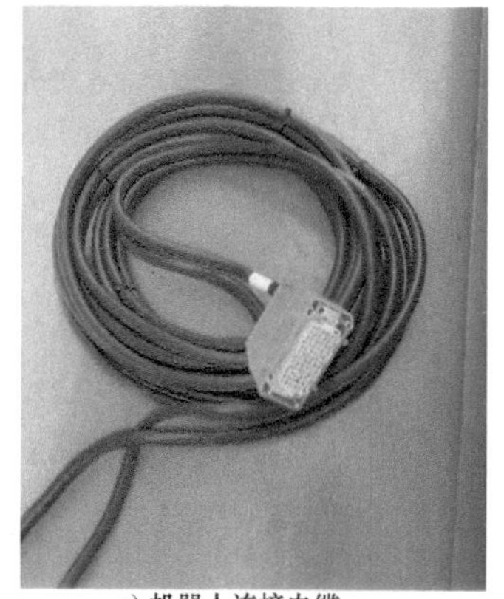

a) 机器人连接电缆

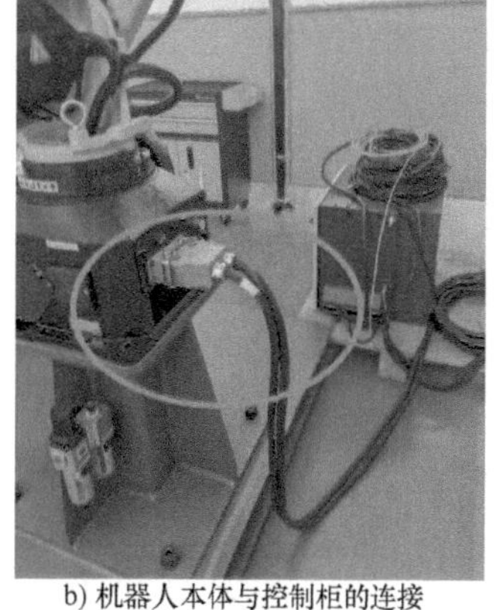

b) 机器人本体与控制柜的连接

图 3-21　连接机器人本体与控制柜电缆

连接机器人本体和控制柜

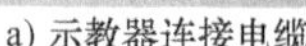

a) 示教器连接电缆

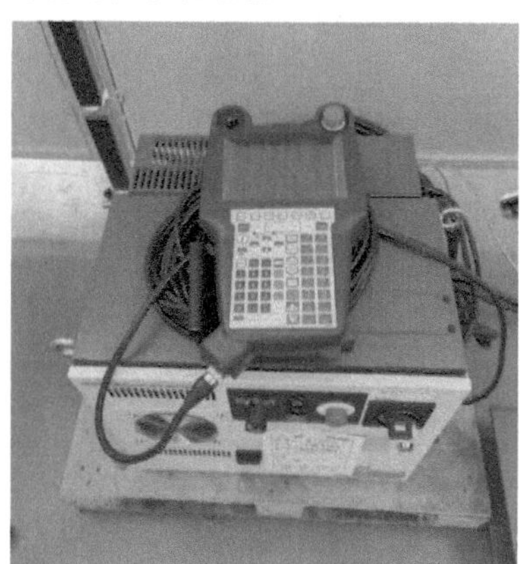

b) 连接示教器与控制柜

图 3-22　连接示教器与机器人控制柜电缆

（4）连接工位电源输入电缆　待机器人本体与控制柜、示教器与控制柜之间的电缆连接完毕后，用用户自备的电源输入电缆连接机器人控制柜侧和工位电源控制箱，包括一根相线、一根零线和一根地线，如图 3-23 所示。

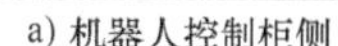

a) 机器人控制柜侧

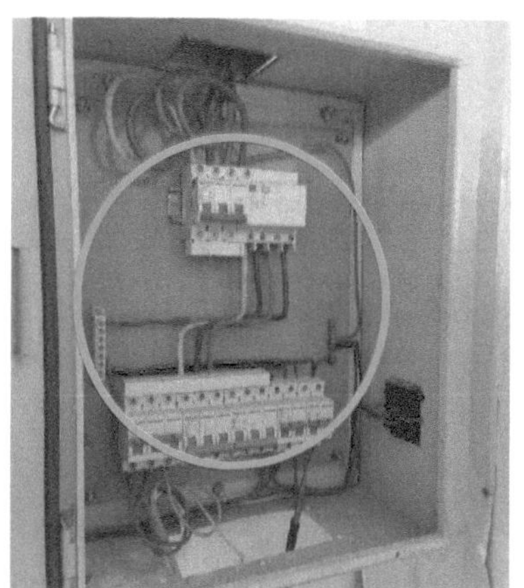

b) 工位电源控制箱

图 3-23　连接工位电源输入电缆

（5）系统上电开机及模式确认　系统上电开机前，务必核实接线的正确性，并用万用表测量工位电源控制箱中的断路器接入端电压是否正常，如图 3-24 所示。若电压正常，拨动开关，闭合电源回路，测量断路器输出端电压是否正常。一切正常的情况下，沿顺时针方向转动机器人控制柜上的断路器，系统上电开机。系统启动的初始界面如图 3-25 所示。

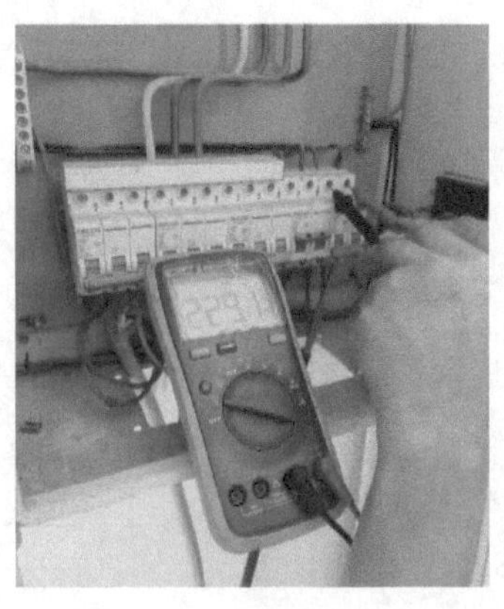

图 3-24　测量电源输入端电压

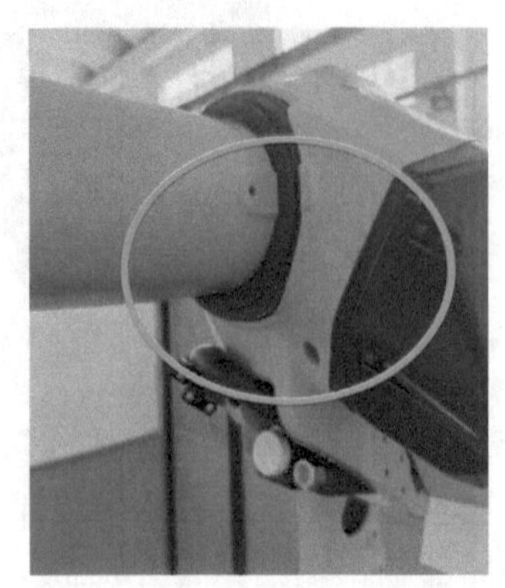

图 3-25　机器人系统初始界面

（6）禁用末端执行器断裂和专用外部信号　通过点按机器人示教器上的<MENU>键，选中弹出菜单中的“系统”选项，修改配置中的“末端执行器断裂”和“专用外部信号”两个选项，将其状态更改为“禁用”，点按<MENU>键消除报警信息，如图 3-26 所示。

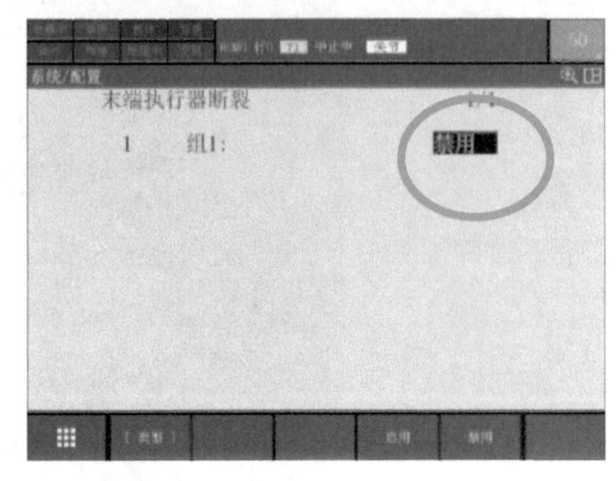

图 3-26　禁用末端执行器断裂和专用外部信号（FANUC）

（7）点动机器人　参照表 3-20 所列的点动机器人条件，待消除机器人报警后，点按<COORD>键选择手动机器人坐标系（如关节坐标系和世界坐标系），同时按下<SHIFT>键和运动轴点动键，选择机器人某一运动轴，通过逐渐递增速度倍率，观察机器人本体动作是否异常。最后，将机器人本体各轴移至零点位置，如图 3-27 所示。

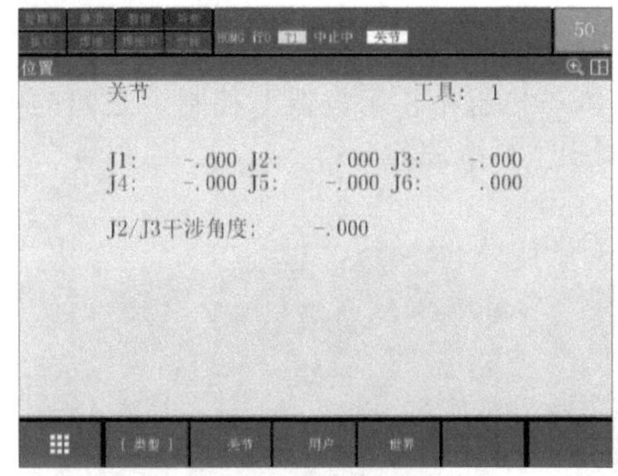

a) 机器人本体全轴零点位置界面

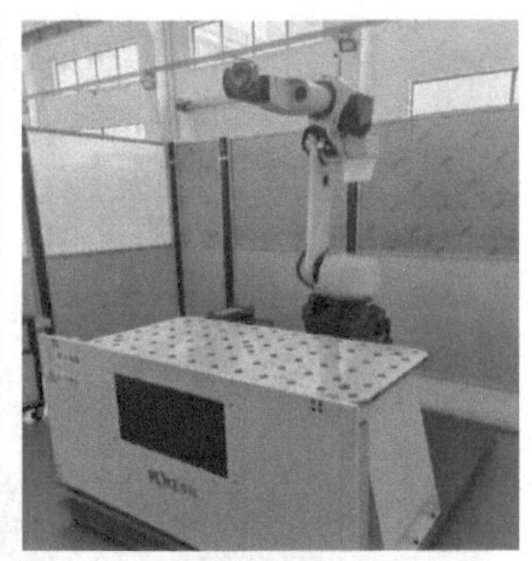

b) 机器人本体全轴零点时的姿态

图 3-27　点动机器人至全轴零点位置

（8）核实机器人零点位置　根据机器人机构操作说明书，逐一目测核实机器人全轴的零点位置准确与否，如图 3-28 所示。若发现机器人某一轴或多轴存在零点位置偏差较大的情况，则需要进行机器人零点标定。

（9）系统断电关机　按下示教器或机器人控制柜上的急停按钮，依次复位机器人控制柜断路器和工位电源控制箱的断路器，切断电源回路。

2. EFORT 焊接机器人单元装调

EFORT 焊接机器人任务实施步骤中与 FANUC 焊接机器人相同的部分，参考 FANUC 焊接机器人，不再赘述，只给出图示。

图 3-28　核实机器人零点位置（J4 轴）

（1）安装机器人本体 如图 3-29 所示。

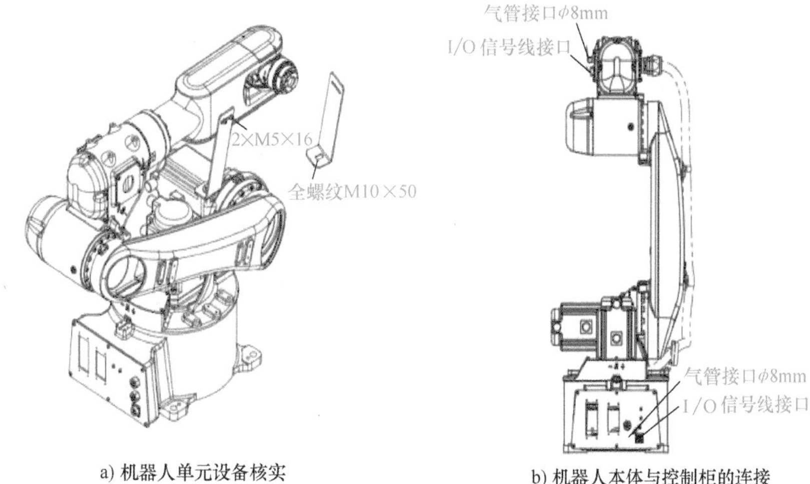

a) 机器人单元设备核实

b) 机器人本体与控制柜的连接

图 3-29 安装机器人本体（EFORT）

（2）连接机器人本体与控制柜电缆 如图 3-30 所示。

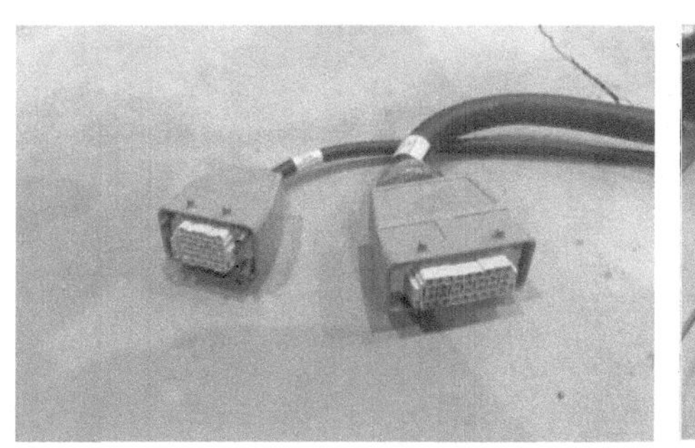

a) 机器人连接电缆

b) 机器人本体与控制柜的连接

图 3-30 连接机器人本体与控制柜电缆（EFORT）

（3）连接示教器与机器人控制柜电缆 如图 3-31 所示。

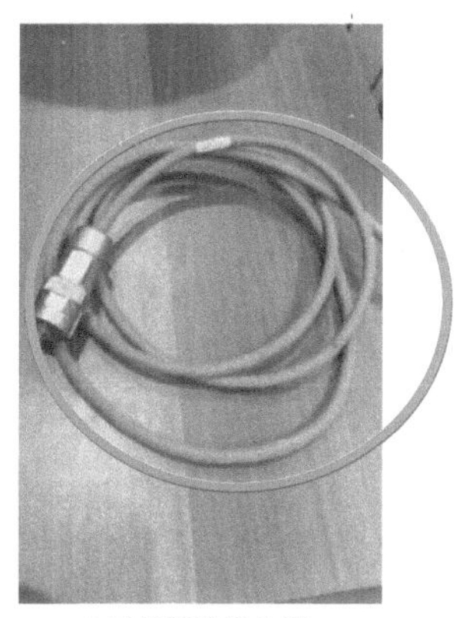

a) 示教器连接电缆

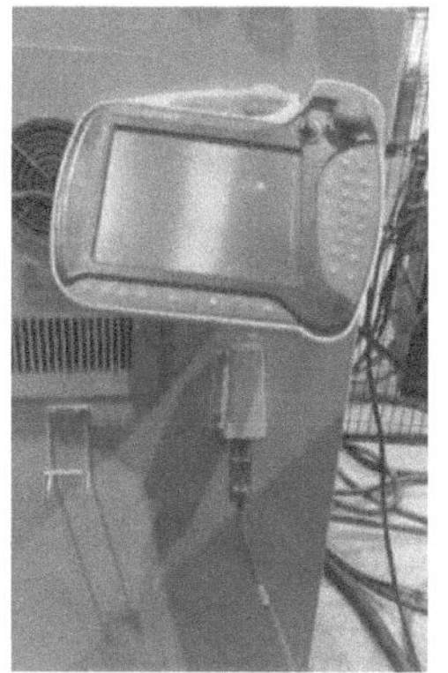

b) 连接示教器与控制柜

图 3-31 连接示教器与机器人控制柜电缆（EFORT）

（4）连接工位电源输入电缆 如图 3-32 所示。

（5）系统上电开机及模式确认 如图 3-33 所示。

（6）点动机器人 以管理员身份登录后，选择菜单栏中的“监控”→“位置”命令，在跳转的界面中即可进行点动操作，如图 3-34 所示。

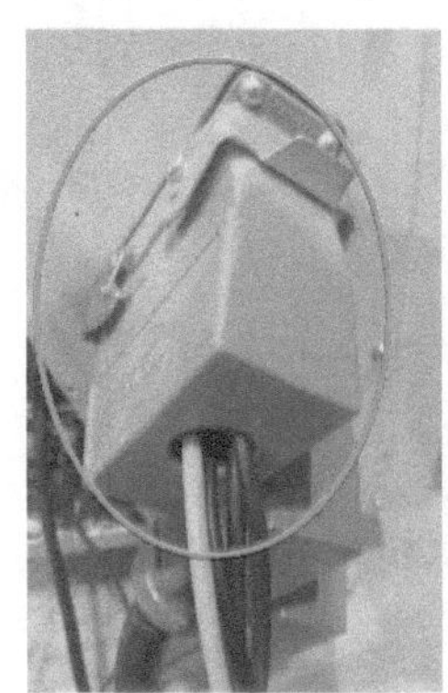

a) 机器人控制柜侧

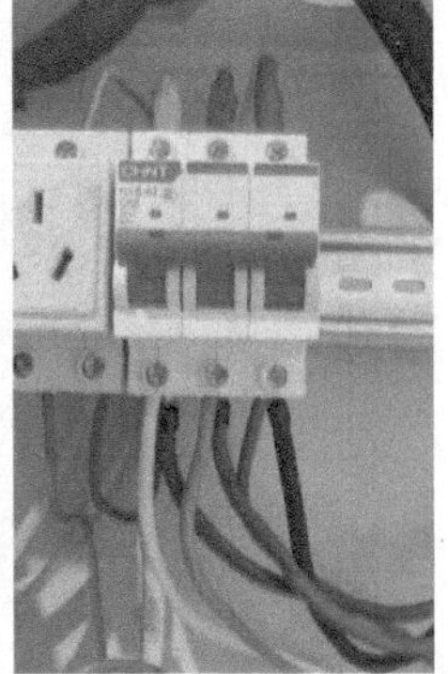

b) 工位电源控制箱

图 3-32　连接工位电源输入电缆（EFORT）

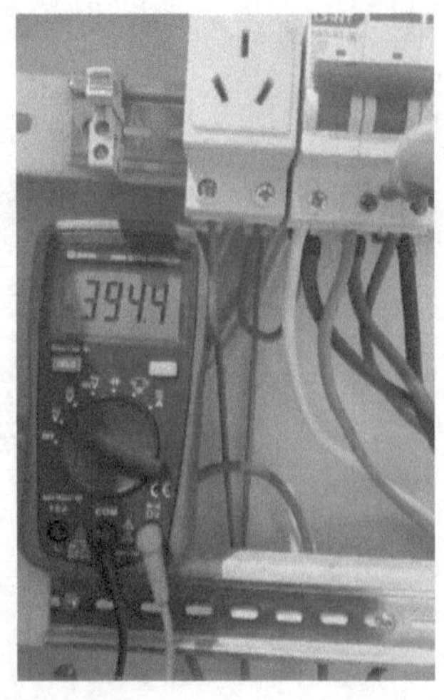

图 3-33　测量电源输入端电压（EFORT）

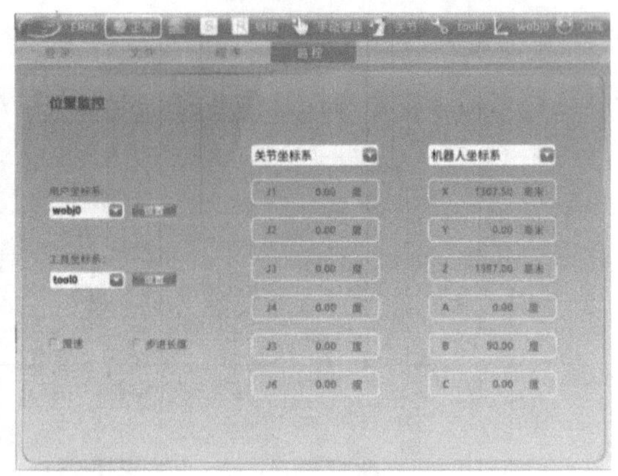

图 3-34　关节坐标系下位置监控界面（EFORT）

单击示教器面板上的坐标系切换按键可进行坐标系类型切换，如图 3-35 所示。切换顺序依次为关节坐标系→机器人坐标系→工具坐标系→用户坐标系，切换结果显示于示教器状态栏。

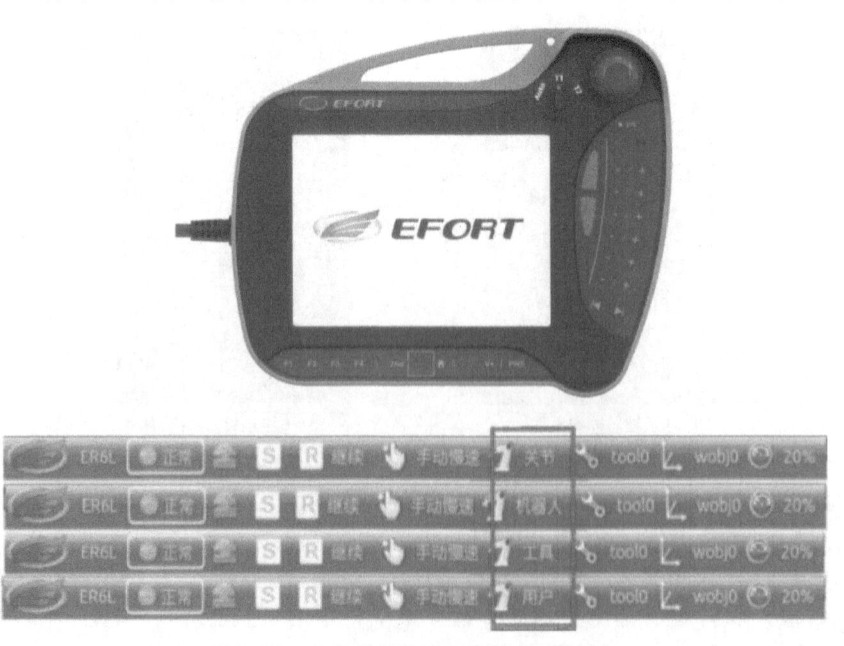

图 3-35　坐标系切换和不同坐标系图标

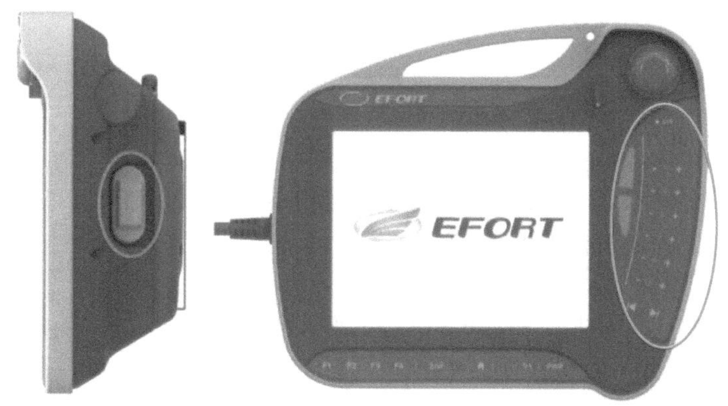

图 3-36 手压开关和点动按键位置

将坐标系类型设置为关节坐标系，单击示教器面板下方的坐标系按键，直到示教器状态栏中显示“关节”状态；也可以手动单击状态栏按钮，出现下拉框后选择“关节”。按住手压开关的同时，单击示教器面板右侧的“-”和“+”按键，如图 3-36 所示，即可调节工业机器人相应关节轴的运动角度。

（7）核实机器人零点位置 如图 3-37 所示。

（8）系统断电关机

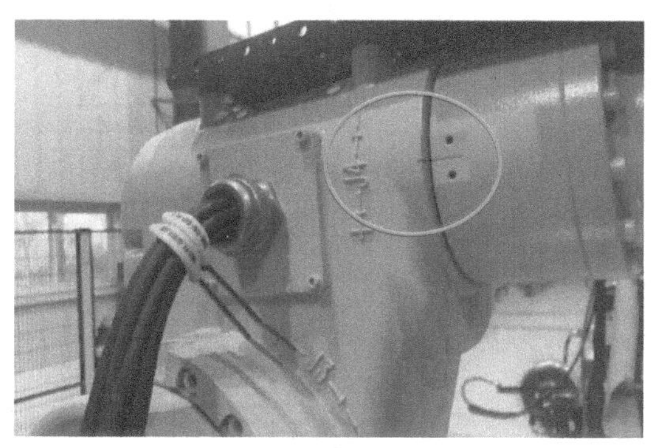

图 3-37 核实机器人零点位置（EFORT J4 轴）

任务 3.2 焊接电源单元与机器人焊枪单元装调

【任务描述】

焊接电源参数（如焊接电流、电弧电压等）、送丝顺畅及稳定性、保护气体种类及气体流量等因素均会影响焊接质量。熟知焊接电源设备物理接口、控制面板及功能，送丝机构的驱动原理，保护气体的气路布局等，是机器人系统集成商和用户培训的一项基础性工作。

本任务通过安装焊接送丝机、机器人专用焊枪及防碰撞传感器，连接焊接电源与机器人焊枪单元设备的电气线缆及保护气路（图 3-38）、确认送丝（气）功能等实操训练，使学生掌握焊接电源与机器人焊枪单元设备的调试内容与方法。

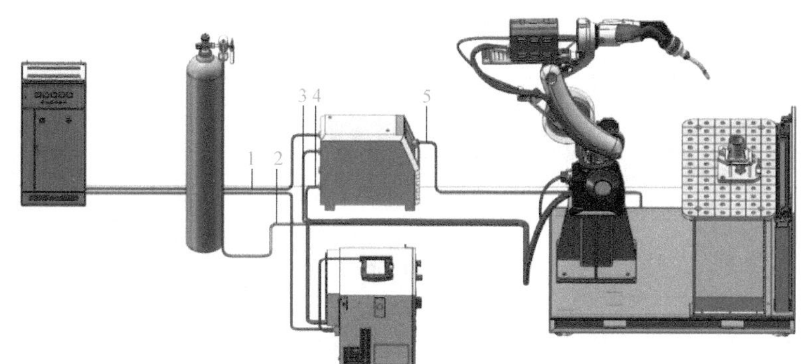

图 3-38 焊接电源与机器人焊枪单元设备的连接

1—电源输入电缆 2—气管 3—送丝机控制电缆 4—焊接电缆（+） 5—焊接电缆（-）

【知识准备】

3.2.1 焊接电源

焊接机器人编程与维护实训工作站配置的焊接电源是 MAG-350RPL 和 TDN-5001MB 两种型号的数字焊接电源。这两种焊接电源均可与机器人进行通信，实现自动化焊接。下面分别对这两种电源进行阐述。

1. MAG-350RL 焊接电源

MAG-350RL 焊接电源是一款利用多核中央处理器（Central Processing Unit，CPU）系统实现的全数字焊接电源，具有超低飞溅和恒压两种焊接模式。

图 3-39 所示为 MAG-350RL 全数字焊接电源的前、后面板（接口），各接口的名称及功能见表 3-21。

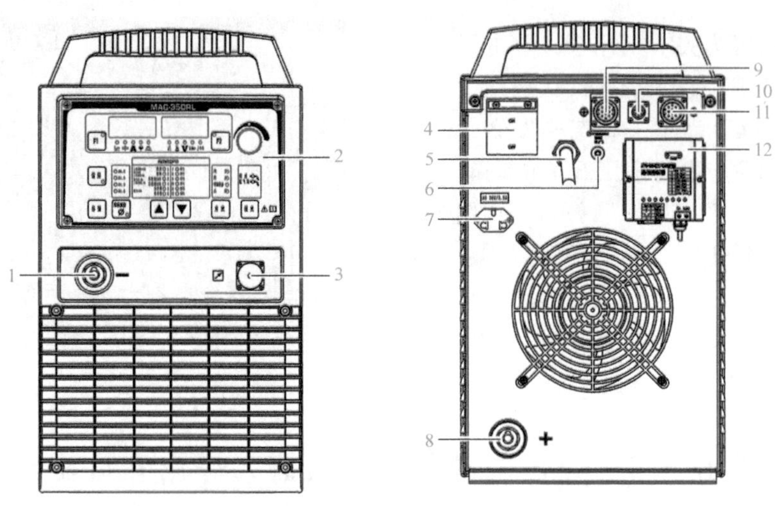

图 3-39　焊接电源前、后面板（MAG-350RL）

表 3-21　焊接电源前、后面板接口名称及功能（MAG-350RL）

编号	接口名称	功能
1	输出插座(-)	焊接前通过接地电缆与焊件连接
2	控制面板	用于功能选择和部分参数的设定。控制面板包括数字显示窗口、调节旋钮、按键、发光二极管指示灯
3	弧压反馈线连接插座	通过弧压反馈线与焊件连接
4	自动断路器	在过载或发生故障时自动断电，以保护设备。一般情况下，可向上扳此开关至接通的位置
5	电源输入电缆	给焊接电源供电
6	送丝机过载保护器	保护送丝机
7	加热电源输出插座(AC 36V)	给气表加热装置供电
8	输出插座(+)	通过送丝焊接电缆与送丝机输入插座连接
9	模拟接口连接插座 X5	用于连接模拟控制线。该接口方式成本低，可靠性高，通过机器人能够完成基本的焊接任务，但不具备调用专家库的功能
10	数字接口连接插座 X6	用于连接通信控制器。该接口方式可控制内容多，通用性强，能与市面上绝大多数的机器人完成配套。数字接口需要机器人具有数字通信模块，同时配备相应的通信控制器
11	送丝机构控制线插座 X7	通过送丝机构控制线连接到机器人送丝机构
12	通信控制器	用于与机器人数字通信

焊接电源各接口电缆连接完毕后，使用过程中主要通过焊接电源控制面板（图3-40）设置参数。控制面板上各按键的名称及功能见表3-22。

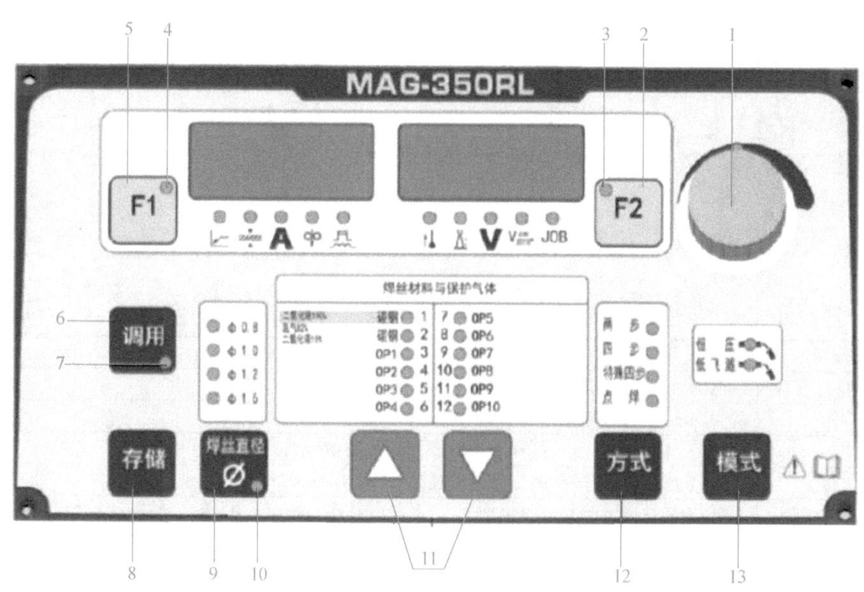

图3-40 焊接电源控制面板（MAG-350RL）

表3-22 焊接电源控制面板各按键功能（MAG-350RL）

编号	按键名称	按键功能
1	调节旋钮	用于选择参数，调节各参数值。当调节旋钮上方指示灯亮时，可用此旋钮调节对应参数的数值
2	参数选择键F2	可选择进行操作的参数，如弧长修正、焊接电压和作业号
3	F2键选中指示灯	指示灯亮时，F2键被选中
4	F1键选中指示灯	指示灯亮时，F1键被选中
5	参数选择键F1	可选择进行操作的参数，如送丝速度、焊接电流、电弧力/电弧挺度
6	调用键	调用已存储的参数
7	调用作业模式工作指示灯	指示灯亮时，调用键被选中
8	存储键	进入设置菜单或存储参数
9	焊丝直径选择键	选择焊接所用的焊丝直径
10	隐含参数菜单指示灯	进入隐含参数菜单调节时指示灯亮
11	焊丝材料选择键	选择焊接所要采用的焊丝材料及保护气体
12	焊枪操作方式选择键	选择焊枪操作方式，包括两步操作（常规操作方式）、四步操作（自锁方式）、特殊四步操作（起、收弧规范可调方式）和点焊操作
13	焊接模式选择键	恒压电弧焊和低飞溅电弧焊

焊接前，单击控制面板上的相关按键，选择焊丝直径、焊丝材料与保护气体、焊接模式、焊枪操作方式，并通过焊接电源显示板设置焊脚、焊接电流、电弧电压等关键工艺参数，如图3-41所示。焊接电源显示板指示灯的含义及功能见表3-23。

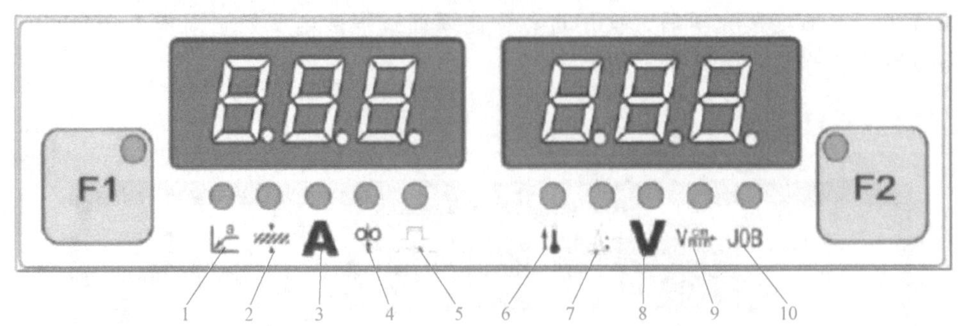

图 3-41 焊接电源显示板指示灯（MAG-350RL）

表 3-23 焊接电源显示板指示灯含义（MAG-350RL）

编号	指示灯含义	指示灯功能
1	焊脚	指示灯亮时,左显示屏显示焊脚尺寸“a”
2	母材厚度	指示灯亮时,左显示屏显示预置母材厚度
3	焊接电流	指示灯亮时,左显示屏显示预置或实际焊接电流
4	送丝速度	指示灯亮时,左显示屏显示送丝速度,单位为 m/min
5	电弧力/电弧挺度	改变短路过渡时的电弧挺度,“-”表示电弧硬而稳定;“0”表示中等电弧;“+”表示电弧柔和,飞溅小
6	机内温度	机内过热时,指示灯亮
7	弧长修正	指示灯亮时,右显示屏显示弧长修正值
8	焊接电压	指示灯亮时,右显示屏显示预置或实际焊接电压
9	焊接速度	指示灯亮时,右显示屏显示预置焊接速度,单位为 cm/min
10	作业号	指示灯亮时,可按作业号调取预先存储的作业参数

2. TDN-5001MB 焊接电源

TDN-5001MB 焊接电源是一款利用多核 CPU 系统实现的全数字焊接电源，具有超低飞溅和恒压两种焊接模式。通过对电弧和熔滴的精细控制，TDN-5001MB 焊接电源可大幅提升熔池的稳定性，降低焊接飞溅量和热输入，改善焊缝成形，特别适合板厚为 0.7~3mm 的碳钢、不锈钢和镀锌板的焊接。

图 3-42 所示为 TDN-5001MB 全数字焊接电源前、后面板（接口）。

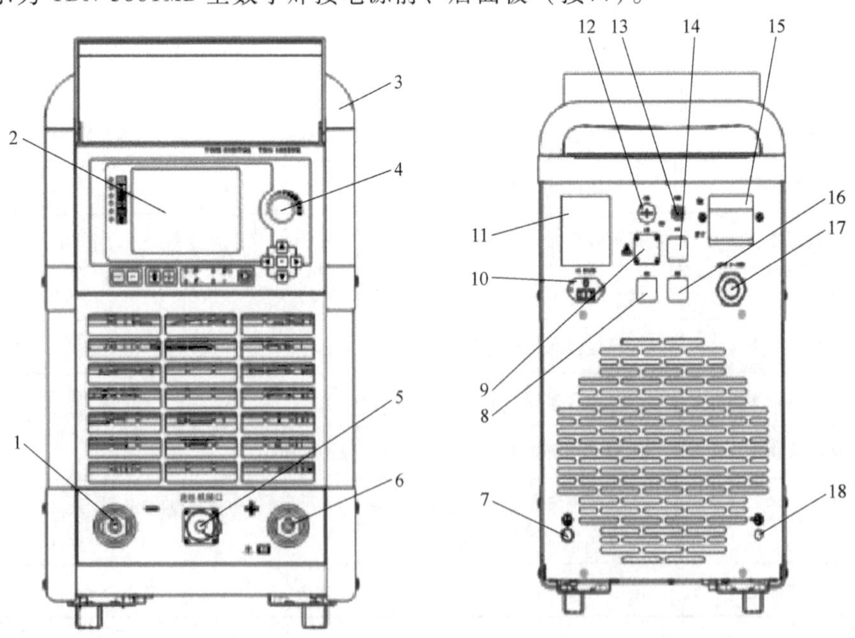

图 3-42 焊接电源的前、后面板（TDN-5001MB）

1—焊接电缆负极连接座（母材侧端子） 2—液晶显示窗口 3—把手 4—调节旋钮 5—送丝机接口 6—焊接电线正极连接座（焊枪侧端子） 7—接地端子 8—XS4 插座（水箱信号接口）选装 9—XS2 插座（水箱电源接口）选装 10—加热器电源插座 11—电源铭牌 12—USB 插座 13—保险座 14—XS3 插座（集控接口）选装 15—断路器 16—XS5 插座（自动焊接口） 17—电源输入电缆 18—孔塞

焊接电源各接口电缆连接完毕后，使用过程中主要通过焊接电源控制面板设置参数，如图 3-43 所示，TDN 脉冲 MAG/MIG 焊电源液晶控制面板包括的资源有：1 个液晶显示屏、9 个 LED 指示灯、10 个按钮和 1 个旋钮。控制面板上指示类资源状态及功能见表 3-24，操作类资源功能见表 3-25。

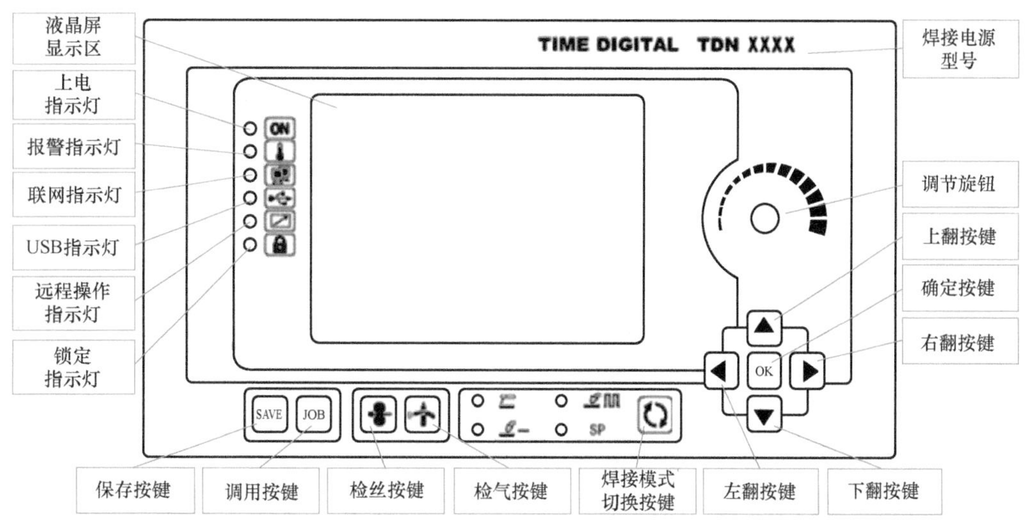

图 3-43 焊接电源控制面板（TDN-5001MB）

表 3-24 控制面板上指示类资源状态及功能（TDN-5001MB）

序号	名称		颜色	状态及功能描述
1	上电指示灯	ON	绿	亮:控制面板供电正常 不亮:控制面板供电异常
2	报警指示灯		黄	亮:焊接电源存在异常 不亮:焊接电源工作正常
3	联网指示灯		绿	亮:焊接电源受集控上位机控制(有线/无线) 不亮:焊接电源由控制面板独立控制
4	USB 指示灯		绿	亮:USB 接口有设备接入 不亮:USB 接口无设备接入
5	远程操作指示灯		绿	功能预留,暂未定义
6	锁定指示灯		绿	亮:无法从控制面板调节焊接参数 不亮:可以从控制面板调节焊接参数
7	手工焊指示灯		绿	亮:当前焊接方式为焊条电弧焊 不亮:当前焊接方式不是焊条电弧焊
8	直流气保焊指示灯		绿	亮:当前焊接方式为熔化极气体保护焊 不亮:当前焊接方式不是熔化极气体保护焊
9	脉冲气保焊指示灯		绿	亮:当前焊接方式为脉冲熔化极气体保护焊 不亮:当前焊接方式不是脉冲熔化极气体保护焊
10	液晶屏显示区			显示焊接电源功能及状态信息,配合按钮和旋钮完成功能操作

表 3-25 操作类资源功能（TDN-5001MB）

序号	名称		功能描述
1	保存按键	SAVE	第一次按下该按键,进入通道操作,选中通道号;第二次按下该按键,进行存储操作,存储完成后返回主界面

（续）

序号	名称		功能描述
2	调用按键	JOB	第一次按下该按键，进入通道操作，选中通道号，第二次按下该按键，进行调用操作，调用完成后返回主界面
3	检丝按键		按下该按键，开始点动送丝；松开该按键，停止点动送丝，用于检丝
4	检气按键		按下该按键，气阀打开；松开该按键，气阀关闭，用于检气
5	焊接模式切换按键		按下一次该按键，切换一种焊接模式，依次在手工焊、直流气保焊、脉冲气保焊三种焊接模式下循环切换
6	上翻按键	▲	每按一次该按键，光标向上移动一个控件，依次从下向上循环切换
7	下翻按键	▼	每按一次该按键，光标向下移动一个控件，依次从上向下循环切换
8	左翻按键	◀	每按一次该按键，光标向左移动一个控件，依次从右向左循环切换
9	右翻按键	▶	每按一次该按键，光标向右移动一个控件，依次从左向右循环切换
10	确定按键	OK	确认操作，按下该按键，对控件进行选中、功能切换或显示信息
11	调节旋钮		当光标移动到“文本框”控件时，调节此旋钮，文本框内容在设定的范围内进行调节，沿顺时针方向旋转时增大，沿逆时针方向旋转时减小 当进入“软键盘”时，调节此旋钮，光标在旋钮控件之间切换，沿顺时针方向旋转时，光标从左向右、从上向下依次循环切换；沿逆时针方向旋转时，光标从右往左、从下往上依次循环切换

TDN 脉冲 MAG/MIG 焊电源液晶控制面板具备检测、系统设置、参数设置和通道操作四类操作，详细功能见表 3-26。

表 3-26　电源液晶控制面板功能（TDN-5001MB）

操作类型	功能	备注
检测	状态指示	指示焊接电源是否连接了上位机和 USB 接口或面板被锁定
	异常报警显示	机器异常时，报警指示灯亮，并在液晶屏上显示故障码
	实时数据显示	焊接时，实时显示焊接电流、焊接电压等数据
	检气	在脉冲气体保护焊或直流气体保护焊待机状态，检查送气是否正常
	检丝	在脉冲气体保护焊或直流气体保护焊待机状态，检查送丝是否正常
系统设置	机器信息	查看机器的面板版本号、主控版本号和机器容量等信息
	机器校准	校正电流（或电压）的实际值和显示值一致
	地址设置	设置本机的 CAN 地址
	密码修改	按照用户意愿修改密码，限定焊接电源系统设置的修改权限
	恢复出厂设置	恢复通道参数和部分系统参数到出厂默认值
	界面语言切换	显示界面语言可选择系统内置的不同种类语言
	远控开关	可以选择使用或禁用送丝机端的电流电压调节电位器
	阻抗校准	可以对焊接回路的阻抗进行校正补偿

（续）

操作类型	功能	备注
系统设置	面板锁定与解锁	面板锁定时，锁定指示灯亮，限制面板部分功能
	微调范围设定	可以设定焊接参数的微调范围，面板锁定时进行微调
参数设置	焊接方式设置	在待机状态选择焊接模式，在三种焊接模式中循环切换
	焊接规范设置	在主界面直接设置焊接参数
	详细参数设置	进行脉冲气体保护焊或直流气体保护焊时，在主界面单击“详细参数”，设置详细参数
通道操作	调用	在气体保护焊待机状态，调用某通道参数到工作通道
	存储	在气体保护焊正常状态，存储工作通道参数到某通道

3.2.2 焊丝安装与输送

稳定而顺畅的焊丝输送是保障焊接质量的重要条件之一。焊接时，送丝机构自动将焊丝从焊丝盘（或焊丝桶）中拉出，经由送丝导管送至焊枪，如图 3-44 所示。

图 3-44 焊丝输送路径

焊接机器人专用送丝机构的结构如图 3-45 所示。送丝机构的控制部分集成在焊接电源中，可减小送丝机构的质量，减轻机器人手臂的承重。

焊接开始前或焊接过程中，用户常要安装或更换焊丝，其具体操作步骤见表 3-27。

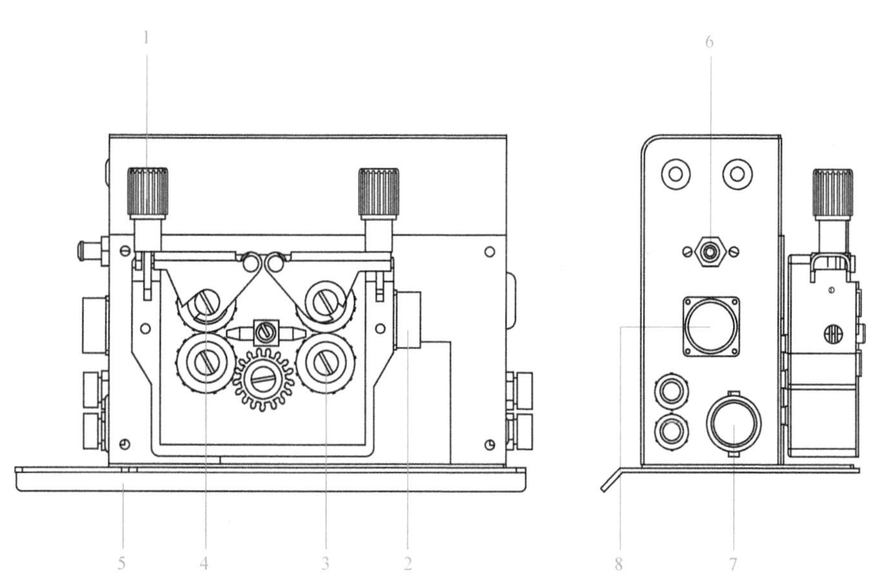

图 3-45 送丝机结构示意

1—加压手柄 2—焊枪接口 3—送丝轮 4—压丝轮 5—送丝机构支架
6—气管接口 7—正极电缆接口 8—控制电缆接口

表 3-27　焊丝安装与输送步骤

步骤	操作描述	示意图
1	将焊丝从焊丝盘中抽出，穿出软管的快速接头。需要注意的是，焊丝从焊丝盘抽出时，焊丝盘沿逆时针方向旋转；焊丝抽出时，如果焊丝有弯折或焊丝头有尖刺，会导致焊丝难以穿过软管，此时要剪掉焊丝，重新抽出	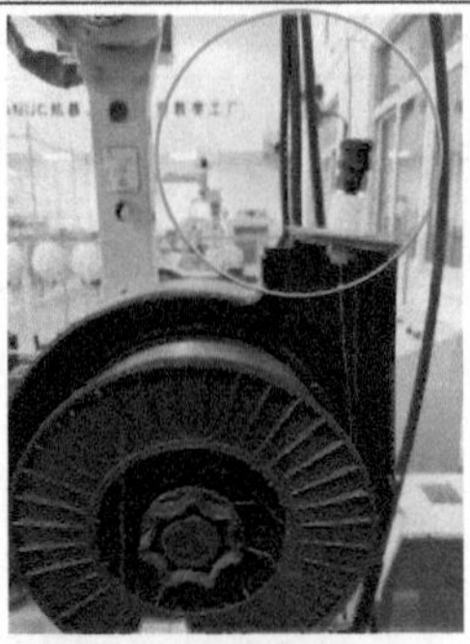
2	将焊丝穿进第一段软管，即焊丝盘和送丝机之间的软管。手动拉动焊丝，向上推送，直到焊丝穿过第一段软管。当焊丝到达送丝机后，停止推送焊丝，把软管插进焊丝盘上的快速接头	
3	焊丝进入送丝机后，将焊丝穿过送丝机中间的一小段固定铁管，然后将焊丝送入第二段软管的接头（送入长度为 5cm 以上即可）。第二段软管是送丝机和焊枪之间的软管。需要注意的是，应检查焊丝是否卡在送丝轮的凹槽中，凹槽的大小是否与焊丝直径一致（送丝轮上的数字对应焊丝的直径，如 1.2）	
4	将两个压丝轮按下，压住焊丝，将两个加压手柄向上推，卡住压丝轮，然后将加压手柄旋钮转至合适位置，使压丝轮压紧焊丝。此时，不需要手动推送焊丝，点按送丝机构上的 Wire Test 按钮，可将焊丝抽送至焊枪前端	
5	当看到焊丝从导电嘴中穿出时，即可停止送丝。若遇到焊丝难以穿过导电嘴的小孔，可以先把导电嘴拧下来，待焊丝穿出后，再把导电嘴装回。关闭焊丝盘盖，关闭送丝机盖，经测试送丝和退丝正常后，至此焊丝安装完毕	

3.2.3 保护气体连接及流量调整

保护气体是影响焊接质量的重要因素之一。焊接时，保护气体从焊枪嘴中喷出，驱赶电弧区的空气，在电弧区形成连续封闭的保护气层，使电极和金属熔池与空气隔绝，金属熔池不被氧化，如图3-46所示。焊接时，保护气体还有冷却的作用，可减小焊件的热影响区，其流量调节装置如图3-47所示。

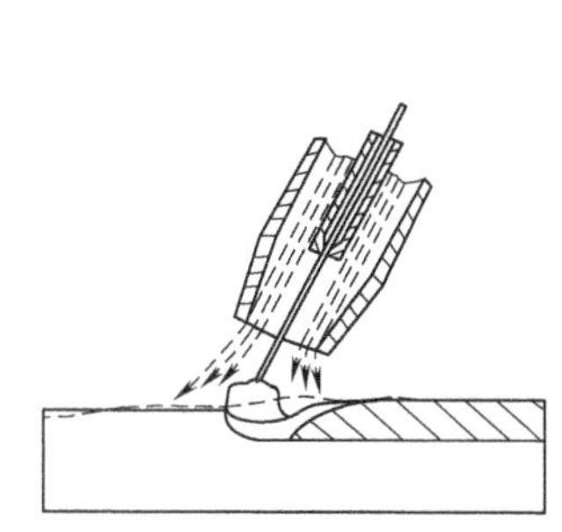

图3-46 保护气体作用示意图

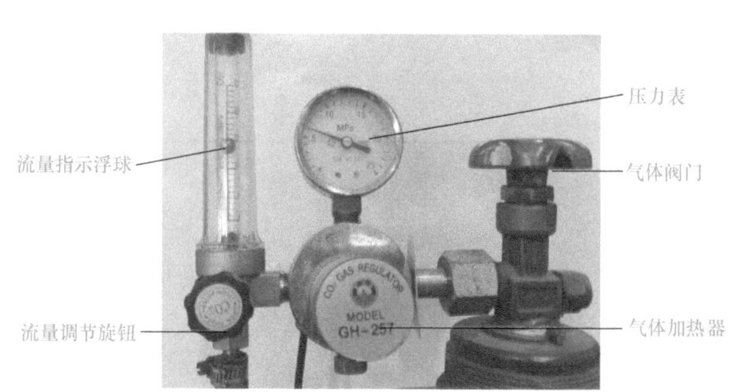

图3-47 保护气体流量调节装置

与焊丝测试类似，在进行焊接前，需要进行保护气体流量的调节，具体步骤见表3-28。

表3-28 保护气体流量调节的步骤

步骤	操作描述	示意图
1	沿逆时针方向转动储气瓶阀门，打开气体阀门	
2	点按送丝机构的<Gas Test>按键，能听到送丝机构中电磁阀打开的声音，随后可以听到焊枪喷嘴中气体喷出的声音	

（续）

步骤	操作描述	示意图
3	调节储气瓶上节流阀的流量调节旋钮，使流量指示浮球稳定在10~15L/min刻度范围内	

【任务实施】

本任务是完成焊接电源与机器人焊枪单元设备的安装与调试工作，包括机器人专用焊枪安装、送丝机支架安装、送丝机安装、送丝机通信电缆连接、焊接电缆连接、送丝管安装、焊接电源输入电缆连接、焊接功能确认等，如图3-48所示。任务实施前，请仔细清点焊接电源（奥太MAG-350RPL焊接电源）、送丝机、机器人专用焊枪（含防碰撞传感器）等设备。

图3-48　焊接电源与机器人焊枪单元设备的安装与调试流程

1. FANUC焊接机器人焊接电源单元与机器人焊枪单元装调

（1）安装防碰撞传感器及机器人专用焊枪　参照焊枪安装说明书中的方法将焊枪安装到机器人J6轴上，并将焊枪电缆穿过中空手腕，如图3-49所示。

图3-49　安装机器人焊枪（含碰撞传感器）

（2）安装送丝机支架　将送丝机支架安装到机器人J3轴末端，如图3-50所示。

（3）安装送丝机　将送丝机放置在送丝机支架上，然后将焊枪电缆插入送丝机的焊枪接口中，并旋紧。此时，沿送丝机支架长度方向适度调整送丝机的位置，调整手腕末端焊枪电缆的松紧至适度，方可将送丝机固定于支架上，如图3-51所示。

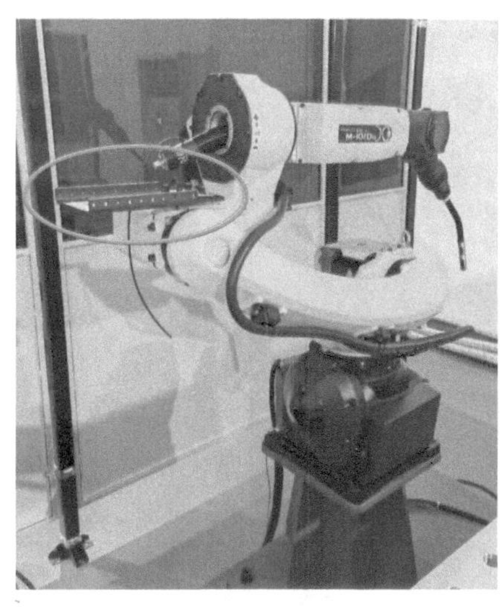

图 3-50　安装送丝机支架

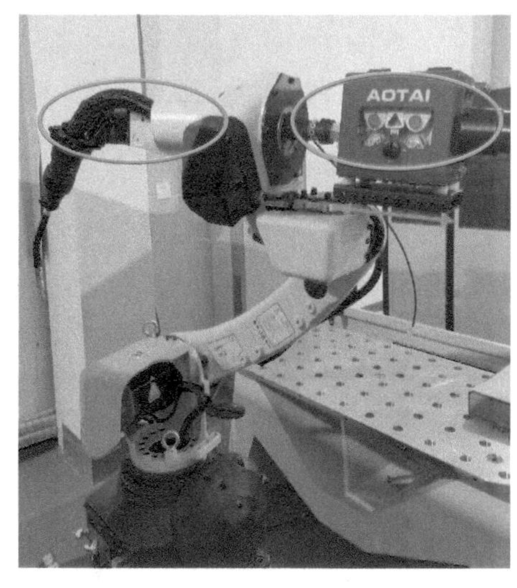

图 3-51　安装送丝机

（4）连接送丝机通信电缆　将送丝机通信电缆一端与送丝机正极端子连接，另一端与焊接电源背面的送丝机构控制线插座 X7 连接，如图 3-52 所示。

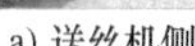

a) 送丝机侧

b) 焊接电源侧

图 3-52　连接送丝机通信电缆

（5）连接焊接正极电缆　将焊接正极电缆一端与送丝机正极端子连接，另一端与焊接电源背面的输出插座（+）连接，如图 3-53 所示。

（6）连接保护气路　将气管一端与送丝机上的气管接头连接并用卡箍固定，另一端与钢瓶保护柜输出接口连接，如图 3-54 所示。

（7）连接焊接负极电缆　将焊接负极电缆一端与焊接电源背面的输出插座（-）连接，另一端与焊接工作台连接，如图 3-55 所示。

（8）安装送丝盘支架　将送丝盘支架固定在机座上，如图 3-56 所示。

（9）安装送丝管　将送丝管一端与送丝机上的导丝管接头连接，另一端与送丝盘支架上的快插连接，如图 3-57 所示。

（10）连接焊接电源输入电缆　待机器人焊枪与送丝机接口、送丝机与焊接电源接口之间的电缆连接完毕后，通过快速接头将焊接电源侧和工位电源控制箱连接起来，如图 3-58 所示。

a) 送丝机侧　　　　b) 焊接电源侧

图 3-53　连接焊接正极电缆

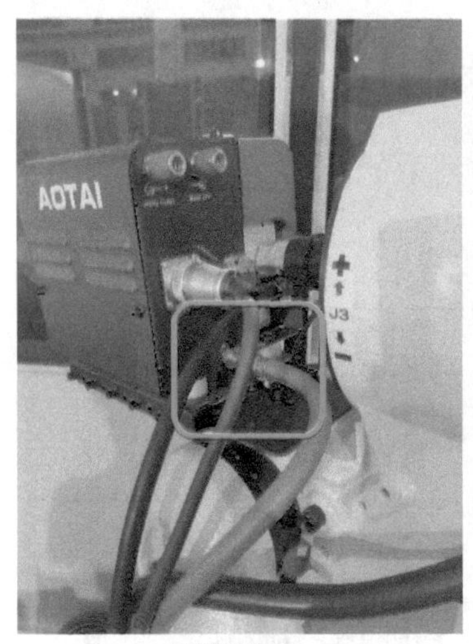

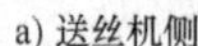

a) 送丝机侧　　　　b) 气源侧

图 3-54　连接保护气路

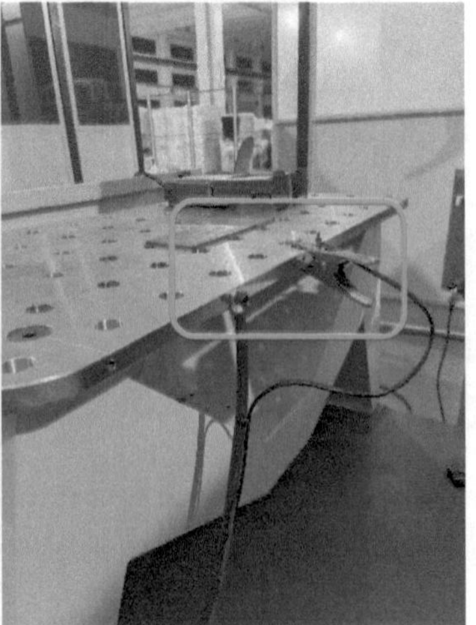

a) 送丝机侧　　　　b) 焊接电源侧

图 3-55　连接焊接负极电缆

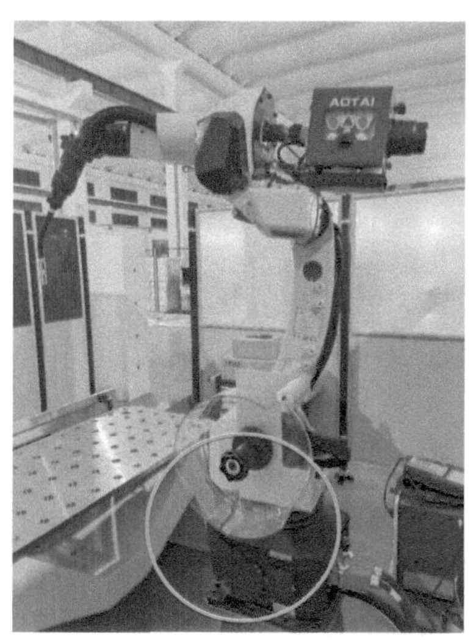

图 3-56　安装送丝盘支架

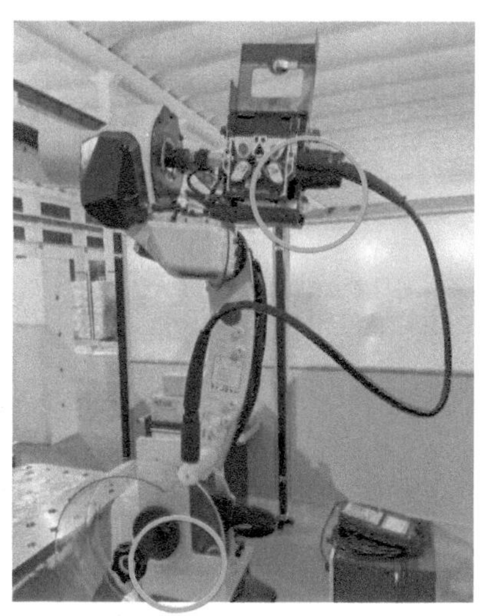

图 3-57　安装送丝管

a) 焊接电源侧

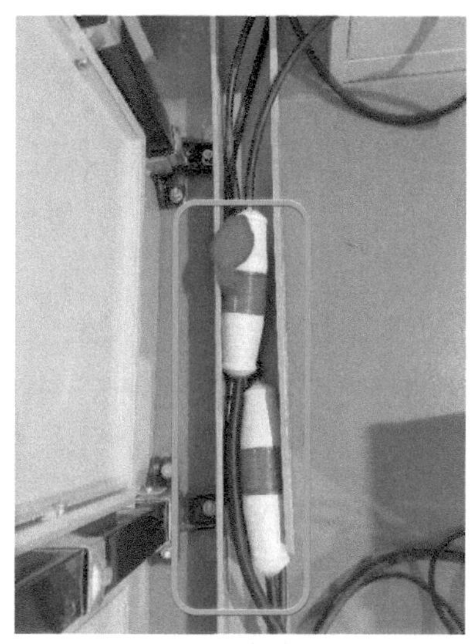

b) 工位电源控制箱

图 3-58　连接焊接电源输入电缆

（11）系统上电开机　系统上电开机前，务必核实接线的正确性，并用万用表测量工位电源控制箱中的断路器接入端三相电压是否正常，如图 3-59 所示。若电压正常，拨动控制箱中焊接电源回路的自动断路器，闭合电源回路，测量断路器输出端电压是否正常。在确保一切正常的情况下，拨动焊接电源背面的自动断路器，启动焊接电源。

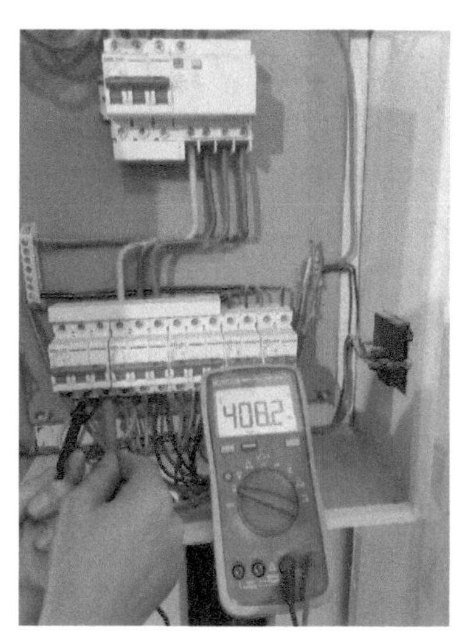

图 3-59　电源输入侧电压的测量

（12）点动送丝功能确认　点按送丝机外侧的<Wire Test>按键，观察焊丝沿焊丝盘、送丝机和焊枪的输送状态，直至焊丝顺畅地从导电嘴送出，则说明送丝功能正常，如图 3-60 所示。

（13）送气功能确认　打开保护气体阀门，点按送丝机外侧的<Gas Test>按键，观察保护气体流量调节旋钮的流量指示浮球的位置，若其稳定在 10～15L/mim，则说明送气功能正常，如图 3-61 所示。

a) 送丝机侧

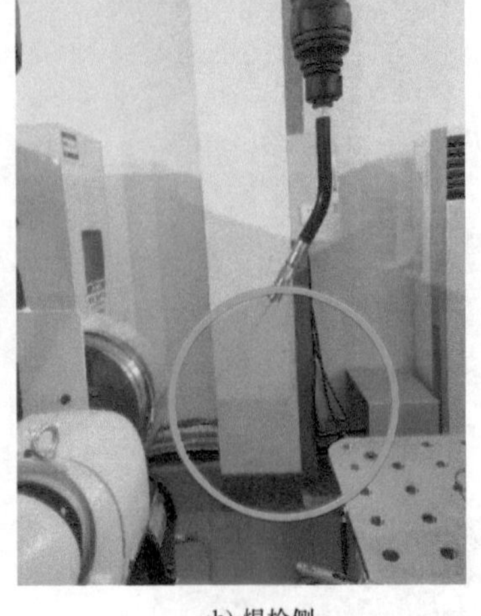

b) 焊枪侧

图 3-60　点动送丝功能确认

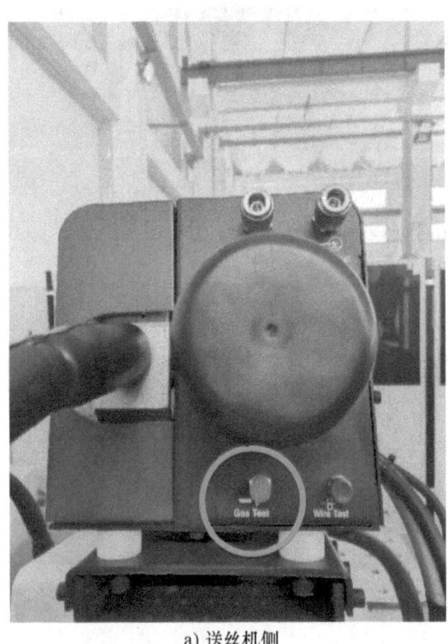

a) 送丝机侧

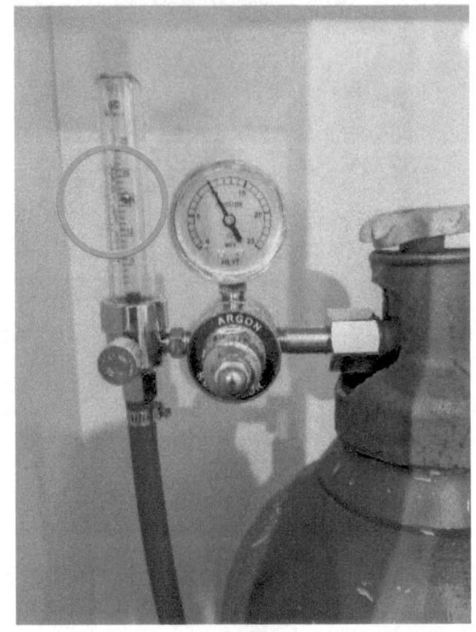

b) 气源侧

图 3-61　送气功能确认

（14）固定焊接电缆　确认焊接电源与机器人焊枪单元连接无误后，将送丝机集成电缆与机器人本体电缆用扎带捆绑固定在一起，如图 3-62 所示。

（15）系统断电关机

2. EFORT 焊接机器人焊接电源单元与机器人焊枪单元装调

（1）安装防碰撞传感器及机器人专用焊枪　按照焊枪安装说明书中的方法将焊枪安装到机器人 J6 轴上，具体操作步骤如下。

1）安装连接法兰，如图 3-63 所示。

2）将防碰撞传感器安装到连接法兰上，如图 3-64 所示。

注意事项：防碰撞传感器连接端有定位销，将其与绝缘盘相应销孔对准靠齐后，用内六角圆柱头螺钉（最大拧紧力矩为 6N · m）将防碰撞传感器锁紧在绝缘盘上。

3）将支枪臂安装至防碰撞传感器轴上，如图 3-65 所示。

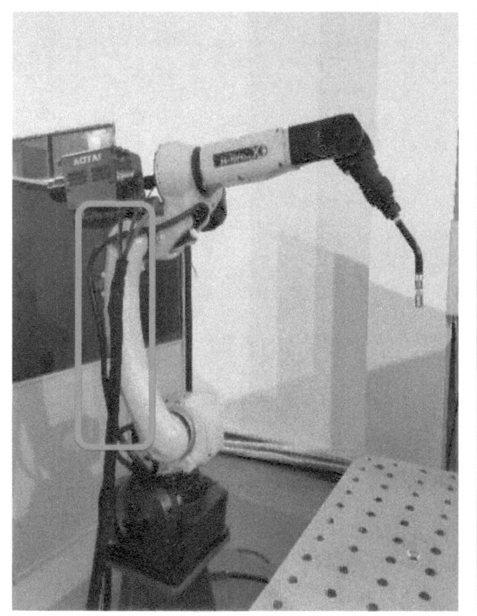

a) 捆绑前

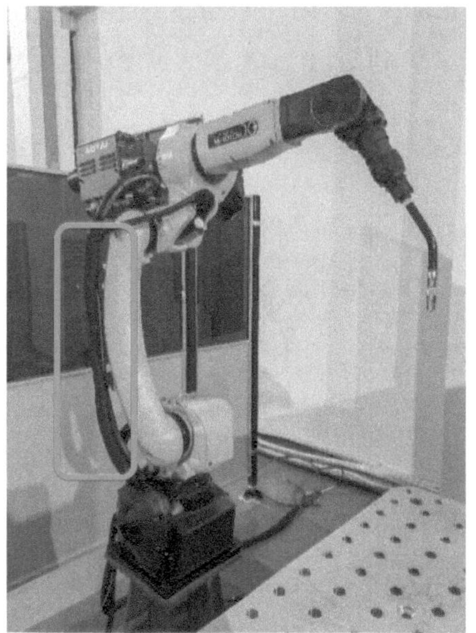

b) 捆绑后

图 3-62　捆绑固定焊接电缆

a) 安装前

b) 安装后

图 3-63　安装连接法兰示意图

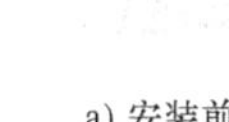

a) 安装前

b) 安装后

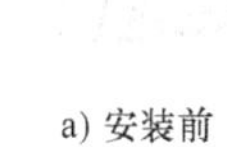

图 3-64　安装防碰撞传感器示意图

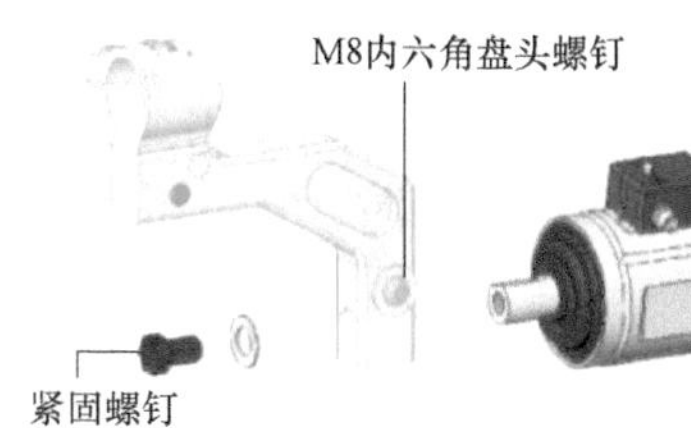

a) 安装前

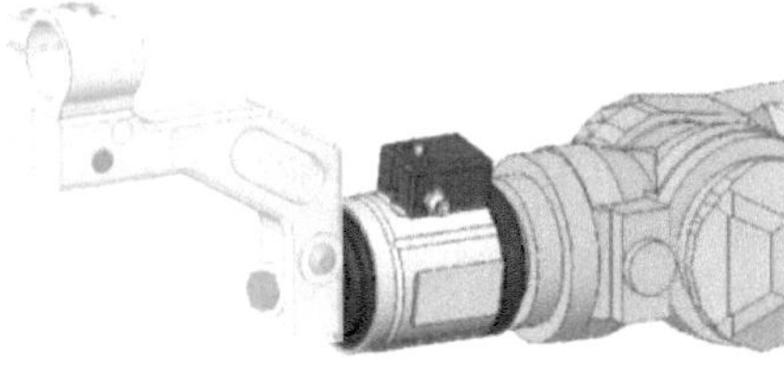

b) 安装后

图 3-65　安装支枪臂示意图

注意事项： 先将 M8 内六角盘头螺钉预旋紧，使固定座与防碰撞传感器轴的相对位置装配正确，然后旋紧紧固螺钉，最大拧紧力矩为 6N · m。

4）安装焊枪前段，如图 3-66 所示。

注意事项：注意焊枪与支枪臂间有键槽定位。

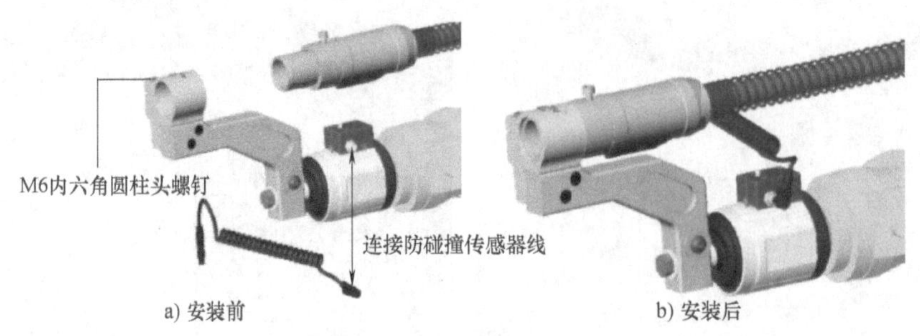

图 3-66　安装焊枪前段示意图

5）安装送丝管和电源接头，如图 3-67 所示。

注意事项：一体式送丝管必须在电源接头安装前装好；分体式送丝管需要预先装好送丝管座；装配时，主电缆上的螺母和转接头应旋紧，以避免接触不良。

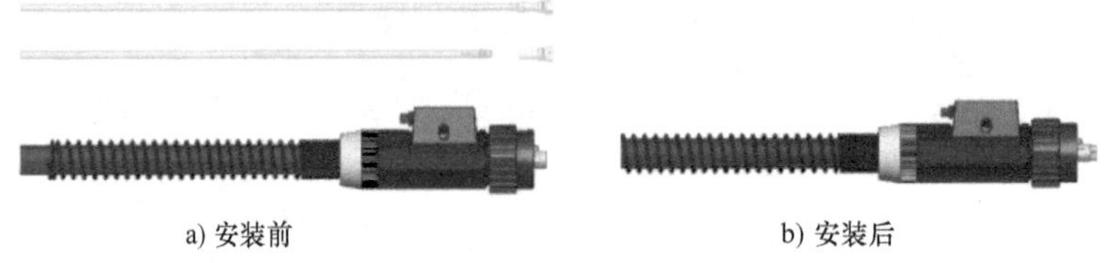

图 3-67　安装送丝管和电源接头示意图

6）安装枪颈和易损件，如图 3-68 所示。

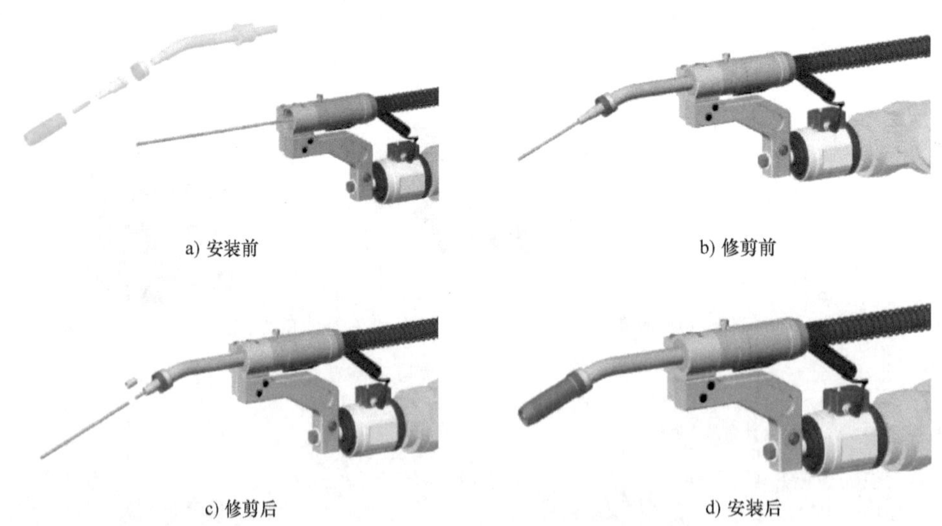

图 3-68　安装枪颈和易损件示意图

（2）安装送丝机支架　将送丝机支架安装到机器人 J3 轴末端，如图 3-69 所示。（安装送丝支架所需的螺钉在送丝机的包装箱内。）

（3）安装送丝机　将送丝机安装到送丝机支架上，如图 3-70 所示，然后将焊枪电缆插入送丝机焊枪接口中，并旋紧。

（4）连接送丝机通信电缆　将送丝机通信电缆一头与焊机上的送丝机通信接口连接，如图 3-71 所示，另一头与送丝机上的送丝机通信接口连接，如图 3-72 所示。

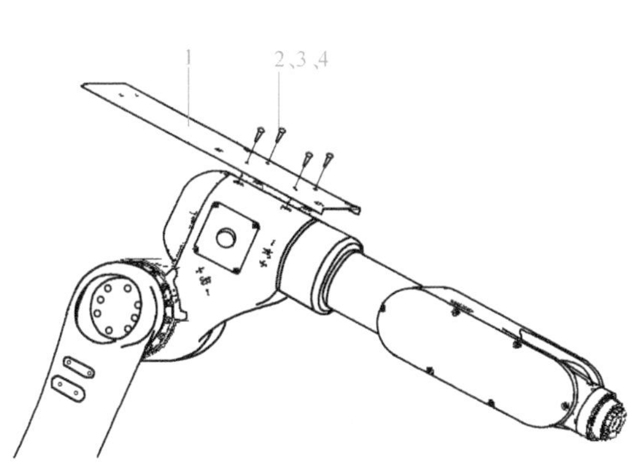

图 3-69　安装送丝机支架

1—送丝机支架　2—M6×12 内六角圆柱头螺钉

3—ϕ6mm 平垫圈　4—ϕ6mm 弹性垫圈

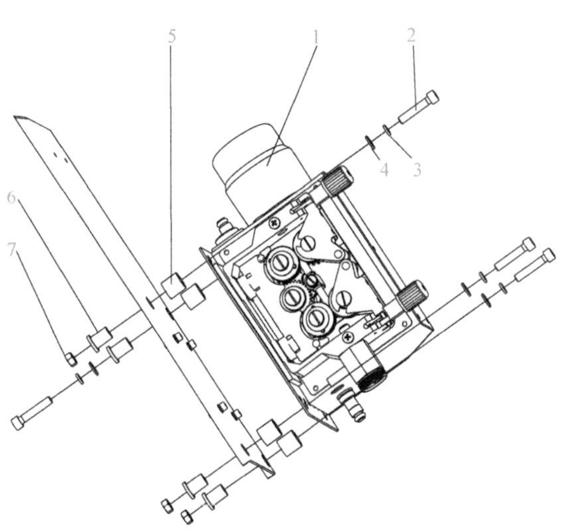

图 3-70　安装送丝机

1—送丝机　2—M8×40 内六角圆柱头螺钉

3—ϕ8mm 平垫圈　4—ϕ8mm 弹性垫圈

5、6—绝缘垫（PA6）　7—M8 六角螺母

图 3-71　与焊机上的送丝机通信接口连接

图 3-72　与送丝机上的送丝机通信接口连接

（5）连接焊枪防碰撞信号电缆　焊枪防碰撞信号电缆分为三段，第一段为图 3-73 所示的连接防碰撞传感器与焊枪枪体的电缆，第二段为图 3-74 所示的连接焊枪枪体与送丝机的电缆，第三段为图 3-75 与图 3-76 所示的连接送丝机与机器人控制柜本地 I/O 扩展的电缆。

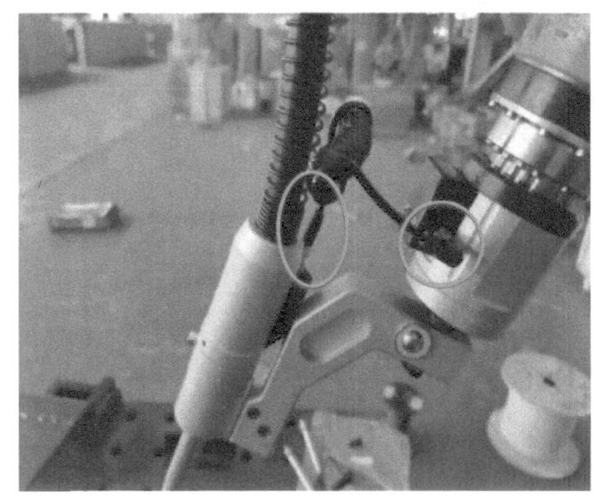

图 3-73　防碰撞信号电缆 1

图 3-74　防碰撞信号电缆 2

图 3-75　防碰撞信号电缆 3（送丝机端）

图 3-76　防碰撞信号电缆 3（控制柜端）

（6）连接焊接正极电缆　将焊接正极电缆一端与焊机上的正极端子连接，如图 3-77 所示，另一端与送丝机正极端子连接，如图 3-78 所示。

图 3-77　连接焊接正极端子

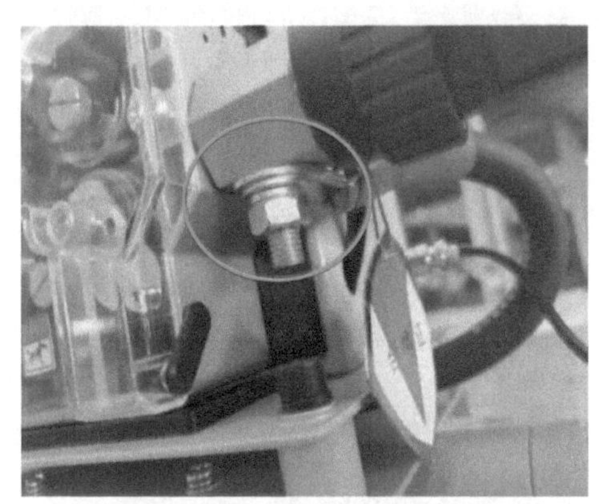
图 3-78　连接送丝机正极端子

（7）连接保护气路　将气管与送丝机上的气管接头连接，并用卡箍固定，如图 3-79 所示，气管另一端连接现场的气源。

（8）连接焊接负极电缆　将焊接负极电缆一端与焊机上的负极端子连接，如图 3-80 所示，另一端连接焊件。

（9）安装丝盘盒　具体步骤如下。

图 3-79　安装气管

图 3-80　连接焊接负极电缆

1）如图 3-81 所示，将丝盘盒安装板安装在机器人 1 轴相应的安装孔上。

2）如图 3-82 所示，完成导丝管转接头安装。

注意事项：务必安装绝缘板，否则机器人有被损坏的风险。

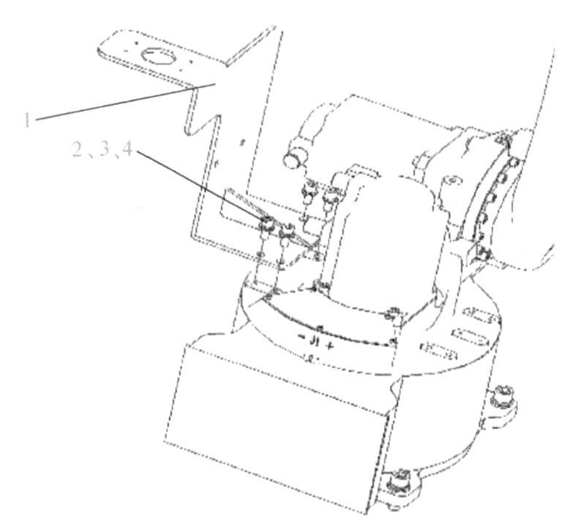

图 3-81　安装丝盘盒（一）

1—焊丝盘盒安装支架　2—M10×30 内六角圆柱头螺钉　3—ϕ10mm 平垫圈　4—ϕ10mm 弹性垫圈

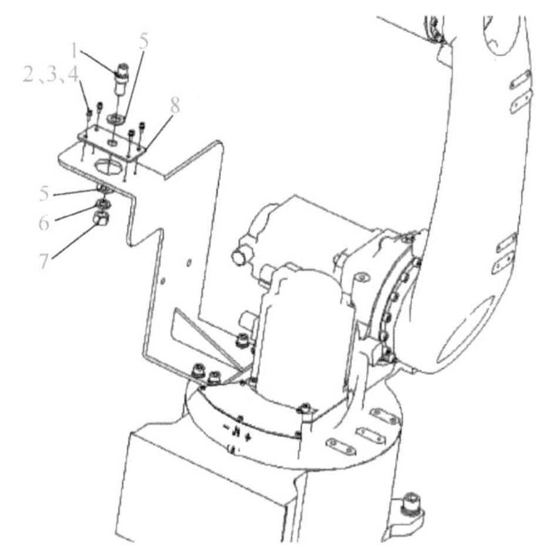

图 3-82　安装丝盘盒（二）

1—导丝管转接件　2—M4×8 内六角圆柱头螺钉　3—ϕ4mm 平垫圈　4—ϕ4mm 弹性垫圈　5—ϕ14mm 平垫圈　6—ϕ14mm 弹性垫圈　7—M14 六角螺母　8—绝缘板

3）如图 3-83 所示，将丝盘盒与阻尼轴安装在丝盘盒安装板上。

（10）安装送丝管　将送丝管一端与送丝机上的送丝管接头连接，如图 3-84 所示，另一端与送丝支架上的导丝管转接头连接，如图 3-85 所示。

（11）安装数据交换控制器　一般将数据交换控制器放置于焊接电源上方，并通过螺钉（数据交换控制器包装内含 4 套安装螺钉）固定在焊接电源上盖板上，如图 3-86 所示。

如图 3-87 所示，使用数据交换控制器包装内的通信电缆将数据交换控制器和焊接电源连接起来。

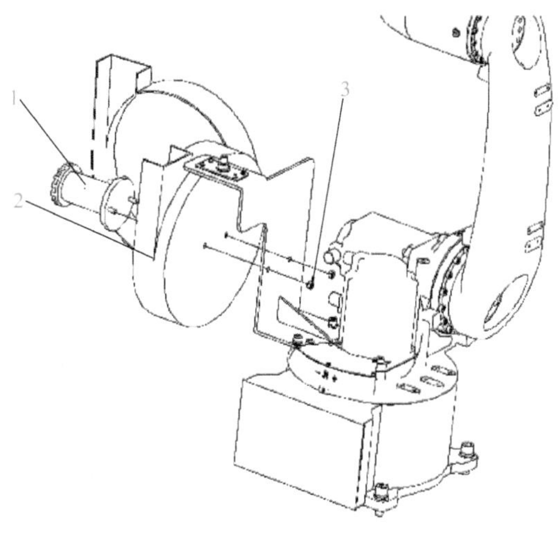

图 3-83　安装丝盘盒（三）

1—20kg 欧式阻尼轴　2—20kg 丝盘盒　3—M8 六角螺母

图 3-84　与送丝机上的送丝管接头连接

图 3-85　与送丝支架上的导丝管转接头连接

图 3-86　安装焊接电源和数据交换控制器

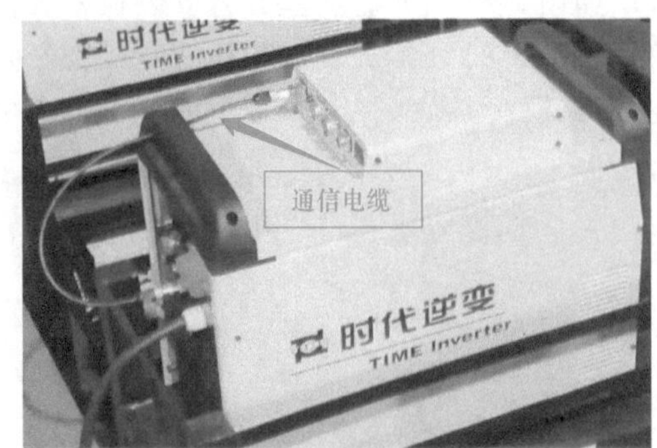

图 3-87　连接焊接电源和数据交换控制器通信电缆

如图 3-88 和图 3-89 所示，使用数据交换控制器包装内的通信电缆将数据交换控制器 XS5 和机器人控制柜内的运动控制器 PIN1 连接起来。

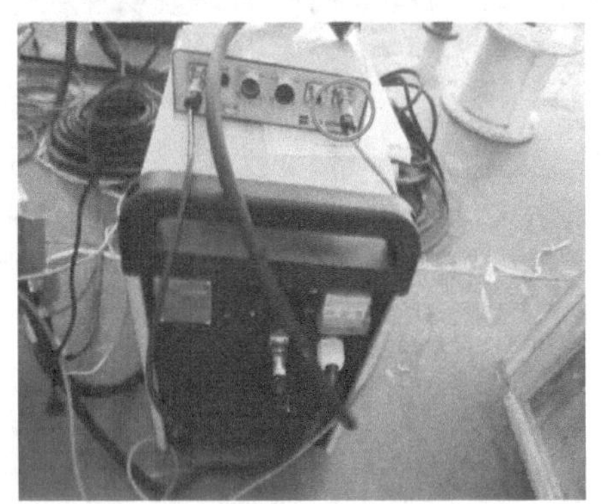

图 3-88　连接数据交换控制器与控制柜通信电缆（数据交换控制器侧）

图 3-89　连接数据交换控制器与控制柜通信电缆（机器人控制柜侧）

（12）连接焊接电源输入电缆　机器人本体与控制柜、示教器与控制柜之间的电缆连接完毕后，用用户自备的电源输入电缆连接机器人控制柜侧和工位电源控制箱，如图 3-90 所示。

a) 机器人控制柜侧

b) 工位电源控制箱

图 3-90　连接焊接电源输入电缆

（13）系统上电开机　系统上电开机前，务必核实接线的正确性，并用万用表测量工位电源控制箱中的断路器接入端电压是否正常，如图 3-91 所示。若电压正常，拨动开关，闭合电源回路，测量断路器输出端电压是否正常。一切正常的情况下，沿顺时针方向转动机器人控制柜上的断路器，系统上电开机。

（14）点动送丝功能确认

（15）送气功能确认

（16）固定焊接电缆　将机器人本体上的送丝机电缆用粘式结束带捆扎，然后用卡扣固定，如图 3-92 所示。

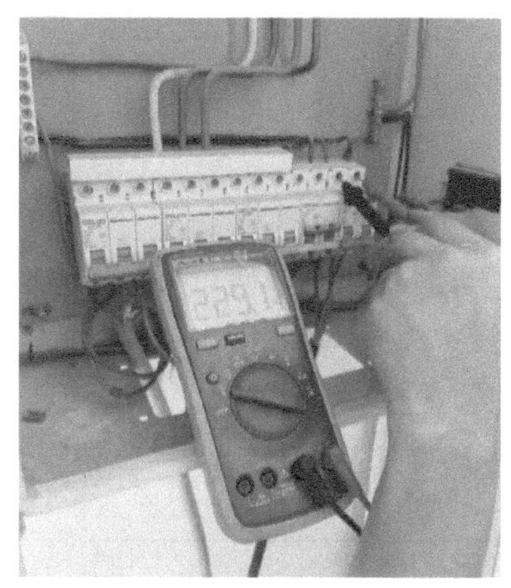

图 3-91　测量电源输入侧电压

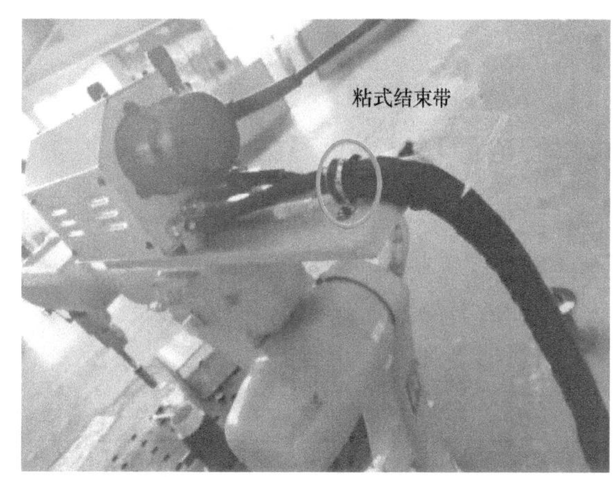

图 3-92　固定焊接电缆

（17）系统断电关机

任务 3.3　焊接电源单元与焊接机器人单元联调

【任务描述】

操作简洁是自动化设备发挥功能的重要前提。在实际焊接机器人调试、编程和维护过程中，直接通过集成控制面板（或机器人示教器）查看或修改电源参数，深受机器人终端用户的欢迎。为此，需要将焊接电源与机器人控制柜进行通信，目前主流的通信方式有模拟量通信和数字量通信（包括现场总线和工业以太网）两种。无论采用哪种通信方式，均需要物理接口和通信协议支持。

本任务通过连接焊接电源和机器人 DeviceNet Interface 通信板接口（图 3-93 和图 3-94）、配置 DeviceNet 通信协议及参数，使学生掌握焊接机器人的模拟量与数字量主流通信原理和调试方法。

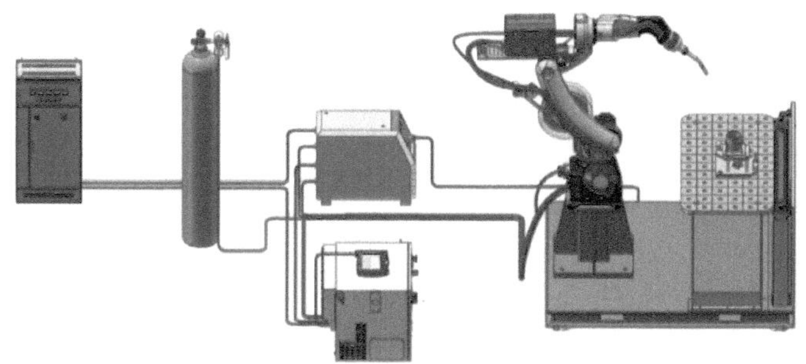

图 3-93　焊接电源与机器人控制柜的连接（FANUC）

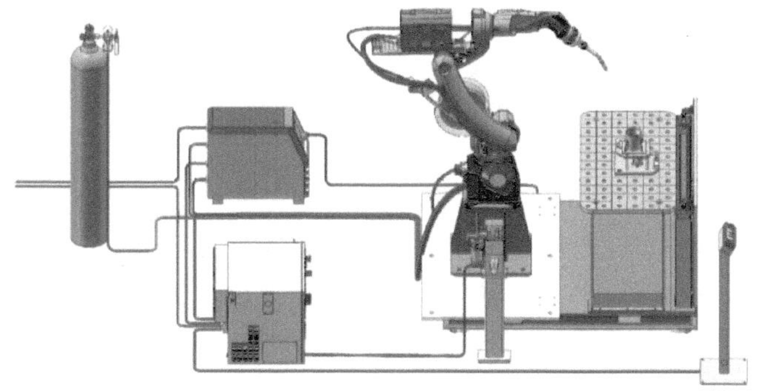

图 3-94　焊接电源与机器人控制柜的连接（EFORT）

【知识准备】

3.3.1 焊接电源与机器人通信（FANUC）

为了给客户提供多样化的集成选择，机器人制造商和焊接电源制造商都开发了支持主流通信方式的接口。FANUC 焊接机器人可以与国外多款先进焊机及国内多款主流焊机实现通信连接（表 3-29），具有较强的兼容性。显然，焊接电源与机器人通信主要包括模拟量通信、现场总线通信（如 DeviceNet）和工业以太网通信（如 EtherNet/IP）。

表 3-29 焊接电源与机器人通信（以 FANUC 机器人为例）

焊接电源品牌	通信方式	硬件支持	软件支持	备注
林肯 R350/STT/PW i400/PW455/STT	Arclink 通信	DeviceNet Interface 通信板、Arclink 通信电缆	Lincoln Asia Std EQ	支持接触传感和电弧传感
福尼斯 TPS3200 /4000/5000 CMT MW3000/4000/5000	DeviceNet 通信/以太网通信	DeviceNet Interface 通信板、DeviceNet 通信电缆或网线	Fronius Weld Eq Lib、DeviceNet Interface	支持接触传感和电弧传感
肯倍 KempArc Pulse 350/450 A7350/450	DeviceNet 通信	DeviceNet Interface 通信板、DeviceNet 通信电缆	DeviceNet Interface	支持接触传感和电弧传感
奥太 MAG-350RPL、 时代 TDN-5001MB	模拟量通信 DeviceNet 通信/以太网通信	DeviceNet Interface 通信板、DeviceNet 通信电缆或网线	DeviceNet Interface	支持接触传感和电弧传感

3.3.2 模拟量通信

在要求不高的情况下，通过焊接电源自带的模拟通信接口（包含电压电流给定、启停控制和引弧成功反馈等信号），能够满足机器人自动化焊接的需求，但不具备调用专家库的功能。以奥太 MAG-350RPL 焊接电源与 FANUC 机器人模拟量通信为例，FANUC 机器人模拟量处理 I/O 板 MB 的硬件连接如图 3-95 所示。

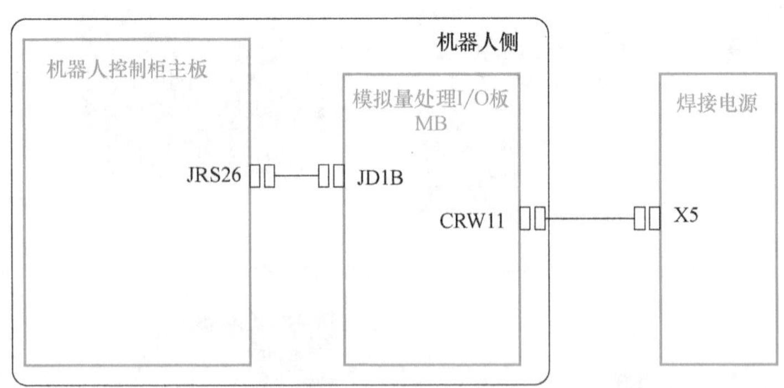

图 3-95 机器人模拟量处理 I/O 板 MB 硬件连接（FANUC）

图 3-96 和图 3-97 所示分别为机器人模拟量处理 I/O 板 MB 的 CRW11 接口引脚和接线说明。

在了解了机器人侧提供的送丝速度、电弧电压、焊接起弧、点动送丝/抽丝和送保护气等输出信号，以及采集了电弧检测、气体异常、焊丝异常、冷却水异常和电源异常等输入信号后，对照表 3-30，根据信号名称及功能正确连接相应信号的控制线。所有的信号电缆连接完毕后，系统上电开机，点按机器人示教器上的<SHIFT+WIRE+>和<SHIFT+WIRE->按键，观察送丝机是否能够手动送丝和抽丝。至此，完成奥太 MAG-350RPL 焊接电源与 FANUC 机器人模拟量通信的全部操作。

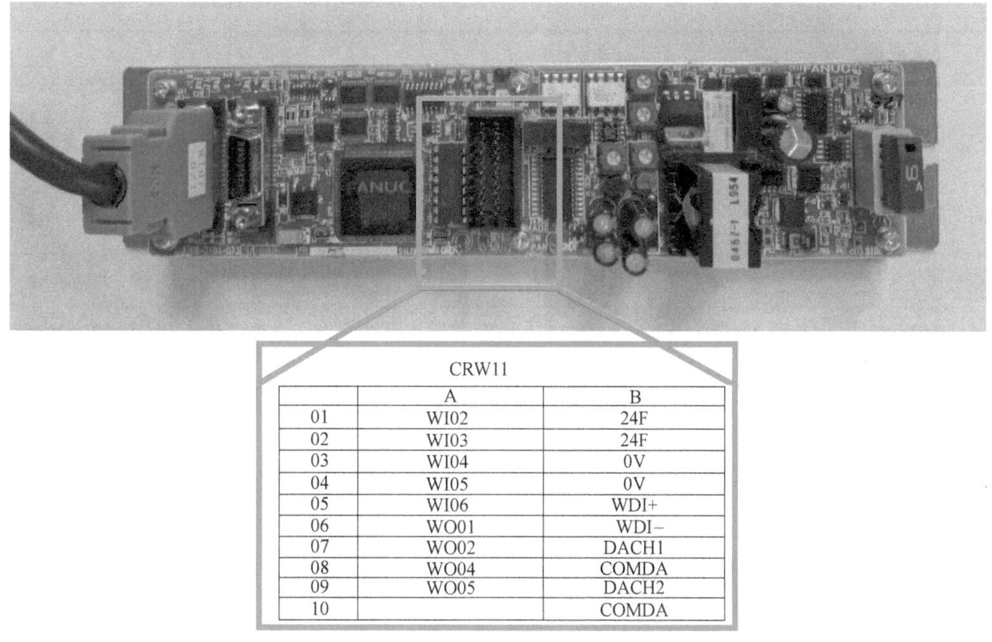

CRW11

	A	B
01	WI02	24F
02	WI03	24F
03	WI04	0V
04	WI05	0V
05	WI06	WDI+
06	WO01	WDI−
07	WO02	DACH1
08	WO04	COMDA
09	WO05	DACH2
10		COMDA

图 3-96　机器人模拟量处理 I/O 板 MB 接口针脚（FANUC）

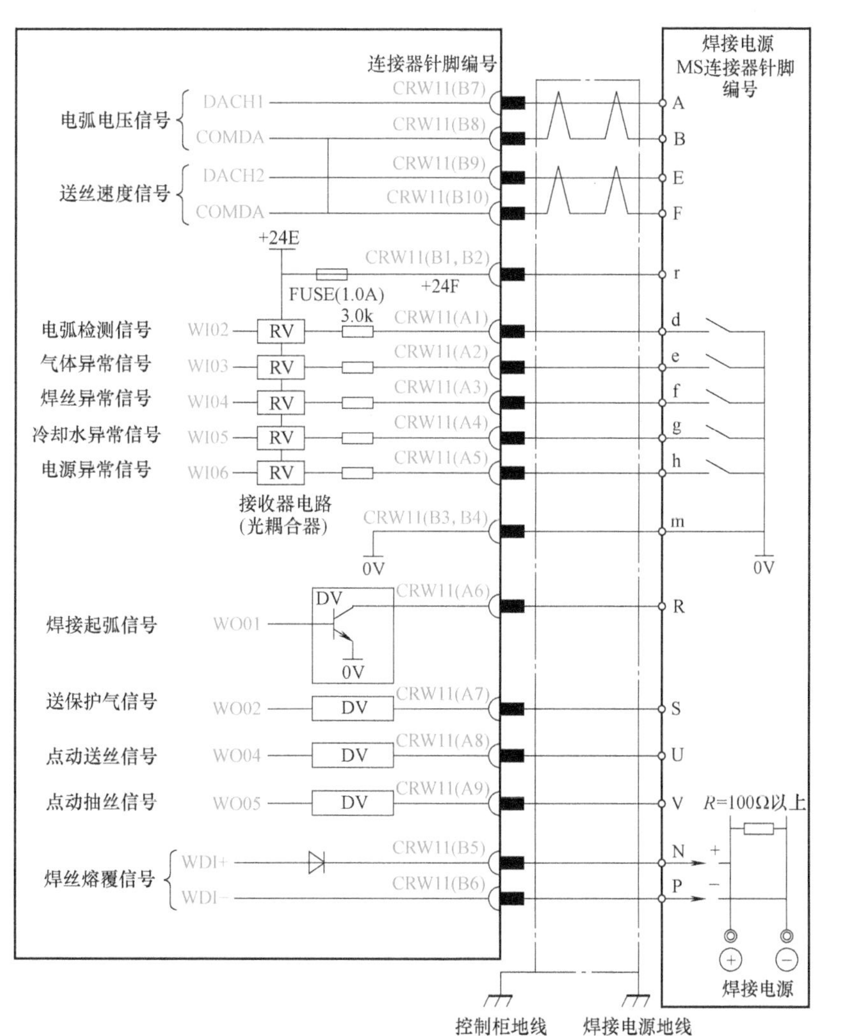

图 3-97　机器人模拟量处理 I/O 板 MB 接线说明（FANUC）

表 3-30　焊接电源的模拟接口连接插座 X5 的接线说明

序号	信号类别	信号功能	设置位置	设置值范围
1	电弧电压信号	给定焊接电压的自动数据修正值，0~10V 对应弧长校正-50%~50%	机器人→焊接电源	0~10V 模拟量电压
2	送丝速度信号	给定焊接电源输出电流（送丝速度）的设定值，0~10V 对应 0~500A	机器人→焊接电源	0~10V 模拟量电压
3	点动送丝信号	实现手动送丝	机器人→焊接电源	“0”为有效
4	送保护气信号	对保护气体电磁阀进行开关操作	机器人→焊接电源	“0”为有效
5	焊接起弧信号	指令焊接的启动与停止	机器人→焊接电源	“0”为有效
6	点动退丝信号	实现手动退丝	机器人→焊接电源	“0”为有效
7	模拟信号地	给定模拟信号地	机器人→焊接电源	模拟信号地
8 9	电流有无触点信号	检测电流有无的实时状态	焊接电源→机器人	触点输出（闭为有效）
10 11	始端反馈触点信号	当焊丝碰到焊件时焊丝前端的始端使能信号被拉低，焊机检测到此信号后发送给机器人	焊接电源→机器人	触点输出（闭为有效）
12 13	预留	—	—	—
14 15	始端检测使能信号	机器人给焊机一个始端使能信号，焊丝前端产生 28V 电压进行寻位	机器人→焊接电源	“0”为有效
16	—	—	—	—

3.3.3　DeviceNet 通信

现场总线是将自动化系统底层的现场控制器和现场智能仪表设备间互联的实时控制通信网络，它遵循 ISO/OSI 开放系统互联参考模型的全部或部分通信协议。现场总线出现于 20 世纪 80 年代末，主要用于远程 I/O 数据传输以及生产线内部不同设备的数据交换。在实际发展过程中，涌现出了许多现场总线技术，如 DeviceNet 总线、CAN 总线、INTERBUS 总线、PROFIBUS 总线、CC-Link 总线等。这些现场总线具有各自的特点，并具有特定的应用范围。现场总线种类多，采用的通信协议也完全不同，现场总线的标准也未统一，最终形成了多种现场总线 IEC61158 的现场总线标准。

此任务采用的是 DeviceNet 总线通信，除模拟接口可实现的控制量外，还可以控制焊接电源的焊接模式、焊材选择、调用存储通道，接收焊接电源实际焊接数据和故障信息等。仍以奥太 MAG-350RPL 焊接电源与 FANUC 机器人 DeviceNet 总线通信为例，机器人 DeviceNet Interface 通信板的硬件和软件连接如图 3-98 所示。

在焊接电源侧配置有与机器人进行 DeviceNet 通信的专用接口，如图 3-99 所示为 MAG-350RPL 焊接电源配置的 ATR/DEV-Ⅳ机器人通信控制器。该控制器的总线物理接口采用符合 CAN 总线标准的 DB9 针式插座：2 号引脚为 CAN-L，7 号引脚为 CAN-H，3、6 号引脚为 CAN-GND，5 号引脚为屏蔽层。控制器的总线地址及比特率通过面板上的 ID. BAUD 旋转拨码开关设置，总线地址可调范围为 1~9，比特

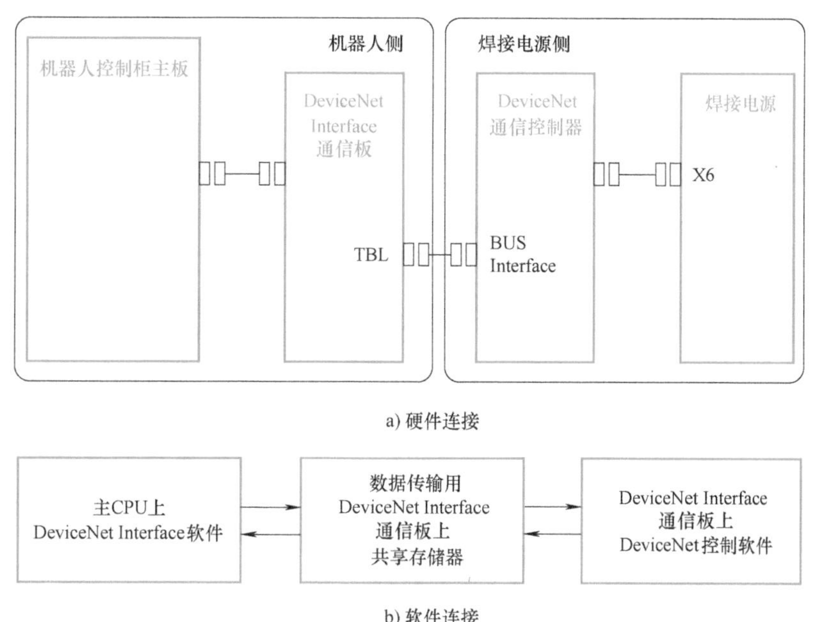

图 3-98 机器人 DeviceNet Interface 通信板的硬件和软件连接（FANUC）

率可调范围为 125~500kbit/s。为提高与机器人通信时的响应速度，通常建议选用 500kbit/s 的比特率，即将“BAUD”拨到 2 上。此外，要对照焊接电源的机器人通信控制器接线说明，根据信号名称及功能正确连接相应信号的控制线，并连接屏蔽地线，增强通信的可靠性。尤为值得注意的是，在 CAN-L 和 CAN-H 两引脚之间应连接 120Ω 的终端电阻。

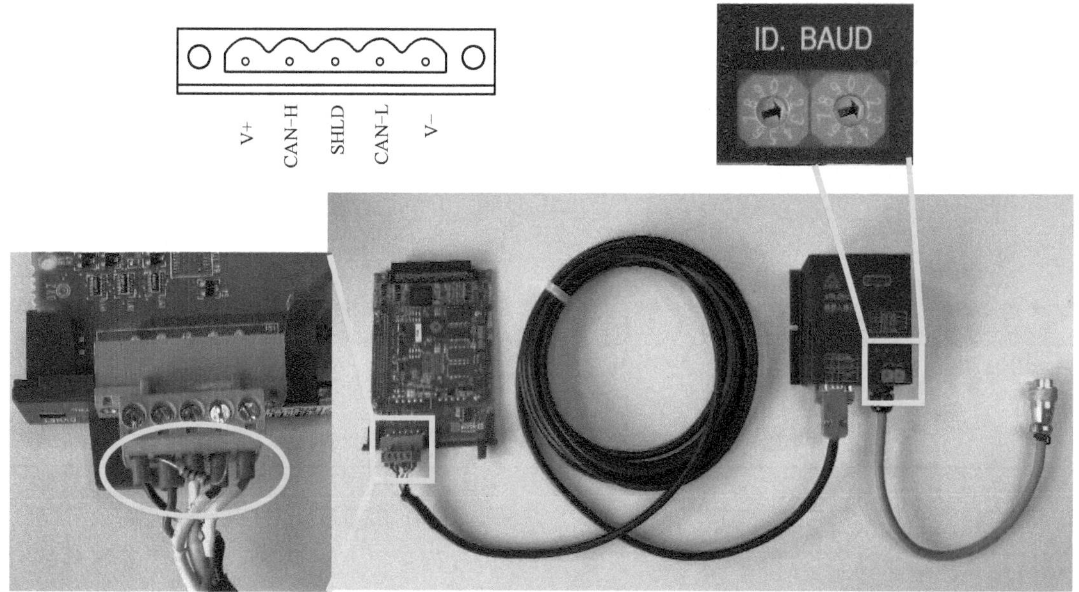

图 3-99 焊接电源与机器人 DeviceNet 通信硬件接线（FAUNC）

在将 DeviceNet Interface 通信板连接到 DeviceNet 网络设备上之前，必须正确设定通信板的机架地址和范围（81~84）等参数。比如，设置机器人 DeviceNet Interface 通信板为第 1 号板（机架），此时要将通信板上 6 位 DIP 开关全部置于“OFF”位置，如图 3-100 所示。

在设定 DeviceNet Interface 通信板时，使用 DeviceNet 板列表界面（图 3-101）和 DeviceNet 板详细界面（图 3-102），各参数说明见表 3-31 和表 3-32。

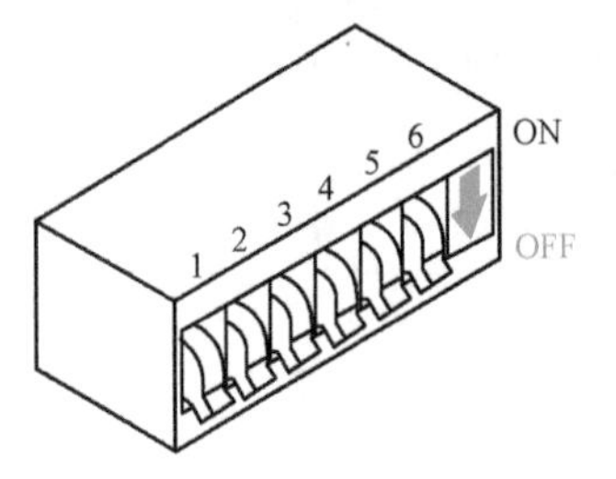

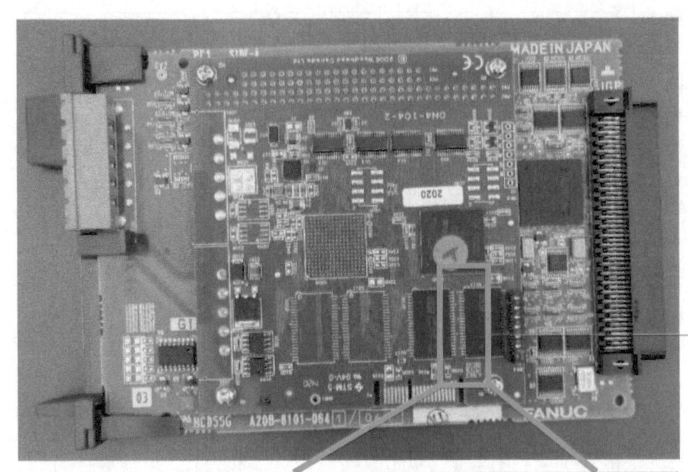

DeviceNet Interface板机架	DIP 开关1	DIP 开关2	DIP 开关3	DIP 开关4	DIP 开关5	DIP 开关6
81	OFF	OFF	OFF	OFF	OFF	OFF
82	OFF	OFF	OFF	OFF	OFF	ON
83	OFF	OFF	OFF	OFF	ON	OFF
84	OFF	OFF	OFF	OFF	ON	ON

图 3-100　机器人 DeviceNet Interface 通信板机架设置（FANUC）

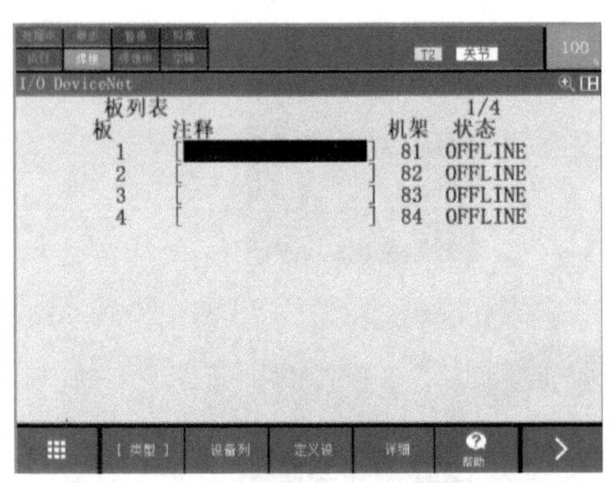

图 3-101　机器人 DeviceNet 板列表界面（FANUC）

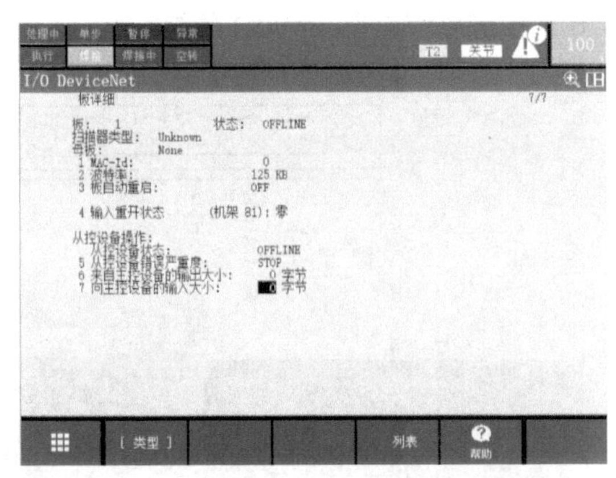

图 3-102　机器人 DeviceNet 板详细界面（FANUC）

表 3-31　机器人 DeviceNet 板列表界面参数说明

参数	说明
板	DeviceNet Interface 通信板的编号，可设置范围为 1~4
注释	为说明板而输入的文本，不是必需项目
机架	在控制器板上经由 DeviceNet 网络进行信息交换，用来分配输入输出的机架编号。DeviceNet Interface 通信板可以使用的机架编号为 81~84： 机架 81—板 1；机架 82—板 2；机架 83—板 3；机架 84—板 4 板的机架编号随板的编号而定
状态	表示 DeviceNet Interface 通信板当前的状态，有以下 3 种状态 1）ONLINE，表示板目前处在激活状态 2）OFFLINE，表示尚未与 OFFLINE 板所连接的设备之间进行数据传输。该板上所连接的扫描设备在通电时不会启动 3）ERROR，表示检测出错误。虽然板已经完全脱机，但是可在通电时进行扫描

表 3-32 机器人 DeviceNet 板详细界面参数说明

参数	说明
板	显示所选板的编号
状态	所选板的状态，有 ONLINE、OFFLINE、ERROR 3 种
扫描器类型	显示板的类型，目前支持 SST 5136-DN、SST 5136-DNP、SST 5136-DN3、slave only 4 种类型
母板	显示母板的类型，目前支持 full-slot 和 wide-mini 两种类型
MAC-ID	板所使用的介质访问控制(Media Access Control，MAC)ID，必须是 0~63 范围内的数字。MAC-ID 必须与网络上其他全部设备不同
波特率	指定在 DeviceNet Interface 通信板和网络上的设备之间的传输所使用的数据传输速率。指定下列波特率中的一个 125kB/s；250kB/s；500kB/s
板自动重启	设定为 ON 时，会发生板或网络错误，在解除其原因后，自动地重新开始 DeviceNet 网络的通信。初始设定为 OFF
输入重开状态	该参数的设定值有 LAST 和 ZERO。该设定将会影响分配给板的机架的所有输入(数字、模拟、组等)值。设定为 LAST 时，在端口脱机时，输入值保持最后的值；设定为 ZERO 时，输入值将被设定为零。初始设定为 ZERO
从控设备操作：从控设备状态	该参数表示 DeviceNet 板的从控设备的连接状态。从控设备连接无效(从主控设备的输出大小、向主控设备的输入大小均为零)时，该项显示为 OFFLINE(脱机)；从控设备连接有效，但外部主控设备尚未连接时，该项显示 DNET-125 报警。连接有外部主控设备的情况下，该项显示为 ONLINE(联机)。该项只能显示，无法进行设定
从控设备操作：从控设备错误严重度	表示从控设备在网络上处于停机状态的报警 DNET-125 的严重性级别，在 WARN、STOP、PAUSE 中选择。初始设定为 STOP(停机)
从控设备操作：来自主控设备的输出大小	为使机器人控制器作为外部主控设备的从控设备发挥作用，以字节指定从主控设备向板的输出大小。在主控设备(扫描器)上使用机器人控制器时切勿设定此项
从控设备操作：向主控设备的输入大小	为使机器人控制器作为外部主控设备的从控设备发挥作用，以字节指定从板向主控设备的输入大小。在主控设备(扫描器)上使用机器人控制器时切勿设定此项

3.3.4 EtherNet/IP 通信

工业以太网是应用于工业控制领域的以太网技术，在技术上与商用以太网（即 IEEE 802.3 标准）兼容，但是实际产品和应用却又完全不同。这主要是因为普通商用以太网在进行产品设计时，其产品的强度、适用性及实时性、可互操作性、可靠性、抗干扰性、安全性等不能满足工业现场的需要。10MB/s、100MB/s 的快速以太网已被广泛应用，1GB/s 以太网技术也逐渐成熟，而传统的现场总线最高速率只有 12MB/s（如西门子 Profibus-DP）。目前受到广泛支持并已经开发出相应产品的有 HSE、Modbus TCP/IP、PROFINET 和 Ethernet/IP 4 种主要工业以太网协议。

下面以 KEMPPI A7 焊接电源和 FANUC R-30iB Plus 机器人 EtherNet/IP 通信为例，介绍工业以太网通信配置过程。表 3-33 所列为开展 EtherNet/IP 通信的前提条件。

表 3-33 开展 EtherNet/IP 通信的前提条件

KEMPPI A7 焊接电源	FANUC R-30iB Plus 机器人	配置文件
HMI-30 Ethernet/IP 通信接口模块 固件版本 V1.02 采用默认的 15 号接口模式(Interfere Mode 15)	ArcTool 软件版本 V9.1 或 V8.3 以上 J708(Weld EQ Setup Tool)软件 R785(EtherNet/IP Scanner)软件	WEQCFG1.XML

KEMPPI A7 焊接电源和 FANUC R-30iB Plus 机器人 EtherNet/IP 通信配置过程大致分为通信设置、焊接程序配置和网页浏览 3 个步骤，具体操作内容如下。

1．通信设置

1）IP 地址设置。将机器人“Port 2 IP addr:”变更为“192.168.0.1”。按键操作顺序为：MENU→SetUP→Host comm→TCP/IP→F3（PORT），如图 3-103 所示。

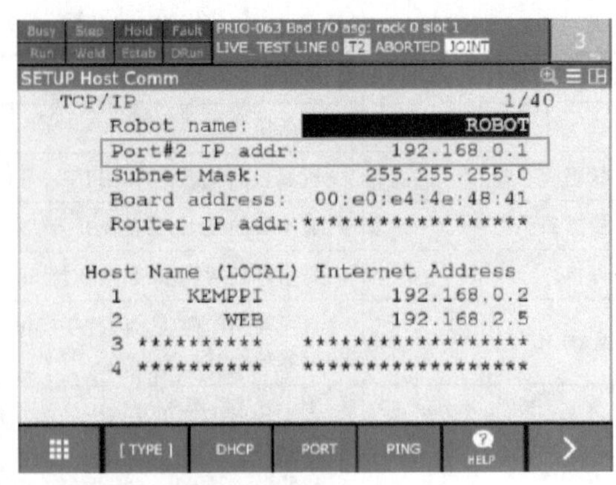

图 3-103 机器人 IP 地址变更

将焊接电源“IP ADDRESS”变更为“192.168.0.2”。先将计算机的 IP ADDRESS 改成“10.0.0.1”，然后通过网线将计算机和焊接电源连接起来，在计算机浏览器中输入地址“10.0.0.2”，打开 KEMPPI A7 Web 界面，选择“FIELDBUS”，将“IP ADDRESS”设置成“192.168.0.2”，如图 3-104 所示。

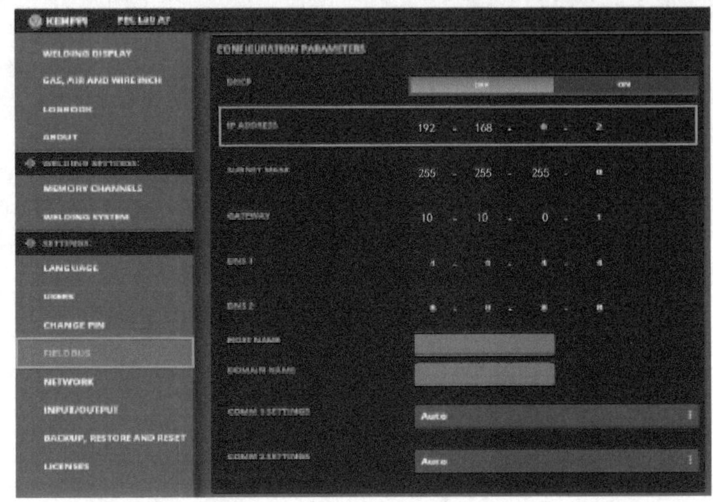

图 3-104 焊接电源 IP 地址变更

2）网线连接。使用网线将机器人控制柜 1 号网络端口（CD38A）与焊接电源连接起来，如图 3-105 所示。

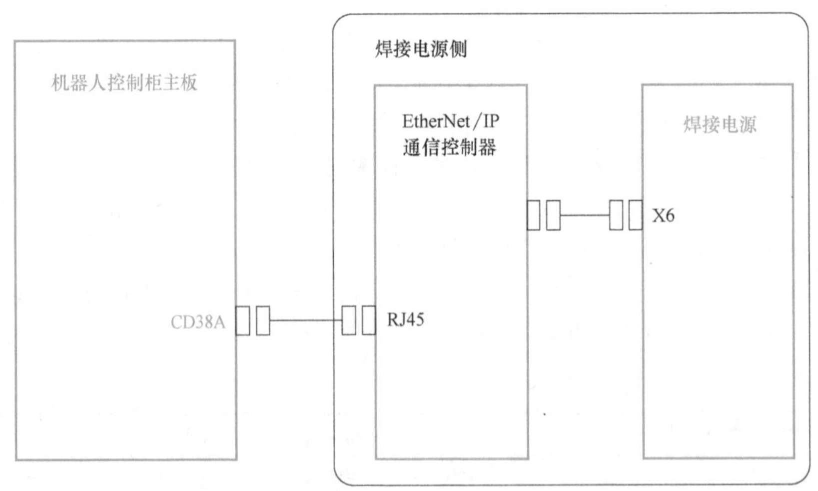

图 3-105 网线连接

3）机器人通信配置。先将 WEQCFG1.XML 文件复制到存储卡（CF 卡或 U 盘）的根目录下，再将存储卡插到机器人控制柜上，进入控制启动模式，然后选择 MENU→ArcTool Setup，进入 ArcTool Setup 界面，将“Manufacturer”改为“General Purpose”，如图 3-106 所示。

如图 3-107 所示，将 “Model” 改成 “DIGITAL（Custom）”，系统会自动跳转到 Digital Weld EQ SETUP 界面，如图 3-108 所示。

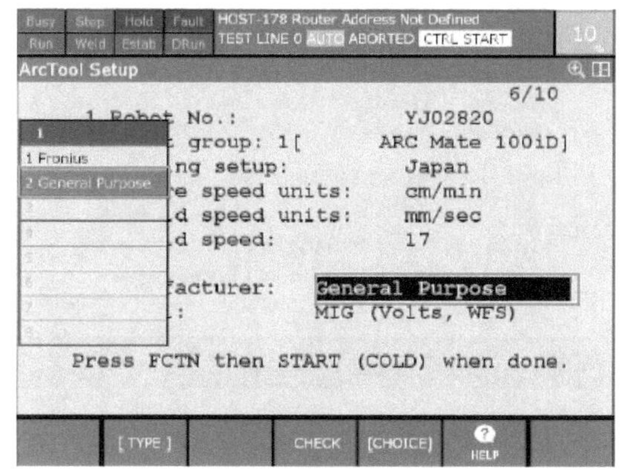

图 3-106　ArcTool Setup 界面参数变更（Manufacturer）

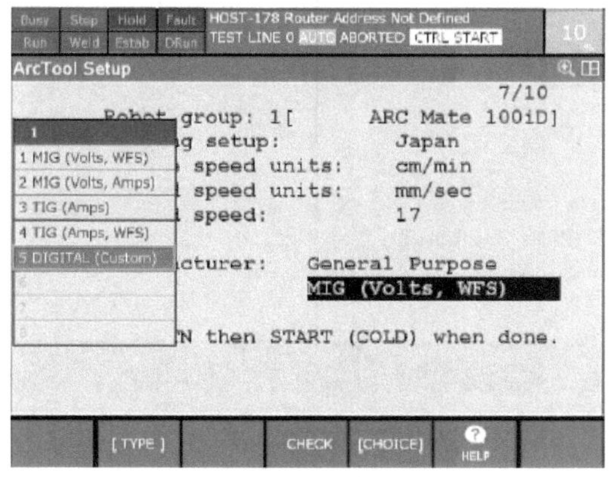

图 3-107　ArcTool Setup 界面参数变更（Model）

选择存储 WEQCFG1. XML 文件的装置，比如将存储设备插到示教器上，输入数字 2，按<ENTER>键，系统会自动进行通信 I/O 信号配置，配置完成后界面左下角会提示 “Setup complete”，然后按<FCTN>键选择冷启动开机即可，如图 3-109 所示。

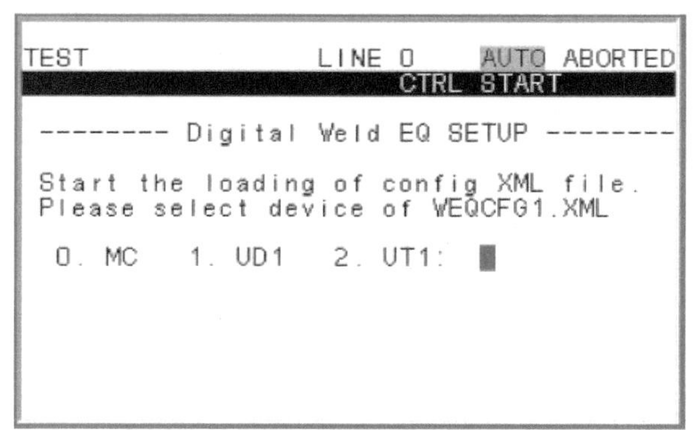

图 3-108　Digital Weld EQ SETUP 界面

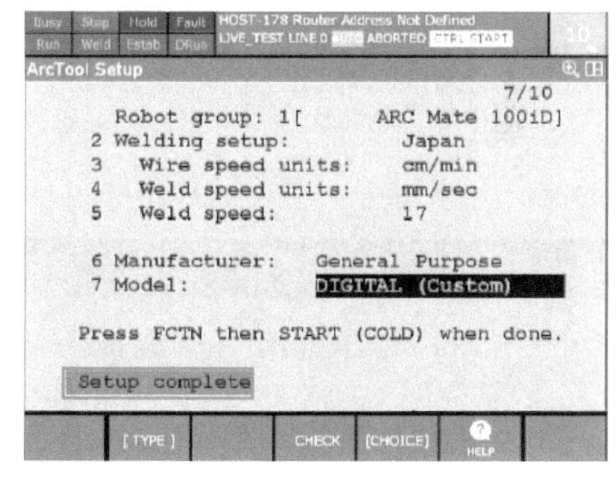

图 3-109　ArcTool Setup 界面参数变更（Setup complete）

2. 焊接程序配置

在通信配置完成之后，需要进行焊接程序的配置。依次选择 DATA→F1 ［TYPE］→ Weld Procedure，一般默认的 Procedure 1 已经自动创建完成，并且 Process 的编号是 1。该模式是 Channel Offline，是指焊接参数在焊机上进行设置，机器人示教器只需设置 Channel Number 参数即可。KEMPPI A7 焊机共可以设置 4 种 Process 工艺模式，如图 3-110 所示。其中，Process 1 为 Channel Offine；Process 2 为 MIG Online；Process 3 为 Synergic Online（包含 1-MIG、Pulse、Double Pulse、WiseThin+工艺模式）；Process 4 为 WiseRoot Plus Online。

3. 网页浏览

首先单击 MENU 菜单，然后进入主机通信设置界面，将机器人 “Port 1 IP addr” 设置为 “192. 168. 2. 8”，再将焊接电源服务器端口 “WEB” 设置为 “192. 168. 2. 5”，如图 3-111 所示。

然后选择 MENU→NEXT→BROWSER，再按<NEXT>键切换到下一页，选择 Favorites→ Add a Link，打开 Browser Favorites 界面，如图 3-112 所示。

添加完链接地址后，打开该地址就可以跳转到焊接电源的 Web 设置界面，如图 3-113 所示。

3.3.5　焊接电源与机器人通信（EFORT）

EFORT 焊接机器人可以同国外多款先进焊机和国内多款主流焊机实现通信连接，具有较强的兼容性。焊接电源与机器人通信主要包括模拟量通信和现场总线通信（如 CANopen）。

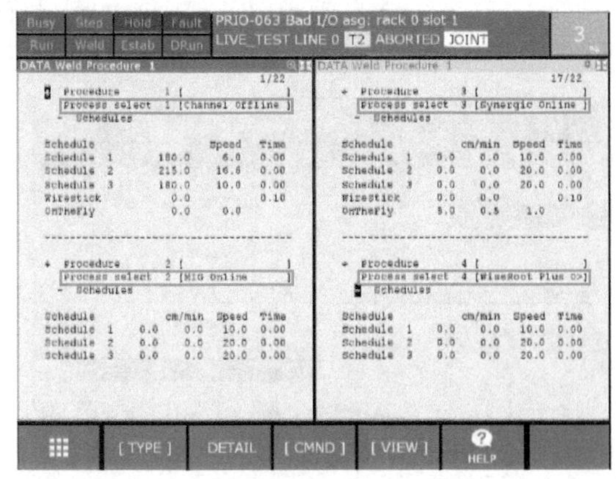

图 3-110　DATA Weld Procedure 配置界面

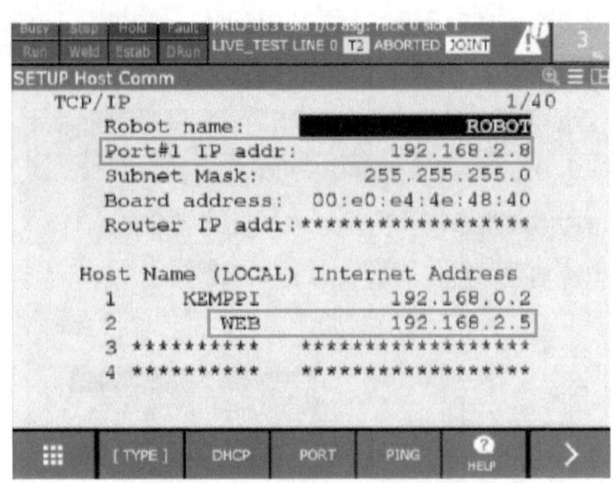

图 3-111　机器人 TCP/IP 配置

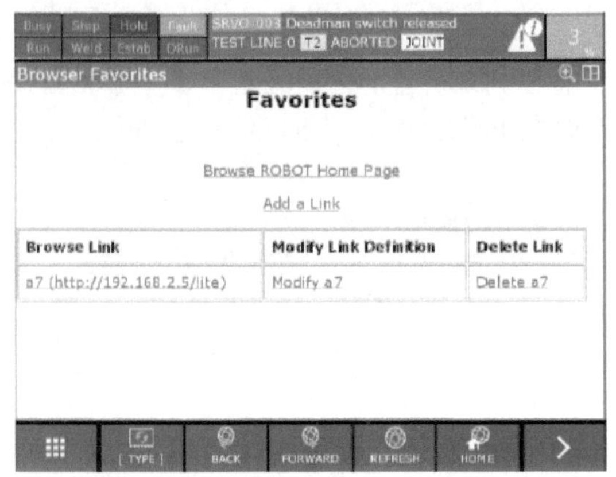

图 3-112　Browser Favorites 界面

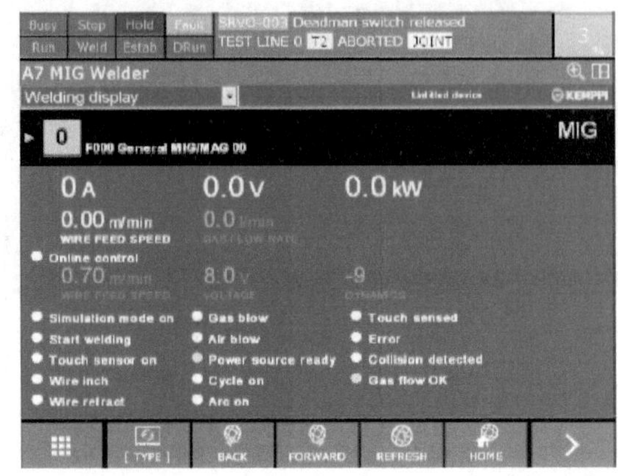

图 3-113　A7 MIG Welder 界面

1. 模拟量通信

模拟量通信方式前文已有以下注意事项。

1）焊机电源使用模拟量通信时，控制柜标配无模拟量模块，需要扩展模拟量模块。

2）用户可根据模拟量焊机的定义，自行定义机器人 I/O 点位，控制器支持 I/O 模块点位自由配置。

3）除模拟量信号线外，其他功能性 I/O 信号应使用继电器隔离。

EFORT 机器人模拟量通信配置方法见表 3-34。

表 3-34　EFORT 机器人模拟量通信配置方法

步骤	图示	说明
1. 进入 I/O 设置界面	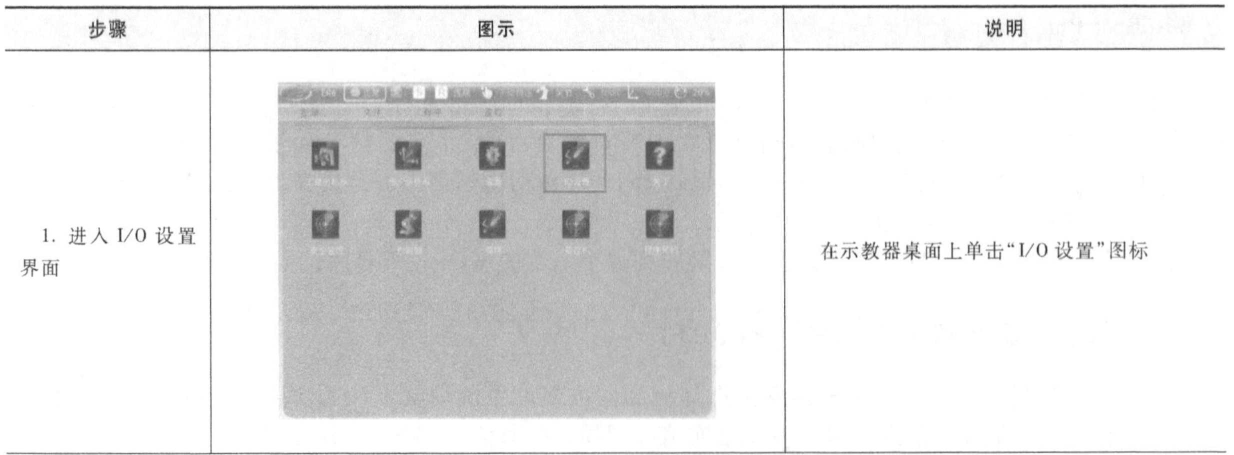	在示教器桌面上单击“I/O 设置”图标

（续）

步骤	图示	说明
2. 进入模拟量 I/O 配置界面	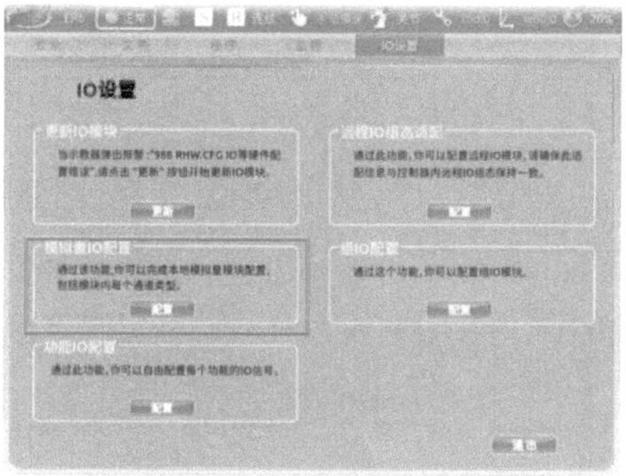	选择"模拟量 I/O 配置"功能，单击"模拟量 I/O"按钮，进入配置界面
3. 进行通道参数配置	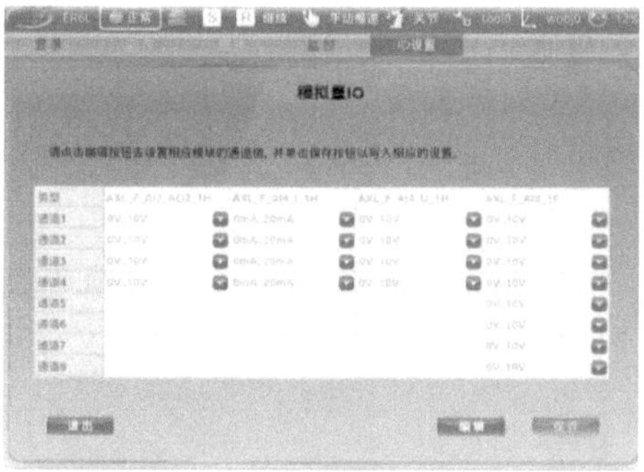 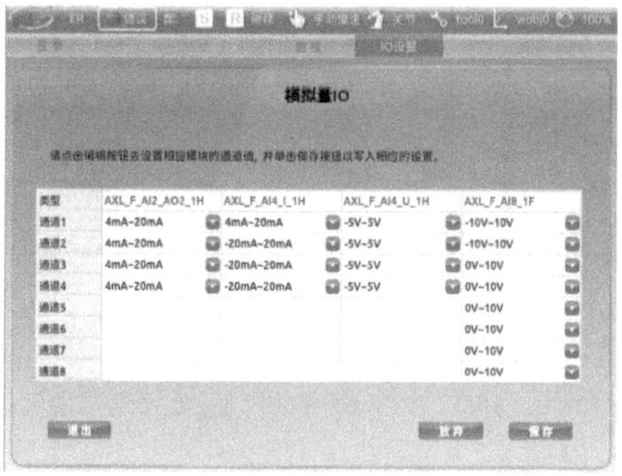	此前配置的模拟量 I/O 信息可以在这里查看 单击"编辑"按钮，将启用编辑功能 编辑完成后单击"保存"按钮，保存设置的模拟量通信信息，单击"放弃"按钮则不保存 单击"退出"按钮，返回配置主界面

2. 现场总线通信 CANopen

（1）接口连接器　控制器上 CANopen 通信接口为 DB9 连接器（公头），用户侧使用 DB9 母头连接器，如图 3-114 所示。

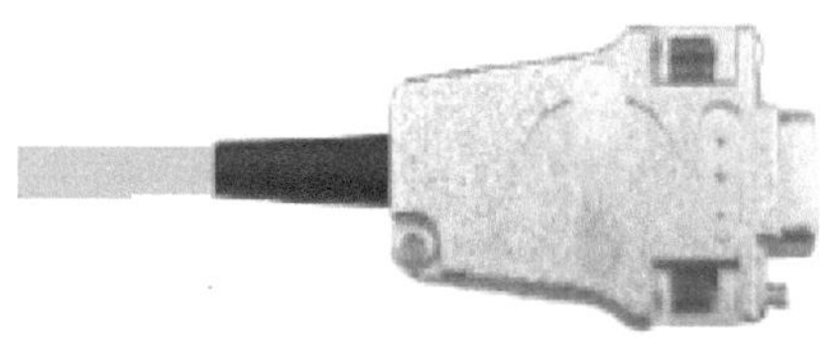

图 3-114　DB9 母头连接器

数字口高低电平间要求并联 120Ω 电阻（焊机电源带有 120Ω 电阻配件），以提高数据通信的抗干扰性及可靠性，如图 3-115 所示。

（2）焊接程序配置　数据交换控制器 TFN 6000KA 扩展了时代 TD 系列气体保护焊焊机的控制接口，机器人通过 CANopen 接口控制焊机，需要进行以下两个步骤的操作。

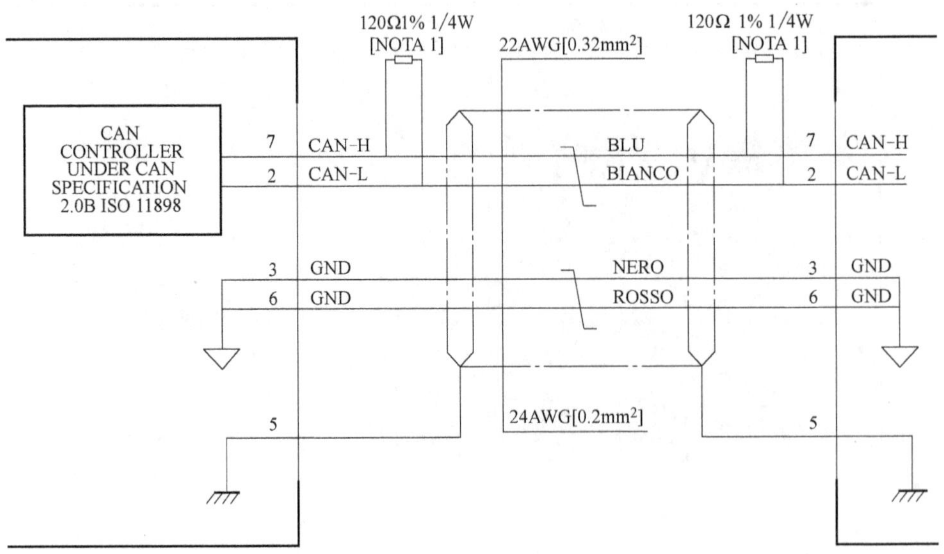

图 3-115　数字口高低电平间的连接

1）安装数据交换控制器，用通信电缆将 TFN 6000KA 与机器人、焊机连接起来。

2）配置数据交换控制器，通过 TFN 6000KA 内部的拨码开关配置 CANopen 接口。

（详细的信息见《H345-00SM 数据交换控制器使用说明书》和《H403-00SM TDN 脉冲 MAGMIG 焊电源使用说明书》）。

（3）安装数据交换控制器　TFN 6000KA 通过内 CAN 接口 XS1 与焊机连接，通过 CAN 总线接口（CANopen 接口）XS5 与机器人连接，如图 3-116 所示，两个接口的信号定义见表 3-35 和表 3-36。

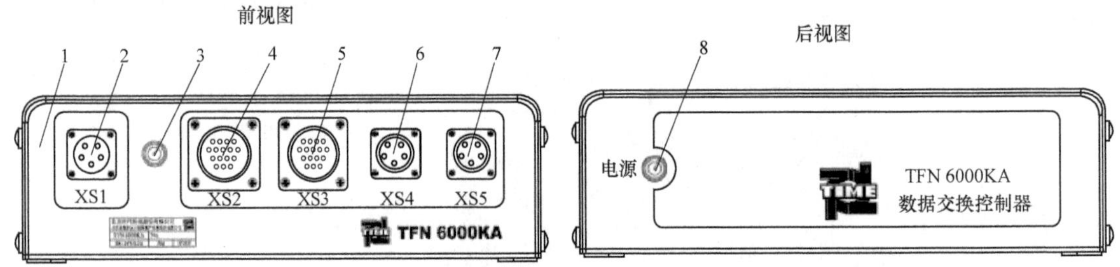

图 3-116　TFN 6000KA 前视图和后视图

1—数据交换控制器后面板　2—XS1 针座，内 CAN 接口　3—数据通信指示灯
4—XS2 针座，模拟量接口　5—XS3 孔座，开关量接口　6—XS4 孔座，485 总线接口
7—XS5 孔座，CAN 总线接口　8—电源指示灯

表 3-35　内 CAN 接口 XS1 信号定义

引脚	名称	类型	方向	功能
1	EARTH	屏蔽地	—	屏蔽
2	+24V	电源	输入	+24V 电源正
3	+24VGND	电源	输入	+24V 电源地
4	CAN-H	信号	双向	CAN 高
5	CAN-L	信号	双向	CAN 低

表 3-36　CAN 总线接口（CANopen 接口）XS5 信号定义

引脚	名称	类型	方向	功能
1	EARTH	屏蔽地	—	屏蔽
2	NC	—	—	—
3	GND	信号地	—	CAN 地
4	CAN-H	信号	双向	CAN 高
5	CAN-L	信号	双向	CAN 低

【任务实施】

本任务是完成焊接电源与机器人单元之间的通信连接和调试工作，包括安装焊接电源侧通信板、安装机器人侧通信板、连接焊接电源通信电缆、配置机器人侧通信参数、确认示教器点动送丝/抽丝及检气功能、匹配焊接电流及电弧电压曲线、确认焊接电源起弧功能和优化焊接电流和电弧电压曲线等，如图 3-117 所示。任务实施前，请仔细清点焊接电源通信板（ATR/DEV-Ⅳ机器人通信控制器）、机器人 DeviceNet Interface 通信板等设备是否齐全。

本任务的具体实施步骤如下：

（1）切断工位输入电源　按下机器人示教器或控制柜上的急停按钮，依次切断机器人控制柜和焊接电源回路，确保接线操作安全。

（2）安装焊接电源侧通信板卡　将焊接电源侧通信板卡（ATR/DEV-Ⅳ机器人通信控制器）紧固在焊接电源背面，如图 3-118 所示。

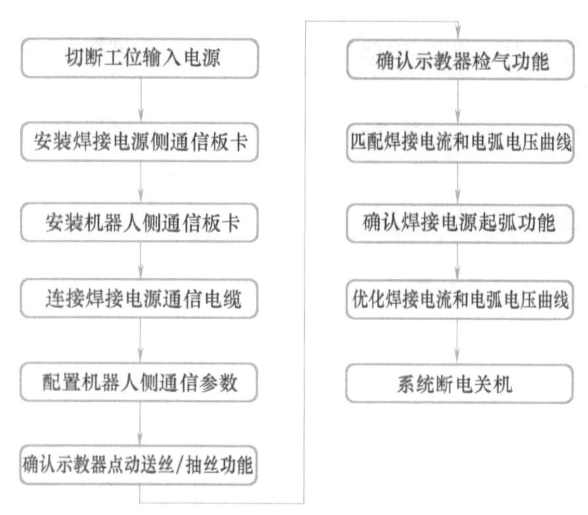

图 3-117　焊接电源与机器人单元的联调流程

图 3-118　安装焊接电源侧通信板卡

（3）安装机器人侧通信板卡　沿逆时针方向旋转机器人控制柜上的断路器，打开控制柜的柜门，将机器人侧通信板卡插入主板插槽内，如图 3-119 所示。

（4）连接焊接电源通信电缆　根据接口类型，将焊接电源侧通信板卡与焊接电源背面的数字接口连接插座 X6 连接起来。同时，将 DeviceNet 通信电缆的一端与焊接电源侧通信板卡连接起来，另一端与机器人侧通信板卡相连接，如图 3-120 所示。

（5）配置机器人侧通信参数　确认机器人侧通信板卡及电缆安装无误后，参照表 3-37 中的步骤完成机器人侧通信参数配置。

图 3-119 安装机器人侧通信板卡

a) 焊接电源侧

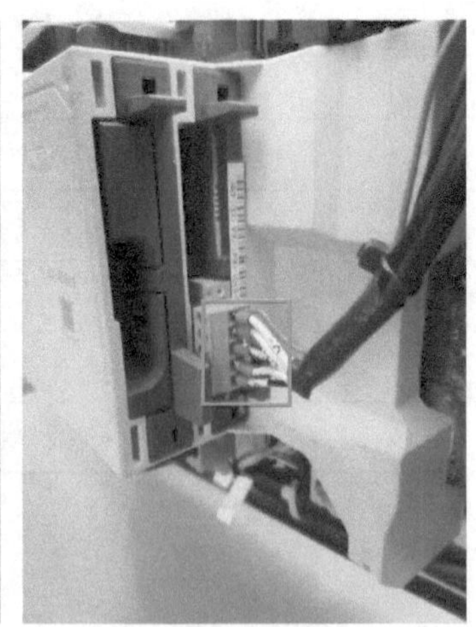

b) 机器人侧

图 3-120 连接焊接电源通信电缆

表 3-37 配置机器人侧通信参数的步骤（以 FANUC 机器人为例）

步骤	操作描述	示意图
1	上电开机，同时按住<PREV>（返回）键和<NEXT>（翻页）键，直到出现“CONFIGURATION MENU”菜单时，松开按键	配置机器人侧通信参数
2	按数字键，输入“3”，选择 Controlled Start，按<ENTER>键进入 Controlled Start 模式	System version: V9.1084 4/20/2018 CONFIGURATION MENU 1. Hot start 2. Cold start 3. Controlled start 4. Maintenance Select >_

（续）

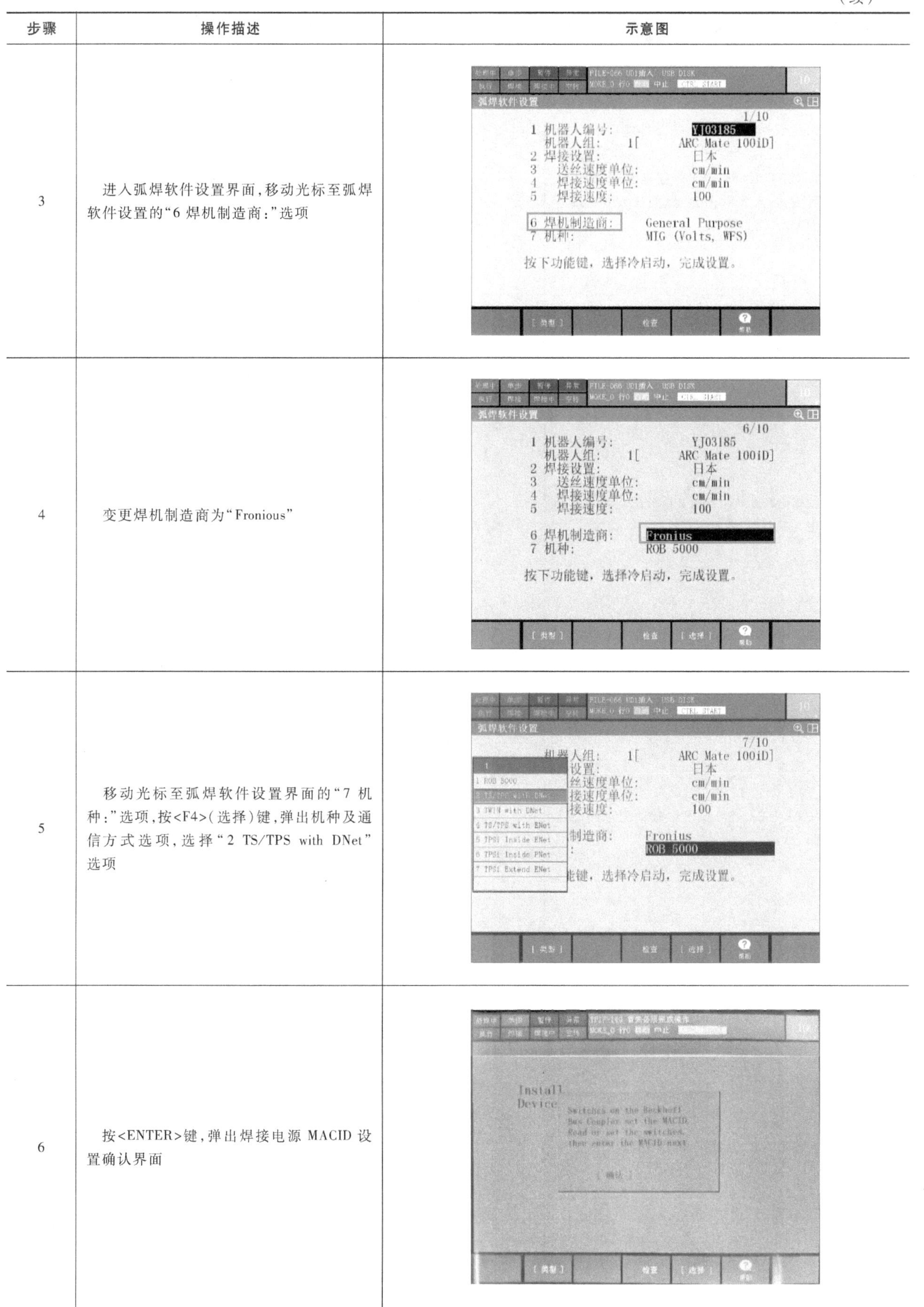

步骤	操作描述	示意图
3	进入弧焊软件设置界面，移动光标至弧焊软件设置的“6 焊机制造商：”选项	
4	变更焊机制造商为“Fronious”	
5	移动光标至弧焊软件设置界面的“7 机种：”选项，按<F4>（选择）键，弹出机种及通信方式选项，选择“2 TS/TPS with DNet”选项	
6	按<ENTER>键，弹出焊接电源 MACID 设置确认界面	

（续）

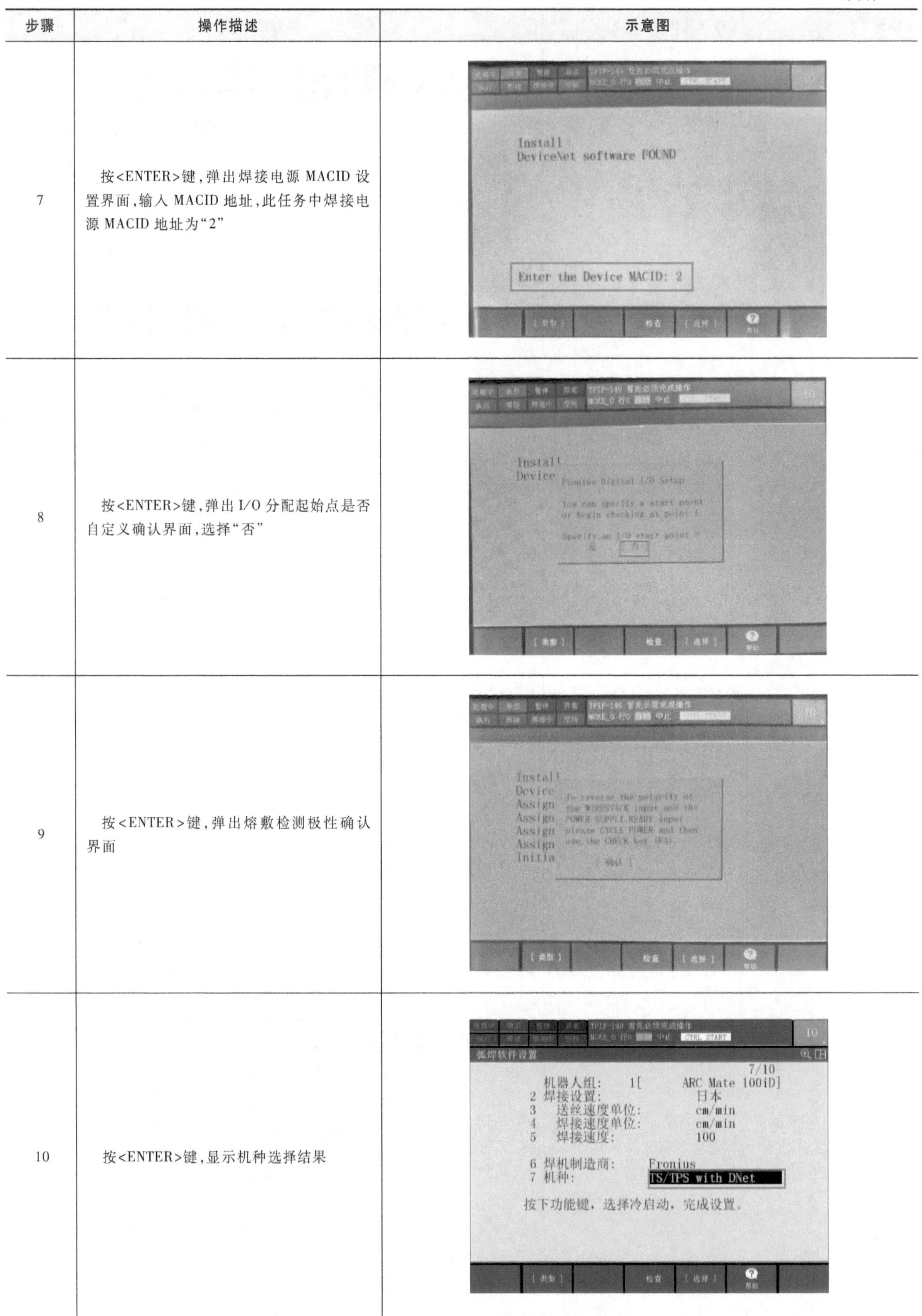

步骤	操作描述	示意图
7	按<ENTER>键，弹出焊接电源 MACID 设置界面，输入 MACID 地址，此任务中焊接电源 MACID 地址为“2”	Install DeviceNet software FOUND Enter the Device MACID: 2
8	按<ENTER>键，弹出 I/O 分配起始点是否自定义确认界面，选择“否”	Fronius Digital I/O Setup Specify an I/O start point ? 是 否
9	按<ENTER>键，弹出熔敷检测极性确认界面	〔确认〕
10	按<ENTER>键，显示机种选择结果	弧焊软件设置 7/10 机器人组: 1[ARC Mate 100iD] 2 焊接设置: 日本 3 送丝速度单位: cm/min 4 焊接速度单位: cm/min 5 焊接速度: 100 6 焊机制造商: Fronius 7 机种: TS/TPS with DNet 按下功能键，选择冷启动，完成设置。

（续）

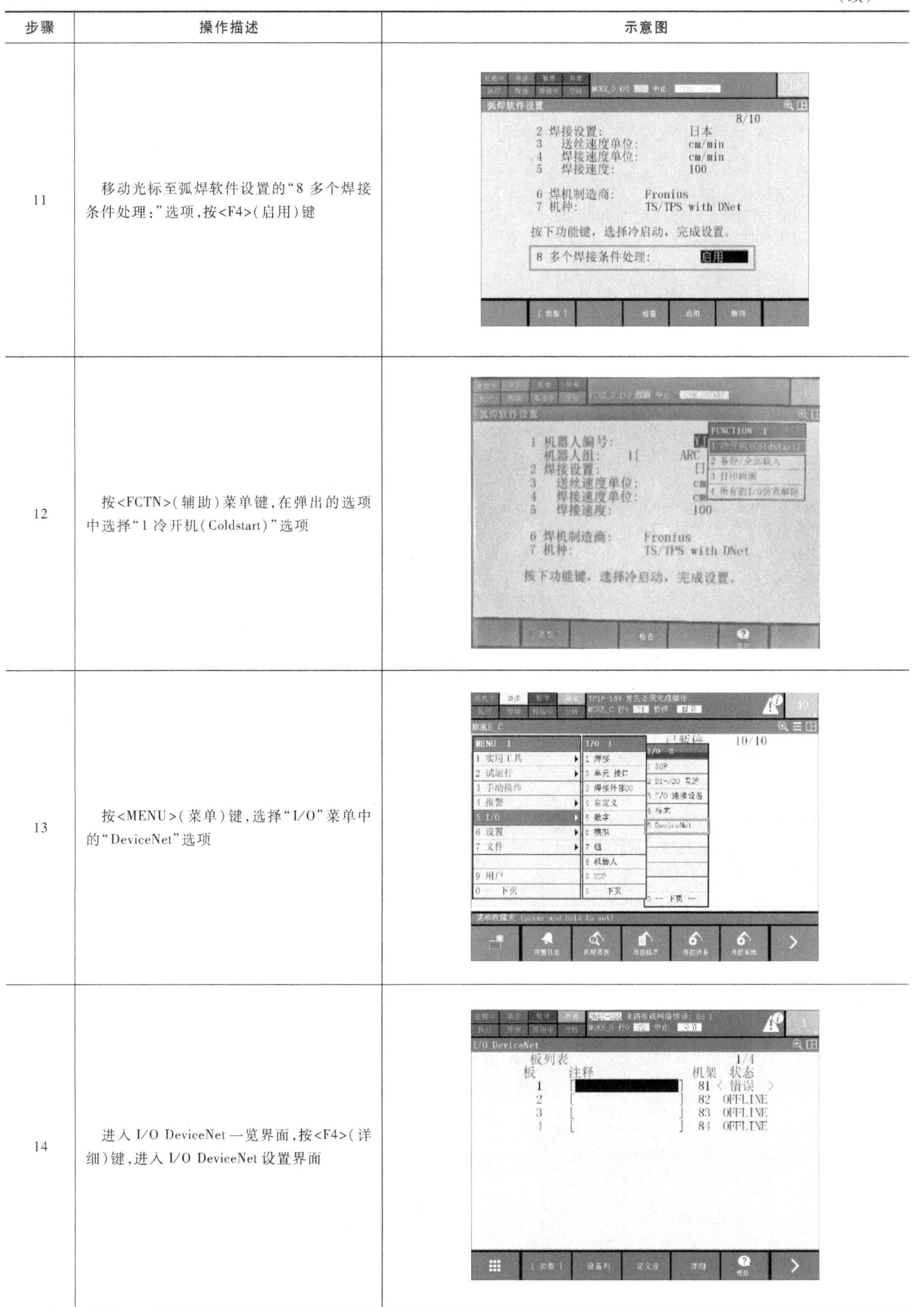

步骤	操作描述	示意图
11	移动光标至弧焊软件设置的“8 多个焊接条件处理：”选项，按<F4>（启用）键	
12	按<FCTN>（辅助）菜单键，在弹出的选项中选择“1 冷开机（Coldstart）”选项	
13	按<MENU>（菜单）键，选择“I/O”菜单中的“DeviceNet”选项	
14	进入 I/O DeviceNet 一览界面，按<F4>（详细）键，进入 I/O DeviceNet 设置界面	

（续）

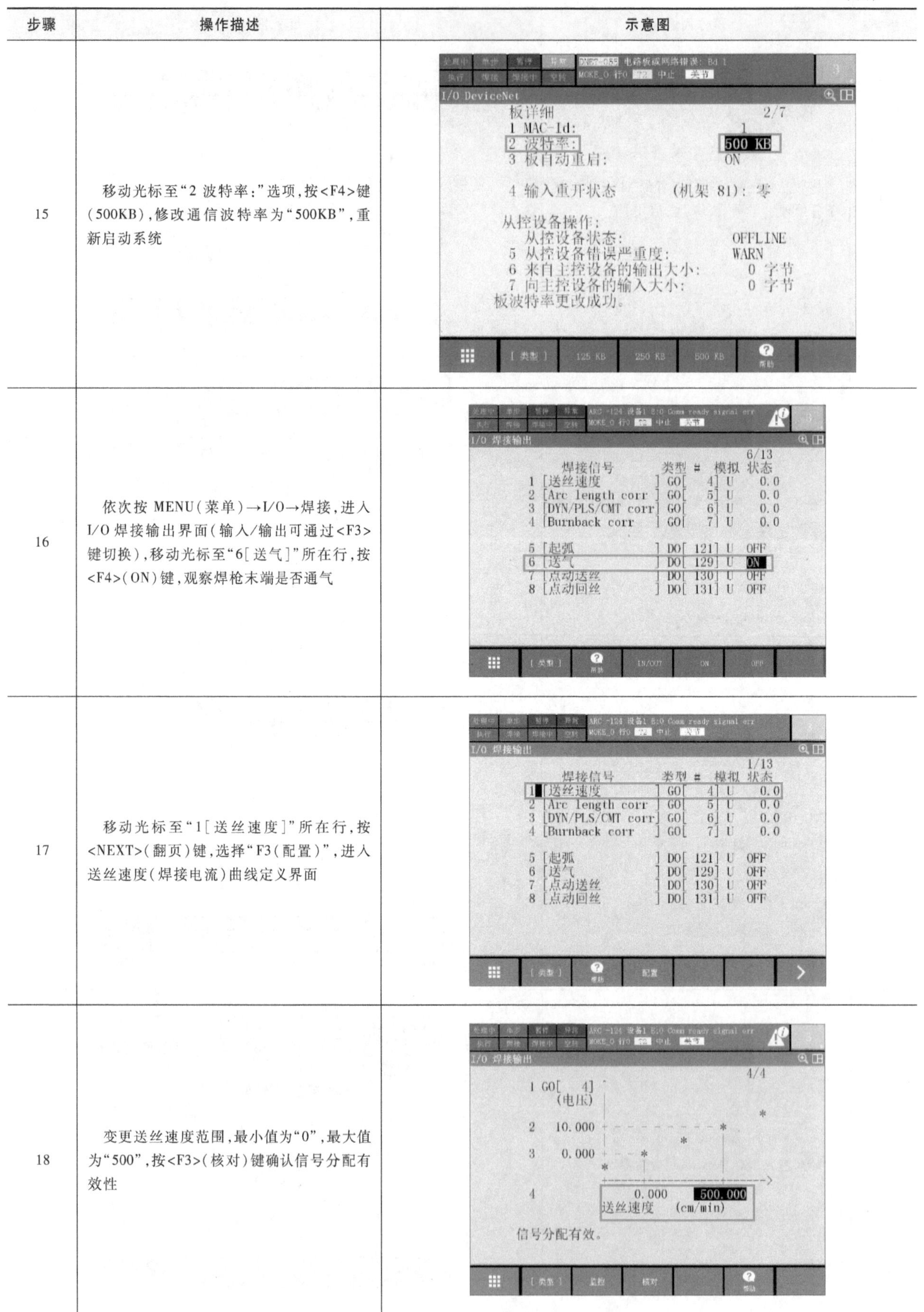

步骤	操作描述	示意图
15	移动光标至“2 波特率：”选项，按<F4>键（500KB），修改通信波特率为“500KB”，重新启动系统	
16	依次按 MENU（菜单）→I/O→焊接，进入I/O 焊接输出界面（输入/输出可通过<F3>键切换），移动光标至“6［送气］”所在行，按<F4>（ON）键，观察焊枪末端是否通气	
17	移动光标至“1［送丝速度］”所在行，按<NEXT>（翻页）键，选择“F3（配置）”，进入送丝速度（焊接电流）曲线定义界面	
18	变更送丝速度范围，最小值为“0”，最大值为“500”，按<F3>（核对）键确认信号分配有效性	

（续）

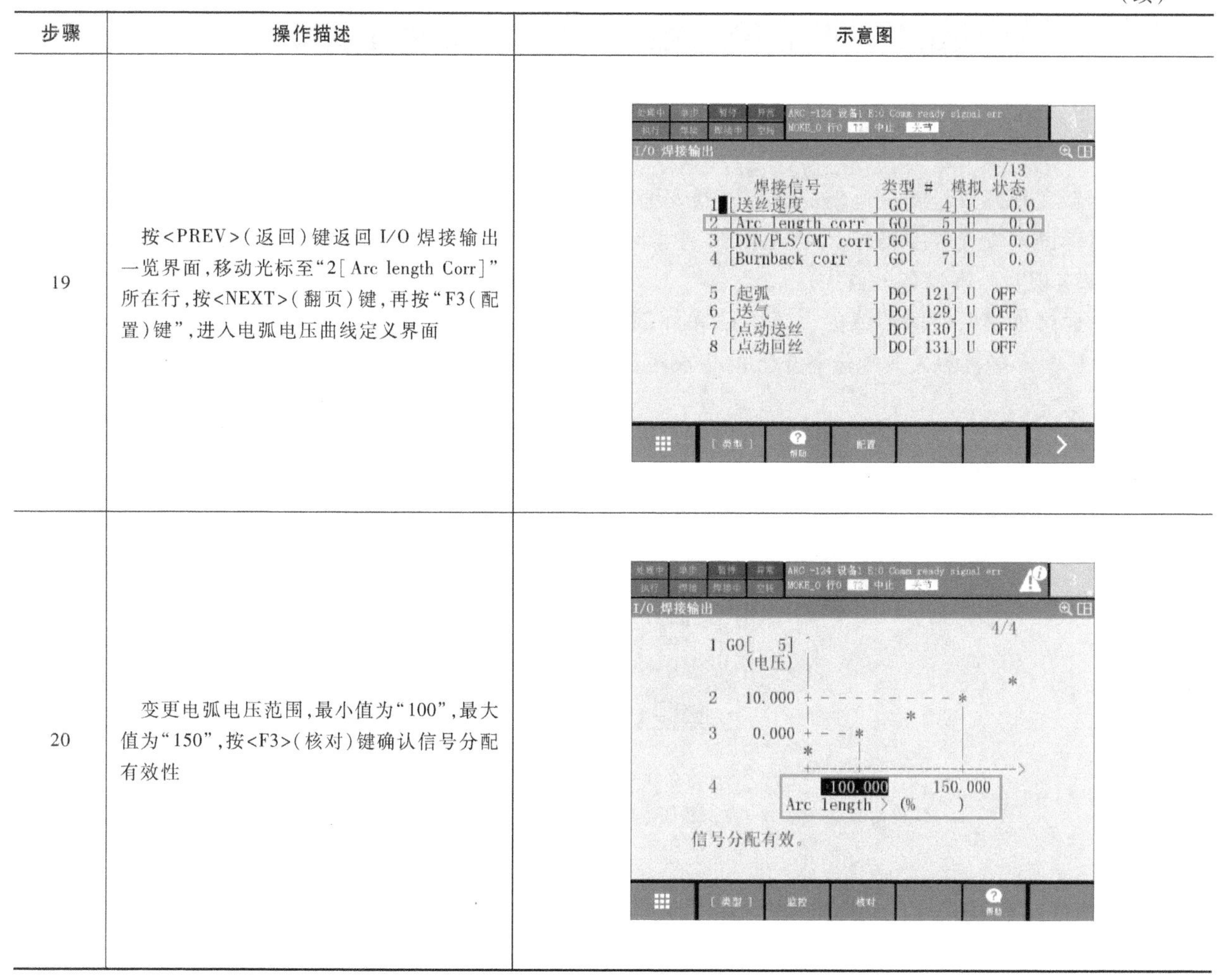

步骤	操作描述	示意图
19	按<PREV>（返回）键返回 I/O 焊接输出一览界面，移动光标至“2[Arc length Corr]”所在行，按<NEXT>（翻页）键，再按“F3（配置）键”，进入电弧电压曲线定义界面	I/O 焊接输出 1/13 焊接信号 类型 # 模拟 状态 1 [送丝速度] GO[4] U 0.0 2 [Arc length corr] GO[5] U 0.0 3 [DYN/PLS/CMT corr] GO[6] U 0.0 4 [Burnback corr] GO[7] U 0.0 5 [起弧] DO[121] U OFF 6 [送气] DO[129] U OFF 7 [点动送丝] DO[130] U OFF 8 [点动回丝] DO[131] U OFF
20	变更电弧电压范围，最小值为“100”，最大值为“150”，按<F3>（核对）键确认信号分配有效性	I/O 焊接输出 4/4 1 GO[5] (电压) 2 10.000 3 0.000 4 100.000 150.000 Arc length > (%) 信号分配有效。

（6）确认焊接电源起弧功能　使用示教器调用测试任务程序（MOKE. TP），按<SHIFT+WELD ENB>组合键，启用焊接电源起弧功能，并调整速度倍率至 100%，消除所有报警，执行试焊任务，焊接效果如图 3-121 所示。

（7）优化焊接电流和电弧电压曲线　根据试焊效果，再次进入电弧电压曲线定义（I/O 焊接输出）界面，调整电弧电压范围，优化后的焊接效果如图 3-122 所示。

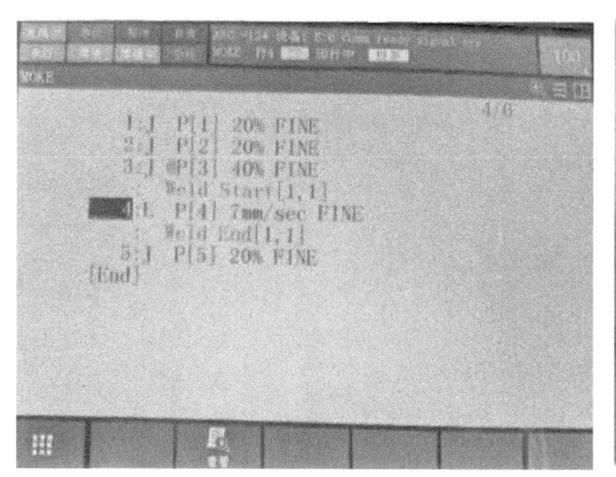

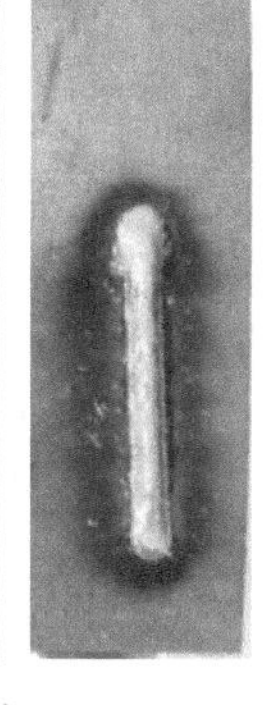

图 3-121　确认焊接电源起弧功能

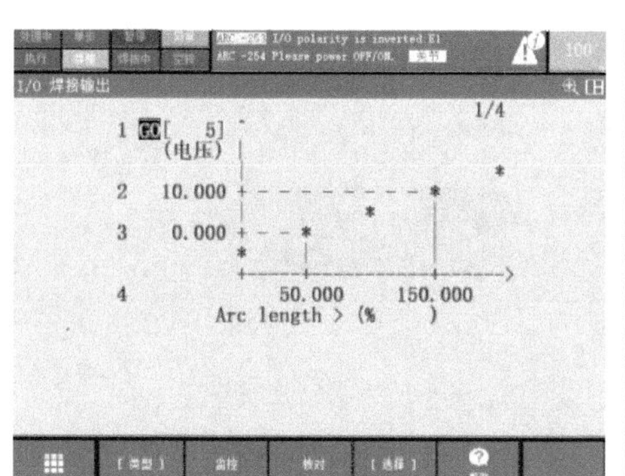

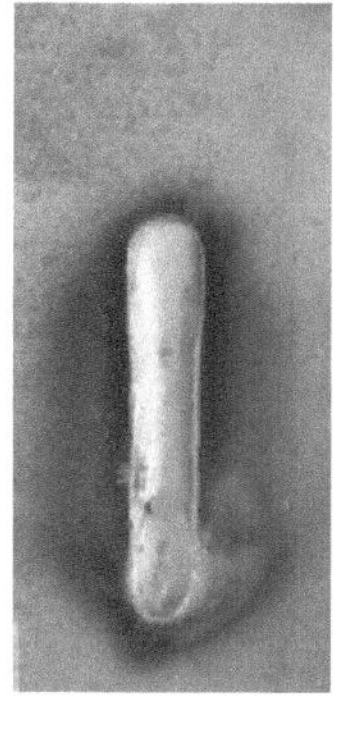

图 3-122　电弧电压曲线优化效果

（8）系统断电关机　按下机器人示教器或控制柜上的急停按钮，依次切断机器人控制柜电源、焊接电源回路和工位电源。

任务 3.4　焊接机器人与其他设备单元联调

【任务描述】

一套能够实现高效且安全运转的焊接机器人编程与维护实训工作站，需要集成清枪站、自动升降遮光屏等周边辅助及安全防护设备。在工作站的实际使用过程中，使用者可通过机器人外部输入/输出（I/O）接口实现对外围设备的监控。

本任务通过连接防碰撞传感器、清枪站和外部集成控制盒的信号电缆，合理分配机器人通用数字I/O 信号，掌握焊接机器人其他设备单元的集成过程和调试方法，如图 3-123 所示。

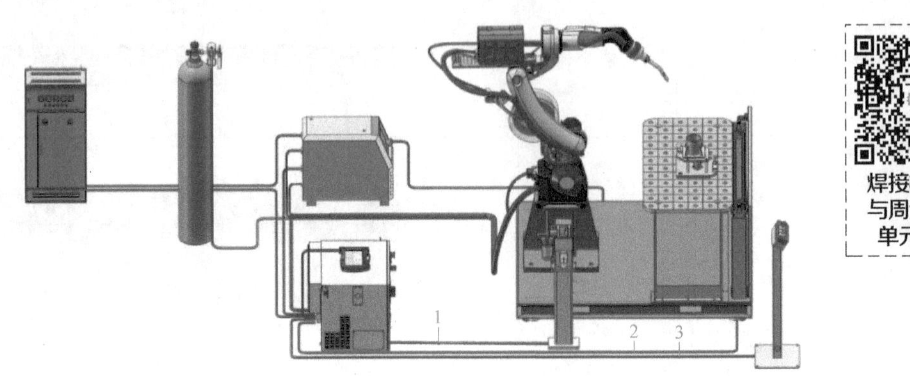

焊接机器人与周边其他单元联调

图 3-123　其他设备单元与机器人控制柜的连接

1—清枪站信号电缆　2—集成控制盒信号电缆　3—自动升降遮光屏信号电缆

【知识准备】

3.4.1　焊接机器人 I/O 信号概述（FANUC）

为规划合理的焊接机器人编程与维护实训工作站焊接动作次序，机器人控制柜需与外界进行信息交换，比如与防碰撞传感器、清枪站、自动升降遮光屏、外部操作盒等外围设备进行通信，以实现对外围设备状态的监控。为此，机器人控制柜一般配有输入/输出接口，使用前需配置 I/O 信号，其分类如图 3-124 所示。其中，通用 I/O 信号可由用户自定义使用用途，而专用 I/O 信号是用途已经确定的 I/O 信号，用户无法再分配。表 3-38 为各信号的功能说明。

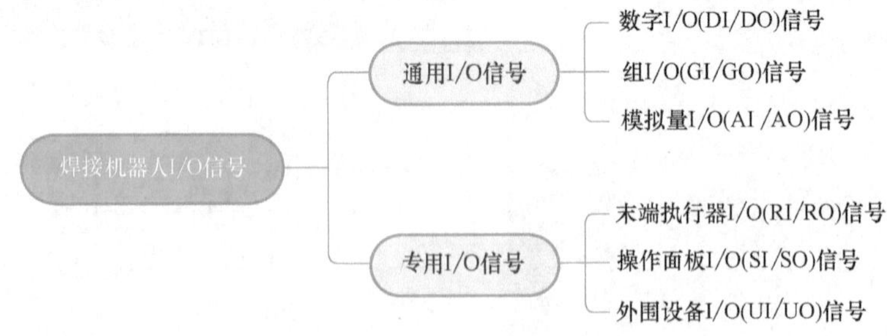

图 3-124　焊接机器人 I/O 信号

FANUC R-30iB Mate 机器人控制柜主板 I/O 信号备有 28 个数字量输入信号和 24 个数字量输出信号，经由 CRMA15、CRMA16 接口与周边设备进行 I/O 通信，如图 3-125 所示。出厂时，上述 28 个数字量输入信号中有 20 个通用 I/O 信号（DI）和 8 个专用 I/O 信号（UI）；24 个数字量输出信号中有 20 个通用 I/O 信号（DO）和 4 个专用 I/O 信号（UI），各信号含义见表 3-39。

表 3-38　焊接机器人 I/O 信号功能

信号种类		功能
通用 I/O 信号	DI/DO 信号	从外围设备通过处理 I/O 印制电路板(或 I/O 单元)的输入/输出信号线来进行数据交换的标准数字信号,属于通用数字信号,信号的值有 ON(通)和 OFF(断)两种
	GI/GO 信号	用来汇总多条信号线并进行数据交换的通用数字信号,信号的值用数值(十进制数或十六进制数)来表达,转变或逆转变为二进制数后通过信号线交换数据
	AI/AO 信号	从外围设备通过处理 I/O 印制电路板(或 I/O 单元)的输入/输出信号线来模拟输入/输出电压值交换的。在进行读写时,将模拟输入/输出电压转换为数值。因此,转换后的数值与输入/输出电压值并非完全一致
专用 I/O 信号	RI/RO 信号	经由机器人,作为末端执行器 I/O 信号被使用的机器人数字信号,在末端执行器 I/O 接口与机器人手腕上附带的连接器连接后使用。此信号不能再定义信号号码。FANUC 机器人末端执行器 I/O 信号由最多 8 个输入和 8 个输出的通用信号构成
	SI/SO 信号	在系统中已经确定其用途的专用信号。该信号从处理 I/O 印制电路板(或 I/O 单元)通过接口及 I/O Link 与程控装置和外围设备连接,从外部对机器人进行控制
	UI/UO 信号	用来进行操作面板上的按钮和 LED 状态数据交换的数字专用信号。信号的输入随操作面板上的按钮 ON/OFF 而定。输出时用于操作面板上 LED 指示灯的 ON/OFF 操作。操作面板 I/O 不能对信号号码进行映射(再定义)。标准情况下已经定义 16 个输入信号、16 个输出信号。操作面板处在有效状态时,可通过操作面板 I/O 来启动程序

表 3-39　机器人控制柜主板 I/O 信号接口及含义（FANUC R-30iB Mate）

连接器接口编号	信号名称	信号含义	备注	连接器接口编号	信号名称	信号含义	备注
CRMA15-A5	DI101	DI	通用信号	CRMA15-A15	DO101	DO	通用信号
CRMA15-B5	DI102			CRMA15-B15	DO102		
CRMA15-A6	DI103			CRMA15-A16	DO103		
CRMA15-B6	DI104			CRMA15-B16	DO104		
CRMA15-A7	DI105			CRMA15-A17	DO105		
CRMA15-B7	DI106			CRMA15-B17	DO106		
CRMA15-A8	DI107			CRMA15-A18	DO107		
CRMA15-B8	DI108			CRMA15-B18	DO108		
CRMA15-A9	DI109			CRMA16-A10	DO109		
CRMA15-B9	DI110			CRMA16-B10	DO110		
CRMA15-A10	DI111			CRMA16-A11	DO111		
CRMA15-B10	DI112			CRMA16-B11	DO112		
CRMA15-A11	DI113			CRMA16-A12	DO113		
CRMA15-B11	DI114			CRMA16-B12	DO114		
CRMA15-A12	DI115			CRMA16-A13	DO115		
CRMA15-B12	DI116			CRMA16-B13	DO116		
CRMA15-A13	DI117			CRMA16-A14	DO117		
CRMA15-B13	DI118			CRMA16-B14	DO118		
CRMA15-A14	DI119			CRMA16-A15	DO119		
CRMA15-B14	DI120			CRMA16-B15	DO120		
CRMA16-A5	XHOLD	暂停	专用信号	CRMA16-A16	CMDENBL	自动运转中	专用信号
CRMA16-B5	RESET	复位		CRMA16-B16	FAULT	报警	
CRMA16-A6	START	启动		CRMA16-A17	BATALM	电池电压下降	
CRMA16-B6	ENBL	操作许可		CRMA16-B17	BUSY	运行中	
CRMA16-A7	PNS1	程序编号选择					
CRMA16-B7	PNS2	程序编号选择					
CRMA16-A8	PNS3	程序编号选择					
CRMA16-B8	PNS4	程序编号选择					

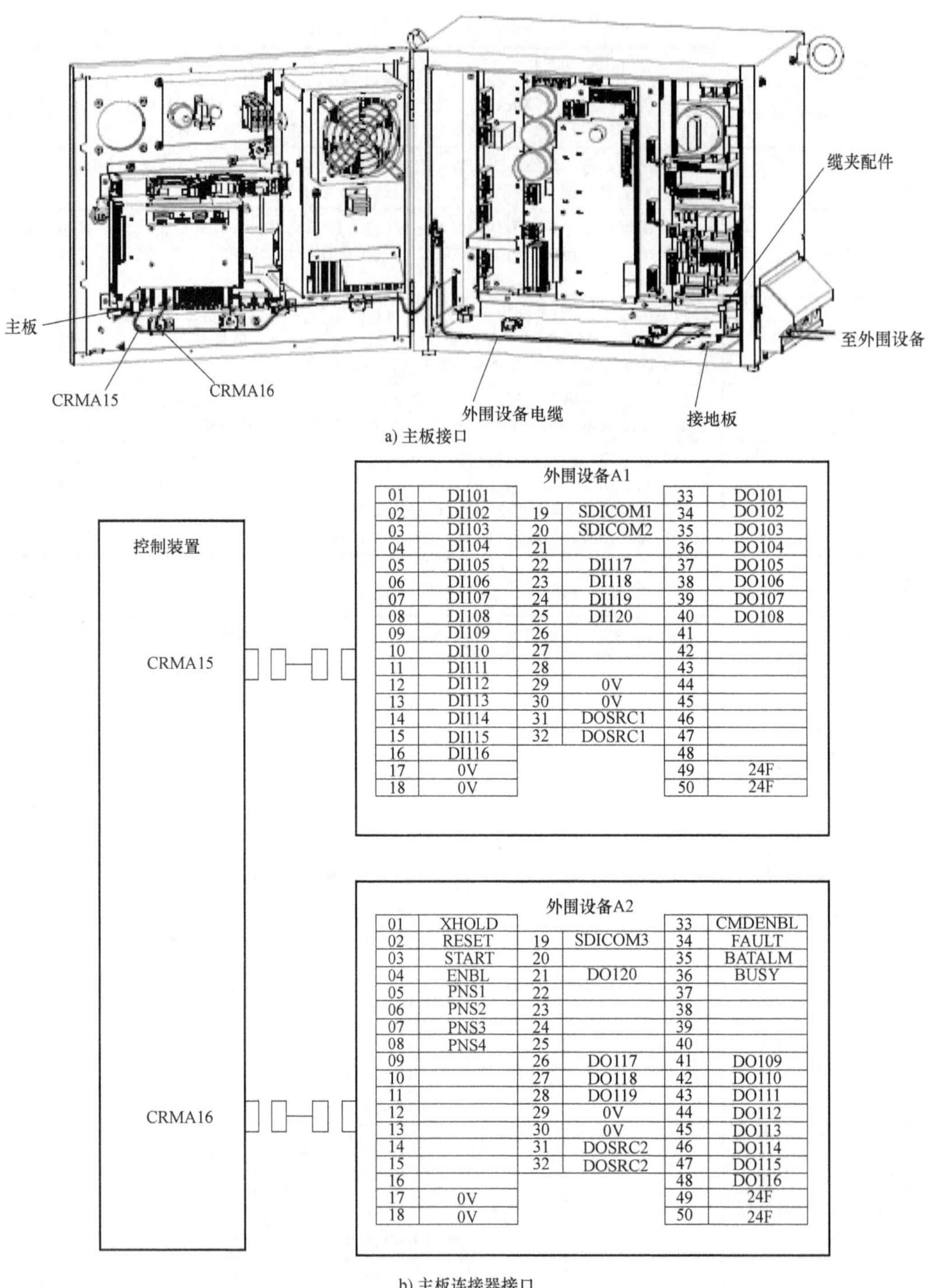

a) 主板接口

b) 主板连接器接口

图 3-125　机器人控制柜主板 I/O 信号接口（FANUC R-30iB Mate）

3.4.2　末端执行器断裂信号

末端执行器断裂信号＊HBK 是机器人专用 I/O 信号（RI/RO）之一，用于检测末端工具是否损坏。＊HBK 信号在正常状态下被设定为 ON。当信号为 OFF 时，机器人会发出报警并切断伺服电源。在实际的焊接机器人工作站中，＊HBK 信号是由机器人防碰撞传感器信号实现的，用户仅需将防碰撞传感器的两根信号线接至机器人本体集成 EE 电气接口的第 7 引脚和编号为 17～20 引脚中的任一引脚即可，如图 3-126 所示。

3.4.3　外部集成控制信号

外部集成控制信号有启动、暂停、复位和再启动，是机器人专用I/O信号（UI/UO）之一，主要用于自动模式下从外围操控机器人执行任务。以FANUC机器人为例，根据机器人系统/配置界面中“UOP自动分配”选择的不同（图3-127），UI/UO的分配也各不相同，见表3-40。完整（CRMA16）分配条件下，可使用所有UI和UO，此时设置机器人I/O信号的输入为18点、输出为20点的物理信号被分配给专用UI/UO；而在简略（CRMA16）分配条件下，可使用信号点数少的UI和UO，此时设置机器人I/O信号的输入为8点、输出为4点的物理信号被分配给专用UI/UO，可用于通用数字I/O的信号点数增加。有关各个UI/UO信号的功能说明详见表3-41和表3-42。

在实际的焊接机器人工作站中，外部集成控制盒常设置启动、暂停、复位和再启动等物理按钮，用户可通过查阅机器人系统/配置界面中的“UOP自动分配”选项，确定上述功能按键所对应的主板连接器接口编号。以机器人系统出厂状态为例，外部集成控制信号均连接至CRMA16接口端子排，其电气原理图如图3-128所示。

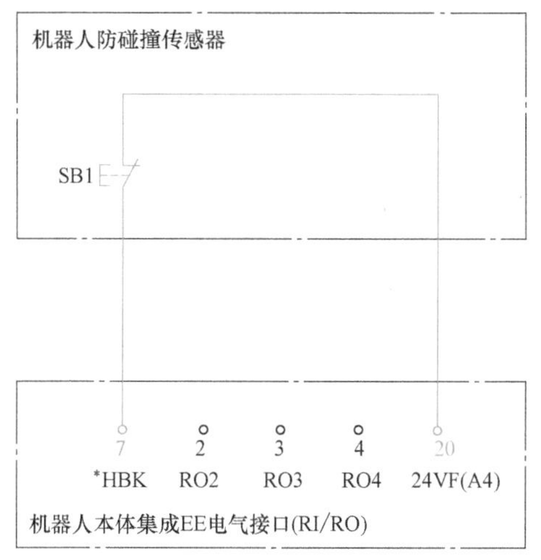

图3-126　机器人防碰撞传感器电气原理

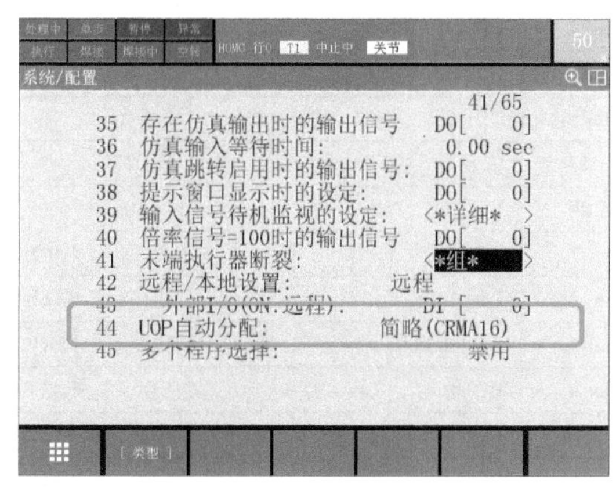

图3-127　机器人系统/配置界面（UOP自动分配）

表3-40　机器人主板标准I/O信号分配（FANUC R-30iB Mate）

物理编号	UOP自动分配：简略(CRMA16)	UOP自动分配：完整(CRMA16)	UOP自动分配：无 全部 完整(从机) 简略(从机)
in 1	DI[101]	UI[1]　*IMSTP	DI[101]
in 2	DI[102]	UI[2]　*HOLD	DI[102]
in 3	DI[103]	UI[3]　*SFSPD	DI[103]
in 4	DI[104]	UI[4]　CSTOPI	DI[104]
in 5	DI[105]	UI[5]　FAULT RESET	DI[105]
in 6	DI[106]	UI[6]　START	DI[106]
in 7	DI[107]	UI[7]　HOME	DI[107]
in 8	DI[108]	UI[8]　ENBL	DI[108]
in 9	DI[109]	UI[9]　RSR1/PNS1/STYLE1	DI[109]
in 10	DI[110]	UI[10]　RSR2/PNS2/STYLE2	DI[110]
in 11	DI[111]	UI[11]　RSR3/PNS3/STYLE3	DI[111]
in 12	DI[112]	UI[12]　RSR4/PNS4/STYLE4	DI[112]

（续）

物理编号	UOP 自动分配：简略(CRMA16)	UOP 自动分配：完整(CRMA16)	UOP 自动分配：无 全部 完整(从机) 简略(从机)
in 13	DI[113]	UI[13] RSR5/PNS5/STYLE5	DI[113]
in 14	DI[114]	UI[14] RSR6/PNS6/STYLE6	DI[114]
in 15	DI[115]	UI[15] RSR7/PNS7/STYLE7	DI[115]
in 16	DI[116]	UI[16] RSR8/PNS8/STYLE8	DI[116]
in 17	DI[117]	UI[17] PNSTROBE	DI[117]
in 18	DI[118]	UI[18] PROD START	DI[118]
in 19	DI[119]	DI[119]	DI[119]
in 20	DI[120]	DI[120]	DI[120]
in 21	UI[2] *HOLD	DI[81]	DI[81]
in 22	UI[5] RESET①	DI[82]	DI[82]
in 23	UI[6] START②	DI[83]	DI[83]
in 24	UI[8] ENBL	DI[84]	DI[84]
in 25	UI[9] PNS1	DI[85]	DI[85]
in 26	UI[10] PNS2	DI[86]	DI[86]
in 27	UI[11] PNS3	DI[87]	DI[87]
in 28	UI[12] PNS4	DI[88]	DI[88]
out 1	DO[101]	UO[1] CMDENBL	DO[101]
out 2	DO[102]	UO[2] SYSRDY	DO[102]
out 3	DO[103]	UO[3] PROGRUN	DO[103]
out 4	DO[104]	UO[4] PAUSED	DO[104]
out 5	DO[105]	UO[5] HELD	DO[105]
out 6	DO[106]	UO[6] FAULT	DO[106]
out 7	DO[107]	UO[7] ATPERCH	DO[107]
out 8	DO[108]	UO[8] TPENBL	DO[108]
out 9	DO[109]	UO[9] BATALM	DO[109]
out 10	DO[110]	UO[10] BUSY	DO[110]
out 11	DO[111]	UO[11] ACK1/SNO1	DO[111]
out 12	DO[112]	UO[12] ACK2/SNO2	DO[112]
out 13	DO[113]	UO[13] ACK3/SNO3	DO[113]
out 14	DO[114]	UO[14] ACK4/SNO4	DO[114]
out 15	DO[115]	UO[15] ACK5/SNO5	DO[115]
out 16	DO[116]	UO[16] ACK6/SNO6	DO[116]
out 17	DO[117]	UO[17] ACK7/SNO7	DO[117]
out 18	DO[118]	UO[18] ACK8/SNO8	DO[118]
out 19	DO[119]	UO[19] SNACK	DO[119]
out 20	DO[120]	UO[20] RESERVE	DO[120]
out 21	UO[1] CMDENBL	DO[81]	DO[81]
out 22	UO[6] FAULT	DO[82]	DO[82]
out 23	UO[9] BATALM	DO[83]	DO[83]
out 24	UO[10] BUSY	DO[84]	DO[84]

① in22 也被分配给 UI [4]（CSTOPI）；② in23 也被分配给 UI [17]（PNSTROBE）。

表 3-41　机器人 UI 信号功能（FANUC R-30iB Mate）

编号	信号名称	功能	备注
UI[1]	*IMSTP	瞬时停止信号，通过软件断开伺服电源 *IMSTP 输入，通常情况下处在 ON 状态。该信号变为 OFF 状态时，系统执行如下处理 1）发出报警后断开伺服电源 2）瞬时停止机器人的动作，中断程序的执行	始终为 ON④
UI[2]	*HOLD	暂停信号，从外部装置发出暂停指令 *HOLD 输入，通常情况下处在 ON 状态。该信号变为 OFF 状态时，系统执行如下处理 1）减速停止执行中的动作，中断程序的执行 2）一般事项的设定中将“暂停时伺服”置于有效时，在停下机器人后，发出报警并断开伺服电源	可以使用
UI[3]	*SFSPD	安全速度信号，在安全防护门开启时使机器人暂停。该信号通常与安全防护门的安全插销连接 *SFSPD 输入，通常情况下处在 ON 状态。该信号变为 OFF 状态时，系统执行如下处理 1）减速停止执行中的动作，中断程序的执行。此时，将速度倍率调低到由 $SCR.$FENCEOVRD 所指定的值 2）*在 SFSPD 输入处在 OFF 状态，通过示教器启动程序的情况下，将速度倍率调低到由 $SCR.$SFRUNOVLIM 所指定的值。在执行点动进给的情况下，将速度倍率调低到由 $SCR.$SFJOGOVLIM 所指定的值。*在 SFSPD 处在 OFF 状态下，不能将速度倍率提高到该指定值以上的值	始终为 ON④
UI[4]	CSTOPI	循环停止信号，用于结束当前执行中的程序。通过 RSR 来解除处在待命状态下的程序 1）在系统/配置界面中将“用 CSTOPI 信号强制中止程序”设定为无效时，在将当前执行中的程序执行到末尾后结束程序。通过 RSR 来解除（清除）处在待命状态下的程序（标准设定） 2）在系统/配置界面中将“用 CSTOPI 信号强制中止程序”设定为有效时，立即结束当前执行中的程序。通过 RSR 来解除处在待命状态下的程序	分配给与 RESET 相同的信号①
UI[5]	FAULT RESET	报警解除信号，用于解除报警。伺服电源被断开时，可接通伺服电源，但在伺服装置启动之前，报警不予解除。该信号默认设定为在信号断开时发挥作用	可以使用
UI[6]	START	外部启动信号。当处在接通后又被关闭的下降沿时，启用该信号。接收到该信号时，进行如下处理 1）在系统/配置界面中，将“再开专用信号（外部 START）”设定为无效时，从通过示教器所选程序的当前光标所在行号码起执行程序。继续执行一度曾被暂停的程序（标准设定） 2）在系统/配置界面中，将“再开专用信号（外部 START）”设定为有效时，继续执行暂停中的程序。该操作不能启动不处于暂停状态的程序	可以使用
UI[7]	HOME		无分配
UI[8]	ENBL	动作允许信号，允许机器人的动作，使机器人处于动作允许状态 该信号处在 OFF 状态时，禁止基于点动进给的机器人动作和包含动作（组）的程序启动。此外，在程序执行中时，可通过断开该信号来使程序暂停	可以使用

（续）

编号	信号名称	功能	备注
UI[9]	RSR1/PNS1/STYLE1	RSR1～8：机器人启动请求信号。接收到一个该信号时，与该信号对应的 RSR 程序为进行自动运转而被选择启动。其他程序处在执行中或暂停中时，将所选程序加入等待行列，等到执行中的程序结束后再启动 PNS1～8：程序号码选择信号（PNS）和 PNS 选通信号（PNSTROBE）。在接收到 PNSTROBE 输入时，读出 PNS1～8 输入信号，选择要执行的程序。其他程序处在执行中或暂停中信号时，忽略该信号 遥控条件成立时，在 PNSTROBE 处在 ON 状态期间进行基于示教器的程序选择 STYLE1～8：编号选择信号。输入启动信号时，系统将读入 STYLE1～8 输入信号，选择要执行的程序，同时执行该程序。其他程序处在执行中或暂停中时，忽略该信号	可用作 PNS1[③]
UI[10]	RSR2/PNS2/STYLE2		可用作 PNS2[③]
UI[11]	RSR3/PNS3/STYLE3		可用作 PNS3[③]
UI[12]	RSR4/PNS4/STYLE4		可用作 PNS4[③]
UI[13]	RSR5/PNS5/STYLE5		无分配
UI[14]	RSR6/PNS6/STYLE6		
UI[15]	RSR7/PNS7/STYLE7		
UI[16]	RSR8/PNS8/STYLE8		
UI[17]	PNSTROBE	—	分配给与 START 相同的信号[②]
UI[18]	PROD START	自动运转启动信号（PROD START），从第一行开始启动当前所选的程序。当处在接通后又被关闭的下降沿时，该信号启用 在与 PNS 一起使用的情况下，从第一行开始执行由 PNS 选择的程序。在不与 PNS 一起使用的情况下，从第一行开始执行由示教器选择的程序 其他程序处在执行中或暂停中时，忽略该信号	无分配[⑤]

① CSTOPI 被分配给与 RESET 相同的信号，若将“用 CSTOPI 信号强制中止程序”设为有效，可通过 RESET 输入信号强制退出程序。

② PNSTROBE 被分配给与 START 相同的信号，在 START 信号的上升沿（OFF→ON）时选定程序，在 START 信号的下降沿（ON→OFF）时启动程序。

③ 若是简略分配（START 已被分配给与 PNSTROBE 相同的信号），则无法使用 PNS 以外的程序选择方式。在程序选择界面上，将“程序选择模式”设定为 PNS 以外后，通电后将被自动变更为 PNS。

④ 将被分配给始终为 ON 的内部 I/O（机架 35、插槽 1）。

⑤ 简略分配中不会分配 PROD START，在将系统/配置界面中的“再开专用信号（外部 START）”设定为有效时，将不能从外围设备 I/O 启动程序。简略分配的情况下，应将“再开专用信号（外部 START）”设定为无效。

表 3-42　机器人 UO 信号功能（FANUC R-30iB Mate）

编号	信号名称	功能	备注
UO[1]	CMDENBL	可接收输入信号。该信号表示可以从程控装置启动包含动作（组）的程序，在下列条件成立时输出 1）遥控条件成立 2）可动作条件成立 3）选定连续运转方式（单步方式无效）	可以使用
UO[2]	SYSRDY	系统准备就绪信号，在伺服电源接通时输出，将机器人置于动作允许状态。在动作允许状态下，可执行点动进给，并可启动包含动作（组）的程序。动作允许状态是下列可动作条件成立时的状态 1）外围设备 I/O 的 ENBL 输入处于 ON 状态 2）伺服电源接通（非报警）状态	无分配
UO[3]	PROGRUN	程序执行中信号，在程序执行中输出。程序处在暂停中时，该信号不予输出	无分配
UO[4]	PAUSED	暂停中信号，在程序处在暂停中而等待再启动的状态时输出	无分配
UO[5]	HELD	保持中信号，在按下<HOLD>键时和输入 HOLD 信号时输出。松开<HOLD>键时，该信号不予输出	无分配

（续）

编号	信号名称	功能	备注
UO[6]	FAULT	报警信号,在系统发生报警时输出。可以通过 FAULT RESET 输入来解除报警。系统发出警告(WARN)时,该信号不予输出	可以使用
UO[7]	ATPERCH	参考位置信号,在机器人处在预先确定的参考位置时输出 最多可以定义 10 个参考位置,此信号在机器人处在第 1 参考位置时输出,其他参考位置则被分配通用信号	无分配
UO[8]	TPENBL	示教器有效信号,在示教器的有效开关处在 ON 状态时输出	无分配
UO[9]	BATALM	电池异常信号,表示控制装置或机器人的脉冲编码器的后备电池电压下降报警。应在接通控制装置电源后再更换电池	可以使用
UO[10]	BUSY	处理中信号,在程序执行中或通过示教器进行的作业处理中输出。程序处在暂停中时,该信号不予输出	可以使用
UO[11]	ACK1/SNO1	ACK1~8 输出:RSR 接收确认信号,在 RSR 功能有效时进行组合使用。接收到 RSR 输入时,作为确认输出对应的脉冲信号。可以指定脉冲宽度 SNO1~8 输出:选择程序号码信号,在 PNS 功能有效时进行组合使用。作为确认而始终以二进制代码方式输出当前所选的程序号码(对应 PNS1~8 输入的信号)。通过选择新的程序来改写 SNO1~8	无分配
UO[12]	ACK2/SNO2		
UO[13]	ACK3/SNO3		
UO[14]	ACK4/SNO4		
UO[15]	ACK5/SNO5		
UO[16]	ACK6/SNO6		
UO[17]	ACK7/SNO7		
UO[18]	ACK8/SNO8		
UO[19]	SNACK	PNS 接收确认信号,在 PNS 功能有效时进行组合使用。接收到 PNS 输入时,作为确认输出脉冲信号。可以指定脉冲宽度	无分配
UO[20]	RESERVE	—	无分配

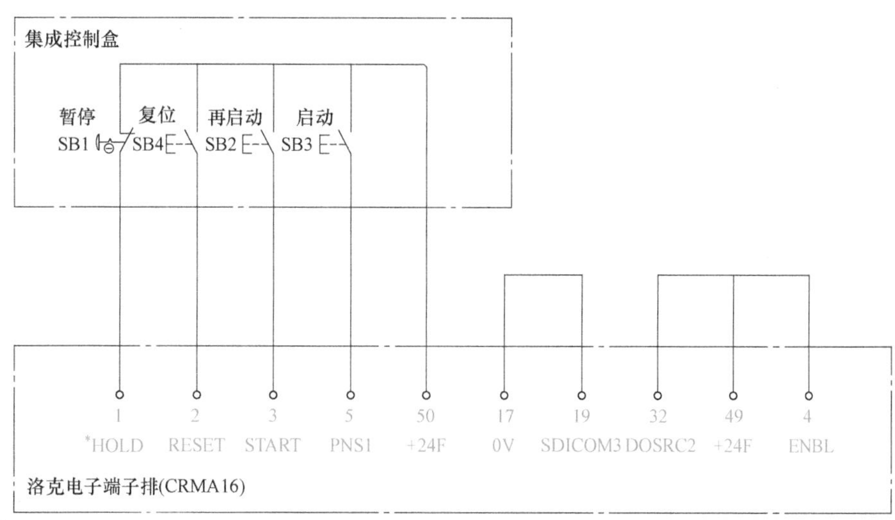

图 3-128　外部集成控制电气原理图

3.4.4　自动升降遮光屏信号

与上述机器人专用 I/O 信号不同的是，机器人通用信号的硬件接线和 I/O 分配均由用户自定义。FANUC R-30iB Mate 机器人控制柜主板共有 28 个 DI 和 24 个 DO，在简略（CRMA16）分配条件下，机器人专用 UI/UO 占用 8 个 DI 和 4 个 DO，即用户可自定义的 I/O 点数为 20 个 DI 和 20 个 DO。用户可根据单元设备监控所需的 I/O 数量，合理规划硬件接线。图 3-129 所示为焊接机器人编程与维护实训工作站中的自动升降遮光屏控制电气原理。

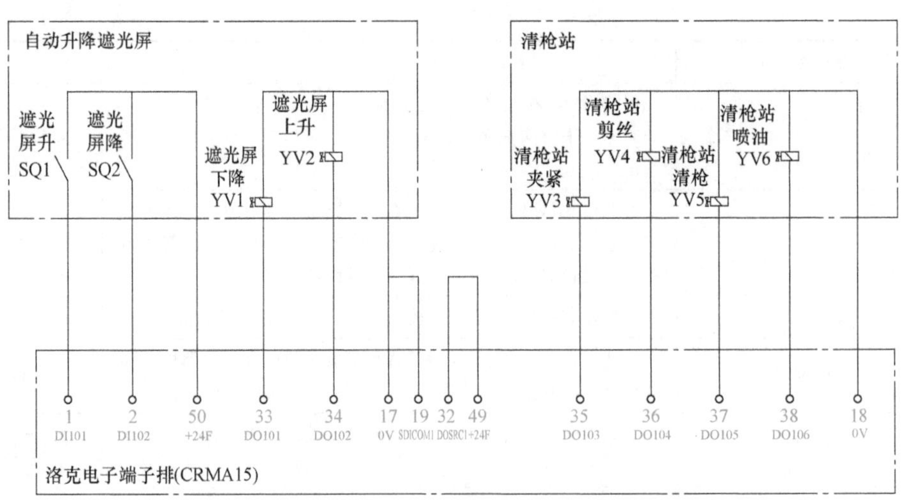

图 3-129　自动升降遮光屏控制电气原理图

3.4.5　机器人 I/O 信号概述（EFORT）

EFORT 机器人出厂时标配了一个 8 入 8 出的数字量 I/O 模块（表 3-43 和表 3-44），还标配了一个 16 入 16 出的数字量 I/O 模块。

I/O 输入信号除有“用户自定义”字样的接口外，其他接口均为系统使用的固定功能，不可更改。

I/O 输入信号 7 号引脚，可用于安全防护门、安全光栅功能触发后控制器的输入信号，信号触发后机器人报警并紧急停止，需要人工干预恢复。

表 3-43　I/O 输入信号接口定义

图示	PIN 位	说明
	00	急停报警 1
	01	伺服使能
	10	伺服确认
	11	示教器热插拔
	20	高温报警
	21	急停报警 2
	30	安全门 1
	31	安全门 2

表 3-44　I/O 输出信号接口定义

图示	PIN 位	说明
	02	系统占用
	03	系统占用
	12	伺服确认状态
	13	系统占用
	22	系统占用
	23	系统占用
	32	用户自定义
	33	用户自定义

I/O 输出信号除有“用户自定义”字样的接口外，其他接口均为系统使用的固定功能，不可更改，用户可根据需要扩展本体 I/O 模块或远程 I/O 模块。

3.4.6　更新 I/O 模块操作（EFORT）

EFORT 机器人更新 I/O 模块的操作步骤见表 3-45。

表 3-45　更新 I/O 模块的操作步骤（EFORT）

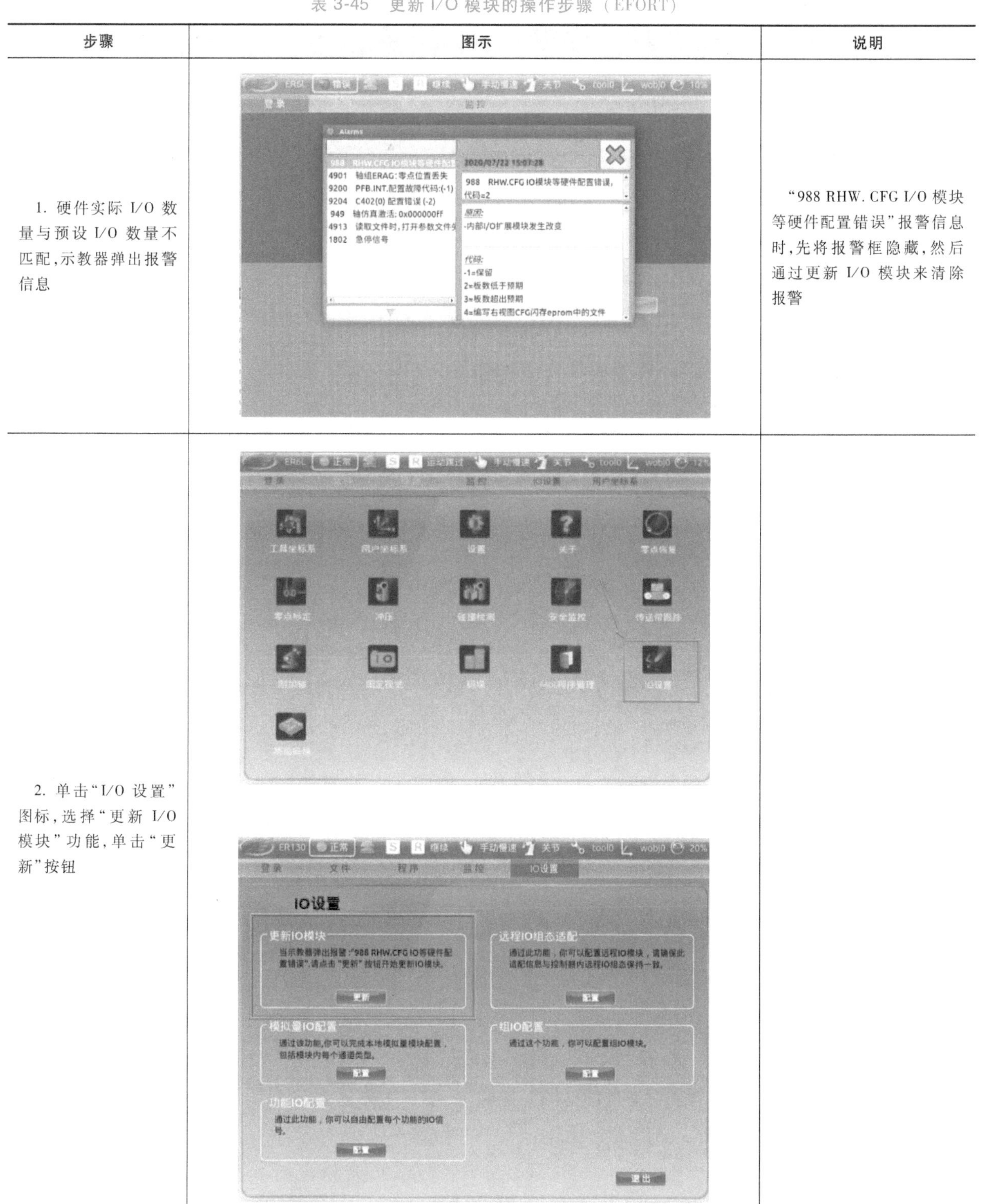

步骤	图示	说明
1. 硬件实际 I/O 数量与预设 I/O 数量不匹配，示教器弹出报警信息		“988 RHW. CFG I/O 模块等硬件配置错误”报警信息时，先将报警框隐藏，然后通过更新 I/O 模块来清除报警
2. 单击“I/O 设置”图标，选择“更新 I/O 模块”功能，单击“更新”按钮		

（续）

步骤	图示	说明
3. 确定更新 I/O 模块后，单击“是”按钮，重新启动机器人	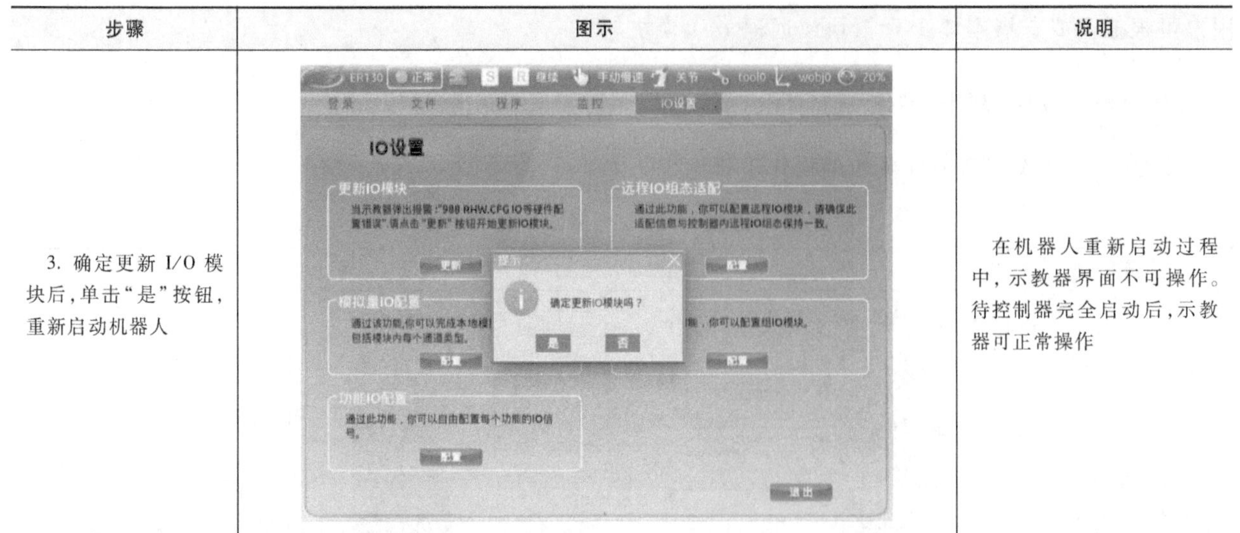	在机器人重新启动过程中，示教器界面不可操作。待控制器完全启动后，示教器可正常操作

3.4.7　远程 I/O 配置操作（EFORT）

EFORT 机器人远程 I/O 配置的操作步骤见表 3-46。

表 3-46　远程 I/O 配置的操作步骤（EFORT）

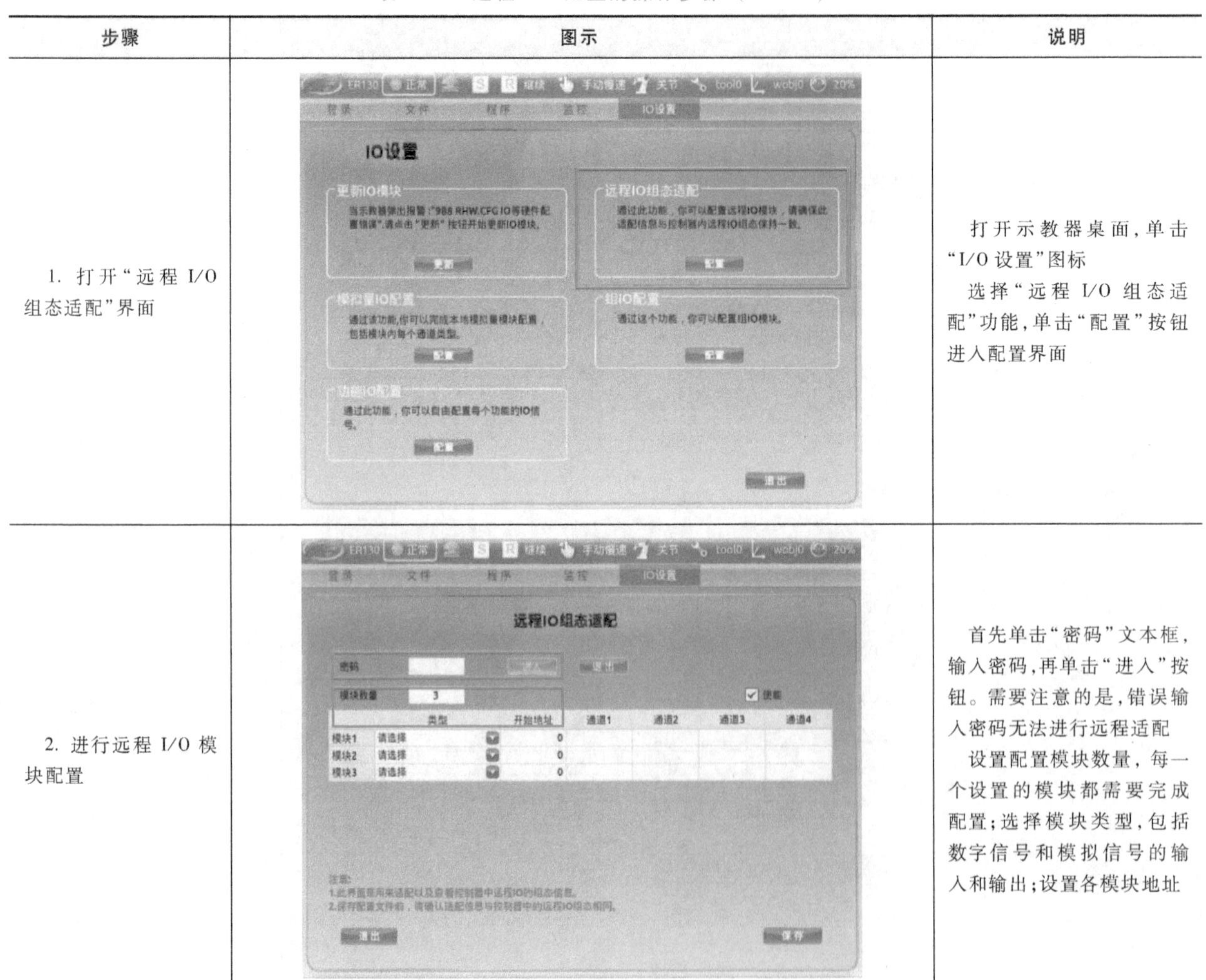

步骤	图示	说明
1. 打开“远程 I/O 组态适配”界面		打开示教器桌面，单击“I/O 设置”图标 选择“远程 I/O 组态适配”功能，单击“配置”按钮进入配置界面
2. 进行远程 I/O 模块配置		首先单击“密码”文本框，输入密码，再单击“进入”按钮。需要注意的是，错误输入密码无法进行远程适配 设置配置模块数量，每一个设置的模块都需要完成配置；选择模块类型，包括数字信号和模拟信号的输入和输出；设置各模块地址

（续）

步骤	图示	说明
3. 远程 I/O 组态适配模块	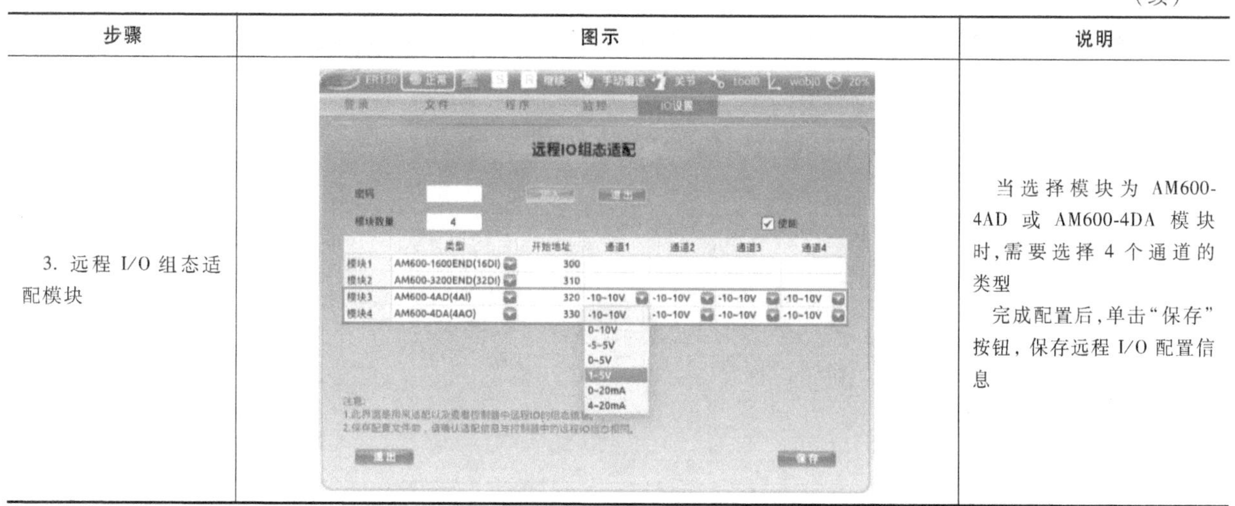	当选择模块为 AM600-4AD 或 AM600-4DA 模块时，需要选择 4 个通道的类型 完成配置后，单击“保存”按钮，保存远程 I/O 配置信息

远程 I/O 配置说明如下。

1）模块数量：每一个模块对应的内容都需要设置，否则无法保存。

2）类型：共有 6 种类型，数字信号的输入和输出（各包括 16 位和 32 位），模拟信号的输入和输出。

3）地址：地址范围为 300~500，不同模块占用的地址长度不同，且不能配置已被占用的地址。

AM600-0016××× （16DO）：数字信号 16 位输出，占用 1 位地址。

AM600-0032××× （32DO）：数字信号 32 位输出，占用 2 位地址。

AM600-0016END （16DI）：数字信号 16 位输入，占用 1 位地址。

AM600-0032END （32DI）：数字信号 32 位输入，占用 2 位地址。

AM600-4AD （4AI）：模拟信号输入，占用 4 位地址。

AM600-4DA （4AO）：模拟信号输出，占用 4 位地址。

4）通道：当模块类型为 AD 或 DA 时，需要对通道值的类型进行选择，AD 模块的通道类型有 7 种，DA 模块的通道类型有 6 种。

5）使能：勾选“使能”复选框，配置信息才能生效。

3.4.8 功能 I/O 配置操作（EFORT）

功能 I/O 配置模块主要包括通用功能、安全监控、附加轴、冲压和高级码垛 5 个功能，每个功能目前包括输入 I/O 和输出 I/O。通过选择具体的功能，用户可以自由配置信号的地址，操作步骤见表 3-47。

表 3-47 功能 I/O 配置的操作步骤（EFORT）

步骤	图示	说明
1. 进入 I/O 设置界面		打开示教器桌面，单击“I/O 设置”图标

（续）

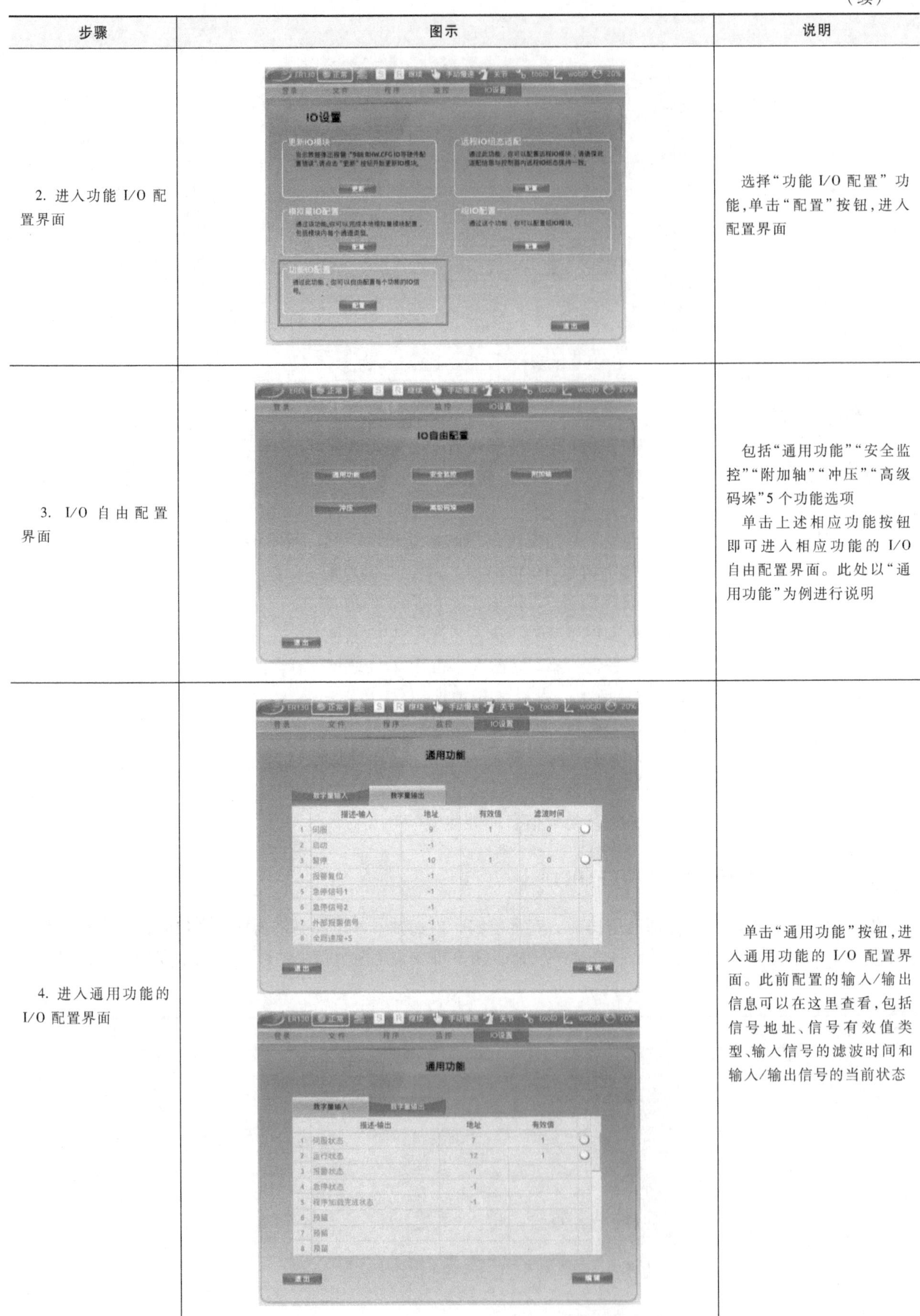

步骤	图示	说明
2. 进入功能 I/O 配置界面		选择“功能 I/O 配置”功能，单击“配置”按钮，进入配置界面
3. I/O 自由配置界面		包括“通用功能”“安全监控”“附加轴”“冲压”“高级码垛”5 个功能选项 单击上述相应功能按钮即可进入相应功能的 I/O 自由配置界面。此处以“通用功能”为例进行说明
4. 进入通用功能的 I/O 配置界面		单击“通用功能”按钮，进入通用功能的 I/O 配置界面。此前配置的输入/输出信息可以在这里查看，包括信号地址、信号有效值类型、输入信号的滤波时间和输入/输出信号的当前状态

（续）

步骤	图示	说明
5. 进行 I/O 配置	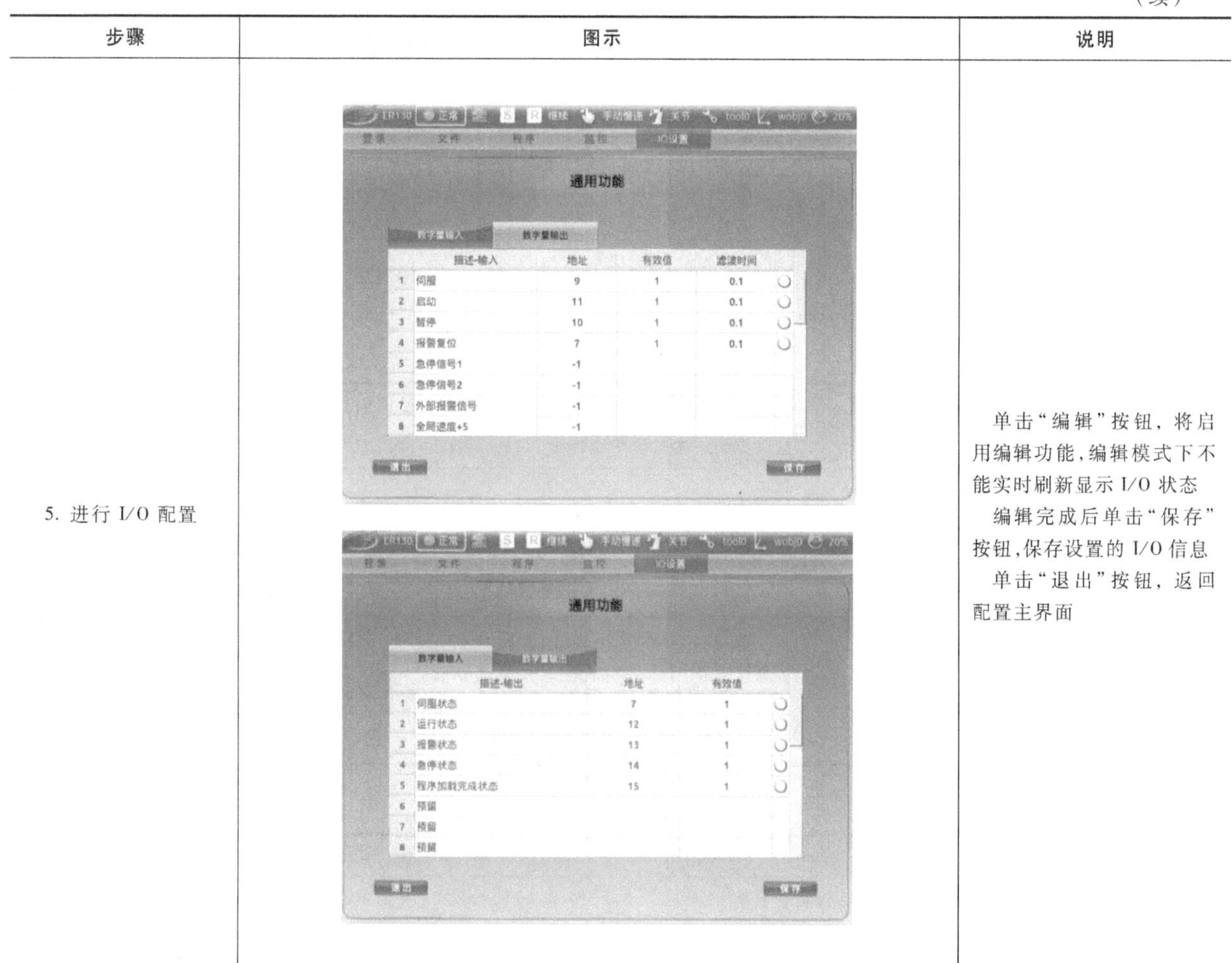	单击“编辑”按钮，将启用编辑功能，编辑模式下不能实时刷新显示 I/O 状态 编辑完成后单击“保存”按钮，保存设置的 I/O 信息 单击“退出”按钮，返回配置主界面

输入界面说明：

（1）描述-输入　通用功能的“描述-输入”项说明见表 3-48，安全监控功能的“描述-输入”项说明见表 3-49，弧焊功能的“描述-输入”项说明见表 3-50，弧焊（模拟量）功能的“描述-输入”项说明见表 3-51，程序预约功能的“描述-输入”项说明见表 3-52，附加轴功能的“描述-输入”项说明见表 3-53。

表 3-48　通用功能

序号	描述	说明	检测信号	操作模式
1	伺服	控制机器人伺服开关	脉冲信号	自动模式有效
2	启动	程序从当前行开始运行	脉冲信号	自动模式有效
3	暂停	程序暂停运行	脉冲信号	自动模式有效
4	报警复位	清除当前报警信息	脉冲信号	自动/手动模式有效
5	急停信号 1/2	控制机器人紧急停止开关	高低电平	自动/手动模式有效
6	外部报警信号	外部设备发送的报警信号	高低电平	自动/手动模式有效
7	全局速度+/-5	控制机器人速度加/减 5	脉冲信号	自动/手动模式有效
8	重新开始	程序指针返回至第一行	脉冲信号	自动模式有效
9	加载程序	加载设定程序，程序 1 到程序 4 信号的状态按顺序组成以数字为名称设定的程序	脉冲信号	自动模式有效

（续）

序号	描述	说明	检测信号	操作模式
10	程序设置二进制位 1/2/3/4	程序 4 到程序 1 信号的状态按顺序组成 4 位二进制数，程序 4 在最高位，程序 1 在最低位。例如程序 4 到程序 1 的状态为 0、1、0、1，则组成的二进制数为 0101，对应的十进制数为 5，则加载程序文件名为 5	高低电平	自动模式有效
11	远程伺服确认	通过给信号代替手动按伺服确认按钮的操作	脉冲信号	自动模式有效

表 3-49　安全监控

序号	描述	说明	检测信号	操作模式
1	区域监控使能	控制区域监控使能开关	高低电平	自动/手动模式有效
2	A1 监视激活、A2 监视激活、A3 监视激活、A4 监视激活	控制区域 1~4 的监视开关	高低电平	自动/手动模式有效
3	A1 控制使能、A2 控制使能、A3 控制使能、A4 控制使能	控制区域 1~4 的控制开关	高低电平	自动/手动模式有效
4	A1 占用输入、A2 占用输入、A3 占用输入、A4 占用输入	区域 1~4 的占用输入信号，当共享区外的机器人接收到占用输入信号时，机器人立即停止等待，直至占用输入信号消失，机器人继续运动	高低电平	自动/手动模式有效

表 3-50　弧焊

序号	描述	说明	检测信号	操作模式
1	起弧成功	检测起弧是否成功	高低电平	自动/手动模式有效
2	寻位成功	在寻位应用中，接收焊机反馈的寻位成功信号	脉冲信号	自动/手动模式有效
3	焊机准备	检测焊机是否准备好	高低电平	自动/手动模式有效
4	碰撞检测	检测有无碰撞，通常焊枪防碰撞传感器为常闭触点，故在配置时其有效值为 0	高低电平	自动/手动模式有效

表 3-51　弧焊（模拟量）

序号	描述	说明	操作模式
1	焊机反馈电流	焊机实时反馈电流数据	自动/手动模式有效
2	焊机反馈电压	焊机实时反馈电压数据	自动/手动模式有效

表 3-52　程序预约

序号	描述	说明	检测信号	操作模式
1~4	程序序号设置位 1~4	当程序预约的模式为单独时，4 个信号分别对应程序 1/2/3/4。此时当前程序为非预约且不在运行中，接收到此脉冲信号，程序会预约上，无须确认 当程序预约的模式为二进制时，程序 4 到程序 1 信号的状态按顺序组成 4 位二进制数，程序 4 在最高位，程序 1 在最低位。例如程序 4 到程序 1 的状态为 0、1、0、1，则组成的二进制数为 0101，对应十进制数为 5，则预约 5 号程序	模式为单独时为脉冲信号；二进制时为高低电平	自动模式有效
5	确认程序预约	当程序预约的模式为二进制时有效，先用程序号确定预约程序号，然后输入此信号，用以确定预约	脉冲信号	自动模式有效

（续）

序号	描述	说明	检测信号	操作模式
6	取消程序预约	当程序状态为预约中时，先选择程序号，程序预约的模式为单独时，需要输入单独的 I/O 信号并保持，然后输入此信号，用以取消当前已经预约的信号	脉冲信号	自动模式有效
7	启动/停止程序预约	当程序预约处于停止状态时，输入此信号，可以开始程序预约运行；当程序预约处于启动状态时，输入此信号，可以停止程序预约运行。注意，停止程序预约，机器人依旧会将当前正在运行的程序运行完成，之后预约完成的程序不再执行	脉冲信号	自动模式有效

表 3-53　附加轴

序号	描述	说明	检测信号	操作模式
1	附加轴 1/2/3/4 步进信号 1(+)	发送给机器人的运动方向信号，附加轴 1/2/3/4 按正方向运行。例如给附加轴 1 步进信号 1(+)，则附加轴 1 按正方向运动	高低电平	手动模式有效
2	附加轴 1/2/3/4	发送给机器人的运动方向信号	高低电平	手动模式有效
3	步进信号 2(-)	附加轴 1/2/3/4 按负方向运行。例如给附加轴 1 步进信号 2(-)，则附加轴 1 按负方向运动		

（2）地址　信号需要配置的实际 I/O 接口号，若未配置，则显示-1，其中系统占用的 I/O 需要参考电气手册，切不可自行配置。远程模块地址值是跟随本地实际最大地址值之后的。比如本地一共有 16 个输入接口，则远程模块第一个接口的地址为 17。

（3）有效值　0 或 1，如果检测脉冲信号，则 0 表示检测到下降沿有信号，1 表示检测到上升沿有信号；如果检测高低电平，则 0 表示检测到低电平有信号，1 表示检测到高电平有信号。

（4）滤波时间　为消除干扰信号，设置一个较小的非负数时间，单位为 s。

3.4.9　模拟量 I/O 配置操作（EFORT）

EFORT 机器人模拟量 I/O 配置的操作步骤见表 3-54。

表 3-54　模拟量 I/O 配置的操作步骤（EFORT）

步骤	图示	说明
1. 进入 I/O 设置界面		打开示教器桌面，单击“I/O设置”图标

（续）

步骤	图示	说明
2. 进入模拟量 I/O 配置界面	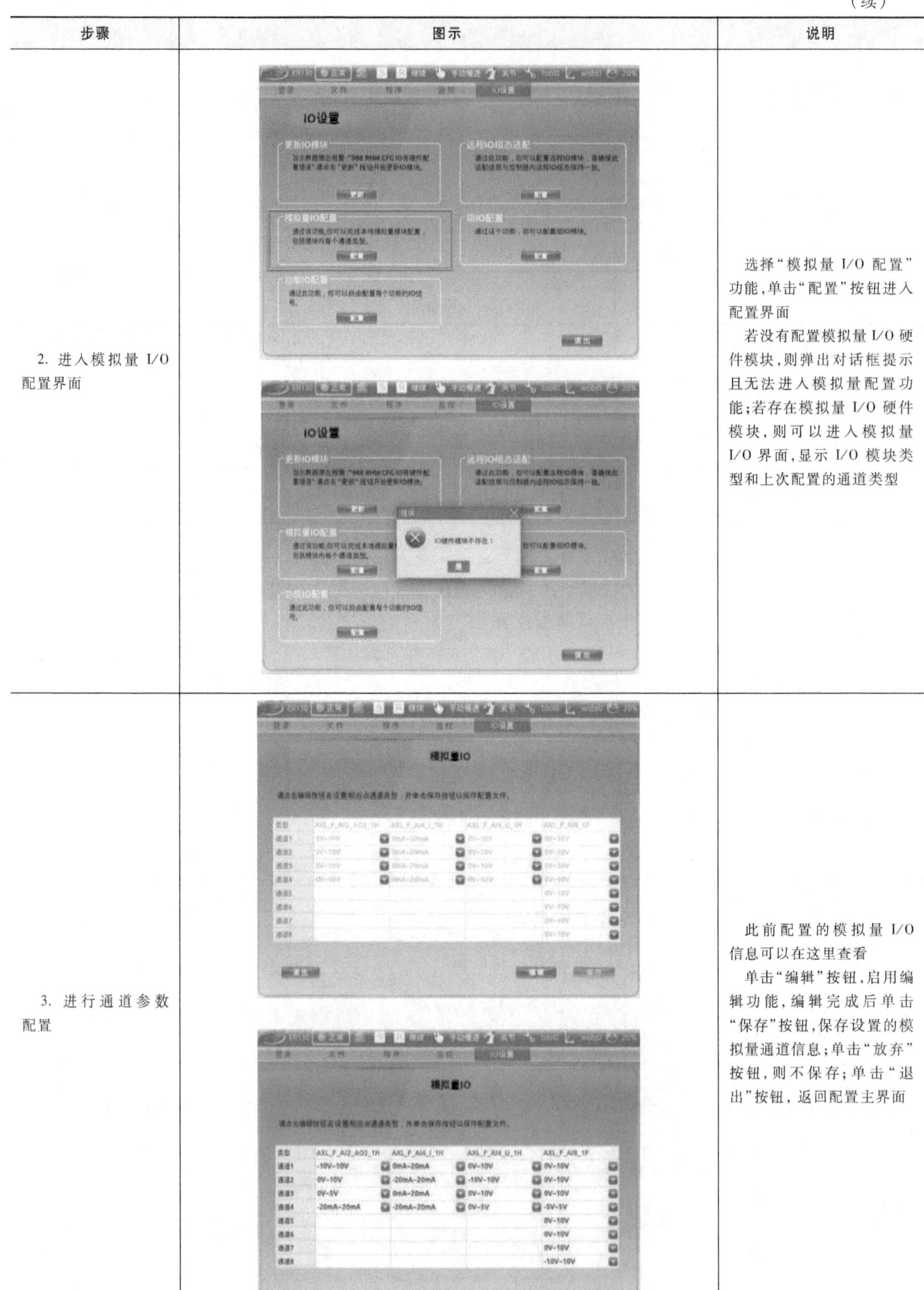	选择“模拟量 I/O 配置”功能，单击“配置”按钮进入配置界面 若没有配置模拟量 I/O 硬件模块，则弹出对话框提示且无法进入模拟量配置功能；若存在模拟量 I/O 硬件模块，则可以进入模拟量 I/O 界面，显示 I/O 模块类型和上次配置的通道类型
3. 进行通道参数配置		此前配置的模拟量 I/O 信息可以在这里查看 单击“编辑”按钮，启用编辑功能，编辑完成后单击“保存”按钮，保存设置的模拟量通道信息；单击“放弃”按钮，则不保存；单击“退出”按钮，返回配置主界面

3.4.10 组 I/O 配置操作（EFORT）

EFORT 机器人组 I/O 配置的操作步骤见表 3-55。

表 3-55 组 I/O 配置的操作步骤（EFORT）

步骤	图示	说明
1. 进入 I/O 设置界面		打开示教器桌面，单击“I/O 设置”图标
2. 进入连续地址的组 I/O 配置界面	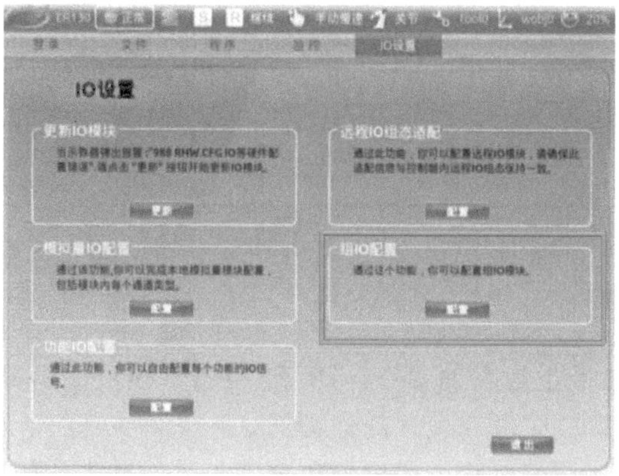	选择“组 I/O 配置”功能，单击“配置”按钮进入配置界面
3. 进行每组 I/O 的连续地址配置	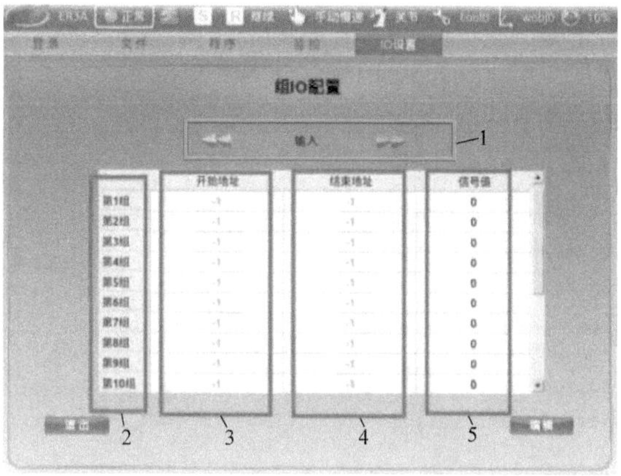	框 1 显示当前表格为输入或输出表格，可单击向左向右箭头完成切换 框 2 显示组编号，最多支持配置 16 组 框 3 为连续地址的开始地址 框 4 为连续地址的结束地址 框 5 显示一组 I/O 信号的状态转换成的十进制数值

（续）

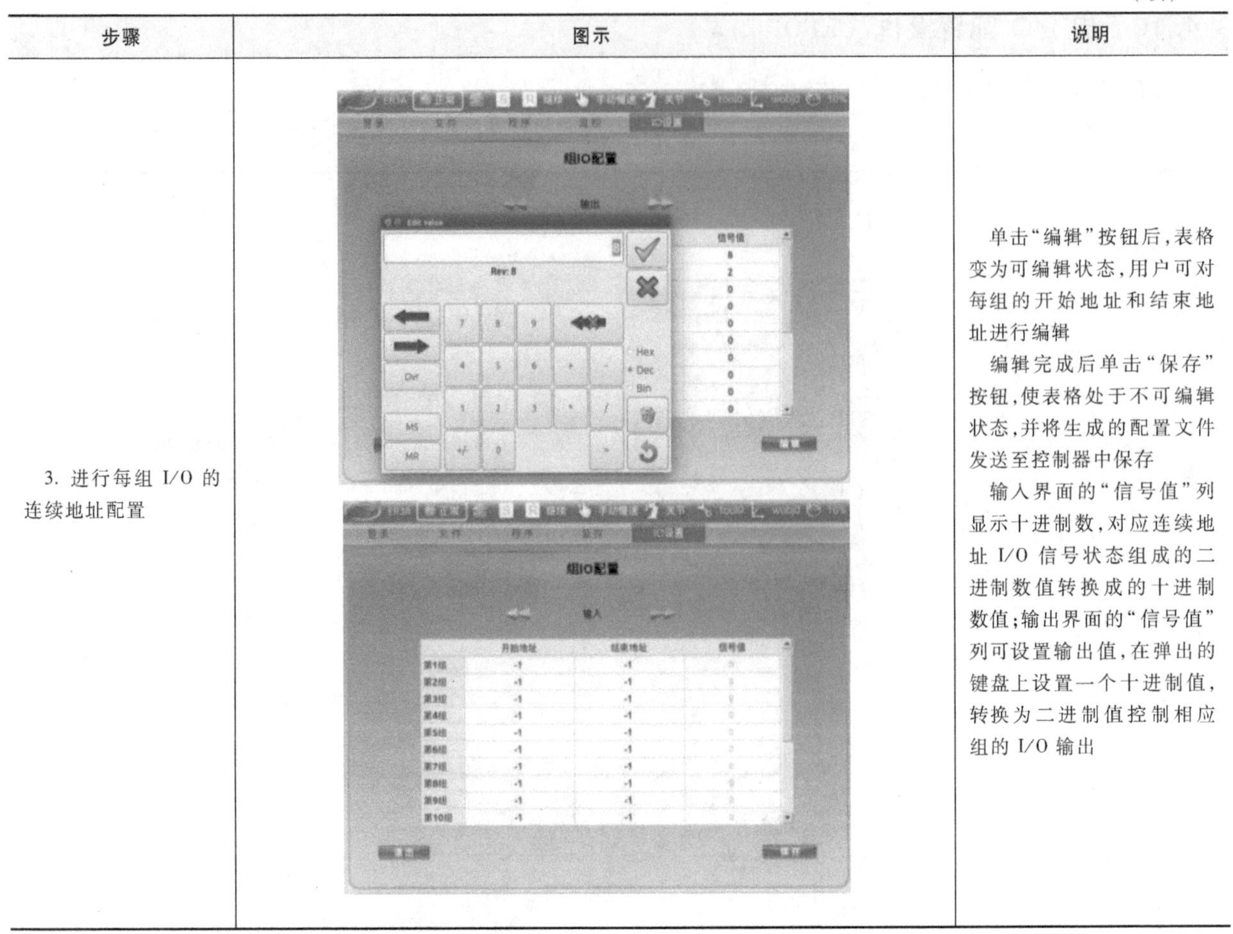

步骤	图示	说明
3. 进行每组 I/O 的连续地址配置		单击“编辑”按钮后，表格变为可编辑状态，用户可对每组的开始地址和结束地址进行编辑 编辑完成后单击“保存”按钮，使表格处于不可编辑状态，并将生成的配置文件发送至控制器中保存 输入界面的“信号值”列显示十进制数，对应连续地址 I/O 信号状态组成的二进制数值转换成的十进制数值；输出界面的“信号值”列可设置输出值，在弹出的键盘上设置一个十进制值，转换为二进制值控制相应组的 I/O 输出

3.4.11 自动升降遮光屏信号

埃夫特 ER6-1400 机器人控制柜主板共有 24 个 DI 和 24 个 DO，在简略（CRMA16）分配条件下，根据单元设备监控所需的 I/O 数量，应合理规划硬件接线。

要想控制遮光屏的下降和上升，还需要正确配置机器人 DO 信号，如图 3-130 所示。

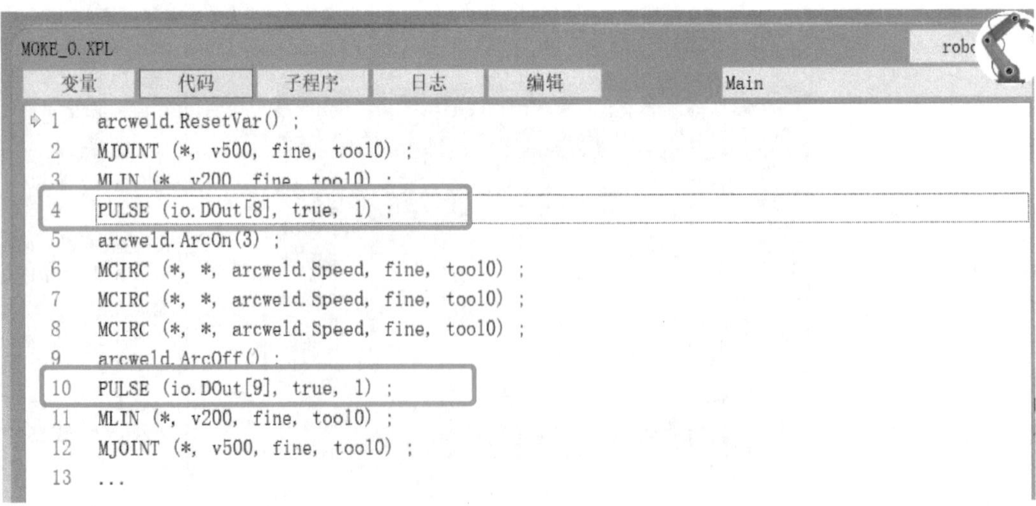

图 3-130　I/O 信号分配（EFORT）

【任务实施】

本任务是完成焊接机器人与防碰撞传感器、清枪站和外部集成控制盒的控制信号线连接和调试工作，包括连接机械手断裂信号电缆、连接集成控制盒信号电缆、连接清枪站信号电缆、分配清枪站功能信号和测试清枪站功能等，如图 3-131 和图 3-132 所示。

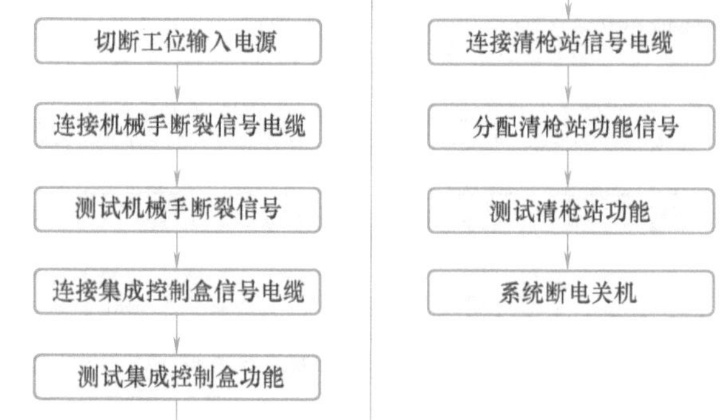

图 3-131 焊接机器人与周边设备单元的连接和调试流程

a) 切断工位输入电源

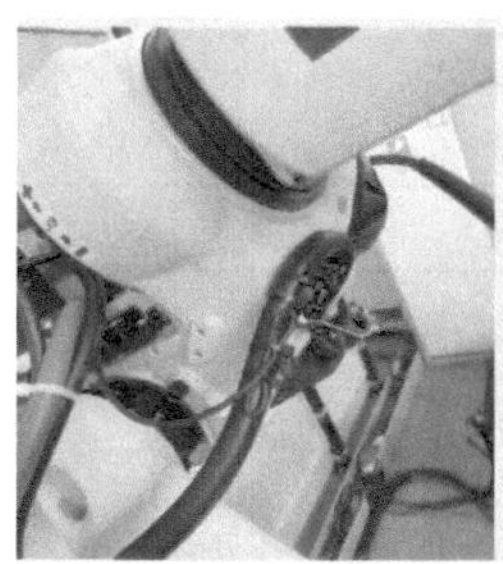

b) 连接机械手断裂信号电缆

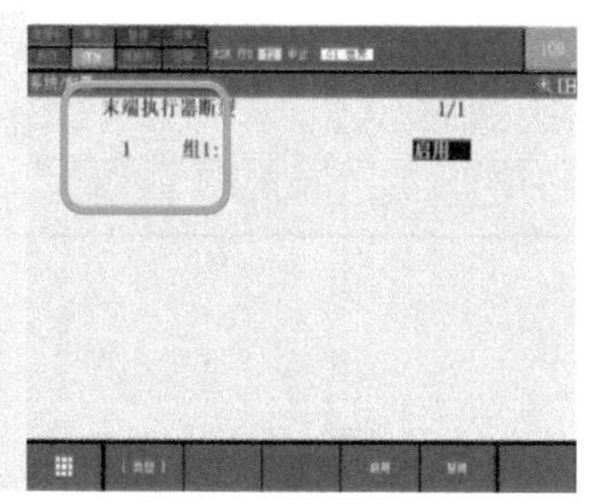

c) 测试机械手断裂信号

d) 连接集成控制盒信号电缆

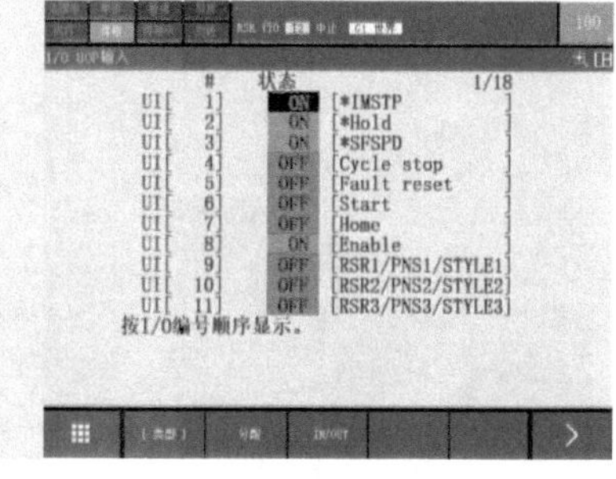

e) 测试集成控制盒功能

CRS-Ⅱ (外控型)清枪站接线图

航空插头线号	对应外部输入信号	备注
1	+24V	
2	0V	
3	剪丝	
4	空	
5	铰刀旋转+顶升	
6	喷油	
7	夹喷嘴	

f) 连接清枪站信号电缆

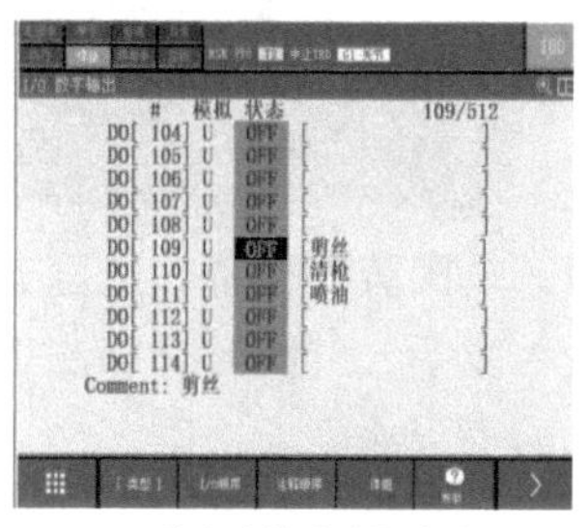

g) 分配清枪站功能信号

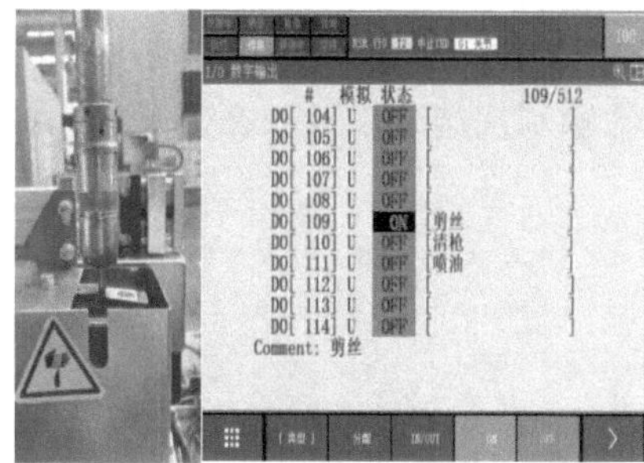

h) 测试清枪站功能

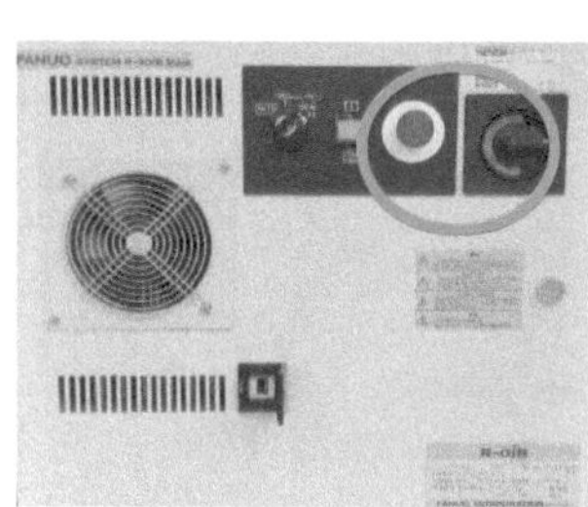

i) 系统断电关机

图 3-132 焊接机器人与周边设备单元的连接和调试步骤

【项目评价】

焊接机器人系统装调项目评价见表 3-56。

表 3-56　焊接机器人系统装调项目评价

项目	任务	评价内容	配分	得分
焊接机器人系统装调	焊接机器人单元装调	熟练连接机器人本体、控制柜、示教器，正确使用常用功能	30	
	焊接电源单元与机器人焊枪单元装调	采用正确的操作步骤进行焊接电源与焊枪的连接	10	
	焊接电源单元与焊接机器人单元联调	采用正确的操作步骤连接焊接电元与焊接机器人，并进行通信调试	30	
	焊接机器人与周边设备单元联调	采用正确的操作步骤连接焊接机器人与周边设备	30	
合计			100	

【工匠故事】

为火箭焊接“心脏”的大国工匠——高凤林

高凤林，高级技师，全国劳动模范，全国五一劳动奖章获得者，全国国防科技工业系统劳动模范，全国道德模范，全国技术能手，首次月球探测工程突出贡献者，中华技能大奖获得者，中国质量奖获奖者，2018 年“大国工匠年度人物”。

高凤林现为中国航天科技集团有限公司第一研究院 211 厂（火箭总装厂）特种熔焊高级技师，曾荣获全国十大能工巧匠、中央国家机关“十杰”青年等荣誉称号，2014 年荣获德国纽伦堡国际发明展三项金奖。1980 年至今，高凤林一直从事火箭发动机焊接工作，攻克了发动机喷管焊接技术世界级难关，为载人航天、北斗导航、嫦娥探月等国家工程的顺利实施，以及长征五号新一代运载火箭研制做出了突出贡献。

项目4

焊接机器人基础编程

【证书技能要求】

焊接机器人编程与维护职业技能等级要求(初级)	
4.1.1	能按照使用手册,掌握程序指令的使用方法
4.1.2	能按照操作手册,掌握电弧指令的使用方法
4.1.3	能按照操作手册,掌握焊速指令的使用方法
4.2.1	能按照焊接任务,创建焊接程序
4.2.2	能按照焊接任务,修改焊接程序
4.2.3	能按照焊接任务,删除焊接程序
4.2.4	能按照焊接任务,复制焊接程序
4.3.1	能按照焊接任务,启动焊接程序
4.3.2	能按照焊接任务,中断焊接程序
4.3.3	能按照焊接任务,恢复程序执行
4.3.4	能按照焊接任务,完成程序文件备份
4.4.1	能按照焊接任务,设定摆焊项目
4.4.2	能按照焊接任务,设定摆焊条件
4.4.3	能按照焊接任务,改变摆焊条件参数
4.4.4	能按照项目条件,执行、备份摆焊指令

【项目引入】

本项目以初级焊接机器人编程与维护实训工作站为教学及实践平台，围绕上述证书技能要求，通过中厚板机器人堆焊任务示教编程和中厚板 T 形接头直线焊缝机器人任务示教编程，掌握焊接机器人任务程序的创建、编辑和调试方法。根据机器人焊接轨迹的复杂度，本项目共设置两个任务。

【知识目标】

1. 能够正确描述焊接机器人的编程内容。
2. 能够阐明常见焊接机器人编程指令的用法。
3. 能够区分各焊接机器人编程方法的异同。
4. 能够规划机器人焊接轨迹。
5. 能够正确使用运动指令进行典型焊接轨迹编程。

【能力目标】

1. 能够完成机器人焊接任务程序的创建和编辑。
2. 能够完成直线焊缝和弧形焊缝机器人运动轨迹示教。
3. 能够完成中厚板机器人焊接规范参数的调试。
4. 能够完成机器人焊接任务程序测试。

【学习导图】

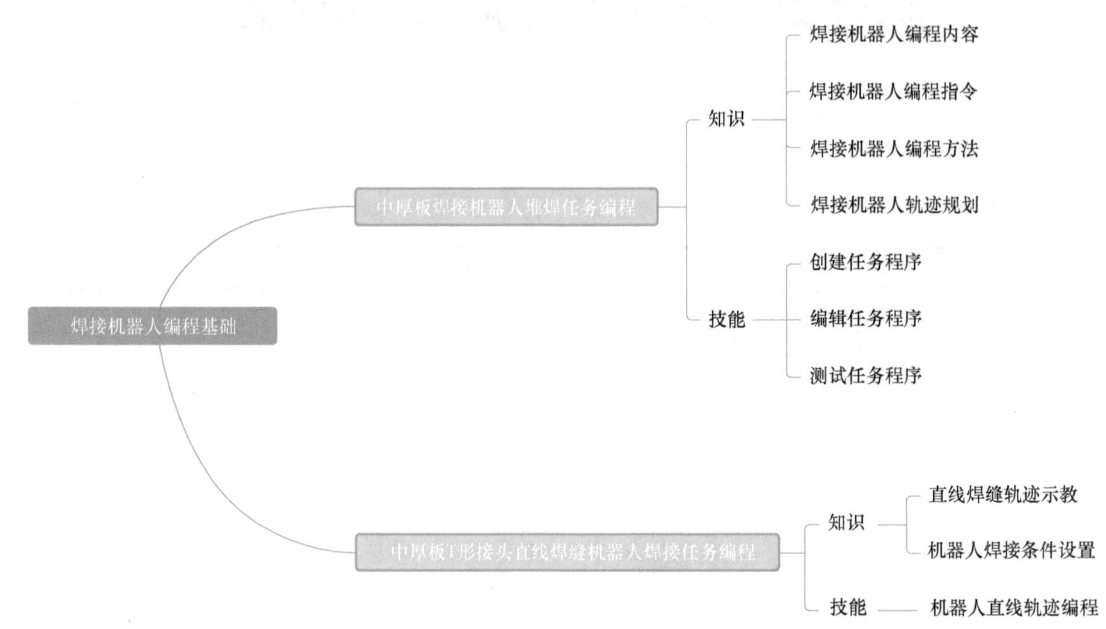

任务 4.1　中厚板焊接机器人堆焊任务编程

【任务描述】

在实际使用焊接机器人的过程中，经常会遇到以下机器人堆焊需求：在产品表面堆焊文字或图案；在工件表面测试焊接工艺参数；中厚板堆焊，实现耐磨、耐蚀等性能的提升。

本任务通过在厚度为 6mm 的碳钢表面堆焊“1+X”图案（图 4-1）的任务编程，掌握焊接机器人直线焊缝编程与调试的主要内容与方法。

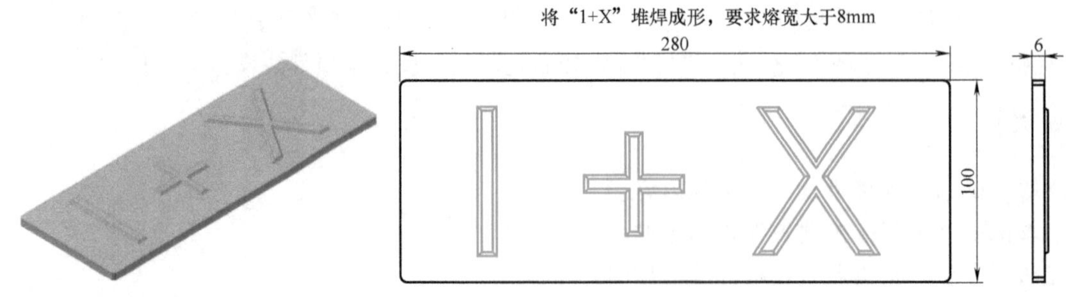

图 4-1　碳钢表面机器人堆焊“1+X”图案

【知识准备】

4.1.1　FANUC 焊接机器人编程

1. FANUC 焊接机器人编程原理

因人工智能技术与工业机器人技术的深度融合尚未成熟，目前市面上的焊接机器人主要以计算智能机器人和传感智能机器人为主，其工作原理为示教-再现。示教是指编程员以在线或离线方式导引机器人，逐步按实际作业内容“调教”机器人，并以任务程序的形式将上述过程逐一记录下来，存储在机器人控制器内的静态随机存取存储器（Static Random Access Memory，SRAM）中；再现即“回放”存储内容，机器人能够在一定精度范围内按照指令逻辑重复执行任务程序记录的动作。也就是说，采用焊接机器人进行自动化作业，需预先赋予机器人“仿学”信息。焊接机器人任务程序的主要内容包括运动轨迹、工艺条件和动作次序，如图 4-2 所示。

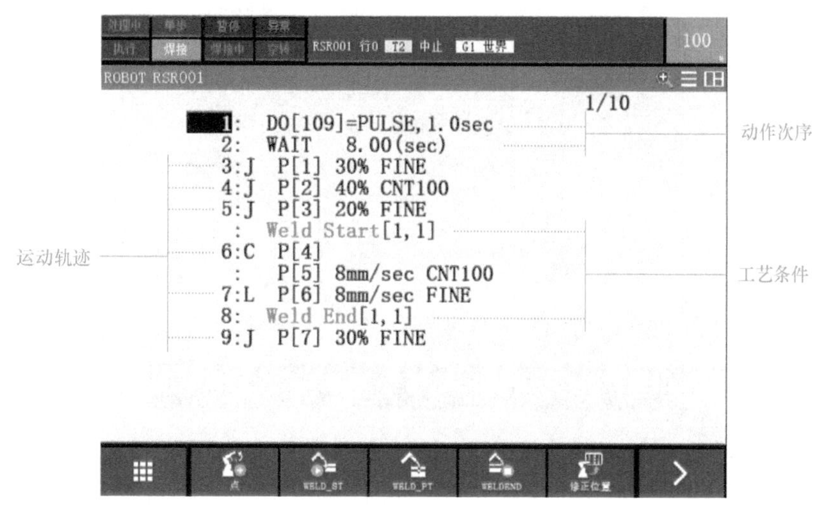

图 4-2　焊接机器人任务程序界面（FANUC）

（1）运动轨迹　运动轨迹是机器人为完成焊接作业，其工具中心点（TCP）㊀所掠过的路径。焊接机器人运动轨迹的示教精度直接影响接头的焊接质量，与未熔合、咬边等焊接缺陷息息相关。从运动控制方式看，焊接机器人具有点到点（PTP）运动和连续路径（CP）运动两种形式，两者分别适用于非焊接区间和焊接区间；按运动路径类型区分，焊接机器人具有直线、圆弧、直线摆动和圆弧摆动等动作类型，其他任何复杂的运动轨迹都可由它们组合而成。当然，机器人运动轨迹的示教是有章可循的。对于规则焊缝，原则上仅需示教几个关键位置的点位信息。例如，直线焊缝轨迹一般示教两个关键位置点（直线轨迹起始点和直线轨迹结束点），弧形焊缝轨迹通常示教 3 个关键位置点（圆弧轨迹起始点、圆弧轨迹中间点和圆弧轨迹结束点），各端点之间的 CP 运动则由机器人控制系统的路径规划模块经插补运算产生。

（2）工艺条件　对于高质量机器人焊接而言，除要保证焊接机器人携带焊枪运动时既稳又准外，还需要与之匹配的数字电源能提供良好的焊接条件，如弧焊作业时的焊接电流、电弧电压等。归纳起来，焊接机器人工艺条件的设置主要有如下三种方法：

1）通过工艺指令调用焊接数据库或表格。

2）直接在工艺指令中输入焊接条件。

3）手动设定，如弧焊作业时的保护气体流量。

㊀ 工具中心点（Tool Centre Point）是机器人本体的末端控制点，出厂时默认于最后一个运动轴或安装法兰的中心。

（3）动作次序　如前所述，一套标准的焊接机器人编程与维护实训工作站是包含焊接机器人单元、焊接电源单元、机器人焊枪单元、周边设备单元、安全防护单元、集成控制单元和焊接任务单元等的综合性系统。合理的作业动作次序，不仅可以保证焊接质量，而且能够提高焊接效率。从焊接机器人角度来讲，焊接作业动作次序的规划涉及单一焊件焊接顺序、多品种或多批次焊件焊接顺序，以及除机器人以外的周边设备协同 3 个方面。其中，前两个方面的动作次序规划，在一些简单焊接任务场合可与机器人运动轨迹规划合二为一，而关于机器人与周边设备的动作协同，应以保证焊接质量、减少停机时间和保证生产安全为基本准则，主要通过调用信号处理和流程控制等次序（逻辑）指令实现。

2. FANUC 焊接机器人编程指令

基于示教-再现原理的焊接机器人，其完成作业的运动轨迹、工艺条件和动作次序均是通过执行用户编制的任务程序实现的。此任务程序的文件一般分为两种，任务文件和数据文件。前者是机器人完成具体操作的编程指令程序，一般由行号码、程序语句和程序末尾记号构成（图 4-3）；后者是机器人编程示教过程中形成的相关数据，以规定的格式保存。

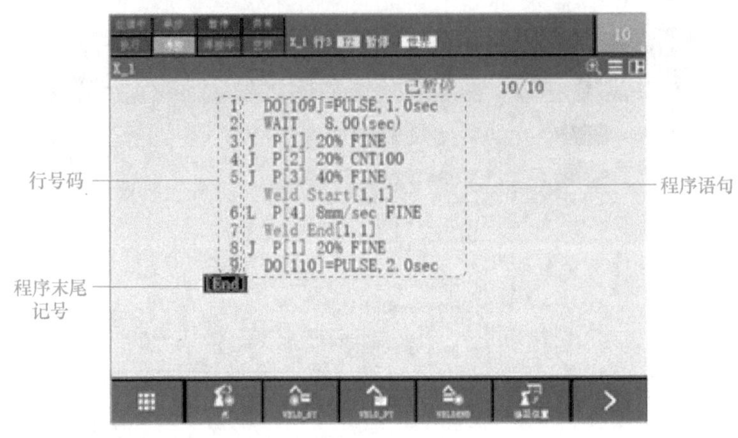

图 4-3　焊接机器人任务程序构成（FANUC）

上述任务程序的行号码会自动插入到程序所追加的指令左侧。当删除指令或移动指令至程序的其他位置时，将自动重新赋予程序新的行号码，使得首行始终为行 1，第 2 行为行 2……程序末尾记号［End］自动显示在程序的最后指令之后。随着新指令的追加，程序末尾记号自动下移。当程序执行至程序末尾记号时，通常会自动返回第 1 行并结束操作。程序语句由完成相应功能的指令及其参数组成。国家标准 GB/T 29824—2013《工业机器人　用户编程指令》明确指出，工业机器人编程指令包含运动类、信号处理类、流程控制类、数学运算类、逻辑运算类、文件结构指令、数据编辑指令、数据声明指令等。表 4-1 为 FANUC 机器人焊接作业常用的编程指令。

表 4-1　FANUC 机器人焊接作业常用的编程指令

序号	指令类别	指令描述	指令示例
1	运动指令	对焊接机器人各关节的转动和移动进行控制的相关指令，用于机器人运动轨迹示教	J、L、A、C、UTOOL［i］、UFRAME［i］、UTOOL_NUM、UFRAME_NUM、PAYLOAD［i］、OFFSET、TOOL_OFFSET
2	焊接指令	对机器人焊接的起弧和收弧等动作进行控制以及设置焊接工艺条件的相关指令，用于机器人作业条件示教	Weld Start、Weld End、WELD_SPEED、Weave、Weave End
3	信号处理指令	对焊接机器人信号输入/输出通道进行操作的相关指令，包括对单个信号通道和多个信号通道进行设置和读取等，用于机器人动作次序示教	DI［i］、DO［i］、RI［i］、RO［i］、GI［i］、GO［i］
4	流程控制指令	对机器人操作指令执行顺序产生影响的相关指令，用于机器人动作次序示教	LBL［i］、END、JMP、CALL、IF、SELECT、WAIT、PAUSE、ABORT、SKIP

（1）运动指令　运动指令是指以指定的移动速度和移动方式使机器人向工作空间内的目标位置移动的指令，包含关节动作指令（J）、直线动作指令（L）和圆弧动作指令（A、C）等。以图 4-3 所示任务程序为例，第 3 行程序语句“J P［1］20% FINE”的功能可以描述为：在保持末端工具姿态自由的前提下，机器人所有关节运动轴同时加速（至最大移动速度的 20%）移向指令位姿 P［1］，待 TCP 到达 P［1］位置时，所有关节运动轴同时减速后停止。归纳起来，焊接机器人运动指令主要由动作类型、位置坐标、移动速度、定位形式和附加选项五大要素构成，如图 4-4 所示。各运动指令要素的含义见表 4-2。

J	P[1]	20%	FINE	OFFSET
1	2	3	4	5

图 4-4　焊接机器人运动指令要素

1—动作类型　2—位置坐标　3—移动速度　4—定位形式　5—附加选项（可选项）

表 4-2　FANUC 焊接机器人运动指令要素的含义

序号	指令要素	指令要素含义	指令要素示例
1	动作类型	指定机器人从当前位置向指令位姿的移动轨迹，包含不进行轨迹（或姿势）控制的关节动作、进行轨迹（或姿势）控制的直线动作和圆弧动作	关节动作(J) 将机器人移动至目标位置的基本移动方法。机器人全部运动轴同时加(或减)速，TCP 的运动轨迹通常为非线性，且移动过程中焊枪姿态不受控制 P1 起始点　P2 目标点 例　1：JP[1]100%FINE 2：JP[2]70%FINE 直线动作(L) 以线性插补方式对从动作起始点到目标点的 TCP 运动轨迹和工具姿态进行控制的一种移动方法。在对目标结束点进行示教时记忆动作类型 P1 起始点　P2 目标点 例 1：JP[1]100%FINE 2：LP[2]350mm/secFINE 圆弧动作(A) 以圆弧插补方式对从圆弧起始点经由圆弧中间点移向圆弧结束点的 TCP 运动轨迹和工具姿态进行控制的一种移动方法。采用 A 运动指令时，在 1 行中只示教 1 个目标位置点，由连续的 3 个 A 指令生成圆弧的同时进行圆弧动作 P1 临近点　P2 起始点　P3 中间点　P4 结束点 例 1：JP[1]100%FINE 2：AP[2]350mm/secFINE 3：AP[3]350mm/secCNT100 4：AP[4]350mm/secFINE

（续）

序号	指令要素	指令要素含义	指令要素示例
1	动作类型	指定机器人从当前位置向指令位姿的移动轨迹，包含不进行轨迹（或姿势）控制的关节动作、进行轨迹（或姿势）控制的直线动作和圆弧动作	圆弧动作（C） 与 A 指令类似，以圆弧插补方式对从圆弧起始点经由圆弧中间点移向圆弧结束点的 TCP 运动轨迹和工具姿态进行控制的一种移动方法。采用 C 运动指令时，在 1 行中示教两个目标位置点，即圆弧中间点和结束点 P1 起始点　P2 中间点　P3 结束点 例 1:JP[1]100%FINE 2:CP[2] P[3]350mm/secFINE
2	位置坐标	记忆作业路径上规划的关键位置点坐标数据，默认情况下采用基于直角坐标的位置数据记忆，即以所选工具坐标（UT）相对工件坐标（UF）的机器人 TCP 空间位姿，包括工具的空间位置（X、Y、Z）和方向姿态（W、P、R）	记忆对象 P[i]:位置变量 PR[i]:位置寄存器 基于直角坐标的位置数据为 P[1] GP1UF:0 UT:1 配置:NUT 000 X 369.900 mm W -.900 deg Y .420 mm P 32.000 deg Z 253.600 mm R .440 deg 位置详细 1: DO[109]=PULSE, 1.0sec 2: WAIT 8.00(sec) 3:J @P[1] 20% FINE 基于关节坐标的位置数据为 P[1] GP1UF:0 UT:1 J1 1.077 deg J4 .757 deg J2 -28.073 deg J5 -92.457 deg J3 .452 deg J6 -.153 deg 位置详细 1: DO[109]=PULSE, 1.0sec 2: WAIT 8.00(sec) 3:J @P[1] 20% FINE
3	移动速度	指定机器人从当前位置向指令位姿的运动速度，其速度单位根据动作类型变化而不同。在程序执行过程中，移动速度受到速度倍率的限制	关节动作 1）在 1%~100%的范围内指定相对最大移动速度的比率 2）单位为 sec 时，在 0.1~3200sec 范围内指定移动所需时间。在任务循环时间较为重要的情况下进行指定 3）单位为 msec 时，在 1~32000msec 范围内指定移动所需时间 直线动作和圆弧动作 1）单位为 mm/sec 时，在 1~2000mm/sec 范围内指定 2）单位为 cm/min 时，在 1~12000cm/sec 范围内指定 3）单位为 sec 时，在 0.1~3200sec 范围内指定移动所需时间 4）单位为 msec 时，在 1~32000msec 范围内指定移动所需时间 5）单位为 deg/sec 时，在 1~180deg/sec 范围内指定

（续）

序号	指令要素	指令要素含义	指令要素示例
4	定位形式	指定机器人在目标位置的定位准确度和动作结束方法。标准情况下，定位类型有两种：精确定位（FINE）和平滑过渡（CNT）	精确定位(FINE) 机器人在目标位置减速停止(定位)后，再加速向下一个目标位置移动 平滑过渡(CNT) 1)机器人靠近目标位置，但是不在该位置停止而向下一个目标位置移动 2)机器人靠近目标位置的程度，由0~100之间的数值定义 指定数值为0时，机器人在最靠近目标位置处动作，但是不在目标位置定位而开始下一个动作 指定数值为100时，机器人在目标位置附近不减速而马上向下一个点开始动作，并通过最远离目标位置的点 P2 目标点 P3 下一个目标点 FINE CNT0 CNT50 CNT100 P1 起始点
5	附加选项	在机器人移动过程中，使其执行特定动作的指令，例如腕关节指令（Wjnt）、位置补偿指令（Offset）、工具补偿指令（Tool_Offset）等	腕关节指令(Wjnt) 指定不在轨迹控制动作中对手腕的姿态进行控制，虽然手腕的姿态在移动中发生变化，但不会引起因腕部轴奇异点而造成的腕部轴反转动作，从而使TCP沿着编程轨迹动作。该指令常用于直线动作和圆弧动作场合，如 L P[1] 350mm/sec FINE Wjnt 位置补偿指令(Offset) 在位置记忆对象中所记录的目标位置，使机器人移动到偏移位置补偿条件中所指定的补偿量后的位置。偏移的条件由位置补偿条件指令来指定，如 1:OFFSET CONDITION PR[1] 2:J P[1] 100% FINE 3:L P[2] 350mm/sec FINE Offset 工具补偿指令(Tool_Offset) 在位置记忆对象中所记录的目标位置，使机器人移动到偏移工具补偿条件中所指定的补偿量后的位置。偏移的条件由工具补偿条件指令来指定，如 1:TOOL_OFFSET CONDITION PR[1] 2:J P[1] 100% FINE 3:L P[2] 350mm/sec FINE TOOL_OFFSET

（2）焊接指令　焊接指令是指定机器人进行焊接的时间和过程的指令，包含焊接开始指令（Weld Start）、焊接结束指令（Weld End）和焊接速度指令（WELD_SPEED）等。在执行焊接开始指令和焊接结束指令之间所示教的动作语句区间进行焊接作业。以图4-3所示任务程序为例，指令位置P［3］为焊接起始点、P［4］为焊接结束点，也就是说，第5~8行语句的功能是：机器人携带焊枪调用1#焊接数据库（表）中的首套焊接条件，从指令位置P［3］成功起弧后，按照8mm/sec的焊接速度线性移向目标点P［4］，并在该位置点收弧。此处工艺条件的设置是通过编号形式调用的焊接数据库（表）文件来完成的。当然，也可以通过直接在焊接指令中输入焊接条件进行设置。表4-3是FANUC机器人焊接（弧焊）指令含义说明。

表 4-3　FANUC 机器人焊接指令含义说明

序号	焊接指令	指令含义	指令示例
1	焊接开始指令（Weld Start）	指定焊接机器人开始执行焊接（弧焊）作业，有如下两种指令格式：一是基于焊接条件编号的间接记忆，Weld Start [WP,i]；二是焊接条件直接记忆，Weld Start [WP,V,A,…]	间接记忆 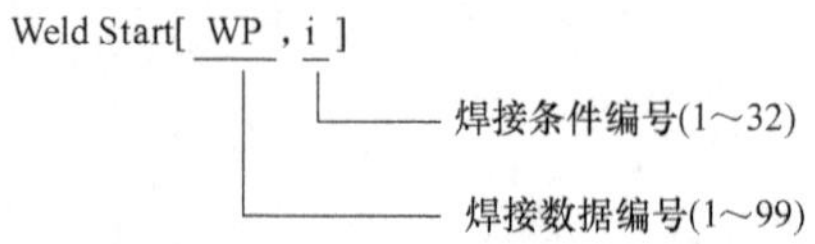 Weld Start[WP , i] i：焊接条件编号(1～32) WP：焊接数据编号(1～99) 通过编号形式调用焊接数据界面上设置的焊接条件开始焊接作业，WP 为焊接数据编号（1～99），i 为焊接条件编号（1～32），如 Weld Start [2,1]。焊接开始指令中，焊接条件内的处理时间通常被忽略 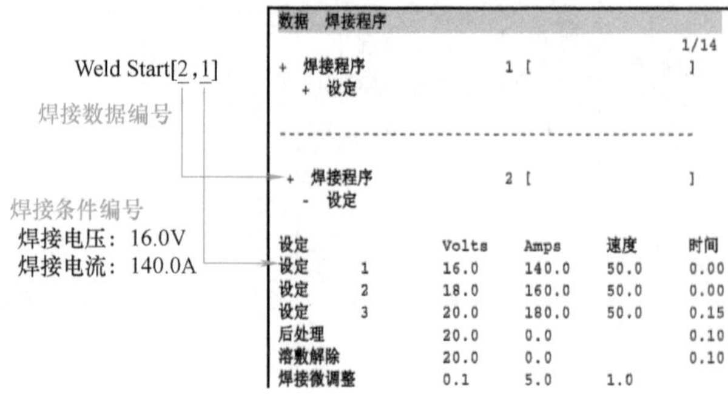 Weld Start[2,1]　焊接数据编号　焊接条件编号　焊接电压：16.0V　焊接电流：140.0A 数据　焊接程序　1/14 + 焊接程序　1 [　] + 设定 + 焊接程序　2 [　] - 设定 设定　Volts　Amps　速度　时间 设定　1　16.0　140.0　50.0　0.00 设定　2　18.0　160.0　50.0　0.00 设定　3　20.0　180.0　50.0　0.15 后处理　20.0　0.0　0.10 溶敷解除　20.0　0.0　0.10 焊接微调整　0.1　5.0　1.0 直接记忆 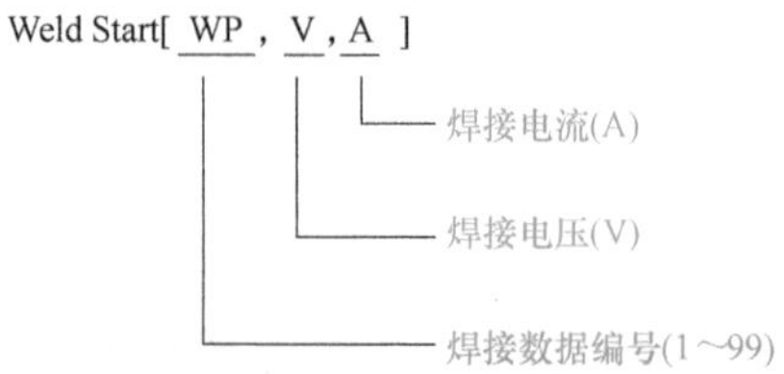 Weld Start[WP , V , A] A：焊接电流(A) V：焊接电压(V) WP：焊接数据编号(1～99) 作为进行焊接时的条件，在任务程序中直接指定电弧电压和焊接电流（或送丝速度）后开始焊接，如 Weld Star[1,20.0V,180.0A]。所指定的条件种类和数量会根据焊接电源的类型和模拟输入/输出信号的设置而变化
2	焊接结束指令（Weld End）	指定机器人结束焊接（弧焊）作业，有如下两种指令格式：一是基于焊接条件编号的间接记忆，Weld End [WP,i]；二是焊接条件直接记忆，Weld End [WP,V,A,…]	间接记忆 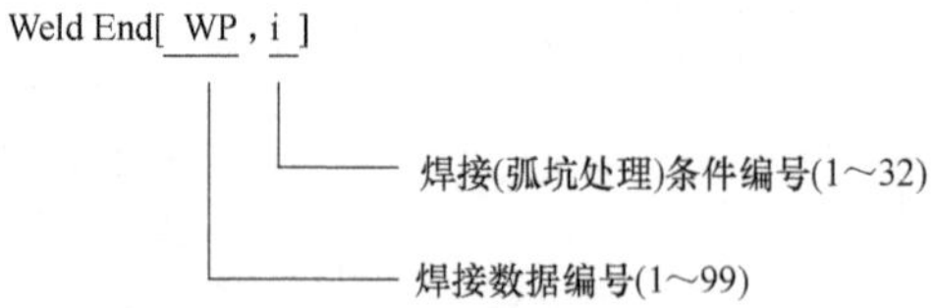 Weld End[WP , i] i：焊接(弧坑处理)条件编号(1～32) WP：焊接数据编号(1～99) 通过编号形式调用焊接数据界面上设置的焊接条件进行弧坑处理并结束焊接作业，WP 为焊接数据编号（1～99），i 为焊接条件编号（1～32），如 Weld End [2,2] 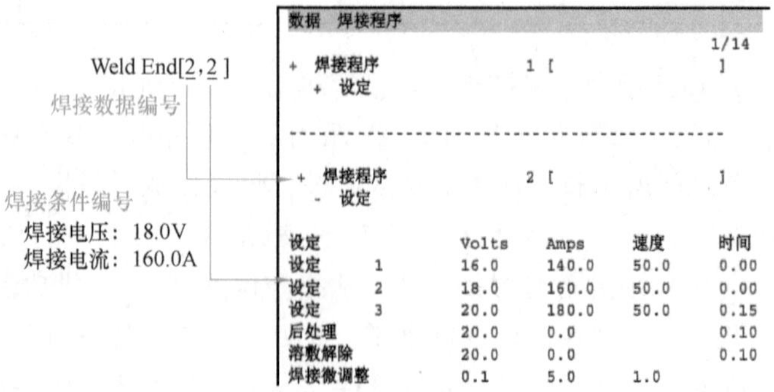 Weld End[2,2]　焊接数据编号　焊接条件编号　焊接电压：18.0V　焊接电流：160.0A 数据　焊接程序　1/14 + 焊接程序　1 [　] + 设定 + 焊接程序　2 [　] - 设定 设定　Volts　Amps　速度　时间 设定　1　16.0　140.0　50.0　0.00 设定　2　18.0　160.0　50.0　0.00 设定　3　20.0　180.0　50.0　0.15 后处理　20.0　0.0　0.10 溶敷解除　20.0　0.0　0.10 焊接微调整　0.1　5.0　1.0

（续）

序号	焊接指令	指令含义	指令示例
2	焊接结束指令（Weld End）	指定机器人结束焊接（弧焊）作业，有如下两种指令格式：一是基于焊接条件编号的间接记忆，Weld End［WP，i］；二是焊接条件直接记忆，Weld End［WP，V，A，…］	直接记忆 Weld End［WP，V，A，sec］ sec—弧坑处理时间(sec) A—弧坑处理电流(A) V—弧坑处理电压(V) WP—焊接数据编号(1～99) 作为结束焊接时的弧坑处理条件，直接指定弧坑处理电压、弧坑处理电流（或送丝速度）和弧坑处理时间，如 Weld Star［1，18.0V，160.0A，1.5sec］。所指定的条件种类和数量会根据焊接电源的类型和模拟输入/输出信号的设置而变化
3	焊接速度指令（WELD_SPEED）	可以在焊接条件中设置焊接速度，将焊接电流、电弧电压和焊接速度作为焊接条件统一进行管理	通过将运动指令语句中的移动速度要素变更为“WELD_SPEED”，使焊接机器人按照指定的焊接速度进行动作，指定的焊接速度是在其动作语句以前执行的焊接开始指令的焊接条件中设置的焊接速度，例如 12：L P［10］500mm/sec FINE Weld Start［1，1］ 13：L P［11］WELD_SPEED CNT100 14：L P［12］WELD_SPEED CNT100 15：L P［13］WELD_SPEED FINE Weld End［1，1］ 第 13～15 行的机器人移动速度变成 1#焊接数据库（表）的焊接条件 1 中所设置的焊接速度

（3）信号处理指令　信号处理指令又称 I/O（输入/输出信号）指令，是改变向机器人周边设备输出信号的状态或读取输入信号状态的指令，包含数字 I/O 指令（DI［i］/DO［i］）、机器人 I/O 指令（RI［i］/RO［i］）和组 I/O 指令（GI［i］/GO［i］）等。在使用 I/O 指令的关联信号前，需要将逻辑号码分配给物理号码。以图 4-3 所示任务程序为例，由于程序首行所用 DO［109］信号在项目 3 中已分配给机器人控制柜 CRMA16 接口的物理编号 out 9（自动遮光屏下降），所以首行信号处理指令的功能是机器人控制器向自动升降遮光屏发出下降指令。表 4-4 是 FANUC 机器人信号处理（I/O）指令含义说明。

表 4-4　FANUC 机器人信号处理（I/O）指令含义或说明

序号	I/O 指令	指令含义	指令示例
1	数字 I/O 指令（DI［i］/DO［i］）	用户可以控制的输入/输出信号指令，包括读入数字输入（DI）状态和变更数字输出（DO）状态	R［i］=DI［i］ 将数字输入的状态（ON=1、OFF=0）存储到寄存器中，如 R［1］=DI［1］ R［i］ = DI［i］ 寄存器号码(1～200)；数字输入信号号码 DO［i］=ON/OFF 接通或断开所指定的数字输出信号，如 DO［1］=ON DO［i］ = (值) 机器人输出信号编号；ON：将输出设为ON；OFF：将输出设为OFF DO［i］=PULSE，［时间］ 仅在所指定的时间内接通所指定的数字输出信号，如 DO［1］=PULSE，0.2sec DO［i］ = PULSE，(值) 数字输出信号号码；脉冲输出时间宽幅(sec)(0.1～25.5sec) DO［i］=R［i］

（续）

序号	I/O 指令	指令含义	指令示例
1	数字 I/O 指令（DI[i]/DO[i]）	用户可以控制的输入/输出信号指令，包括读入数字输入（DI）状态和变更数字输出（DO）状态	根据所指定的寄存器的值，接通或断开所指定的数字输出信号。若寄存器的值为0，则断开；若寄存器的值为0以外的值，则接通，如 DO[1]=R[2] DO[i] = R[i] 数字输出信号号码；寄存器号码(1～200)
2	机器人 I/O 指令（RI[i]/RO[i]）	用户可以控制的输入/输出信号指令，包括读入机器人数字输入（RI）状态和变更机器人数字输出（RO）状态	R[i]=RI[i] 将机器人输入的状态（ON=1、OFF=0）存储到寄存器中，如 R[1]=RI[1] R[i] = RI [i] 寄存器号码(1～200)；机器人输入信号号码 RO[i]=ON/OFF 接通或断开所指定的机器人数字输出信号，如 RO[1]=ON RO[i] = (值) 机器人输出信号号码；ON：接通机器人输出信号；OFF：断开机器人输出信号 RO[i]=PULSE,[时间] 仅在指定的时间内接通所指定的机器人数字输出信号，如 RO[1]=PULSE,0.2sec RO[i] = PULSE,(值) 机器人输出信号号码；脉冲输出时间宽幅(sec)(0.1～25.5sec) RO[i]=R[i] 根据所指定的寄存器的值，接通或断开所指定的机器人数字输出信号。若寄存器的值为0，则断开；若寄存器的值为0以外的值，则接通，如 RO[1]=R[2] RO[i] = R[i] 机器人输出信号号码；寄存器号码(1～200)
3	组 I/O 指令（GI[i]/GO[i]）	对若干数字输入/输出信号进行分组，再以一个指令来控制这些信号，包括读入所指定组数字输入（GI）状态和变更所指定组数字输出（GO）状态	R[i]=GI[i] 将所指定组输入信号的二进制值转换为十进制值并代入所指定的寄存器，如 R[1]=GI[1] R[i] = GI [i] 寄存器号码(1～200)；组输入信号号码 GO[i]=(值) 将经过二进制变换后的值输出到指定的群组输出信号中，如 GO[1]=0 GO[i] = (值) 组输出信号号码；组输出信号的值 GO[i]=R[i] 将指定寄存器的值经过二进制变换后输出到指定的组输出信号中，如 GO[1]=R[2] GO [i] = R [i] 组输出信号号码；寄存器号码(1～200)

（4）流程控制指令　流程控制指令是指定机器人何时、如何进行动作，以及与之互联的周边设备何时、如何进行动作的指令，包含等待指令（WAIT）、转移指令（LBL [i]、JMP、CALL、IF）和程序控制指令（PAUSE、ABORT）等。仍以图4-3所示任务程序为例，第2行语句的功能是：待机器人控制器向自动升降遮光屏发出下降指令8sec后，机器人方可移向指令位置P [1]，在此之前，任务程序执行等待。表4-5是FANUC机器人常见流程控制指令含义说明。

表 4-5　FANUC 机器人常见流程控制指令含义说明

序号	流程控制指令	指令含义	指令示例
1	等待指令 (WAIT)	在指定的时间或条件得到满足之前使程序等待,有如下两种指令格式:一是指定时间等待指令,WAIT(时间);二是条件等待指令,WAIT(条件)(处理)	指定时间等待指令 WAIT(时间) 使程序的执行在指定时间内等待(等待时间单位为 sec),如 WAIT 10.5sec 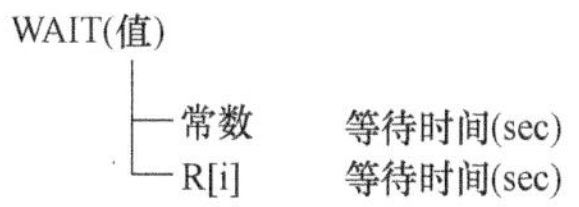 WAIT(值) 常数　等待时间(sec) R[i]　等待时间(sec) 条件等待指令 WAIT(条件)(处理) 在指定的条件得到满足或经过指定时间之前,使程序等待。超时处理通过如下方法来指定: 1)没有任何指定时,在条件得到满足之前,程序等待 2)TIMEOUT LBL[i],若系统设定界面上的“14 等待超时”中所指定的时间内条件没有得到满足,程序就向指定标签转移 3)寄存器条件等待指令,对寄存器的值和另外一方的值进行比较,在条件得到满足之前等待,如 WAIT R[2]<> 1,TIMEOUT LBL[1] 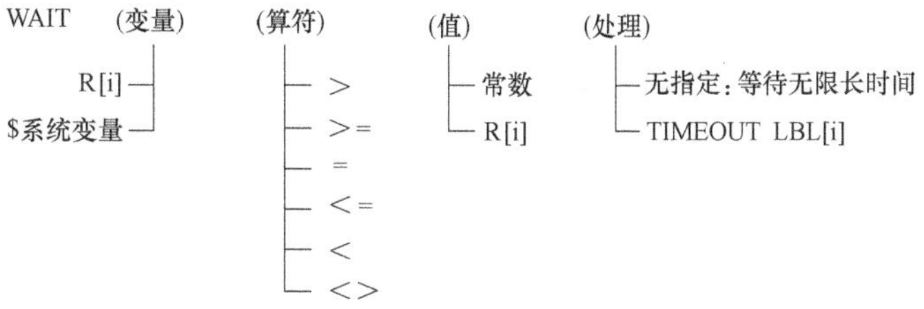 WAIT (变量) (算符) (值) (处理) (变量): R[i]、$系统变量 (算符): >、>=、=、<=、<、<> (值): 常数、R[i] (处理): 无指定:等待无限长时间、TIMEOUT LBL[i] 4)I/O 条件等待指令,对 I/O 的值和另外一方的值进行比较,在条件得到满足之前等待,如 WAIT DI[2]<>OFF,TIMEOUT LBL[1] WAIT (变量) (算符) (值) (处理) (变量): DO[i]、DI[i]、RO[i]、RI[i]、SO[i]、SI[i]、UO[i]、UI[i] (算符): =、<> (值): ON、OFF、DO[i]、DI[i]、RO[i]、RI[i]、ON+(注释)、OFF(注释)、SO[i]、SI[i]、UO[i]、UI[i]、R[i]:0OFF、1ON (处理): 无指定:等待无限长时间、TIMEOUT LBL[i]
2	标签指令 (LBL[i])	用来表示程序的转移目的地的指令,标签可通过标签定义指令来定义	LBL[i] 标签一旦被定义,就可以在条件转移和无条件转移中使用。标签指令中的标签号码不能进行间接指定,如 LBL[1] 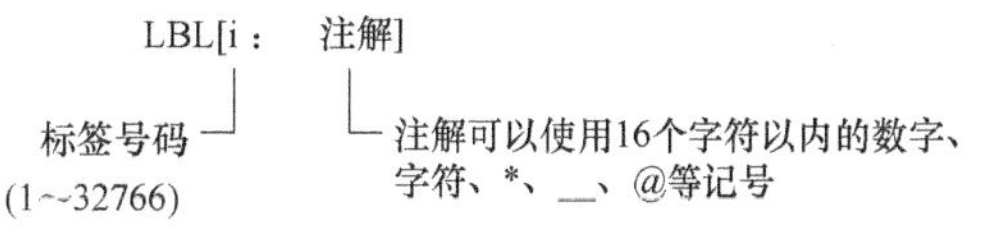 LBL[i:　注解] 标签号码(1~32766) 注解可以使用16个字符以内的数字、字符、*、_、@等记号
3	无条件转移指令 (JMP、CALL)	无条件转移指令一旦被执行,就必定会从程序的某一行转移到其他(程序的)行。无条件转移指令有两类:一是跳跃指令 JMP LBL[i];二是程序呼叫指令 CALL(程序名)	跳跃指令 JMP LBL[i] 使程序的执行转移到同一程序内所指定的标签,如 JMP LBL[2:HANDOPEN]  JMP　LBL[i] 标签号码(1~32767)

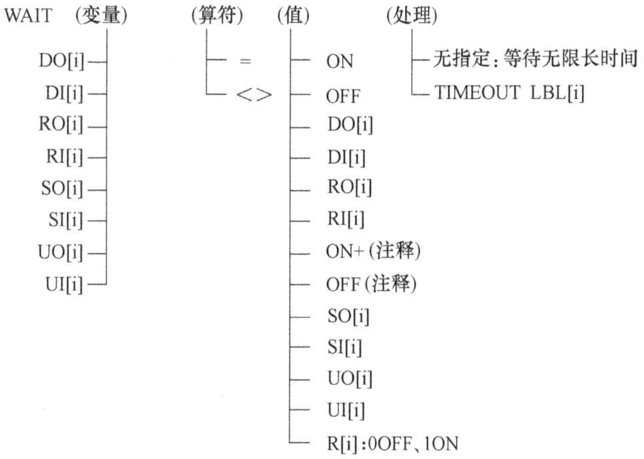

（续）

序号	流程控制指令	指令含义	指令示例
3	无条件转移指令（JMP、CALL）	无条件转移指令一旦被执行，就必定会从程序的某一行转移到其他（程序的）行。无条件转移指令有两类：一是跳跃指令 JMP LBL[i]；二是程序呼叫指令 CALL（程序名）	程序呼叫指令 CALL（程序名） 1）使程序的执行转移到其他程序（子程序）的第 1 行后执行该程序，如 CALL SUB1 2）被呼叫的程序执行结束时，返回紧跟呼叫程序（主程序）的 CALL 指令的下一行 CALL （程序名） └ 希望调用的程序名称
4	条件转移指令（IF、SELECT）	根据某一条件是否已经满足而从程序的某一场所转移到其他场所时使用。条件转移指令有两类：一是条件比较指令 IF；二是条件选择指令 SELECT	条件比较指令 IF 如果某一条件得到满足，就转移到指定的标签。条件比较指令包括寄存器比较指令和 I/O 比较指令 1）寄存器比较指令是对寄存器的值和另外一方的值进行比较，若比较正确，就执行处理，如 IF R[1] = R[2]，JMP LBL[1] IF （变量） （算符） （值） （处理） （变量）：R[i]、$系统变量 （算符）：>、>=、=、<=、<、<> （值）：常数、R[i] （处理）：JMP LBL [i]、CALL（程序名） 2）I/O 比较指令是对 I/O 的值和另外一方的值进行比较，若比较正确，就执行处理，如 IF DI[3] = ON，CALL SUBPROGRAM IF （变量） （算符） （值） （处理） （变量）：DO[i]、DI[i]、RO[i]、RI[i]、SO[i]、SI[i]、UO[i]、UI[i] （算符）：=、<> （值）：ON、OFF、DO[i]、DI[i]、RO[i]、RI[i]、SO[i]、SI[i]、UO[i]、UI[i]、R[i]:0OFF、1ON （处理）：JMP LBL [i]、CALL（程序名） 条件选择指令 SELECT 将寄存器的值与一个或几个值进行比较，选择比较正确的语句执行处理，如 11：SELECT R[1] = 1，JMP LBL[1] 12：= 2，JMP LBL[2] 13：= 3，JMP LBL[2] 14：= 4，JMP LBL[2] 15：ELSE，CALL SUB2 1）如果寄存器的值与其中一个值一致，则执行与该值相对应的跳跃指令或子程序呼叫指令 2）如果寄存器的值与任何一个值都不一致，则执行与 ELSE（其他）相对应的跳跃指令或子程序呼叫指令 3）条件选择指令是在一个条件满足的情况下，即使遇到除此值以外与条件一致的值也不会执行处理的指令 SELECT R [i] = （值） （处理） 寄存器号码(1~32) = （值） （处理） = （值） （处理） ELSE （处理） （值）：常数、R[i] （处理）：JMP LBL[i]、CALL（程序名）

（续）

序号	流程控制指令	指令含义	指令示例
5	暂停指令（PAUSE）	停止程序的执行，使动作中的机器人减速后停止	PAUSE 1）暂停指令前存在带有CNT的动作指令的情况下，执行中的动作语句不等待动作的完成就停止 2）光标移动到下一行，通过再启动从下一行执行程序 3）动作中的本地程序计时器停止。通过程序再启动，该程序计时器被激活。全局计数器不会停止 4）执行中的脉冲输出指令，在执行完成指令后程序停止 5）执行程序调用指令外的指令时，在执行完该指令后程序停止。程序调用指令在程序再启动时被执行
6	终止指令（ABORT）	强制结束程序的执行，使动作中的机器人减速后停止	ABORT 1）终止指令前存在带有CNT的动作指令的情况下，执行中的动作语句不等待动作的完成就停止 2）光标停止在当前行 3）执行完终止指令后，不能继续执行程序。基于程序调用指令的主程序的信息等将会丢失

3. 焊接机器人编程方法

目前常用的焊接机器人任务编程方法有两种，示教编程和离线编程，如图4-5所示。两种编程方法的主要区别见表4-6。

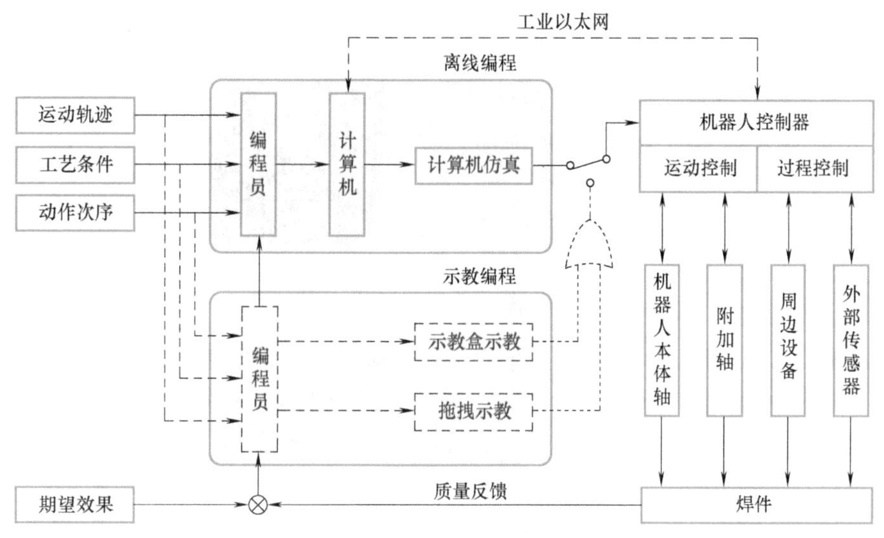

图4-5 焊接机器人编程方法

表4-6 焊接机器人示教编程与离线编程的主要区别

示教编程的特点	离线编程的特点
需要实际机器人系统和工作环境	需要机器人系统和工作环境图形模型
编程时机器人停止工作	编程时不影响机器人工作
在实际系统上验证程序	通过仿真验证程序
编程的质量取决于编程员的经验	可用CAD进行最佳轨迹规划
难以实现复杂的机器人运行轨迹的编程	可实现复杂的机器人运行轨迹的编程

（1）示教编程 由编程员通过手工拖拽机器人末端执行器或通过示教器移动机器人逐步通过期望位置，并用机器人专用文本或图形语言（如FANUC机器人的KAREL语言、ABB机器人的RAPID语言

等）编制任务程序，如图 4-6 所示。示教编程是一项成熟的技术，具有编程直观方便，不需要环境模型，对实际的机器人进行示教时可以修正机械结构带来的误差等优点，人员经过专门培训后，易于掌握此方法。不过，采用此种方法编制任务程序是在机器人现场进行的，存在编程过程烦琐、效率较低、易发生事故，并且轨迹精度完全依靠编程员的目测决定等弊端。

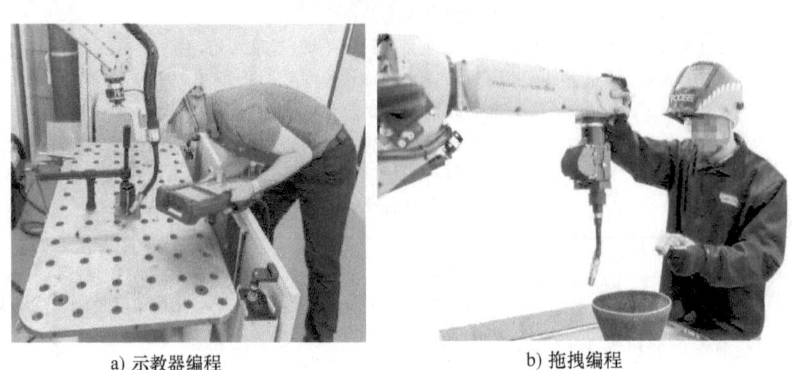

a) 示教器编程　　b) 拖拽编程

图 4-6　焊接机器人示教编程

（2）离线编程　离线编程是在与机器人分离的专业软件下，建立机器人及其工作环境的几何模型，采用专用或通用程序语言进行离线机器人运动轨迹的规划编程，如图 4-7 所示。采用离线编程方法编制的程序通过支持软件的解释或编译产生目标程序代码，生成机器人轨迹规划数据。与示教编程相比，离线编程具有减少机器人不工作时间，使编程员远离危险的编程环境，便于与 CAD/CAM 系统结合，能够实现复杂轨迹编程等优点。

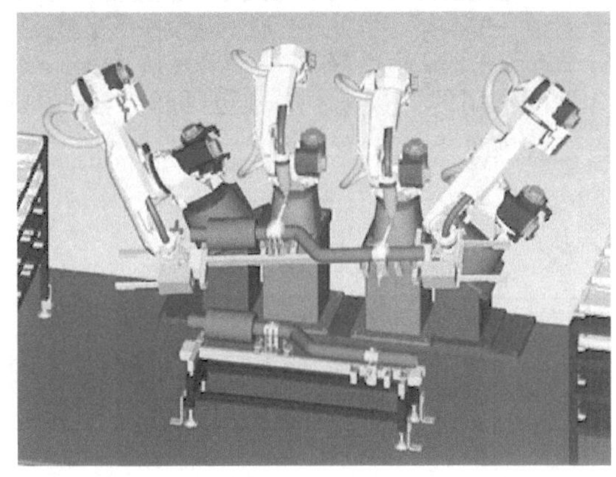

图 4-7　焊接机器人离线编程

综上所述，无论是示教编程还是离线编程，其主要目的是完成机器人焊接作业运动轨迹、工艺条件和动作次序的示教，其任务编程的基本流程如图 4-8 所示。

由图 4-8 不难看出，焊接机器人的示教主要包括示教前的准备、创建任务程序和手动测试任务程序等环节；再现则是通过本地或远程方式自动运转优化后的任务程序。值得指出的是，相较于示教编程，离线编程需要在示教前建立焊接机器人系统模型，并完成真实生产布局，并且在再现前标定焊接机器人系统误差，补偿示教点位姿数据。当然，离线编程可以将系统设计方案及仿真动画输出，利于直观体验机器人运动效果。

4. 焊接机器人轨迹规划

在熟知焊接机器人任务编程的主要内容、基本指令和基本流程后，针对具体任务，首先进行机器人运动轨迹规划，预定机器人完成焊接作业所需的关键位置点，选择工具坐标系和工件坐标系，点动将机器人移至目标位置，调用运动指令并指定目标位置的定位形式。

（1）选择工具坐标系　工具坐标系（Tool Coordinate System，TCS）作为机器人运动学的一个研究对象，是将工具中心点（TCP）或工具尖点设为原点，由此定义机器人末端执行器（焊枪）位姿的直角坐标系。按照 TCP 的移动与否，将工具坐标系划分为两种基本类型，即移动工具坐标系和静止工具坐标系。顾名思义，移动工具坐标系在执行任务的过程中 TCP 会跟随机器人末端执行器在空间移动，例如在进行机器人弧焊作业时 TCP 设置在焊丝端部；相反，静止工具坐标系是参照静止工具而不是移动的机器人末端执行器来定义，在某些任务程序中会使用固定的 TCP，例如机器人搬运工件至固定的点焊钳进行施焊作业，此时的 TCP 宜设在点焊钳静臂的前端。FANUC M-10iD/12 垂直多关节串联机器人

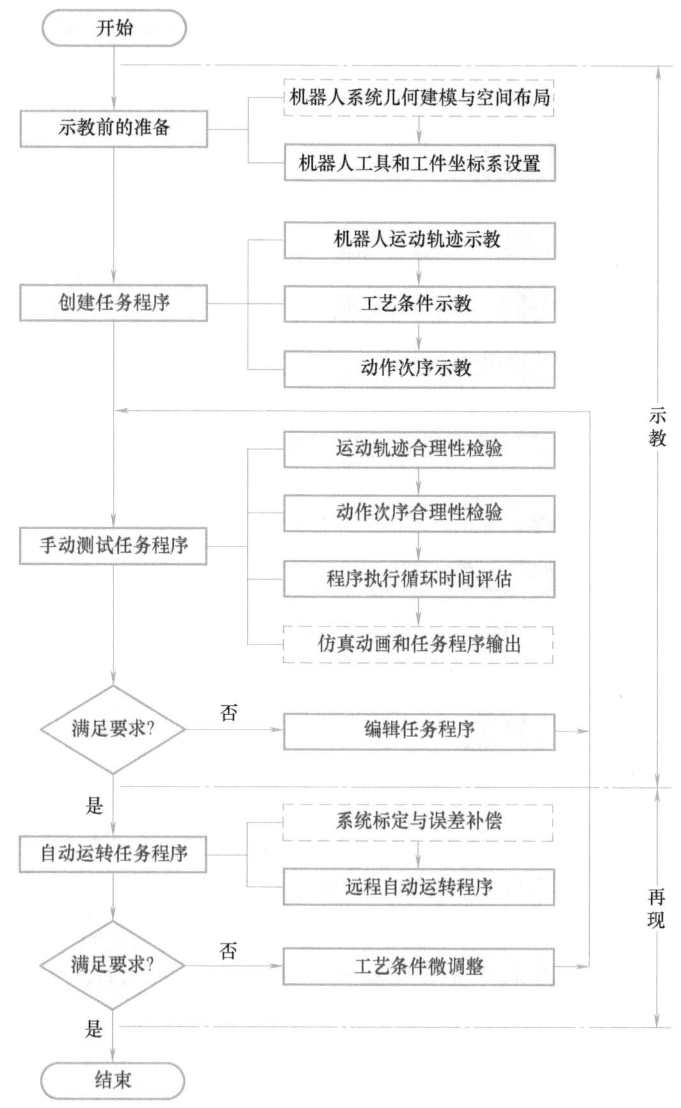

图 4-8　焊接机器人任务编程的基本流程

在工具坐标系中的运动规律见表 4-7。显然，与机座（基）坐标系不同的是，（移动）工具坐标系的原点及坐标轴方向在机器人执行任务的过程中是变化的。

表 4-7　6 轴焊接机器人本体在工具坐标系中的运动规律（FANUC M-10iD/12）

运动轴	动作描述	动作图示	运动轴	动作描述	动作图示
X	沿 *X* 轴平动	Z Y X	*Y*	沿 *Y* 轴平动	Z Y X

（续）

运动轴	动作描述	动作图示	运动轴	动作描述	动作图示
Z	沿 *Z* 轴平动		*P*	绕 *Y* 轴转动	
W	绕 *X* 轴转动		*R*	绕 *Z* 轴转动	

机器人出厂时默认的工具坐标系与机械接口坐标系重合。如果编程前未定义工具坐标系，将由机械接口坐标系替代工具坐标系。机械接口坐标系是由固接在机器人本体末端的机械接口（法兰盘面的中心）而定义的笛卡儿坐标系，工具坐标系是基于该坐标系而标定的，如图 4-9 所示。FANUC 焊接机器人将机械臂末端法兰盘面的几何中心点定义为机械接口坐标系的原点，将法兰盘中心指向法兰盘定位孔的方向定义为+*X* 方向，将垂直于法兰并向外的方向定义为+*Z* 方向，最后根据右手定则即可判定 *Y* 方向。因为不同应用所集成的末端执行器（焊枪）也不相同，所以进行焊接机器人任务编程前，编程员或调试人员应首先定义工具坐标系。通常机器人系统可处理若干工具坐标系定义，但每次只能存在一个有效的工具坐标系。源于需要同时变更原点位置和坐标轴方向，焊接机器人工具坐标系的标定方法宜采用六点法，见表 4-8。

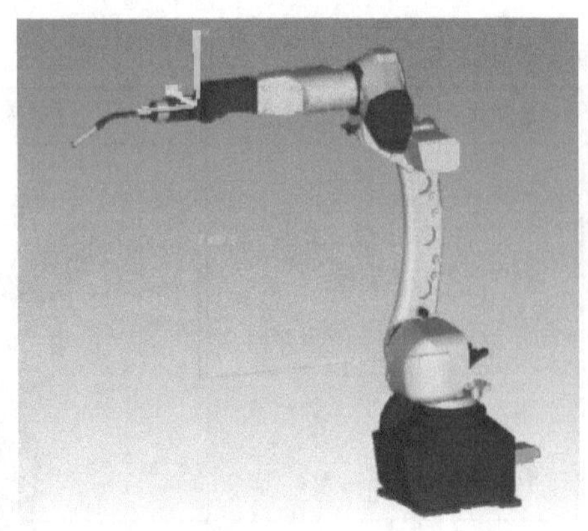

a) 标定前

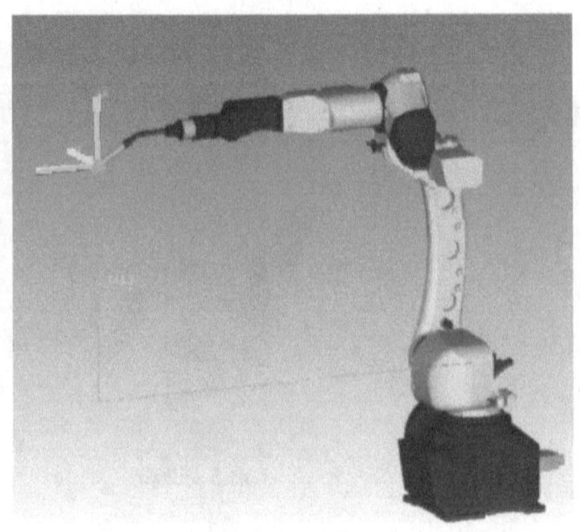

b) 标定后

图 4-9　焊接机器人工具坐标系标定示意图

表 4-8　工具坐标系的六点标定方法（FANUC）

步骤	操作描述	示意图
1	依次选择 MENU(菜单)→设置→坐标系，进入坐标系设置一览界面	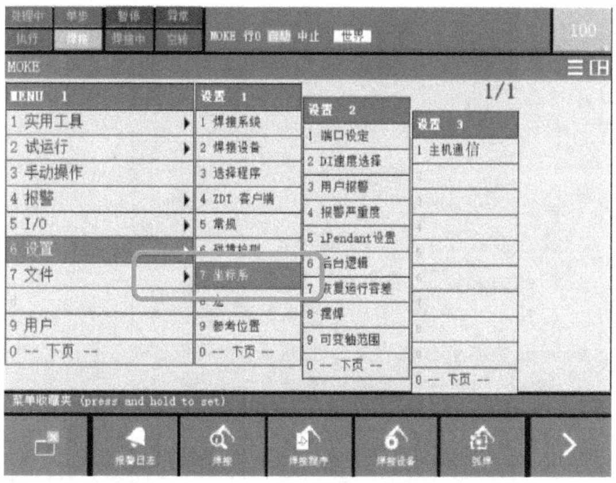
2	按<F3>(坐标)键，选择“工具坐标系”，进入工具坐标系设置一览界面	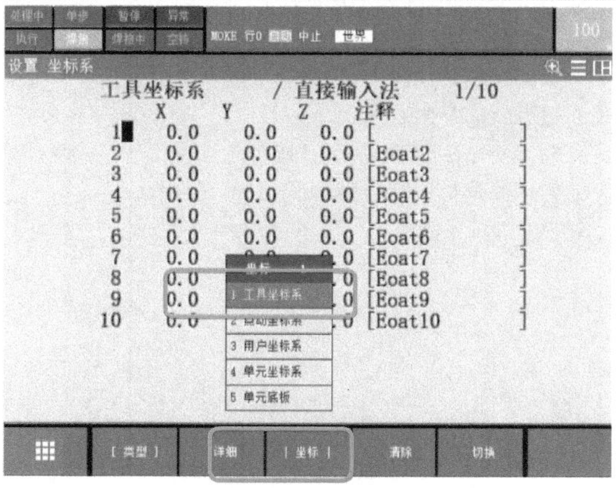
3	上、下移动光标至所需设置的工具坐标系编号所在行，按<F2>(详细)键，进入工具坐标系设置详细界面	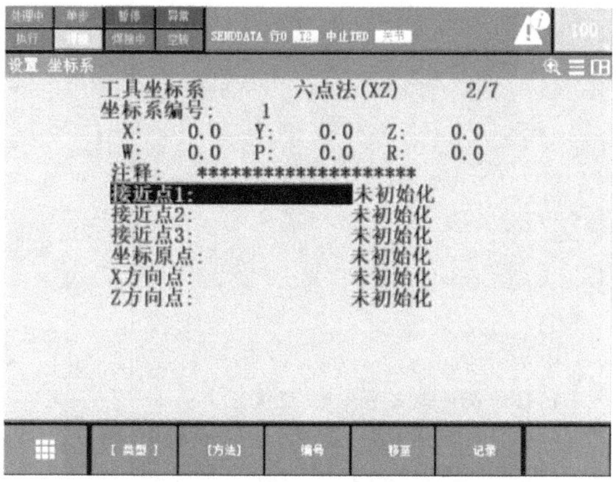
4	按<F2>(方法)键，选择“六点法(XZ)”设置焊枪工具坐标系	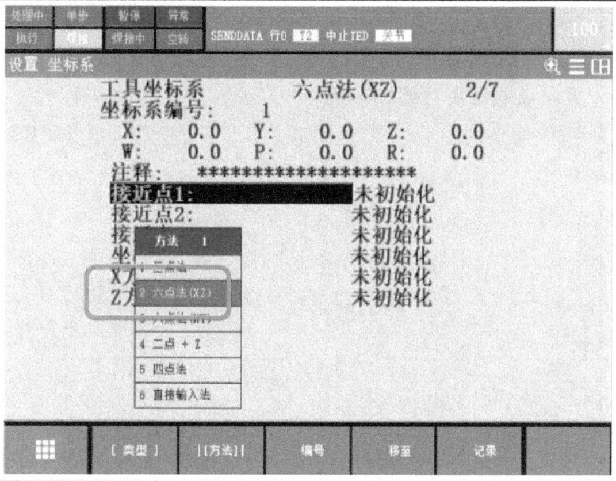

（续）

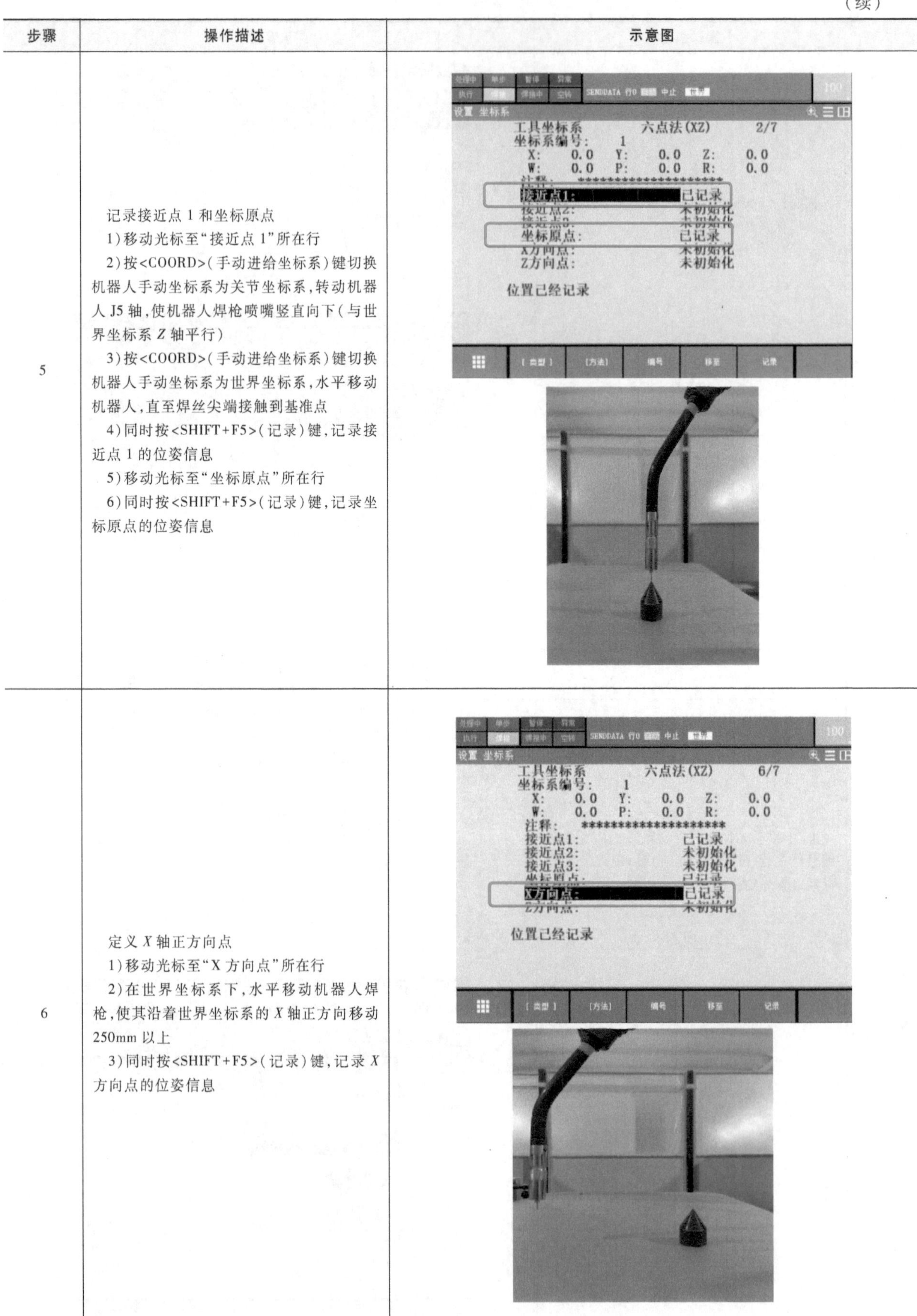

步骤	操作描述	示意图
5	记录接近点 1 和坐标原点 1）移动光标至“接近点 1”所在行 2）按<COORD>（手动进给坐标系）键切换机器人手动坐标系为关节坐标系，转动机器人 J5 轴，使机器人焊枪喷嘴竖直向下（与世界坐标系 Z 轴平行） 3）按<COORD>（手动进给坐标系）键切换机器人手动坐标系为世界坐标系，水平移动机器人，直至焊丝尖端接触到基准点 4）同时按<SHIFT+F5>（记录）键，记录接近点 1 的位姿信息 5）移动光标至“坐标原点”所在行 6）同时按<SHIFT+F5>（记录）键，记录坐标原点的位姿信息	
6	定义 X 轴正方向点 1）移动光标至“X 方向点”所在行 2）在世界坐标系下，水平移动机器人焊枪，使其沿着世界坐标系的 X 轴正方向移动 250mm 以上 3）同时按<SHIFT+F5>（记录）键，记录 X 方向点的位姿信息	

（续）

步骤	操作描述	示意图
7	定义 *Z* 轴正方向点 1）移动光标至“坐标原点”所在行 2）同时按<SHIFT+F4>（移至）键，快速将机器人移回坐标原点 3）移动光标至“Z 方向点”所在行 4）在世界坐标系下，水平移动机器人焊枪，使其沿着世界坐标系的 *Z* 轴正方向移动 250mm 以上 5）同时按<SHIFT+F5>（记录）键，记录 *Z* 方向点的位姿信息	
8	记录接近点 2 1）移动光标至“坐标原点”所在行 2）同时按下<SHIFT+F4>（移至）键，快速将机器人移回坐标系原点 3）在世界坐标系下，水平移动机器人焊枪，使其沿着世界坐标系的 *Z* 轴正方向移动 50mm 左右 4）移动光标至“接近点 2”所在行 5）按<COORD>（手动进给坐标系）键切换机器人手动坐标系为关节坐标系，转动机器人 J6 轴（90°<转动角度<180°） 6）按<COORD>（手动进给坐标系）键切换机器人手动坐标系为世界坐标系，水平移动机器人，直至焊丝尖端接触基准点 7）同时按<SHIFT+F5>（记录）键，记录接近点 2 的位姿信息	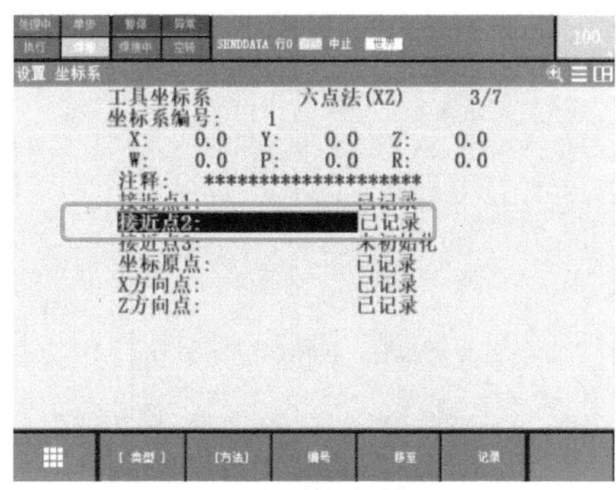 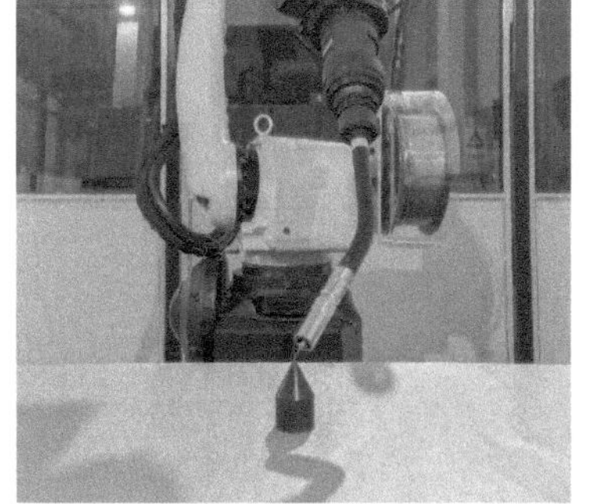

（续）

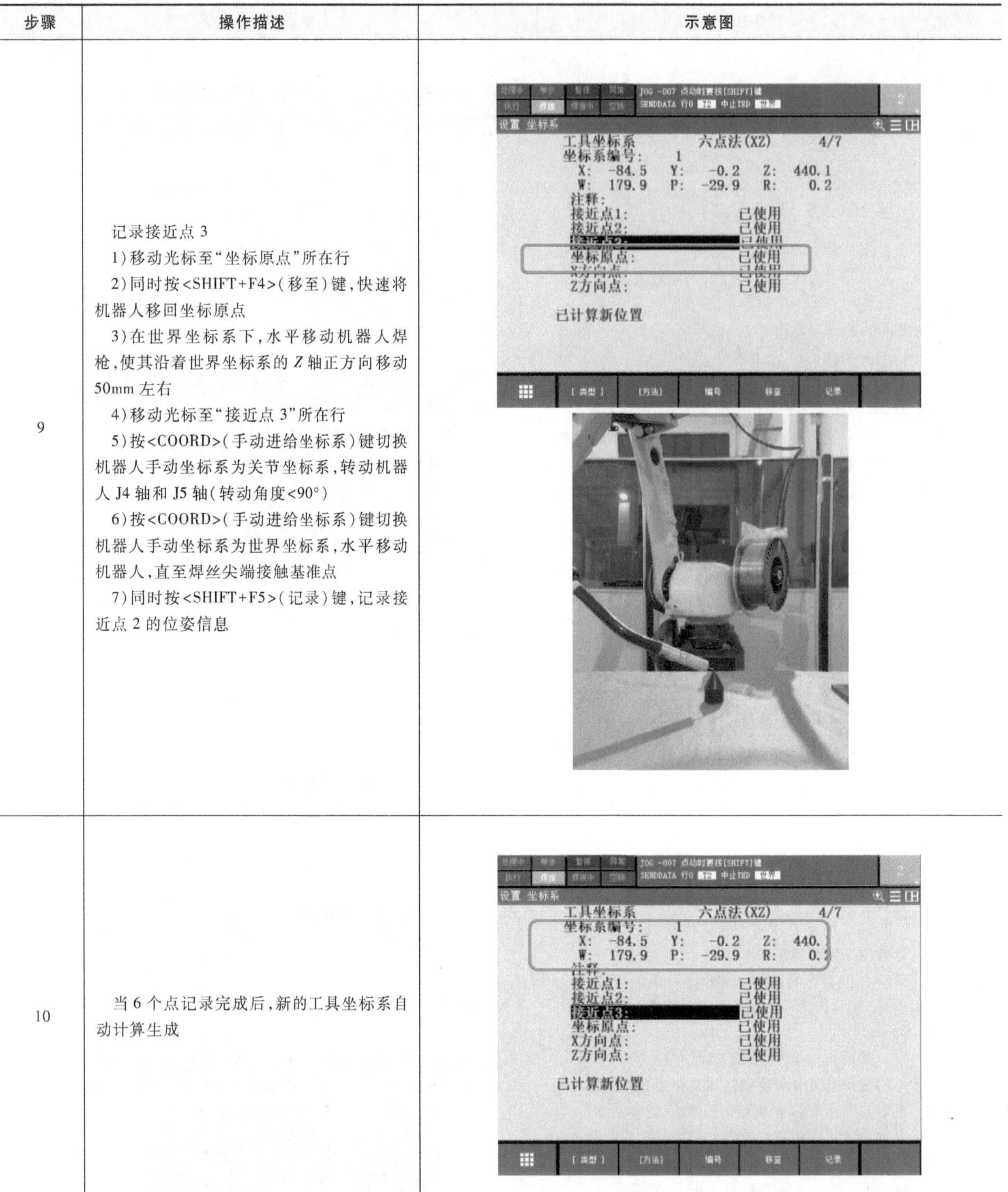

步骤	操作描述	示意图
9	记录接近点 3 1）移动光标至“坐标原点”所在行 2）同时按<SHIFT+F4>（移至）键，快速将机器人移回坐标原点 3）在世界坐标系下，水平移动机器人焊枪，使其沿着世界坐标系的 Z 轴正方向移动 50mm 左右 4）移动光标至“接近点 3”所在行 5）按<COORD>（手动进给坐标系）键切换机器人手动坐标系为关节坐标系，转动机器人 J4 轴和 J5 轴（转动角度<90°） 6）按<COORD>（手动进给坐标系）键切换机器人手动坐标系为世界坐标系，水平移动机器人，直至焊丝尖端接触基准点 7）同时按<SHIFT+F5>（记录）键，记录接近点 2 的位姿信息	工具坐标系 六点法(XZ) 4/7 坐标系编号： 1 X: -84.5 Y: -0.2 Z: 440.1 W: 179.9 P: -29.9 R: 0.2 注释： 接近点1： 已使用 接近点2： 已使用 接近点3： 已使用 坐标原点： 已使用 X方向点： 已使用 Z方向点： 已使用 已计算新位置
10	当 6 个点记录完成后，新的工具坐标系自动计算生成	工具坐标系 六点法(XZ) 4/7 坐标系编号： 1 X: -84.5 Y: -0.2 Z: 440.1 W: 179.9 P: -29.9 R: 0.2 注释： 接近点1： 已使用 接近点2： 已使用 接近点3： 已使用 坐标原点： 已使用 X方向点： 已使用 Z方向点： 已使用 已计算新位置

新的工具坐标系设置完成后，可通过表 4-9 所示方法选择激活新标定的工具坐标系，并点动机器人沿参考物进行定向平动和定点转动（控制点不变动作）。对于弧焊机器人而言，若在平动和转动过程中，焊丝尖端与参考点偏差不超过焊丝直径，则说明新的工具坐标系的标定精度满足弧焊应用要求。在实际应用中，为避免任务程序中示教点记忆所选用的工具坐标系被任意变更而导致程序执行报警，一般建议在任务程序的开头调用工具坐标系选择指令，变更指定编号的工具坐标系为当前工具坐标系，如 UTOOL_NUM = 1。

表 4-9　工具坐标系的激活方法（FANUC）

步骤	操作描述	示意图
1	按<PREV>(返回)键,返回工具坐标系设置一览界面	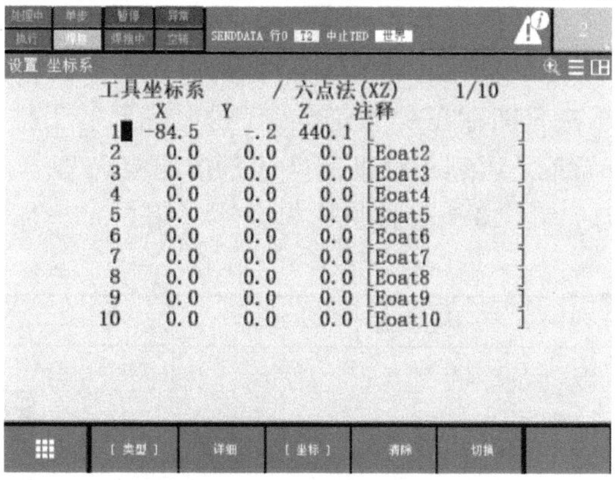
2	按<F5>(切换)键,弹出“输入坐标系编号:”	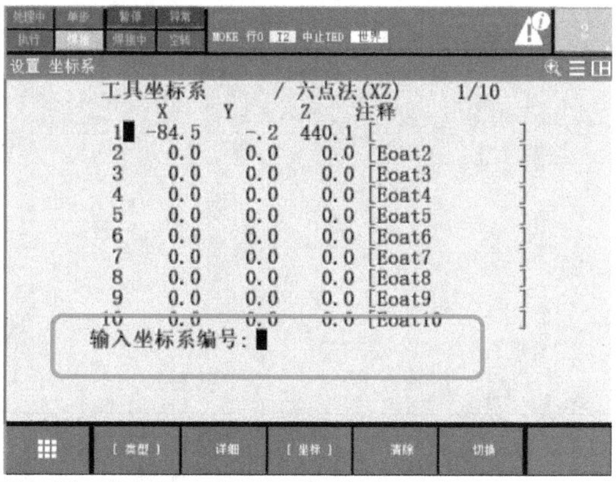
3	按数字键输入待激活的工具坐标系编号,按<ENTER>(输入)键,界面显示被激活的工具坐标系编号,即当前有效工具坐标系	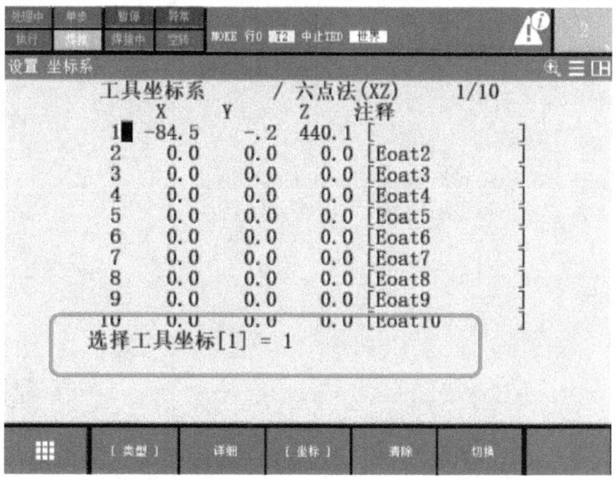
4	同时按<SHIFT+COORD>(手动进给坐标系)键,界面右上角弹出当前激活的工具坐标系	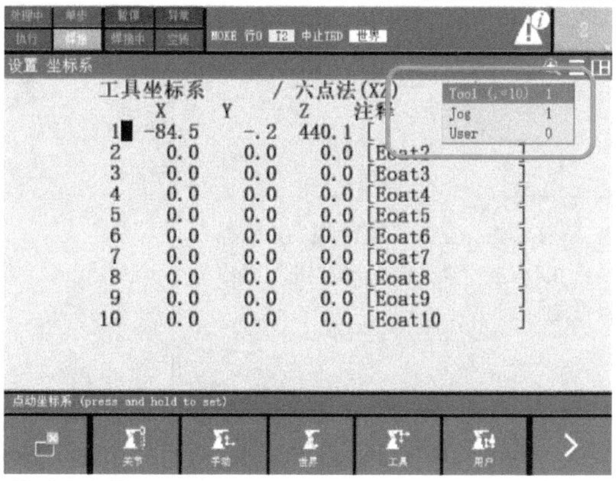

注：同时按<SHIFT+COORD>（手动进给坐标系）键，界面右上角弹出当前激活的工具/用户坐标系，按数字键输入待激活的工具坐标系编号即可。

（2）选择工件坐标系　工件坐标系（User Coordinate System，UCS）作为机器人运动的参考对象，是用户对每个作业空间进行自定义的笛卡儿坐标系，又称用户坐标系。由于焊接机器人任务程序中记录的所有位置信息都是工具坐标系原点相对工件坐标系原点的偏移量，所以在编程或调试前，用户应及时定义工件坐标系。与工具坐标系类似，FANUC 机器人系统可处理若干工件坐标系定义（一般为 10 个左右），但每次只能存在一个有效的工件坐标系。工件坐标系在尚未定义前，与机座坐标系完全重合，并且工件坐标系是通过相对机座坐标系的原点位置（X，Y，Z）及其 X、Y、Z 轴的转动角（W，P，R）来定义的。表 4-10 为焊接机器人工件（用户）坐标系的三点标定方法。

表 4-10　工件（用户）坐标系的三点标定方法（FANUC）

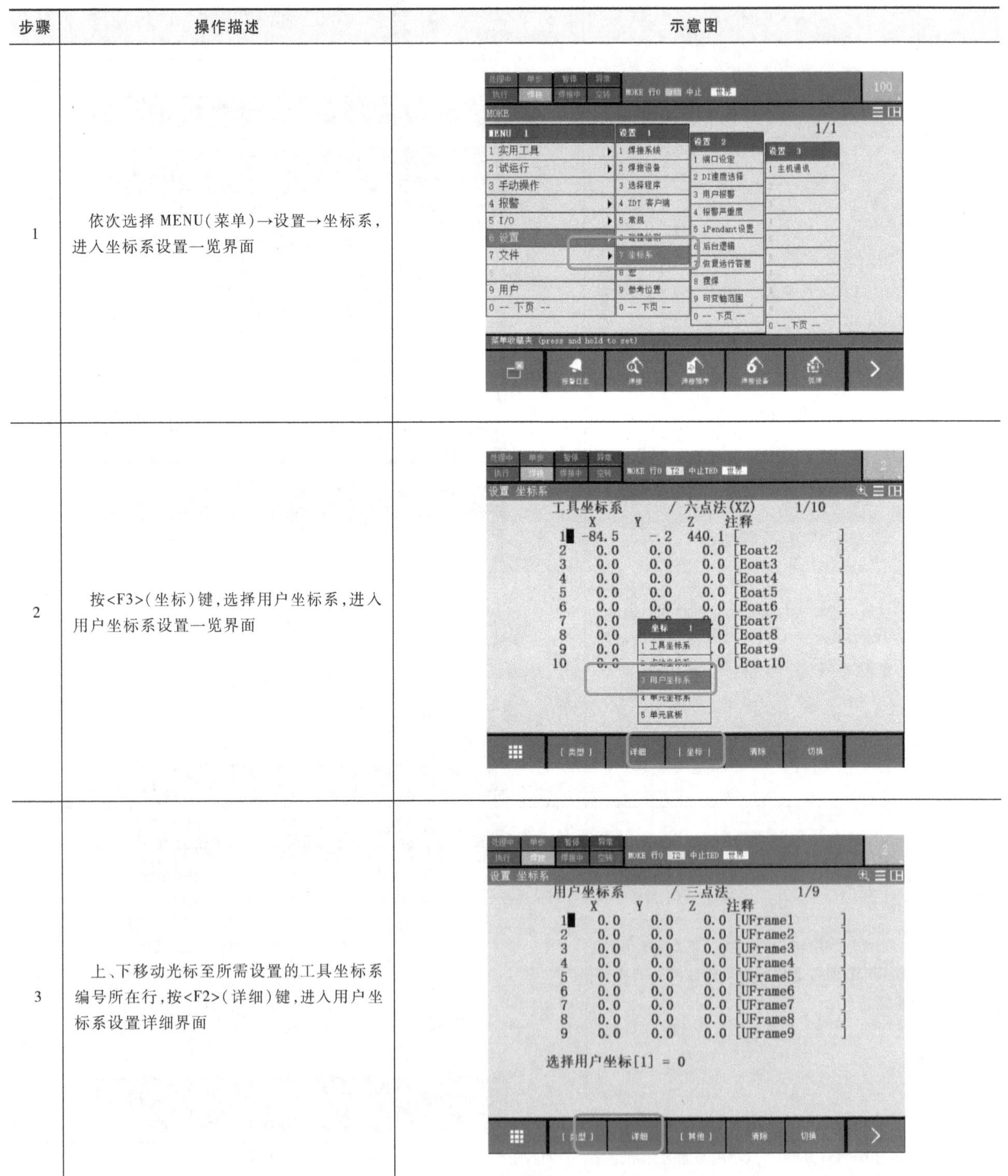

步骤	操作描述	示意图
1	依次选择 MENU（菜单）→设置→坐标系，进入坐标系设置一览界面	
2	按<F3>（坐标）键，选择用户坐标系，进入用户坐标系设置一览界面	
3	上、下移动光标至所需设置的工具坐标系编号所在行，按<F2>（详细）键，进入用户坐标系设置详细界面	

（续）

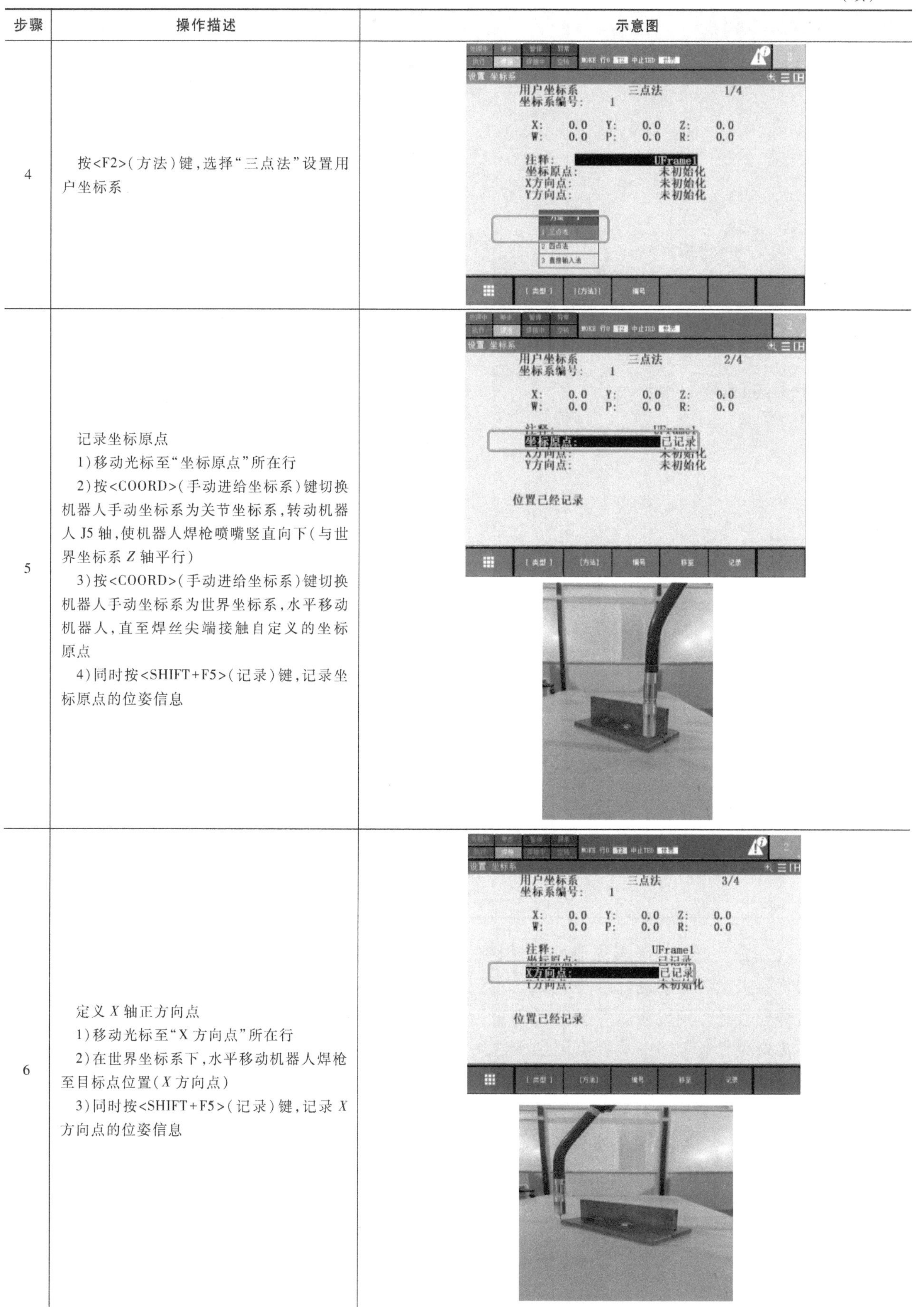

步骤	操作描述	示意图
4	按<F2>（方法）键，选择“三点法”设置用户坐标系	
5	记录坐标原点 1）移动光标至“坐标原点”所在行 2）按<COORD>（手动进给坐标系）键切换机器人手动坐标系为关节坐标系，转动机器人J5轴，使机器人焊枪喷嘴竖直向下（与世界坐标系Z轴平行） 3）按<COORD>（手动进给坐标系）键切换机器人手动坐标系为世界坐标系，水平移动机器人，直至焊丝尖端接触自定义的坐标原点 4）同时按<SHIFT+F5>（记录）键，记录坐标原点的位姿信息	
6	定义X轴正方向点 1）移动光标至“X方向点”所在行 2）在世界坐标系下，水平移动机器人焊枪至目标点位置（X方向点） 3）同时按<SHIFT+F5>（记录）键，记录X方向点的位姿信息	

（续）

步骤	操作描述	示意图
7	定义 *Y* 轴正方向点 1）移动光标至“坐标原点”所在行 2）同时按<SHIFT+F4>（移至）键，快速将机器人移回坐标原点 3）移动光标至“Y 方向点”所在行 4）在世界坐标系下，水平移动机器人焊枪至目标点位置（Y 方向点） 5）同时按<SHIFT+F5>（记录）键，记录 *Y* 方向点的位姿信息	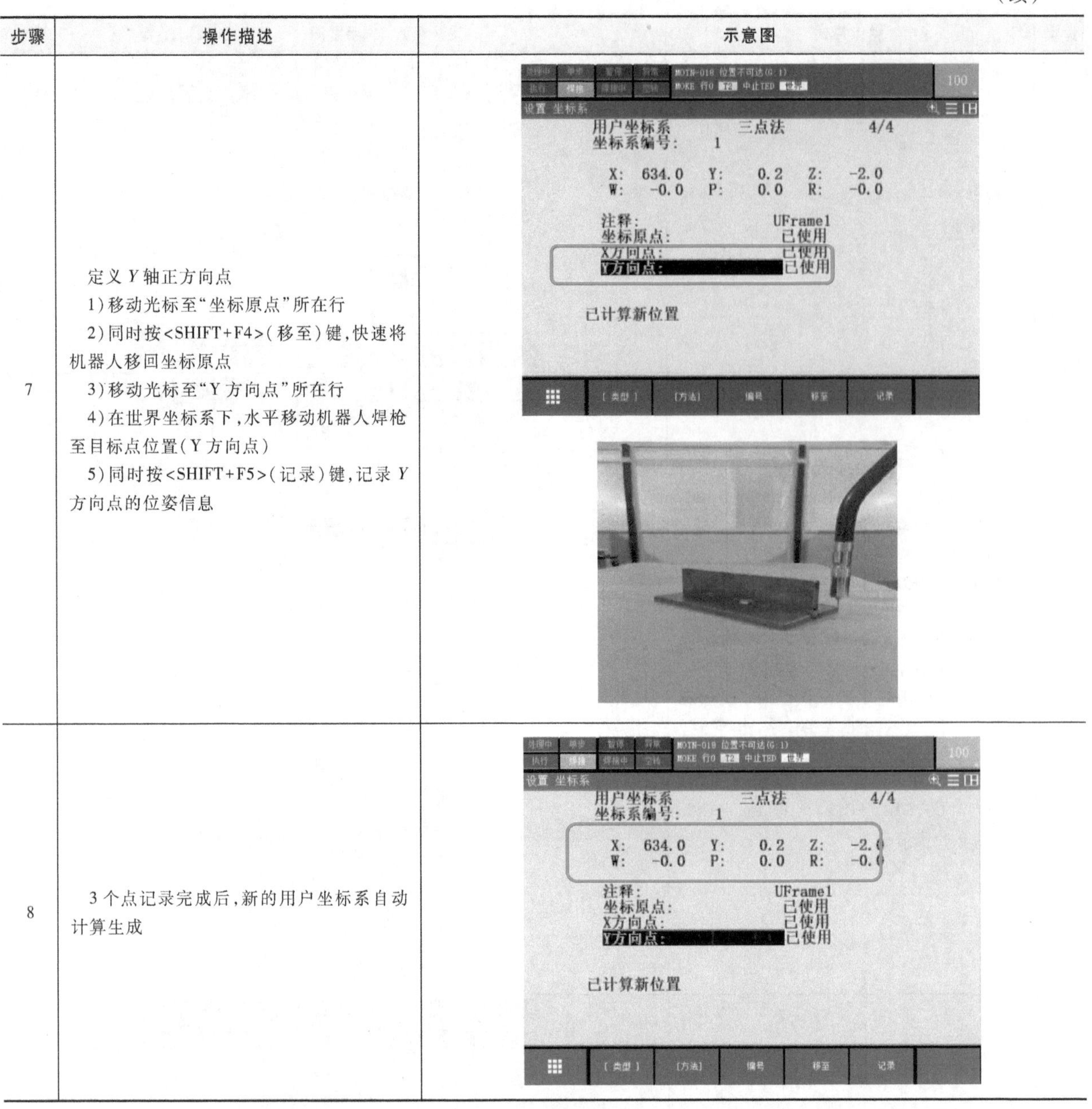
8	3 个点记录完成后，新的用户坐标系自动计算生成	

新的工件（用户）坐标系设置完成后，可参照表 4-9 所示方法选择激活新标定的工件（用户）坐标系，并点动机器人沿参考物进行定向平动。对于弧焊机器人而言，若在平动过程中，焊丝尖端与参考点偏差不超过焊丝直径，则说明新的工件（用户）坐标系的标定精度满足弧焊应用要求。与工具坐标系选择类似，为避免任务程序中示教点记忆所选用的工件（用户）坐标系被任意变更而导致程序执行报警，一般建议在任务程序的开头调用工件（用户）坐标系选择指令，变更指定编号的工件（用户）坐标系为当前工件（用户）坐标系，如 UFRAME_NUM ＝ 1。

（3）预定指令位姿　为高效创建机器人任务程序，缩短任务示教时间，应对在程序中经常使用的目标位置进行预定义，并保存在位置寄存器（PR[i]）中，如原点位置（作业原点）、参考位置（临近点、回退点）、作业位置（焊接起始点、焊接中间点、焊接结束点）等。值得注意的是，原点位置（作业原点）是在所有作业中成为基准的位置，是机器人远离作业对象（焊件）和外围设备的可动区域的安全位置；参考位置（临近点、回退点）是临近焊接作业区间、调整工具姿态的安全位置，机器人处在该位置时，其控制器外围设备 I/O 接口的参考位置输出信号（UO［7］ATPERCH）接通；作业位置

(焊接起始点、焊接中间点、焊接结束点)是保持工具姿态不变或沿焊缝中心线线性、圆弧渐进变更工具姿态的安全位置。对于平板堆焊而言，焊枪纵向倾角(沿焊接前进方向)建议保持为65°~80°，如图4-10所示。

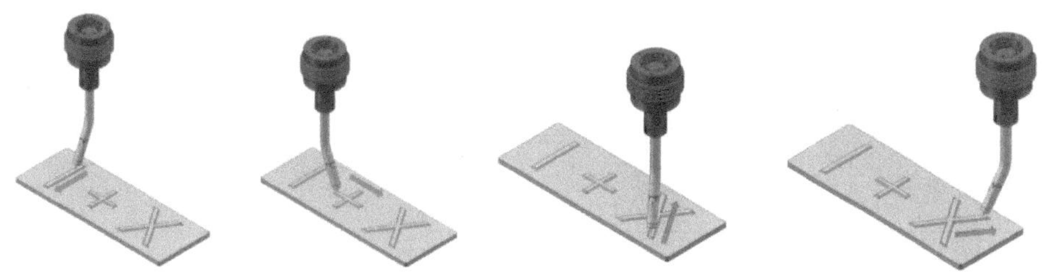

图4-10　中厚板“1+X”图案机器人堆焊指令位姿(FANUC)

(4)指定定位形式　为使机器人沿规划焊接路径精准实施焊接作业，机器人运动指令的要素设置应遵循如下原则：

1)在移至焊接开始点的动作指令中，采用精确定位(FINE)。

2)在移至焊接中间点和结束点的动作指令中，请勿使用关节动作(J)。

3)在移至焊接中间点的动作指令中，采用平滑过渡(CNT)。

4)在移至焊接结束点的动作指令中，采用精确定位(FINE)。

4.1.2　EFORT焊接机器人编程

1. EFORT焊接机器人编程原理

埃夫特ER1400焊接机器人采用示教-再现编程方式，其编程原理同FANUC机器人。EFORT焊接机器人任务编程的主要内容为运动轨迹、工艺条件和动作次序，如图4-11所示。

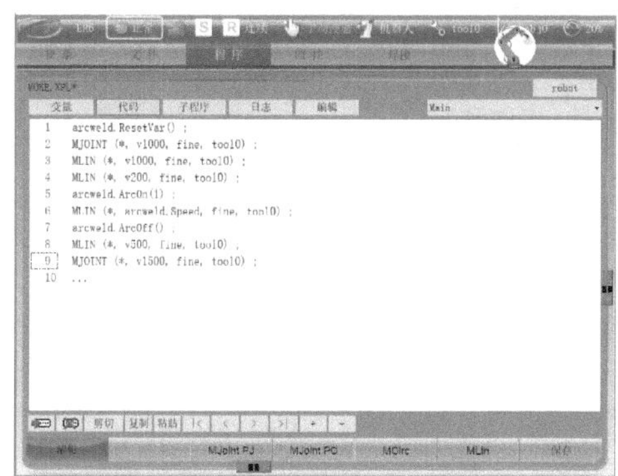
robot
变量
代码
子程序
日志
编辑
Main
1 arcweld.ResetVar();
2 MJOINT(*, v1000, fine, tool0);
3 MLIN(*, v1000, fine, tool0);
4 MLIN(*, v200, fine, tool0);
5 arcweld.ArcOn(1);
6 MLIN(*, arcweld.Speed, fine, tool0);
7 arcweld.ArcOff();
8 MLIN(*, v300, fine, tool0);
9 MJOINT(*, v1500, fine, tool0);
10 ...
MJoint PJ
MJoint PC
MCirc
MLin

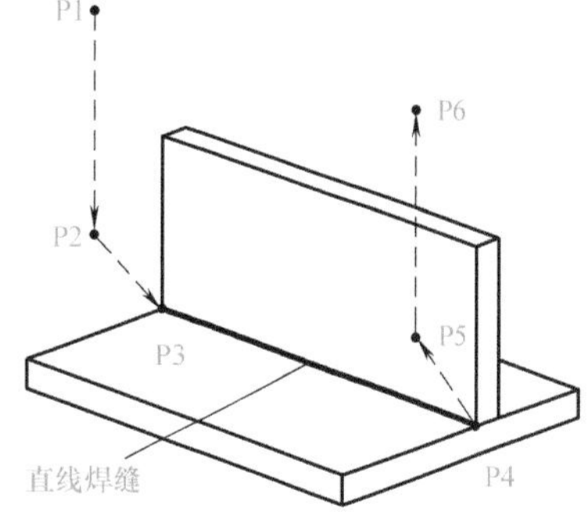
P1
P6
P2
P5
P3
直线焊缝
P4

图4-11　焊接机器人任务程序界面(EFORT)

运动轨迹是机器人为完成焊接作业，其工具中心点(TCP)所掠过的路径。焊接机器人运动轨迹的示教精度直接影响接头的焊接质量，与未熔合、咬边等焊接缺陷息息相关。

2. EFORT焊接机器人编程指令

EFORT焊接机器人任务程序的构成见表4-11。

表4-11　EFORT焊接机器人任务程序的构成

序号	程序	说明
1	arcweld.ResetVar();	变量初始化
2	MJOINT(P1,v500,fine,tool0,wobj0);	焊机安全点P1,通常先以关节运动的形式运动到该点
3	MLIN(P2,v200,fine,tool0,wobj0);	焊接起点上方点P2
4	MLIN(P3,v200,fine,tool0,wobj0);	焊接起点P3

（续）

序号	程序	说明
5	WAIT_POS();	保证机器人运动到 P3 点
6	arcweld. WeaveOn(1);	打开摆弧功能，并且以 1 号摆弧参数设置摆弧
7	arcweld. GradOn(1,100,150);	打开渐变功能，电流渐变模式，电流从 100A 渐变到 150A
8	arcweld. ArcOn(1);	开始起弧，使用 1 号起弧参数
9	MLIN(P4,arcweld. Speed,fine,tool0,wobj0);	运行焊缝路径，焊缝终点为 P4，焊接速度以 arcweld. Speed 变量表示
10	WAIT_POS();	保证机器人运动到 P4 点
11	arcweld. ArcOff();	收弧
12	arcweld. GradOff();	关闭渐变功能
13	arcweld. WeaveOff();	关闭摆弧功能
14	MLIN(P5,v200,fine,tool0,wobj0)	运动到焊缝终点上方点 P5
15	MLIN(P6,v200,fine,tool0,wobj0)	运动到焊机安全点 P6

EFORT 机器人焊接作业常用编程指令如图 4-12 所示。

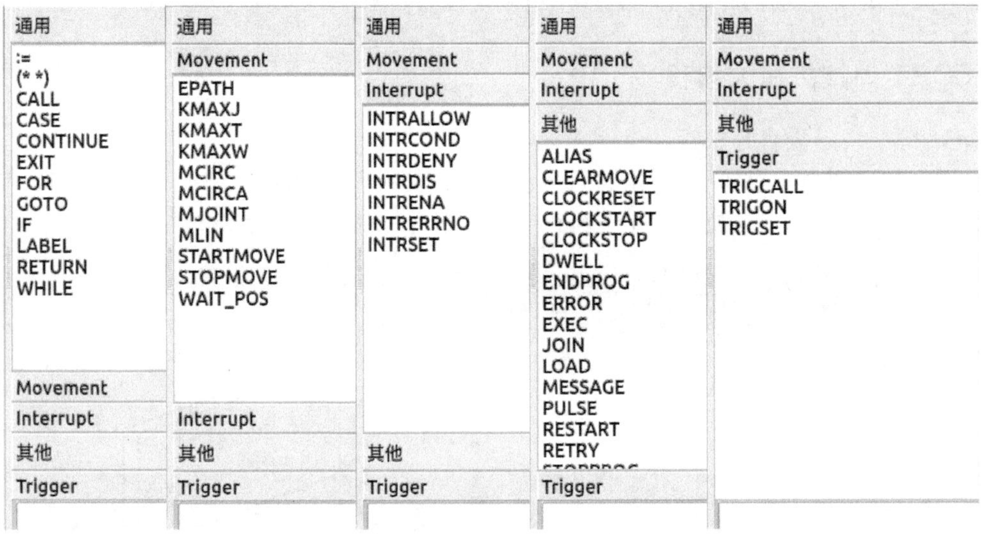

通用
:=
(* *)
CALL
CASE
CONTINUE
EXIT
FOR
GOTO
IF
LABEL
RETURN
WHILE
Movement
Interrupt
其他
Trigger

通用
Movement
EPATH
KMAXJ
KMAXT
KMAXW
MCIRC
MCIRCA
MJOINT
MLIN
STARTMOVE
STOPMOVE
WAIT_POS
Interrupt
其他
Trigger

通用
Movement
Interrupt
INTRALLOW
INTRCOND
INTRDENY
INTRDIS
INTRENA
INTRERRNO
INTRSET
其他
Trigger

通用
Movement
Interrupt
其他
ALIAS
CLEARMOVE
CLOCKRESET
CLOCKSTART
CLOCKSTOP
DWELL
ENDPROG
ERROR
EXEC
JOIN
LOAD
MESSAGE
PULSE
RESTART
RETRY
Trigger

通用
Movement
Interrupt
其他
Trigger
TRIGCALL
TRIGON
TRIGSET

图 4-12 EFORT 机器人焊接作业常用编程指令

在焊接应用中，常用的弧焊指令由标准的 RPL 语句组成，并且做了封装。使用时，通过 CALL 指令调用弧焊指令即可。EFORT 机器人焊接作业常用弧焊指令说明见表 4-12。

表 4-12 EFORT 机器人焊接作业常用弧焊指令说明

序号	指令	说明
1	ArcOn	开始起弧。fileNum：所使用的起弧参数文件号(0~99)
2	ArcOff	收弧指令
3	GradOn	设置电流/电压渐变开始。type：渐变模式，0 表示电压渐变，1 表示电流渐变；stratValue：渐变的起始值；endValue：渐变的终点值
4	GradOff	关闭电流电压渐变功能
5	SetWeldingPar	设置焊接参数。current：设置电流；voltage：设置电压
6	SetArcSpeed	设置焊接速度。inWeldVelocty：焊接速度，单位为 mm/s。该指令必须配合运动指令的变量 arcweld. speed 使用

（续）

序号	指令	说明
7	IntermittentOn	间断焊开始。type:0 表示点焊,1 表示无摆弧间断焊,2 表示带摆弧间断焊;t_l1:点焊输入时间或间断焊输入距离(>0);l2:空走距离(>0);fileNum:焊接文件号(0~99);weaveFile:摆弧文件号(0~99)
8	IntermittentOff	间断焊结束
9	FeedOnWire	送丝指令。time:进丝时间
10	FeedBackWire	退丝指令。time:退丝时间
11	DetectGas	检气指令。time:检气时间
12	WeaveOn	摆弧开始。fileNum:所使用的摆弧参数文件号(0~99)
13	WeaveOff	摆弧结束
14	ArcTrackOn	打开电弧跟踪。fileNum:所使用的电弧跟踪参数文件号(0~19)
15	ArcTrackOff	关闭电弧跟踪
16	ResetVar	焊接信号复位,通常该指令放在第一行
17	DWell	等待时间。time:等待时间,单位为 s
18	OpenLaser	连接并打开激光器
19	CloseLaser	关闭激光器并断开连接
20	LaserSearchOn	开启激光寻位。LaserCalibNum:激光标定文件号(0~19);LaserSearchNum:激光寻位文件号(0~19)
21	LaserSearchOff	关闭激光寻位,并计算位置。LaserSearchSaveIndex:寻位点序号(1~5)
22	LaserTrackOn	开启激光跟踪。LaserCalibNum:激光标定文件号(0~19);LaserTrackParNum:激光跟踪文件号(0~19)
23	LaserTrackOff	关闭激光跟踪
24	calSearchFrame	寻位坐标系计算
25	PC_Initialize	功能初始化
26	TouchSearchStart	调用寻位工艺号(0-19)
27	TouchSearch	接触寻位开始。toolC:工具坐标系;refsysC:用户坐标系;dir:设置寻位方向(±X,±Y,±Z);searchingId 寻位点序号(0~6),单次寻位按顺序填写
28	TouchSearchEnd	接触寻位结束
29	CalculateOffset	计算寻位偏移。searchmode:焊接模式,0 表示角焊接,1 表示内外径;searchtype:焊接类型,分为1D、2D、3D、2D+、3D+;offsetid:存储偏移量序号(0~39)
30	OffsetStart	寻位偏移开始。offsetid:存储偏移量序号(0~39)
31	OffsetEnd	寻位偏移结束
32	PreArcOn	提前开始起弧。使用此指令,前一句移动指令的圆滑过渡不能为 fine。fileNum:所使用的起弧参数文件号(0~99)

EFORT 焊接机器人在编程时需要先新建个程序，然后示教编程焊接程序。其新建程序和插入指令的步骤见表 4-13。

表 4-13 EFORT 焊接机器人新建程序和插入指令的步骤

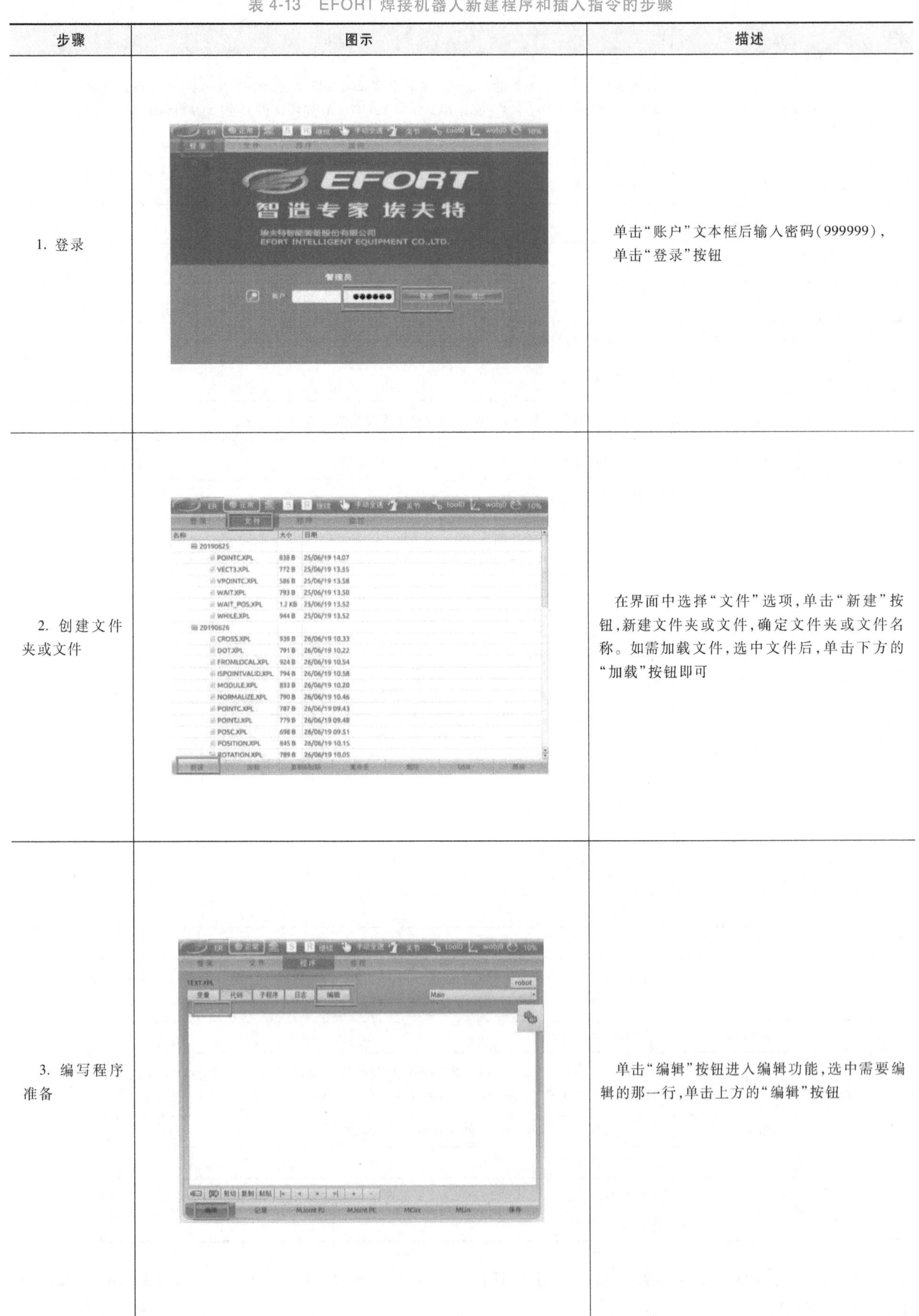

步骤	图示	描述
1. 登录		单击“账户”文本框后输入密码(999999)，单击“登录”按钮
2. 创建文件夹或文件		在界面中选择“文件”选项，单击“新建”按钮，新建文件夹或文件，确定文件夹或文件名称。如需加载文件，选中文件后，单击下方的“加载”按钮即可
3. 编写程序准备		单击“编辑”按钮进入编辑功能，选中需要编辑的那一行，单击上方的“编辑”按钮

（续）

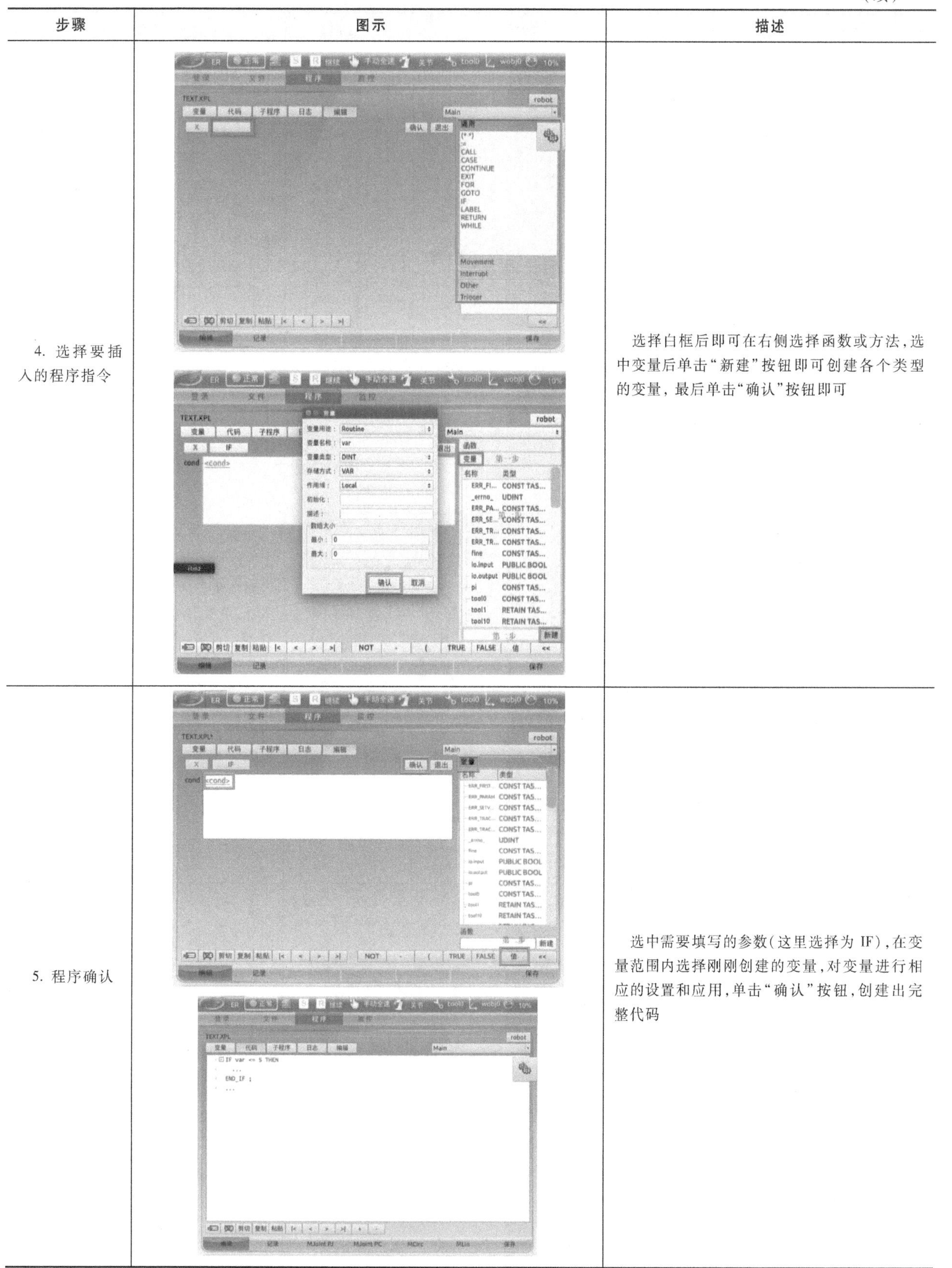

步骤	图示	描述
4. 选择要插入的程序指令		选择白框后即可在右侧选择函数或方法，选中变量后单击“新建”按钮即可创建各个类型的变量，最后单击“确认”按钮即可
5. 程序确认		选中需要填写的参数（这里选择为 IF），在变量范围内选择刚刚创建的变量，对变量进行相应的设置和应用，单击“确认”按钮，创建出完整代码

3. EFORT 焊接机器人轨迹规划

（1）选择工具坐标系　EFORT 机器人工具坐标系的标定方法见表 4-14。

表 4-14　工具坐标系的标定方法

步骤	图示	描述
1. 在桌面上单击“工具坐标系”图标，进入工具标定设置界面	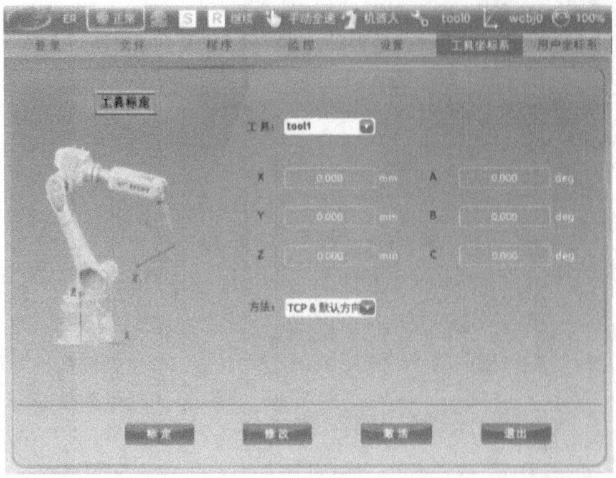	所有已定义的工具坐标系名称列表 手动标定的方法包括 TCP（默认）、TCP&Z 和 TCP&Z，X 三种
2. 单击“标定”按钮，进入标定界面，显示需要标定的第一点	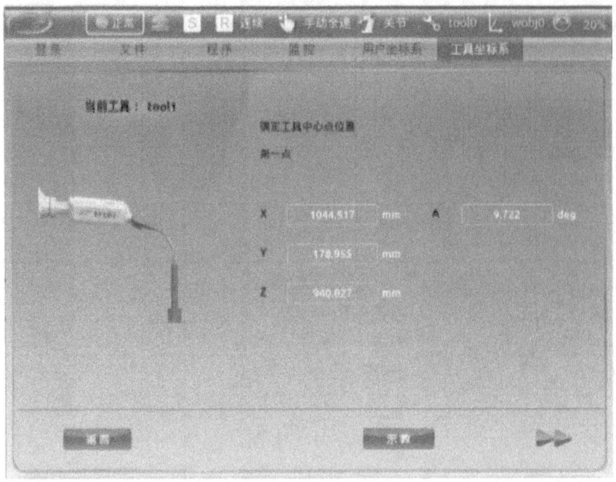	移动机器人将工具末端对准参考尖点，单击“示教”按钮，记录当前机器人位姿，示教完成后，单击右箭头图标标定下一个点 需要注意的是，标定点是机器人以不同的姿态去对准同一个尖点，若未标定完成，需要结束标定过程，单击“返回”按钮，返回设置界面
3. 标定第二点界面。后续标定 TCP 点位置所需要点的过程与标点第一点的方法一致，需要注意的是，每一个记录点的机器人姿态变化要尽量大一些	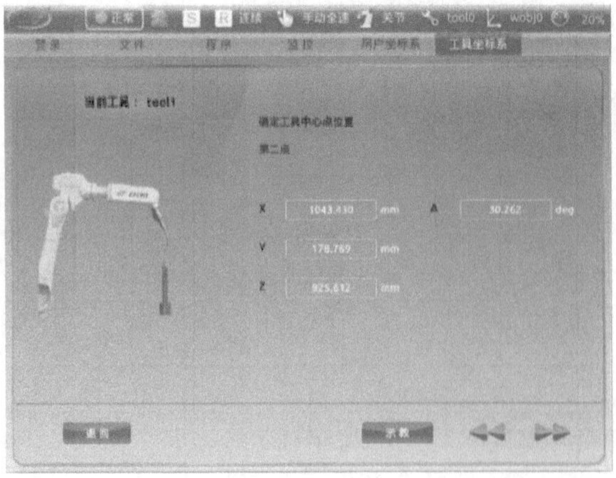	改变机器人姿态，移动机器人，以不同方向将工具末端对准参考尖点，单击“示教”按钮，记录当前机器人位姿，示教完当前位置，单击右箭头图标标定下一个点，单击左箭头图标可查看上一点

（续）

步骤	图示	描述
4. 标定工具坐标系的 Z 方向	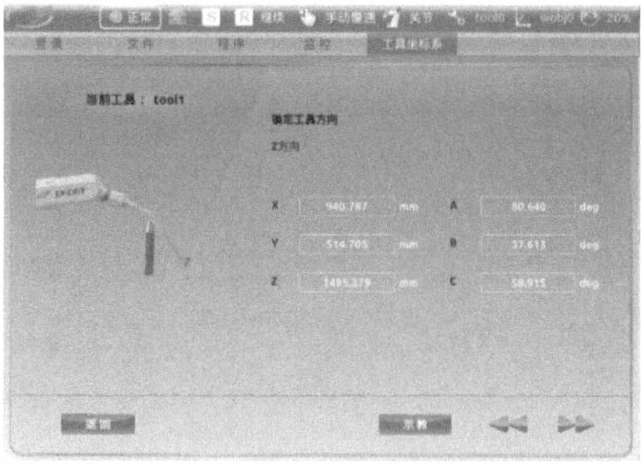	当标定完成前 4 个点后，单击右箭头图标，进入工具方向的标定。保持机器人姿态不变，移动机器人，使其远离参考尖点，该方向作为工具坐标系的 Z 正方向 单击“示教”按钮，记录当前机器人位姿，示教完当前位置，单击右箭头图标标定下一个点，单击左箭头图标可查看上一点
5. 标定工具坐标系的 X 方向	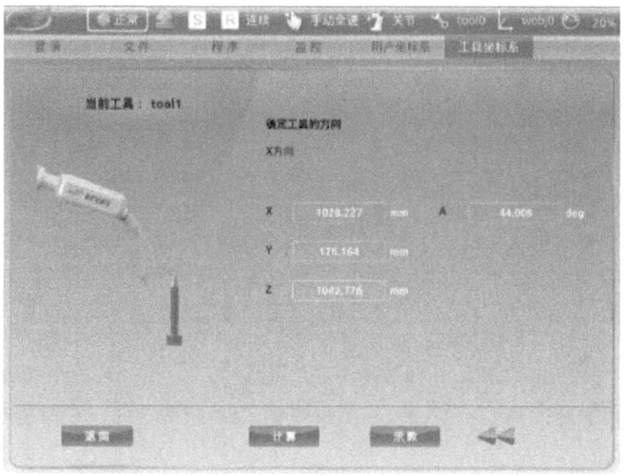	保持机器人姿态不变，移动机器人，使其远离参考尖点（如图所示），该方向作为工具坐标系的 X 正方向 单击“示教”按钮，记录当前机器人位姿，示教完当前位置，单击左箭头图标可查看上一点，单击“计算”按钮显示最终结果
6. 单击“计算”按钮，进入最终的计算结果显示界面	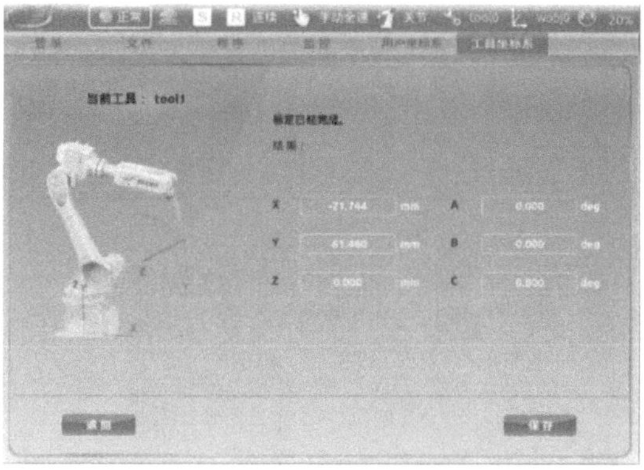	单击“保存”按钮，将当前计算结果保存到指定的工具中，并返回主界面，单击“返回”按钮，可不保存标定结果，返回设置界面

（2）选择工件坐标系　与工具坐标系类似，EFORT 机器人系统可处理若干工件坐标系定义，但每次只能存在一个有效的工件坐标系。工件坐标系在尚未定义前，与机座坐标系完全重合，并且工件坐标系是通过相对机座坐标系的原点位姿（X，Y，Z）及其 X、Y、Z 轴的转动角（A，B，C）来定义的。标定工件坐标系的方法分为无原点和有原点两种，都需要示教三个位置点，主要选择点位不同。表 4-15 为 EFORT 焊接机器人工件坐标系的三点标定方法（有原点方法）。

表 4-15　EFORT 焊接机器人工件（用户）坐标系的标定方法

步骤	图示	描述
1. 在桌面上单击“用户坐标系”图标，进入用户坐标系标定界面	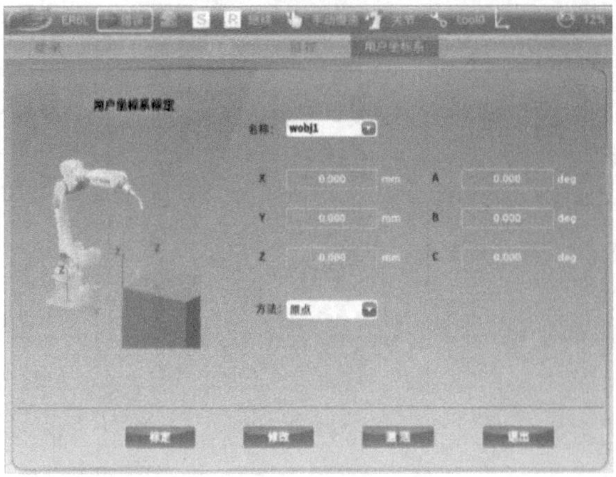	界面显示所有已定义的用户坐标系名称列表 手动标定的方法包括已知原点和未知原点两种 单击“标定”按钮，开始进行标定
2. 单击“标定”按钮，进入标定界面，开始标定第一点	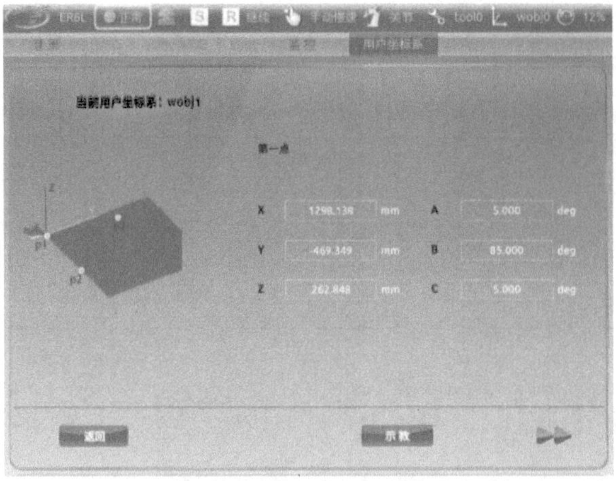	移动机器人至所需用户坐标系的原点位姿 单击“示教”按钮，记录当前机器人位姿 示教完当前位姿，若示教正确完成，会直接跳到下一点的示教界面 若未标定完成，需要结束标定过程，单击“返回”按钮
3. 标定第二点以及第三点时，其操作与标定第一点相同。需要注意的是，标定的三点不能在一条直线上，且两点间距离至少应大于 10mm	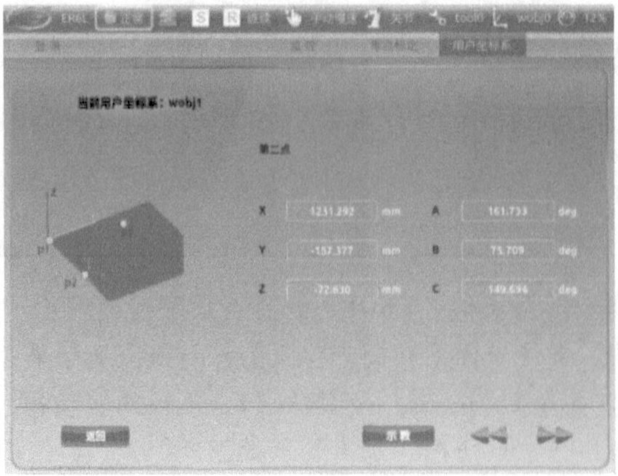	示教完当前位姿，单击右箭头图标标定下一点，单击左箭头图标可查看上一点

（续）

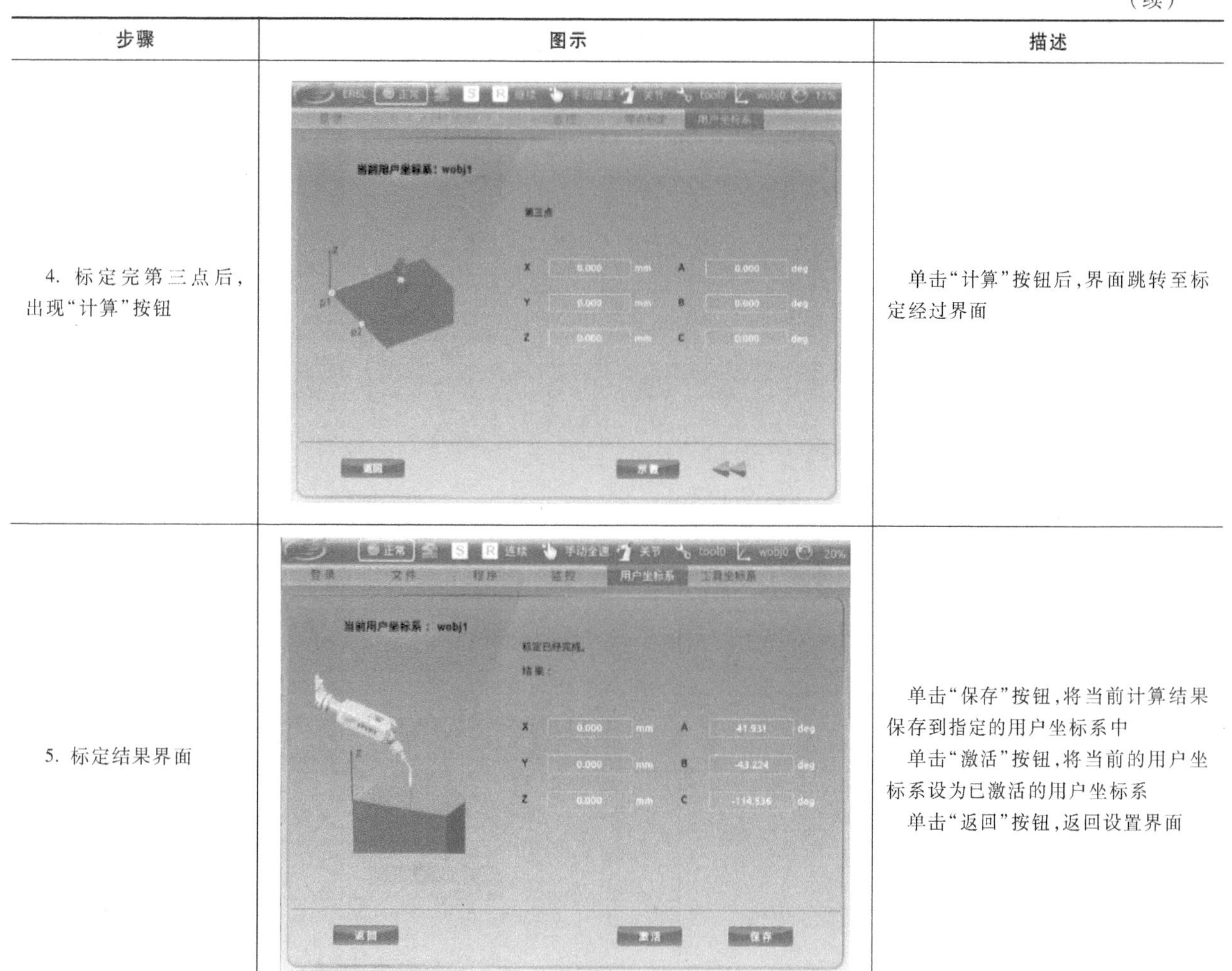

步骤	图示	描述
4. 标定完第三点后，出现“计算”按钮		单击“计算”按钮后，界面跳转至标定经过界面
5. 标定结果界面		单击“保存”按钮，将当前计算结果保存到指定的用户坐标系中 单击“激活”按钮，将当前的用户坐标系设为已激活的用户坐标系 单击“返回”按钮，返回设置界面

（3）预定指令位姿

（4）指定定位形式　为使机器人沿规划焊接路径精准实施焊接作业，机器人运动指令的要素设置应遵循如下原则：

1）在移至焊接开始点的动作指令中，采用精确定位（FINE）。

2）在移至焊接中间点、结束点的动作指令中，请勿使用关节动作（MJOINT）。

3）在移至焊接中间点的动作指令中，采用平滑过渡（如 Z5）。

4）在移至焊接结束点的动作指令中，采用精确定位（FINE）。

【任务实施】

1. FANUC 焊接机器人编程与焊接操作

本任务是在厚度为 6mm 的碳钢表面完成“1+X”图案堆焊的编程与焊接工作，包括创建程序、编辑程序、测试程序和起弧焊接等流程，如图 4-13 所示。图 4-14 所示为堆焊“1+X”图案的运动路径示意。

具体的任务实施步骤如下。

（1）创建任务程序　使用示教器创建一个程序名为“MOKE”的任务程序，包括进入程序一览界面、输入任务程序名称和进入程序编辑界面三个步骤，具体操作见表 4-16。

（2）编辑任务程序　参照图 4-14 所示的路径逐一记录 HOME 点、过渡点、临近点、焊接起始点、焊接结束点、回退点等 14 个目标程序点位姿信息，操作步骤见表 4-17。

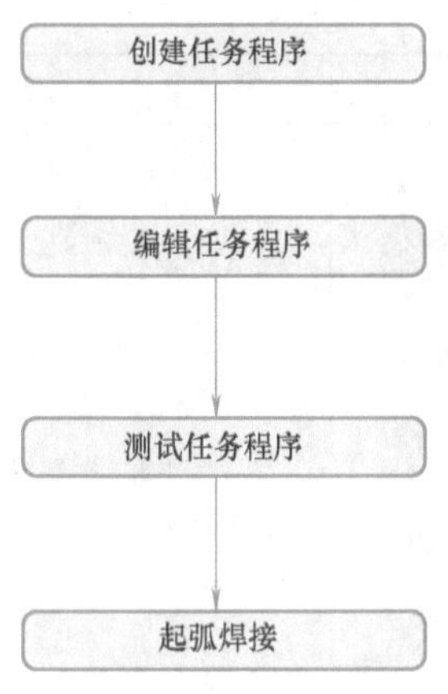

图 4-13　碳钢表面“1+X”图案机器人堆焊任务编程流程（FANUC）

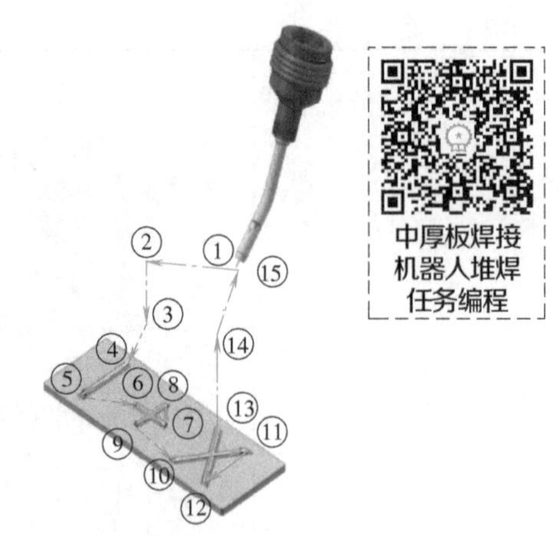

图 4-14　堆焊任务路径示意图（FANUC）

表 4-16　创建任务程序（FANUC）

步骤	操作描述	示意图
1. 进入程序一览界面	按<SELECT>（一览）键，显示程序一览界面	选择 全部 1556780 字节可用 3/7 编号 程序名 注释 1 -BCKEDT- [ ] 2 GETDATA MR [Get PC Data] 3 MOKE_C [ ] 4 REQMENU MR [Request PC Menu] 5 SENDDATA MR [Send PC Data] 6 SENDEVNT MR [Send PC Event] 7 SENDSYSV MR [Send PC SysVar] [类型] 创建 删除 监控 [属性]
2. 输入任务程序名称	按<F2>（创建）键，进入程序命名界面，选择“大写”选项，输入“MOKE”	--- 创建TP程序 --- 程序名： MOKE -- 结束 -- Alpha input 单词 大写 小写 其他/键盘 输入程序名 ABCDEF GHIJKL MNOPQR STUVWX YZ_@*

（续）

步骤	操作描述	示意图
3. 进入程序编辑界面	待程序名输入完毕，按<ENTER>（输入）键，进入程序编辑界面，任务程序创建完毕	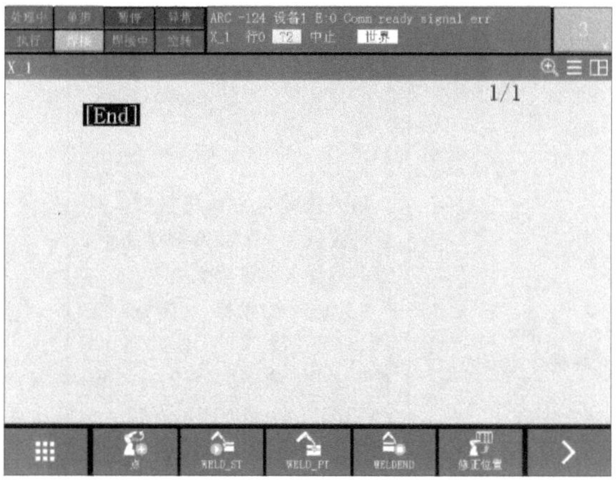

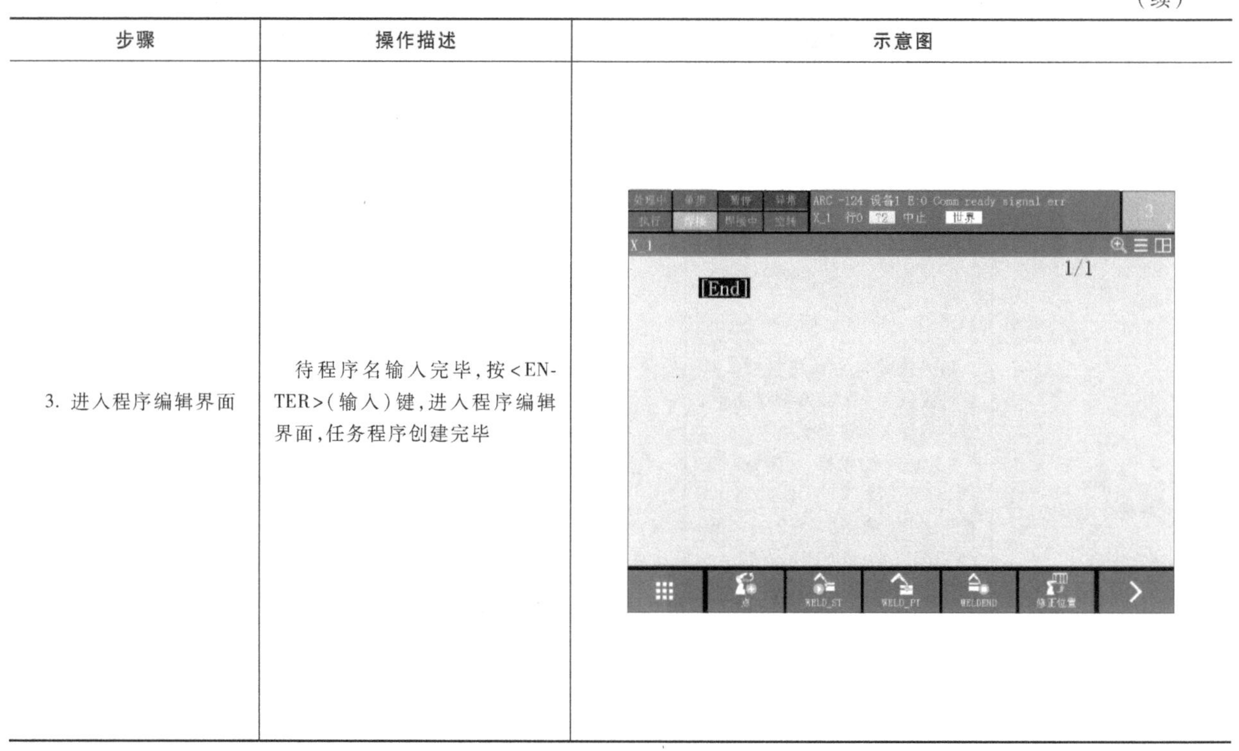

表 4-17　编辑任务程序（FANUC）

步骤	操作描述	示意图
1. 记录程序点 1（HOME 点）	1）采用手动方式将机器人移至 HOME 点。根据工作站空间及机器人安装方式，合理设置机器人 HOME 点位姿，如 J1＝J2＝J3＝J4＝J6＝0°、J5＝－90° 2）记录 HOME 点位姿。按<F1>（点）键，弹出“标准动作”指令选项，选择“1 J P[ ] 20% FINE”，按<ENTER>（输入）键确认，此时任务程序增加 1 行指令“1:J@ P[1] 20% FINE”，并显示“位置已记录至 P[1]”	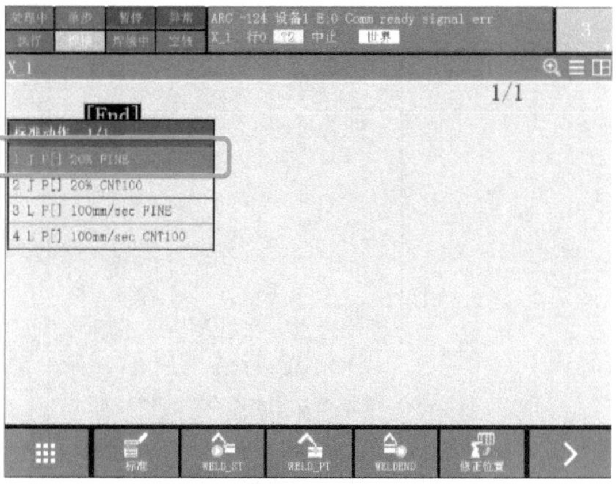 

（续）

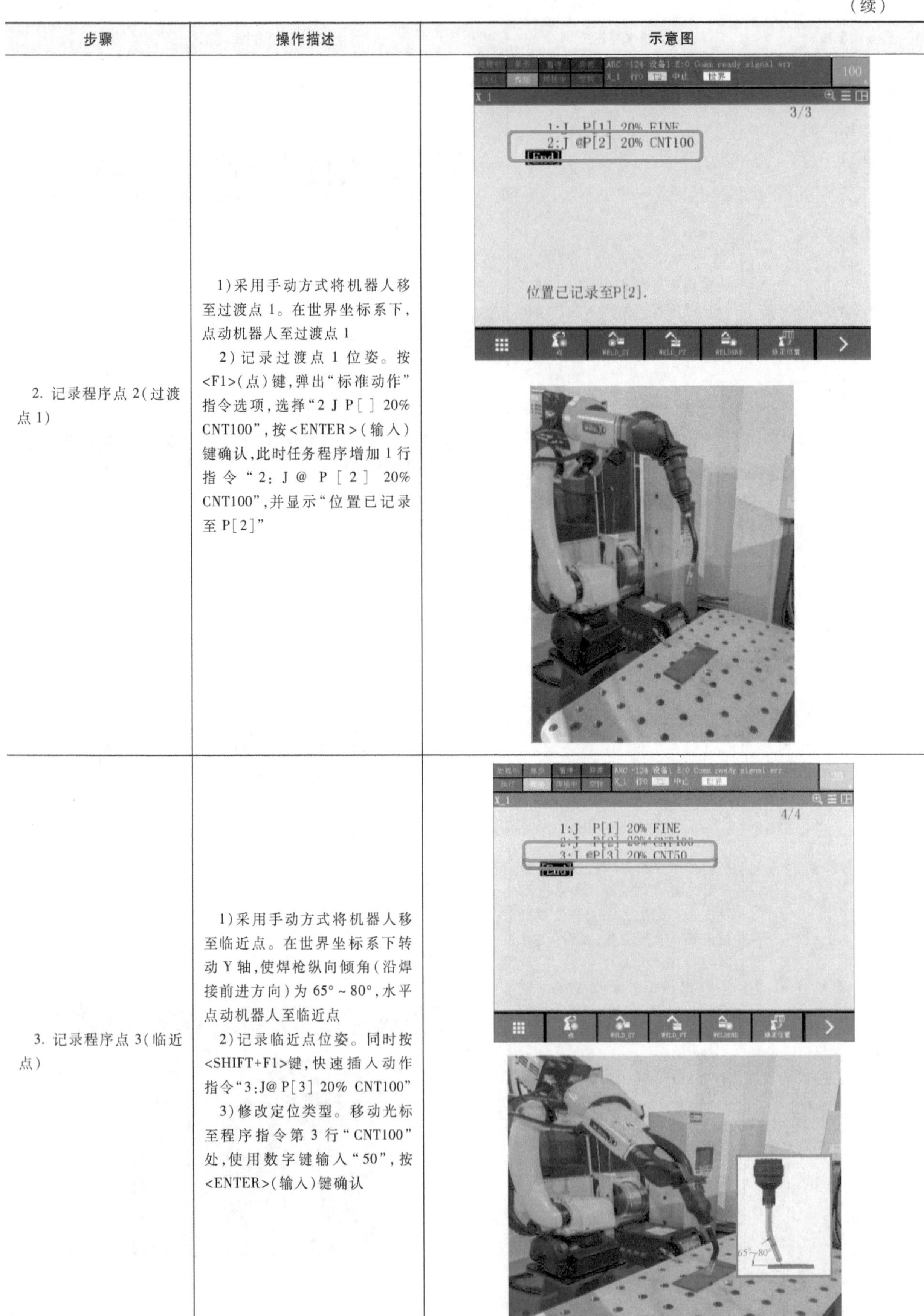

步骤	操作描述	示意图
2. 记录程序点 2（过渡点 1）	1）采用手动方式将机器人移至过渡点 1。在世界坐标系下，点动机器人至过渡点 1 2）记录过渡点 1 位姿。按 <F1>（点）键，弹出“标准动作”指令选项，选择“2 J P[ ] 20% CNT100”，按 <ENTER>（输入）键确认，此时任务程序增加 1 行指令“2：J @ P[2] 20% CNT100”，并显示“位置已记录至 P[2]”	
3. 记录程序点 3（临近点）	1）采用手动方式将机器人移至临近点。在世界坐标系下转动 Y 轴，使焊枪纵向倾角（沿焊接前进方向）为 65°～80°，水平点动机器人至临近点 2）记录临近点位姿。同时按 <SHIFT+F1>键，快速插入动作指令“3：J@ P[3] 20% CNT100” 3）修改定位类型。移动光标至程序指令第 3 行“CNT100”处，使用数字键输入“50”，按 <ENTER>（输入）键确认	

（续）

步骤	操作描述	示意图
4. 记录程序点4（焊接起始点1）	1）采用手动方式将机器人移至焊接起始点1。在世界坐标系下水平点动机器人至焊接起始点1 2）记录焊接起始点1位姿。同时按<SHIFT+ F1>键，快速插入动作指令“4：J@ P［4］ 20% FINE” 3）插入起弧指令。依次按<NEXT>（翻页）键→<F1>（指令）键，选择弧焊→焊接开始［ ］功能，插入起弧指令“5：Weld Start［. . ，. . . ］”，使用数字键输入焊接工艺库编号“1”和参数表编号“5”，按<ENTER>（输入）键确认	1:J P[1] 20% FINE 2:J P[2] 20% CNT100 3:J P[3] 20% CNT50 4:J @P[4] 20% FINE 5: Weld Start[1,5] [End]
5. 记录程序点5（焊接结束点1）	1）采用手动方式将机器人移至焊接结束点1。在世界坐标系下水平点动机器人至焊接结束点1 2）记录焊接结束点1。按<F1>键，弹出“标准动作”指令选项，选择“L P［ ］ 6mm/sec FINE”，按<ENTER>（输入）键确认 3）插入收弧指令。依次按<NEXT>（翻页）键→<F1>（指令）键，选择弧焊→焊接开始［ ］功能，插入收弧指令“7：Weld End［…，…］”，使用数字键输入焊接工艺库编号“1”、参数表编号“5”，按<ENTER>（输入）键确认	1:J P[1] 20% FINE 2:J P[2] 20% CNT100 3:J P[3] 20% CNT50 4:J P[4] 20% FINE 6:L @P[5] 6mm/sec FINE 7: Weld End[1,5] 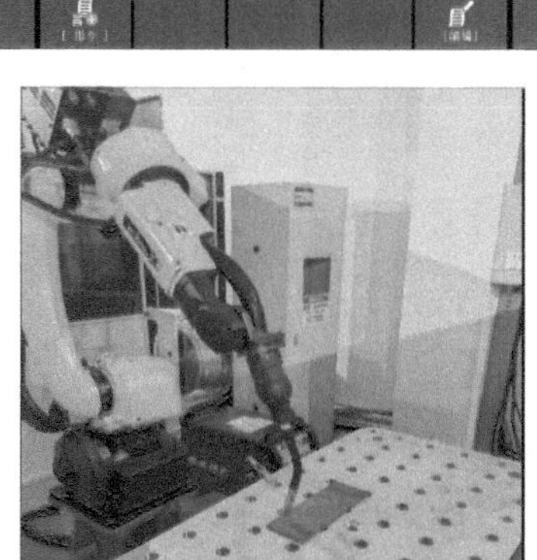

（续）

步骤	操作描述	示意图
6. 记录程序点6（焊接起始点2）	1）采用手动方式将机器人移至焊接起始点2。在世界坐标系下转动 *X*/*Y*/*Z* 轴，使焊枪纵向倾角（沿焊接前进方向）为65°～80°，水平点动机器人至焊接起始点2 2）记录焊接起始点2位姿。按<F1>键，弹出“标准动作”指令选项，选择“L P[ ] 100mm/sec FINE”，移动光标至程序指令第8行“100mm/sec”处，使用数字键输入“400”，按<ENTER>（输入）键确认速度变更 3）插入起弧指令。依次按<NEXT>（翻页）键→<F1>（指令）键，选择弧焊→焊接开始[ ]功能，插入起弧指令“9：Weld Start[. . ,…]”，使用数字键输入焊接工艺库编号“1”、参数表编号“5”，按<ENTER>（输入）键确认	
7. 记录程序点7（焊接结束点2）	1）采用手动方式将机器人移至焊接结束点2。在世界坐标系下水平点动机器人至焊接结束点2 2）记录焊接结束点2。按<F1>键，弹出“标准动作”指令选项，选择“L P[ ] 6mm/sec FINE”，按<ENTER>（输入）键确认 3）插入收弧指令。依次按<NEXT>（翻页）键→<F1>（指令）键，选择弧焊→焊接开始[ ]功能，插入收弧指令“11：Weld End[…,…]”，使用数字键输入焊接工艺库编号“1”、参数表编号“5”，按<ENTER>（输入）键确认	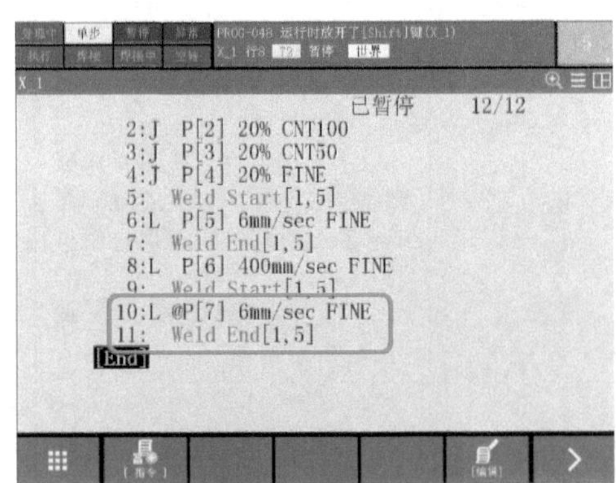 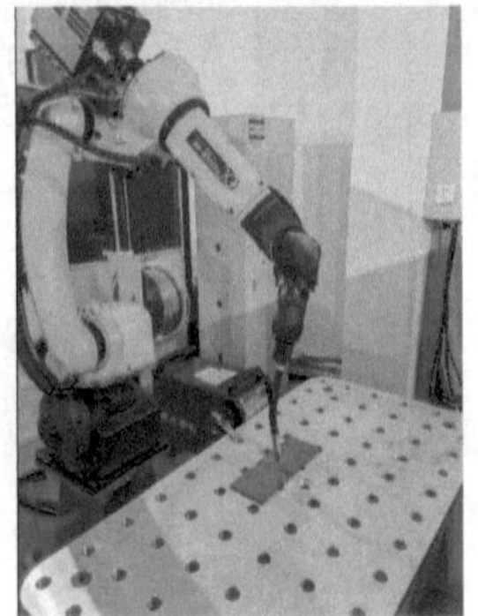

（续）

步骤	操作描述	示意图
8. 记录程序点8（焊接起始点3）	1）采用手动方式将机器人移至焊接起始点3。在世界坐标系下转动 *X*/*Y*/*Z* 轴，使焊枪纵向倾角（沿焊接前进方向）为65°～80°，水平点动机器人至焊接起始点3 2）记录焊接起始点3位姿。按<F1>键，弹出“标准动作”指令选项，选择“L P[ ] 100mm/sec FINE”，移动光标至程序指令第12行“100mm/sec”处，使用数字键输入“400”，按<ENTER>（输入）键确认速度变更 3）插入起弧指令。依次按<NEXT>（翻页）键→<F1>（指令）键，选择弧焊→焊接开始[ ]功能，插入起弧指令“13：Weld Start[. . ,…]”，使用数字键输入焊接工艺库编号“1”、参数表编号“5”，按<ENTER>（输入）键确认	
9. 记录程序点9（焊接结束点3）	1）采用手动方式将机器人移至焊接结束点3。在世界坐标系下水平点动机器人至焊接结束点3 2）记录焊接结束点3。按<F1>键，弹出“标准动作”指令选项，选择“L P[ ] 6mm/sec FINE”，按<ENTER>（输入）键确认 3）插入收弧指令。依次按<NEXT>（翻页）键→<F1>（指令）键，选择弧焊→焊接开始[ ]功能，插入收弧指令“15：Weld End[…,…]”，使用数字键输入焊接工艺库编号“1”、参数表编号“5”，按<ENTER>（输入）键确认	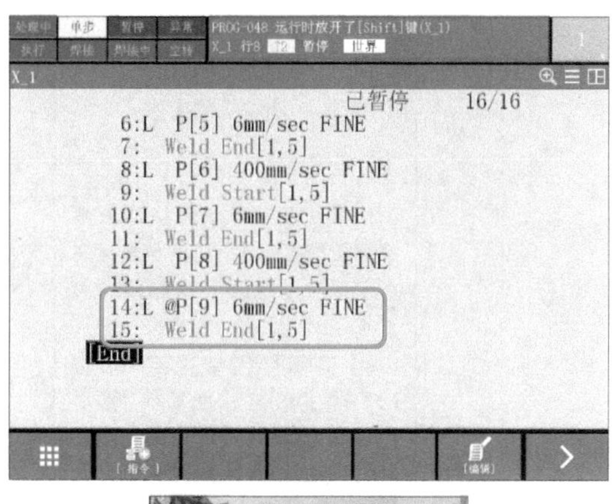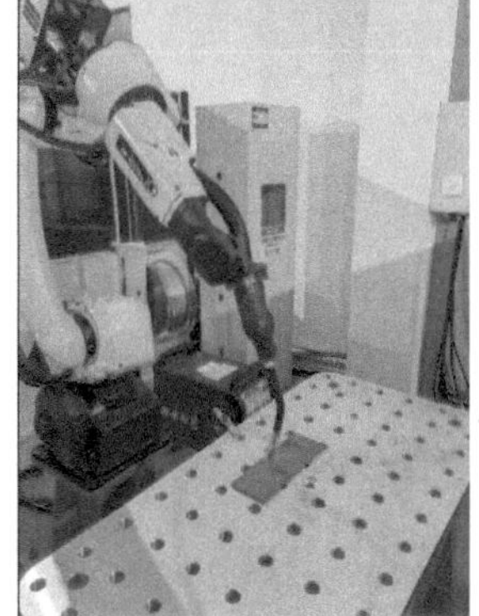

（续）

步骤	操作描述	示意图
10. 记录程序点 10（焊接起始点 4）	1）采用手动方式将机器人移至焊接起始点 4。在世界坐标系下转动 *X/Y/Z* 轴，使焊枪纵向倾角（沿焊接前进方向）为 65°~80°，水平点动机器人至焊接起始点 4 2）记录焊接起始点 4 位姿。按<F1>键，弹出“标准动作”指令选项，选择“L P[ ] 100mm/sec FINE”，移动光标至程序指令第 16 行“100mm/sec”处，使用数字键输入“400”，按<ENTER>（输入）键确认速度变更 3）插入起弧指令。依次按<NEXT>（翻页）键→<F1>（指令）键，选择弧焊→焊接开始[ ]功能，插入起弧指令“17：Weld Start[．…，…]”，使用数字键输入焊接工艺库编号“1”、参数表编号“5”，按<ENTER>（输入）键确认	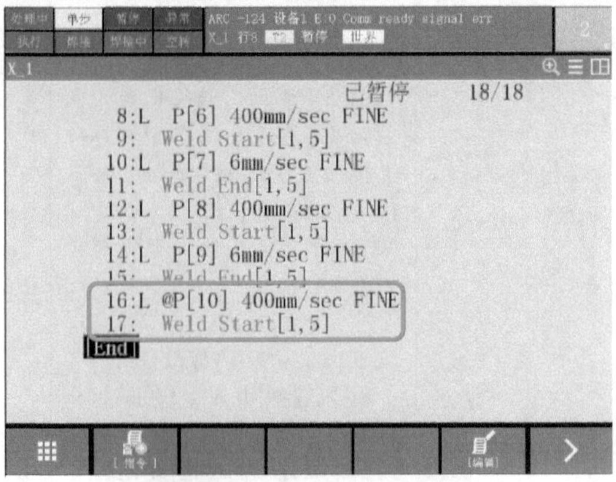 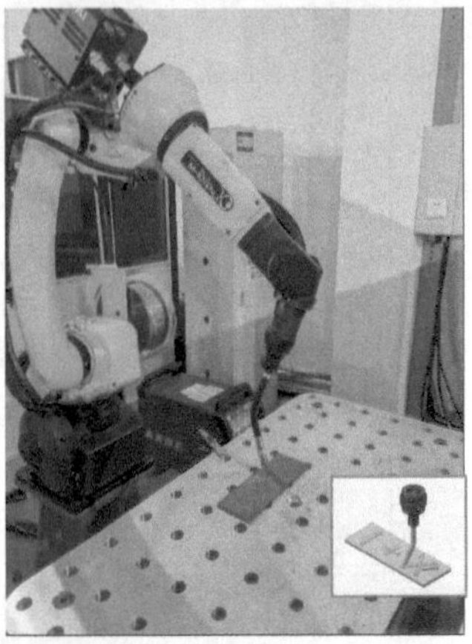 已暂停 18/18 8:L P[6] 400mm/sec FINE 9: Weld Start[1,5] 10:L P[7] 6mm/sec FINE 11: Weld End[1,5] 12:L P[8] 400mm/sec FINE 13: Weld Start[1,5] 14:L P[9] 6mm/sec FINE 15: Weld End[1,5] 16:L @P[10] 400mm/sec FINE 17: Weld Start[1,5] [End]
11. 记录程序点 11（焊接结束点 4）	1）采用手动方式将机器人移至焊接结束点 4。在世界坐标系下水平点动机器人至焊接结束点 4 2）记录焊接结束点 4。按<F1>键，弹出“标准动作”指令选项，选择“L P[ ] 6mm/sec FINE”，按<ENTER>（输入）键确认 3）插入收弧指令。依次按<NEXT>（翻页）键→<F1>（指令）键，选择弧焊→焊接开始[ ]功能，插入收弧指令“19：Weld End[…，…]”，使用数字键输入焊接工艺库编号“1”、参数表编号“5”，按<ENTER>（输入）键确认	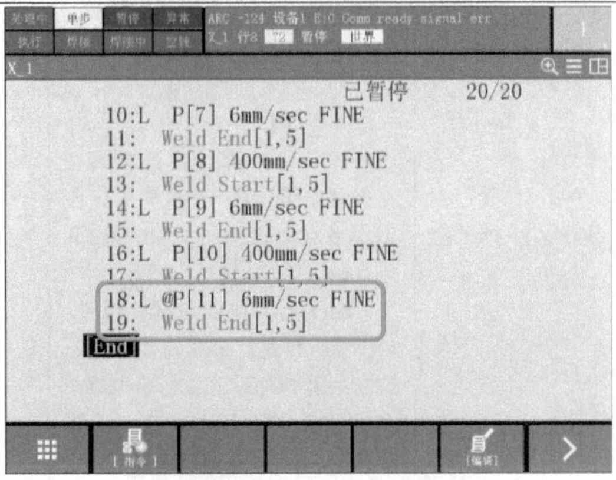 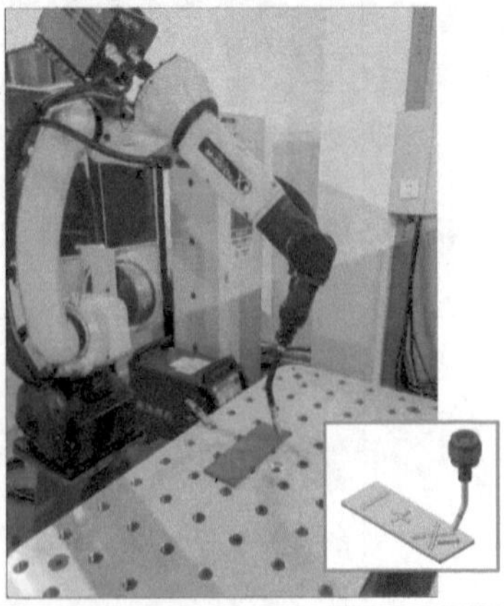 已暂停 20/20 10:L P[7] 6mm/sec FINE 11: Weld End[1,5] 12:L P[8] 400mm/sec FINE 13: Weld Start[1,5] 14:L P[9] 6mm/sec FINE 15: Weld End[1,5] 16:L P[10] 400mm/sec FINE 17: Weld Start[1,5] 18:L @P[11] 6mm/sec FINE 19: Weld End[1,5] [End]

（续）

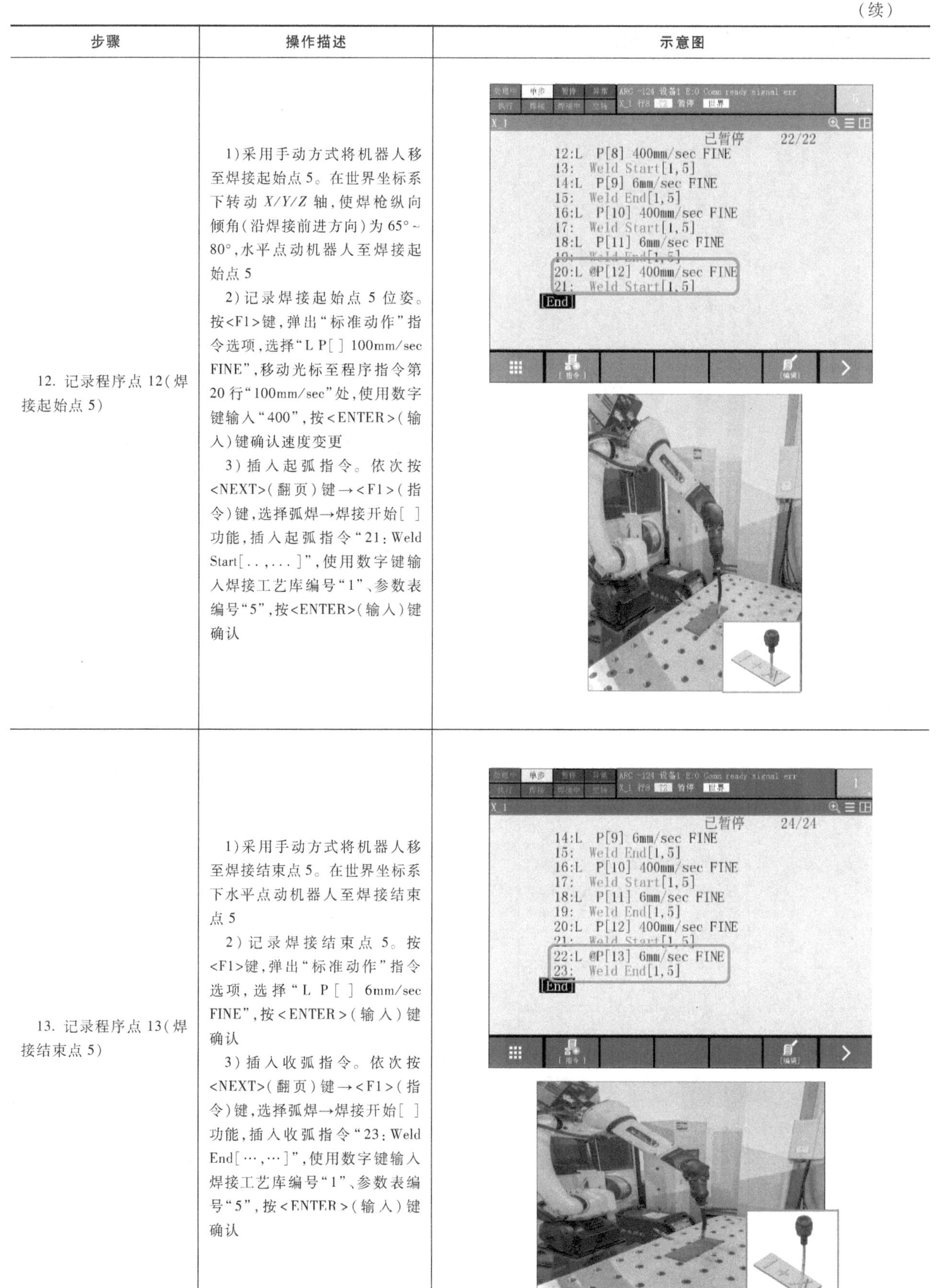

步骤	操作描述	示意图
12. 记录程序点 12（焊接起始点 5）	1）采用手动方式将机器人移至焊接起始点 5。在世界坐标系下转动 *X/Y/Z* 轴，使焊枪纵向倾角（沿焊接前进方向）为 65°～80°，水平点动机器人至焊接起始点 5 2）记录焊接起始点 5 位姿。按<F1>键，弹出“标准动作”指令选项，选择“L P[ ] 100mm/sec FINE”，移动光标至程序指令第 20 行“100mm/sec”处，使用数字键输入“400”，按<ENTER>（输入）键确认速度变更 3）插入起弧指令。依次按<NEXT>（翻页）键→<F1>（指令）键，选择弧焊→焊接开始[ ]功能，插入起弧指令“21：Weld Start[..,...]”，使用数字键输入焊接工艺库编号“1”、参数表编号“5”，按<ENTER>（输入）键确认	
13. 记录程序点 13（焊接结束点 5）	1）采用手动方式将机器人移至焊接结束点 5。在世界坐标系下水平点动机器人至焊接结束点 5 2）记录焊接结束点 5。按<F1>键，弹出“标准动作”指令选项，选择“L P[ ] 6mm/sec FINE”，按<ENTER>（输入）键确认 3）插入收弧指令。依次按<NEXT>（翻页）键→<F1>（指令）键，选择弧焊→焊接开始[ ]功能，插入收弧指令“23：Weld End[…,…]”，使用数字键输入焊接工艺库编号“1”、参数表编号“5”，按<ENTER>（输入）键确认	

（续）

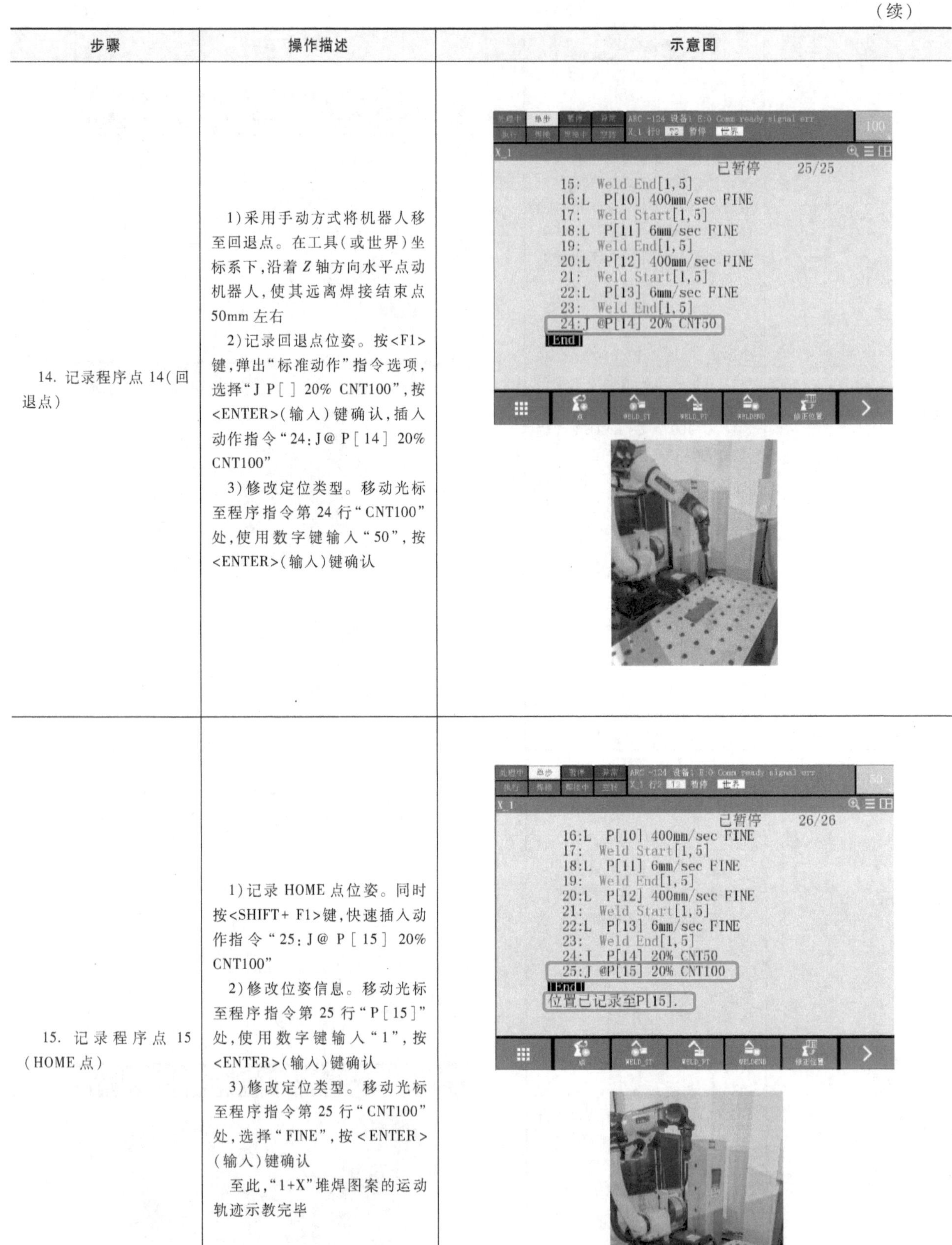

步骤	操作描述	示意图
14. 记录程序点 14（回退点）	1）采用手动方式将机器人移至回退点。在工具（或世界）坐标系下，沿着 *Z* 轴方向水平点动机器人，使其远离焊接结束点 50mm 左右 2）记录回退点位姿。按<F1>键，弹出“标准动作”指令选项，选择“J P[ ] 20% CNT100”，按<ENTER>（输入）键确认，插入动作指令“24：J@ P［14］ 20% CNT100” 3）修改定位类型。移动光标至程序指令第 24 行“CNT100”处，使用数字键输入“50”，按<ENTER>（输入）键确认	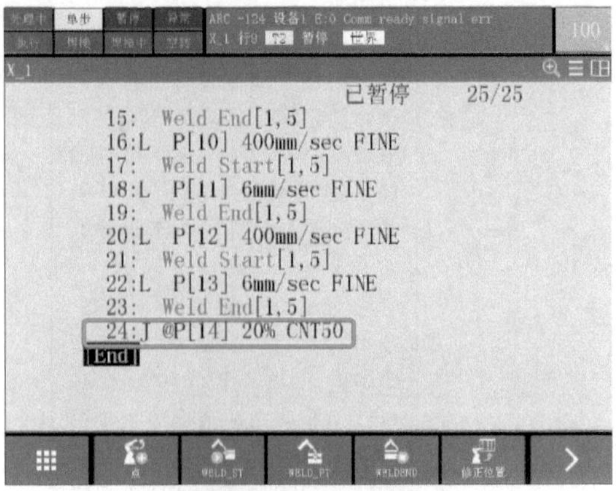 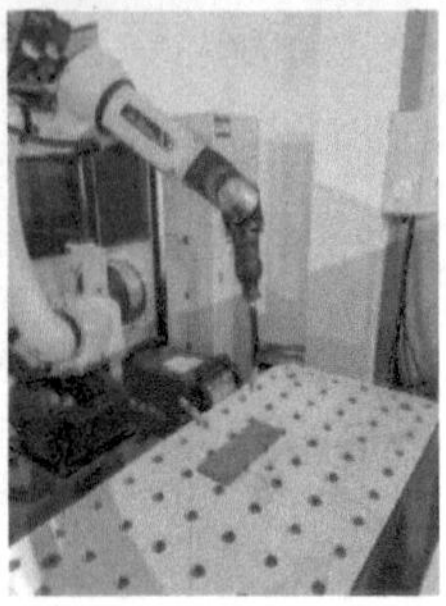
15. 记录程序点 15（HOME 点）	1）记录 HOME 点位姿。同时按<SHIFT+ F1>键，快速插入动作指令“25：J@ P［15］ 20% CNT100” 2）修改位姿信息。移动光标至程序指令第 25 行“P［15］”处，使用数字键输入“1”，按<ENTER>（输入）键确认 3）修改定位类型。移动光标至程序指令第 25 行“CNT100”处，选择“FINE”，按<ENTER>（输入）键确认 至此，“1+X”堆焊图案的运动轨迹示教完毕	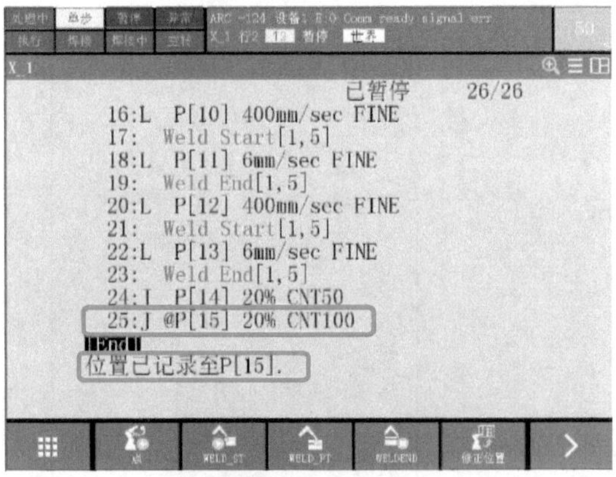 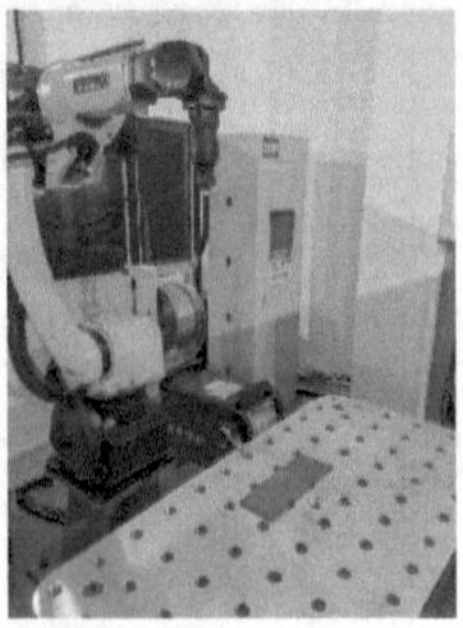

（3）测试任务程序　遵循程序员安全操作规程，依次在低速（倍率为5%～10%）、中速（倍率为30%～50%）和高速（倍率为80%～100%）下执行任务程序至少一个循环。确认程序执行无误后，方可自动运转任务程序。测试任务程序的步骤见表4-18。

表4-18　任务程序测试步骤（FANUC）

步骤	操作描述	示意图
1. 低速单步执行至少一个循环	1)在满足点动机器人条件下，按<STEP>(断续)键，开启单步(断续)运转模式 2)按倍率键，调整速度倍率为5%～10% 3)同时按<SHIFT+FWD>键，正向单步执行任务程序	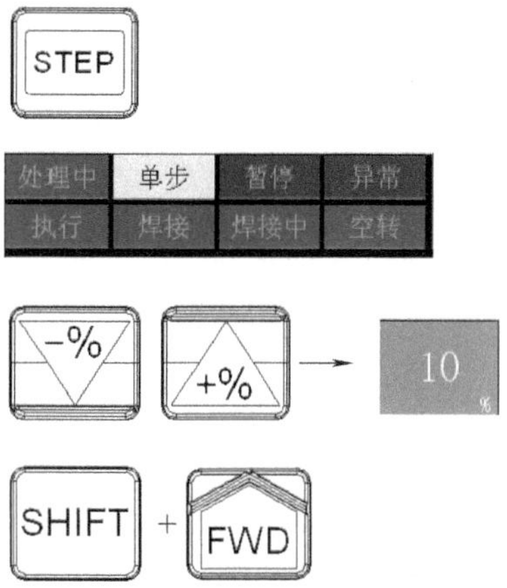
2. 低速连续执行至少一个循环	1)在满足点动机器人条件下，按<STEP>(断续)键，开启连续运转模式 2)按倍率键，调整速度倍率为5%～10% 3)同时按<SHIFT+FWD>键，连续执行任务程序	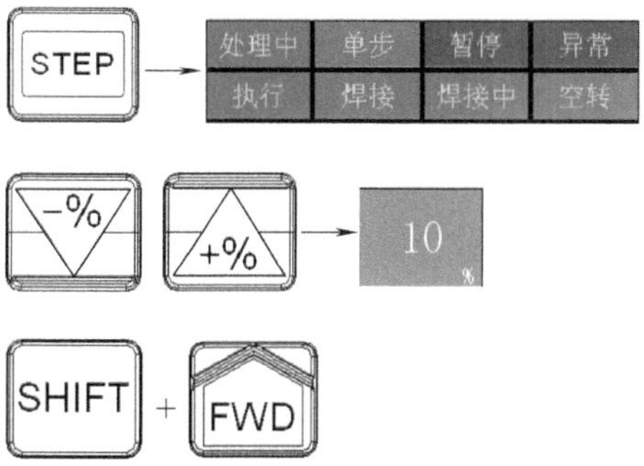
3. 中速连续执行至少一个循环	1)在满足点动机器人条件下，按<STEP>(断续)键，开启连续运转模式 2)按倍率键，调整速度倍率为30%～50% 3)同时按<SHIFT+FWD>键，连续执行任务程序	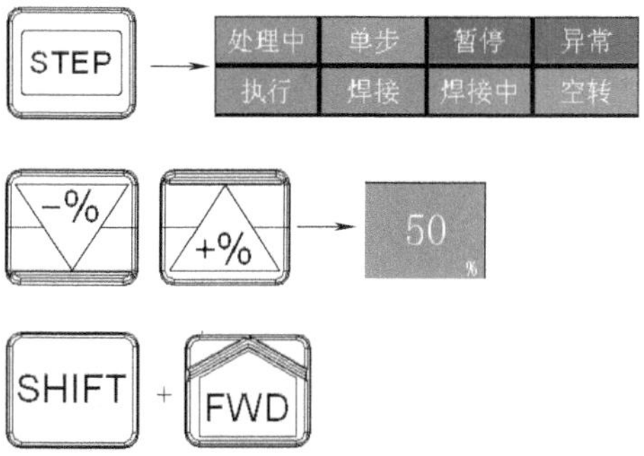
4. 高速连续执行至少一个循环	1)在满足点动机器人条件下，按<STEP>(断续)键，开启连续运转模式 2)按倍率键，调整速度倍率为80%～100% 3)同时按<SHIFT+FWD>键，连续执行任务程序	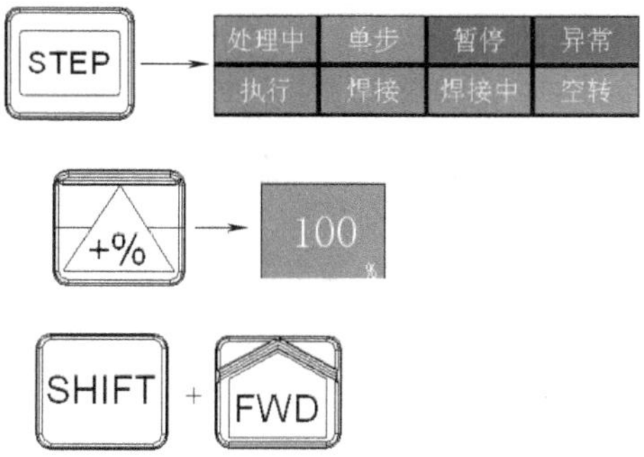

（续）

步骤	操作描述	示意图
5. 自动运转任务程序	1）中止执行中的程序。按<FCTN>（辅助）键，选择“中止程序”辅助菜单选项 2）打开 RSR0001 主程序，调用 X_1 任务程序。按<SELECT>（一览）键，进入程序一览界面，选择并打开 RSR0001 程序，将光标移至 CALL 指令，按<F4>（选择）键变更调用任务程序文件 3）调整速度倍率为 100% 4）将机器人控制柜模式旋钮置于“ON”位置 5）机器人示教器有效/无效开关置于“OFF”位置 6）关闭安全门，插上安全插销，消除所有报警信息 7）按下外部启动按钮	

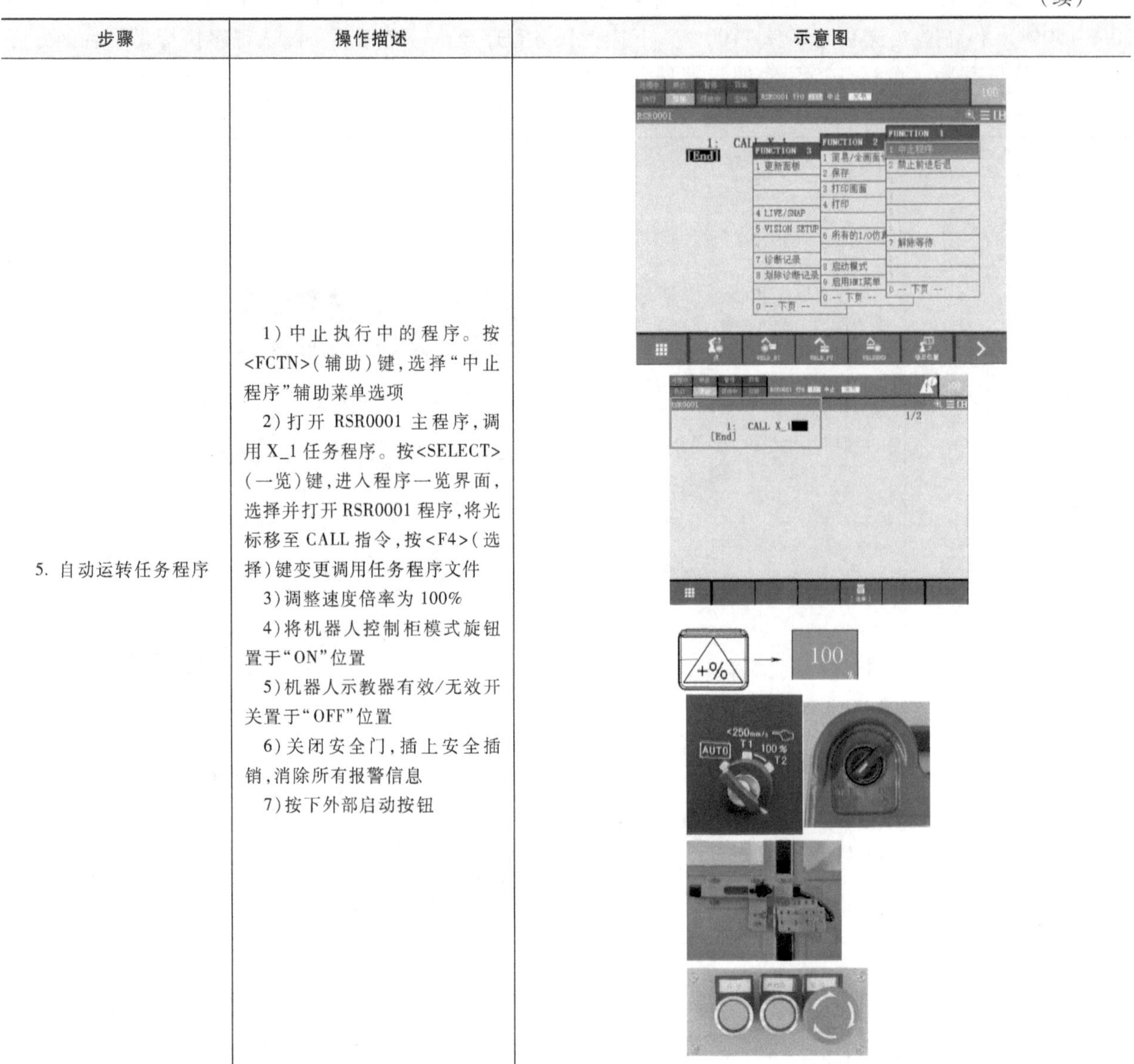

（4）起弧焊接　执行完任务程序自动运转测试之后，确保焊件装夹和焊接地线连接牢固，按<SHIFT+WELD ENB>键，启用焊接起弧，调整速度倍率为 100%，执行堆焊任务，如图 4-15 所示。

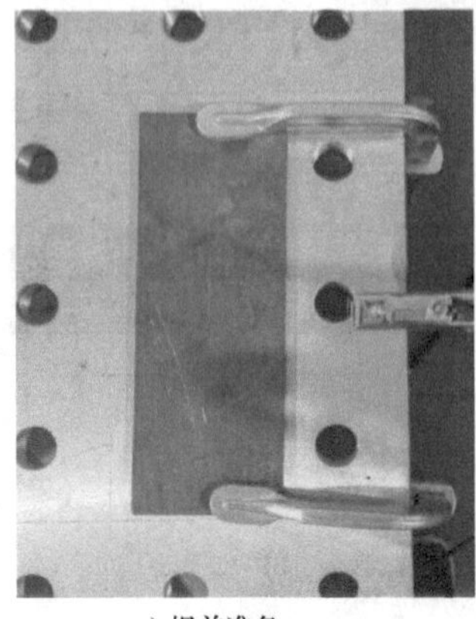
a) 焊前准备

b) 焊接过程

c) 堆焊效果

图 4-15　执行机器人堆焊任务（FANUC）

2. EFORT焊接机器人编程与焊接操作

（1）创建任务程序　使用示教器创建一个程序名为“MOKE_X_1”的任务程序，包括进入程序一览界面、输入任务程序名称和进入程序编辑界面三个步骤，具体操作见表4-19。

表4-19　创建任务程序（EFORT）

步骤	操作描述	示意图
1. 新建文件	登录系统，选择“文件”→“新建”→“文件”选项，新建RPL文件	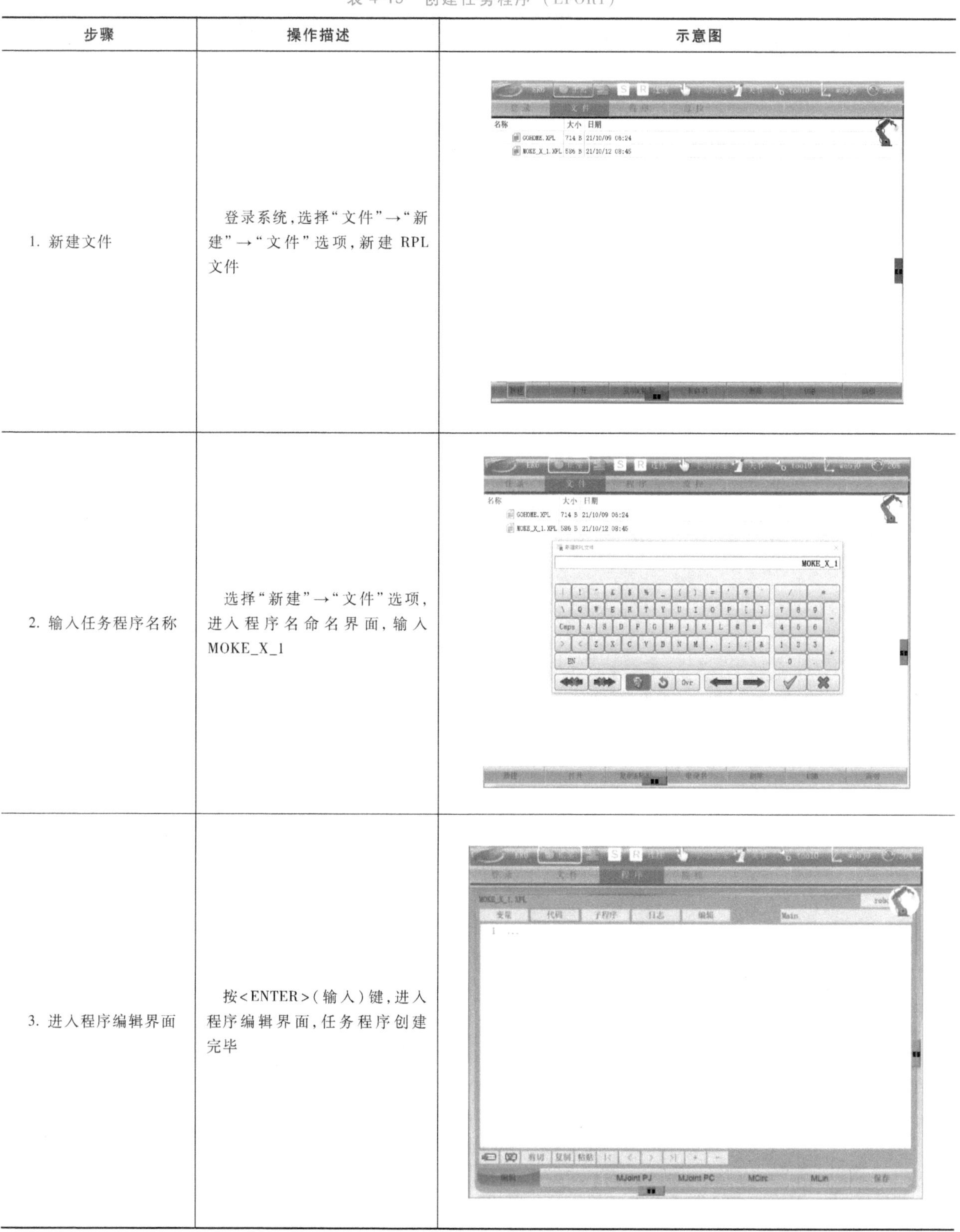
2. 输入任务程序名称	选择“新建”→“文件”选项，进入程序名命名界面，输入MOKE_X_1	
3. 进入程序编辑界面	按<ENTER>（输入）键，进入程序编辑界面，任务程序创建完毕	

（2）编辑任务程序　操作步骤见表4-20。

表 4-20　编辑任务程序（EFORT）

步骤	操作描述	示意图
1. 插入“变量初始化”指令	1）在编辑界面单击“编辑”按钮，进入程序编辑界面 2）单击“CALL”调用子程序，单击图标 ，进入程序选择界面 3）单击程序编辑区，弹出子程序选择界面 4）单击“arcweld”左侧图标›，在展开的指令中选择“arcweld.ResetVar”指令，单击右下角图标 ，选择调用 5）完成调用后单击“确认”按钮，完成指令插入	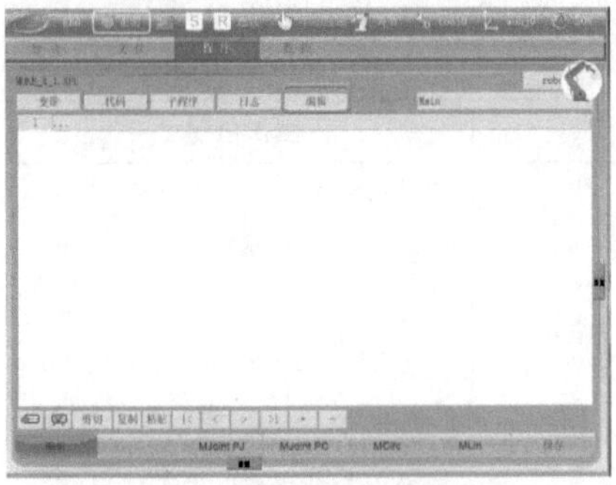 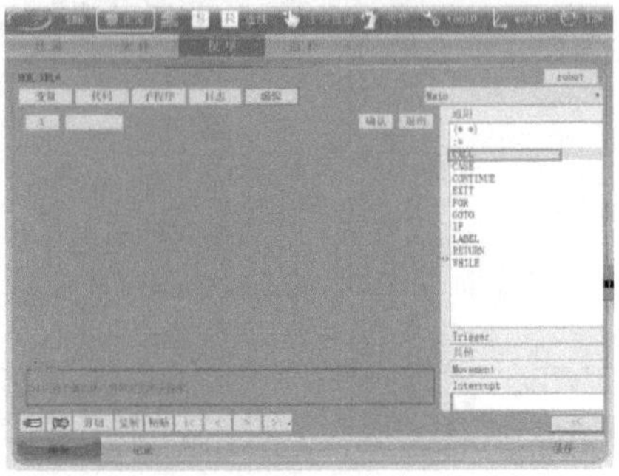 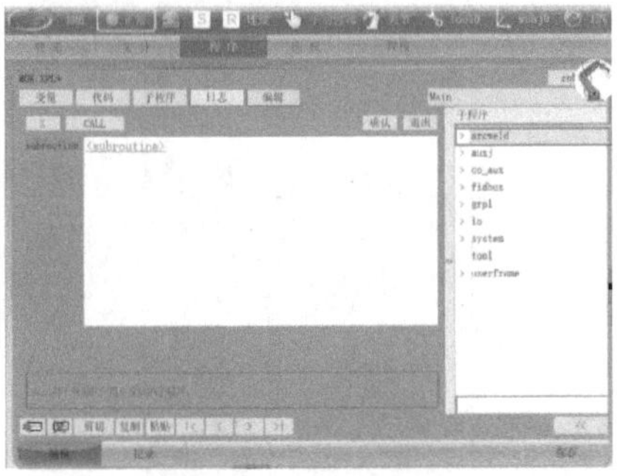 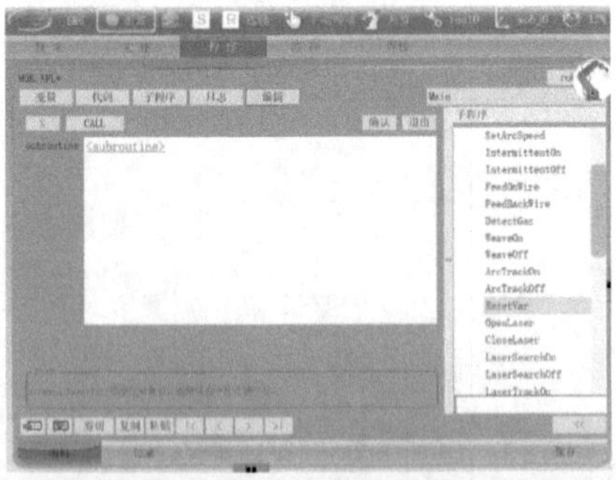 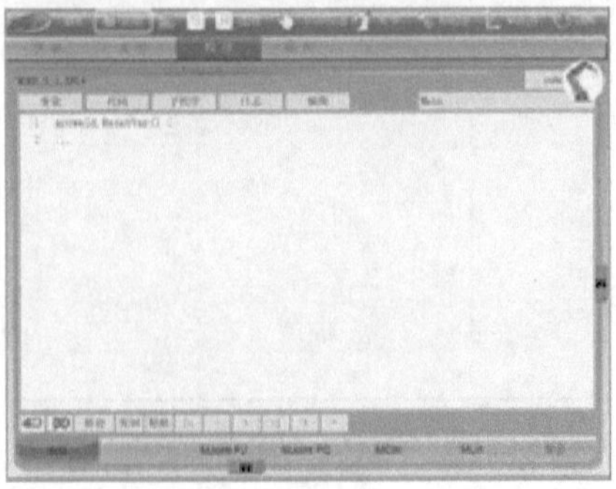

（续）

步骤	操作描述	示意图
2. 记录程序点 1（HOME 点）	1）采用手动方式将机器人移至 HOME 点。根据工作站空间及机器人安装方式，合理设置机器人 HOME 点，如 J1 = J2 = J3 = J4 = J6 = 0°、J5 = -90° 2）采用手动方式将机器人移至 HOME 点后，单击屏幕下方编辑菜单"MJonit PJ"按钮，记录当前点	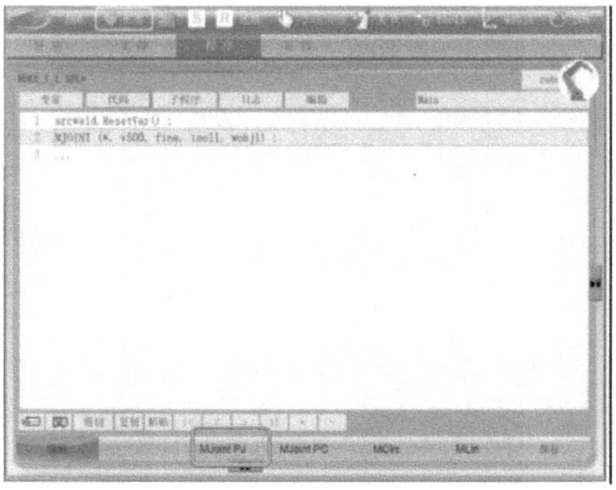
3. 记录程序点 2（过渡点 2）	1）采用手动方式将机器人移至过渡点 2。在机器人坐标系下点动机器人至过渡点 2 2）记录过渡点 2 位姿。单击屏幕下方编辑菜单"MLin"按钮，此时任务程序增加 1 行指令"3 MLIN（ *，v500，fine，tool1，wobj1）；"，此时过渡点 2 位姿已被记录 3）选中程序段，单击编辑区右上角的"编辑"按钮，进入程序编辑界面。通过单击图标 ，调用函数、变量、程序等（参照步骤 1 操作）；在"speed"文本框内设置当前程序指令速度参数；在"zone"文本框内设置平滑过渡参数	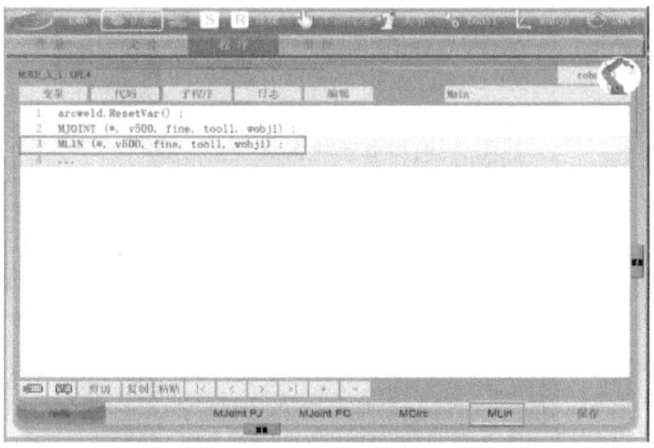 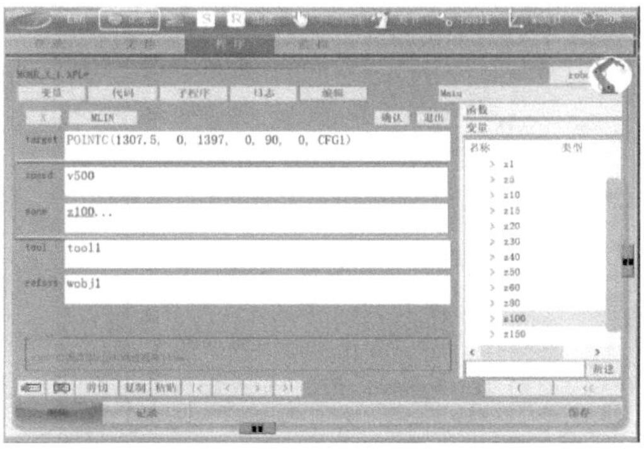
4. 记录程序点 3（临近点）	1）采用手动方式将机器人移至临近点。在机器人坐标系下转动 *Y* 轴，使焊枪纵向倾角（沿焊接前进方向）为 65° ~ 80°，水平点动机器人至临近点 2）记录临近点位姿。单击屏幕下方编辑菜单"MLin"按钮，此时任务程序增加 1 行指令"4 MLIN（ *，v600，z50，tool1，wobj1）；"，过渡点位姿已被记录	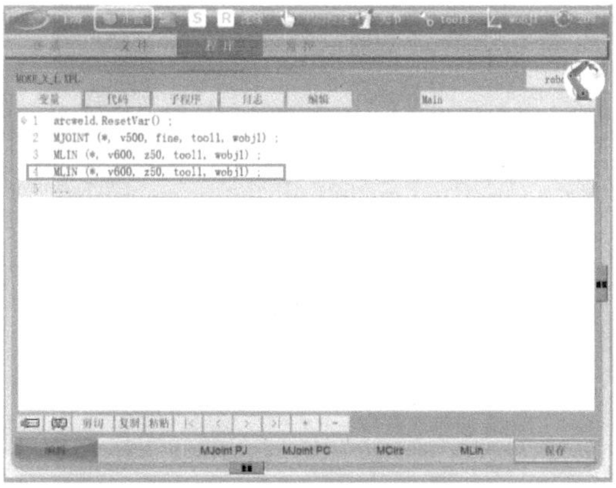

（续）

步骤	操作描述	示意图
5. 记录程序点 4（焊接起始点 1）	1）采用手动方式将机器人移至焊接起始点 1。在机器人坐标系下，水平点动机器人至焊接起始点 1 2）记录焊接起始点 1 位姿。单击屏幕下方编辑菜单“MLin”按钮，此时任务程序增加 1 行指令“5 MLIN(＊,v600,z50,tool1,wobj1)；”，选中程序段，将速度改为“v200”；将“zone”文本框中的值改为“fine”，此时起弧点位姿已被记录 3）插入起弧指令。依次单击编辑区右上角的“编辑”→“CALL”→“<<”→“arcweld”→“arcweld .ArcOn”按钮，调用起弧指令 4）单击“fileNum”按钮，选择右下角的“值”，弹出数字键盘，输入“1”，调用 1 号焊接参数文件；单击确认按钮，完成起弧指令的调用	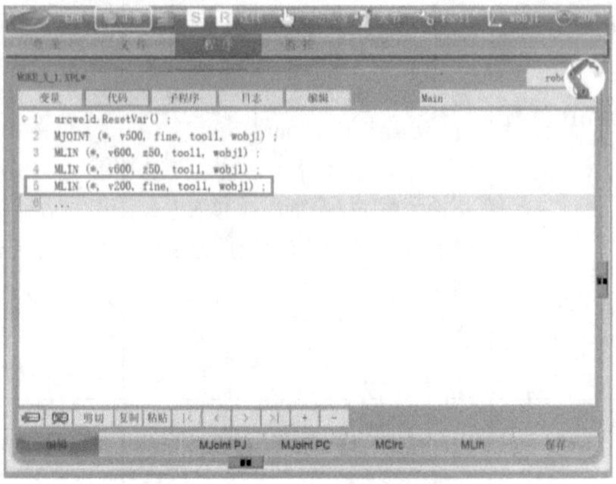 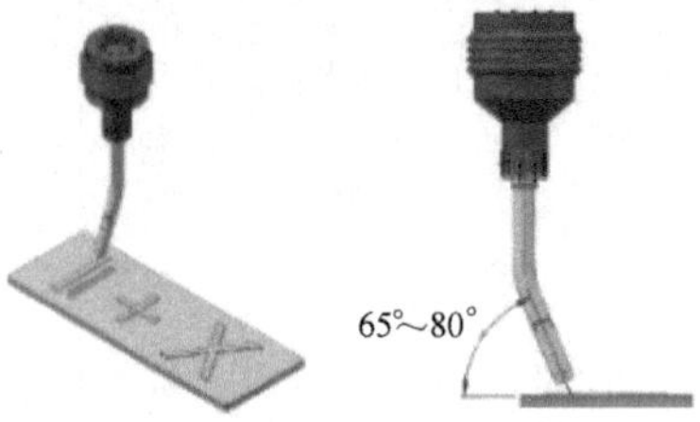 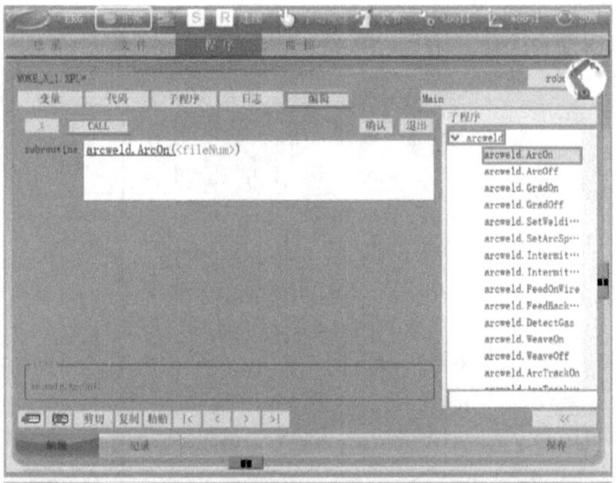 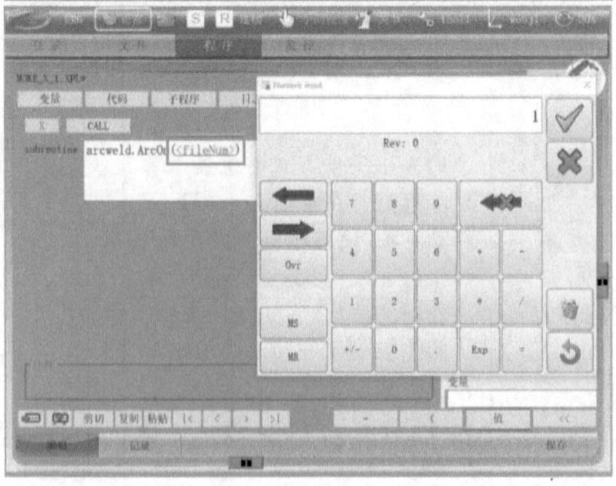 65°～80°

（续）

步骤	操作描述	示意图
6. 记录程序点 5（焊接结束点 1）	1）采用手动方式将机器人移至焊接结束点 1。在机器人坐标系下水平点动机器人至焊接结束点 1 2）记录焊接结束点 1 位姿。单击屏幕下方编辑菜单“MLin”按钮，此时任务程序增加 1 行指令“7 MLIN（＊，v200，fine，tool1，wobj1）；”，选中程序段，将速度改为焊接系统速度，选中程序段，依次单击“编辑”→“speed”→“arcweld Speed”按钮；将 zone 值改为“fine”，此时熄弧点位姿已被记录 3）插入收弧指令。依次单击编辑区右上角的“编辑”→“CALL”→“<<”→“arcweld”→“arcweld .Arcoff”→“确认”按钮，调用熄弧指令	
7. 记录程序点 6（焊接起始点 2）	1）采用手动方式将机器人移至焊接起始点 2。在机器人坐标系下转动 *X/Y/Z* 轴，使焊枪纵向倾角（沿焊接前进方向）为 65°~80°，水平点动机器人至焊接起始点 2 2）记录焊接起始点 2 位姿。单击屏幕下方编辑菜单“MLin”按钮，此时任务程序增加 1 行指令“9 MLIN（＊，v200，fine，tool1，wobj1）；”，选中程序段，将速度改为机器人系统速度，选中程序段，依次单击“编辑”→“speed”→“system”→“v200”按钮，此时起弧点位姿已被记录 3）插入起弧指令。依次单击编辑区右上角的“编辑”→“CALL”→“<<”→“arcweld”→“arcweld .Arcon”按钮，调用起弧指令 4）单击“fileNum”按钮，选择右下角的“值”，弹出数字键盘，输入“1”，调用 1 号焊接参数文件；单击确认按钮，完成起弧指令的调用	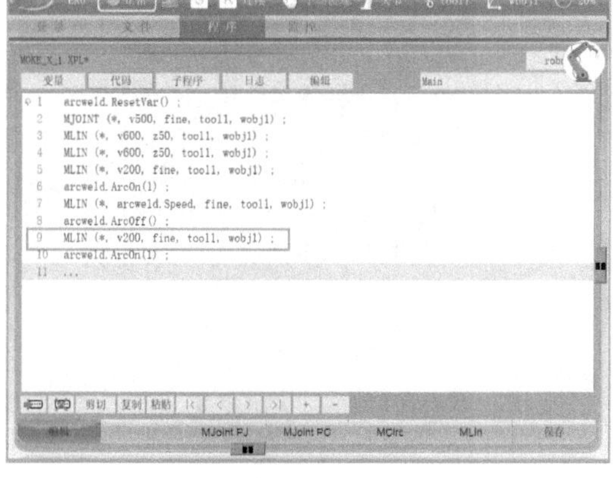 

（续）

步骤	操作描述	示意图
8. 记录程序点 7（焊接结束点 2）	1）采用手动方式将机器人移至焊接结束点 2。在机器人坐标系下水平点动机器人至焊接结束点 2 2）记录焊接结束点 2 位姿。单击屏幕下方编辑菜单“MLin”按钮，此时任务程序增加 1 行指令“11 MLIN（ *，v200，fine，tool1，wobj1）;”，选中程序段，将速度改为焊接系统速度，选中程序段，依次单击“编辑”→“speed”→“arcweld Speed”按钮；此时熄弧点位姿已被记录 3）插入收弧指令	
9. 记录程序点 8（焊接起始点 3）	1）采用手动方式将机器人移至焊接起始点 3。在机器人坐标系下转动 *X/Y/Z* 轴，使焊枪纵向倾角（沿焊接前进方向）为 65°～80°，水平点动机器人至焊接起始点 3 2）记录焊接起始点 3 位姿。单击屏幕下方编辑菜单“MLin”按钮，此时任务程序增加 1 行指令“13 MLIN（ *，v200，fine，tool1，wobj1）;”，选中程序段，将速度改为机器人系统速度，选中程序段，依次单击“编辑”→“speed”→“system”→“v200”按钮，此时起弧点位姿已被记录 3）插入起弧指令。依次单击编辑区右上角的“编辑”→“CALL”→“<<”→“arcweld”→“arcweld .Arcon”按钮，调用起弧指令 4）单击“fileNum”按钮，选择右下角的“值”，弹出数字键盘，输入“1”，调用 1 号焊接参数文件；单击确认按钮，完成起弧指令的调用	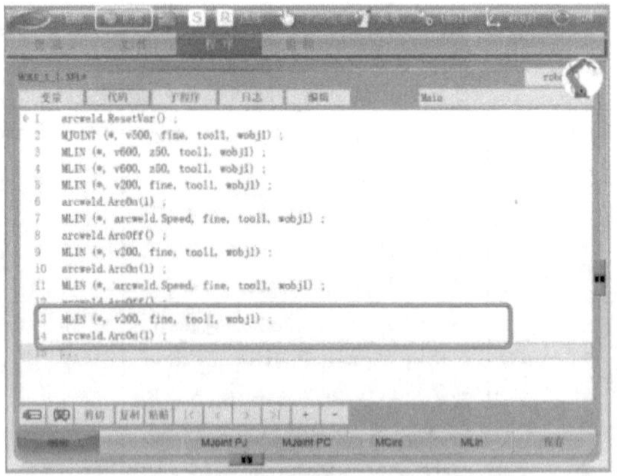 

（续）

步骤	操作描述	示意图
10. 记录程序点9（焊接结束点3）	1）采用手动方式将机器人移至焊接结束点3。在机器人坐标系下水平点动机器人至焊接结束点3 2）记录焊接结束点3位姿。单击屏幕下方编辑菜单“MLin”按钮，此时任务程序增加1行指令“15 MLIN（＊，v200，fine，tool1，wobj1）；”，选中程序段，将速度改为焊接系统速度，选中程序段，依次单击“编辑”→“speed”→“arcweld Speed”按钮，此时熄弧点位姿已被记录 3）插入收弧指令	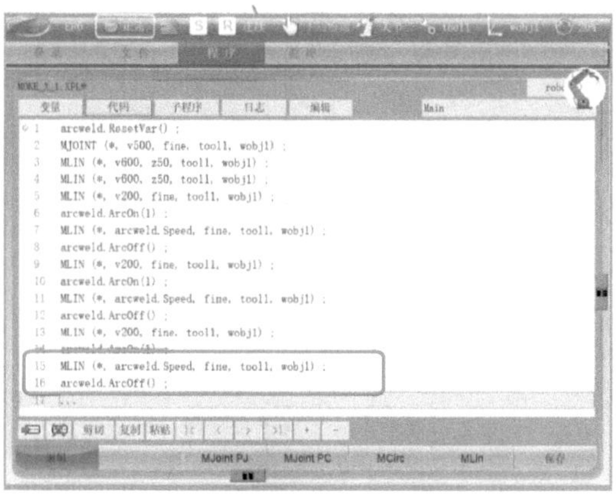 
11. 记录程序点10（焊接起始点4）	1）采用手动方式将机器人移至焊接起始点4。在机器人坐标系下转动$X/Y/Z$轴，使焊枪纵向倾角（沿焊接前进方向）为65°～80°，水平点动机器人至焊接起始点4 2）记录焊接起始点4位姿。单击屏幕下方编辑菜单“MLin”按钮，此时任务程序增加1行指令“17 MLIN（＊，v200，fine，tool1，wobj1）；”，选中程序段，将速度改为机器人系统速度，选中程序段，依次单击“编辑”→“speed”→“system”→“v200”按钮，此时起弧点位姿已被记录 3）插入起弧指令。依次单击编辑区右上角的“编辑”→“CALL”→“<<”→“arcweld”→“arcweld．Arcon”按钮，调用起弧指令 4）单击“fileNum”按钮，选择右下角的“值”，弹出数字键盘，输入“1”，调用1号焊接参数文件；单击确认按钮，完成起弧指令的调用	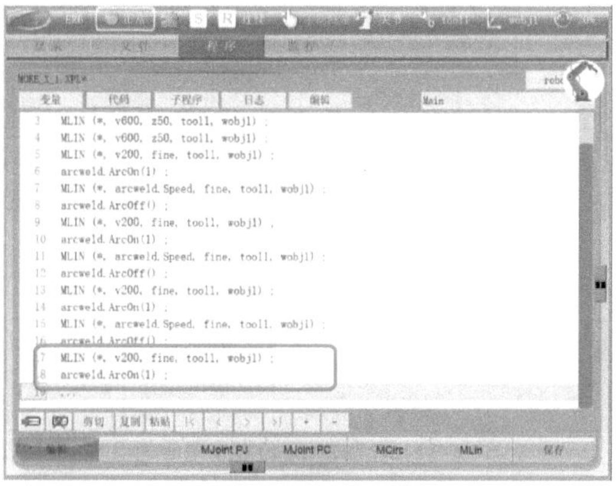 

（续）

步骤	操作描述	示意图
12. 记录程序点11(焊接结束点4)	1)采用手动方式将机器人移至焊接结束点4。在机器人坐标系下水平点动机器人至焊接结束点4 2)记录焊接结束点4位姿。单击屏幕下方编辑菜单"MLin"按钮,此时任务程序增加1行指令"19 MLIN(＊,v200,fine,tool1,wobj1);",选中程序段,将速度改为焊接系统速度,选中程序段,依次单击"编辑"→"speed"→"arcweld Speed"按钮,此时熄弧点位姿已被记录 3)插入收弧指令	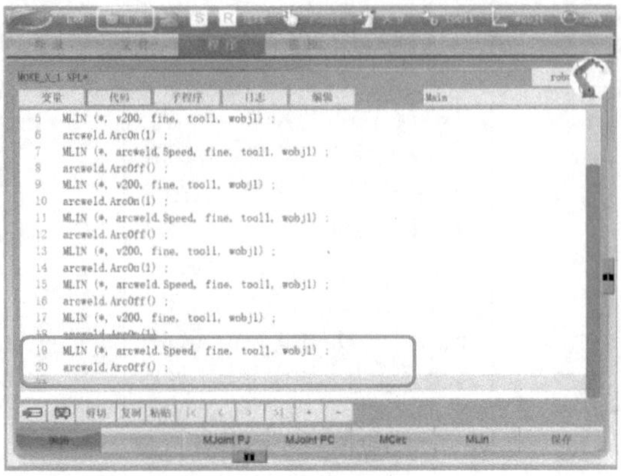 
13. 记录程序点12(焊接起始点5)	1)采用手动方式将机器人移至焊接起始点5。在机器人坐标系下转动 *X*/*Y*/*Z* 轴,使焊枪纵向倾角(沿焊接前进方向)为65°~80°,水平点动机器人至焊接起始点5 2)记录焊接起始点5位姿。单击屏幕下方编辑菜单"MLin"按钮,此时任务程序增加1行指令"21 MLIN(＊,v200,fine,tool1,wobj1);",选中程序段,将速度改为机器人系统速度,选中程序段,依次单击"编辑"→"speed"→"system"→"v200"按钮此时起弧点位姿已被记录 3)插入起弧指令。依次单击编辑区右上角的"编辑"→"CALL"→"<<"→"arcweld"→"arcweld . Arcon"按钮,调用起弧指令 4)单击"fileNum"按钮,选择右下角的"值",弹出数字键盘,输入"1",调用1号焊接参数文件;单击确认按钮,完成起弧指令的调用	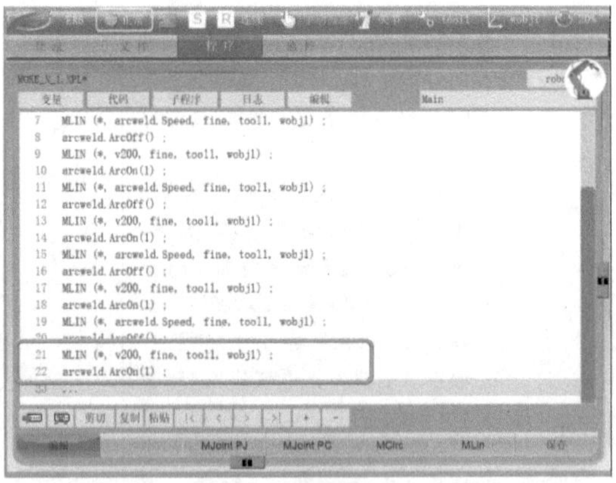 

（续）

步骤	操作描述	示意图
14. 记录程序点13（焊接结束点5）	1）采用手动方式将机器人移至焊接结束点5。在机器人坐标系下，水平点动机器人至焊接结束点5 2）记录焊接结束点5位姿。单击屏幕下方编辑菜单“MLin”按钮，此时任务程序增加1行指令“23 MLIN（＊，v200，fine，tool1，wobj1）；”，选中程序段，将速度改为焊接系统速度，选中程序段，依次单击“编辑”→“speed”→“arcweld Speed”按钮，此时熄弧点位姿已被记录 3）插入收弧指令	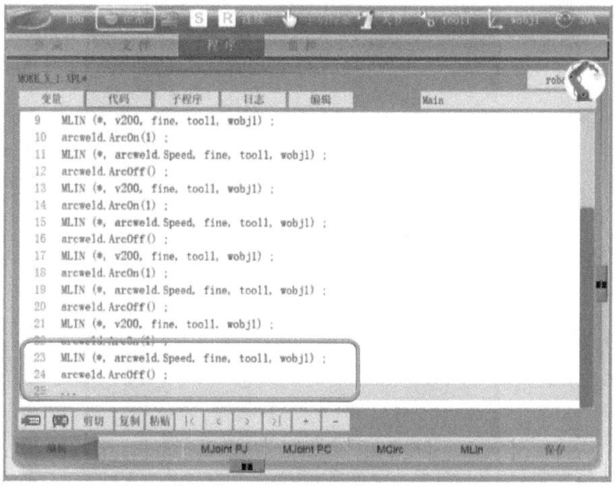 
15. 记录程序点14（回退点）	1）采用手动方式将机器人移至回退点。在工具（或世界）坐标系下，沿着Z轴方向水平点动机器人，使其远离焊接结束点50mm左右 2）记录回退点位姿。单击屏幕下方编辑菜单“MLin”按钮，此时任务程序增加1行指令“25 MLIN（＊，v200，fine，tool1，wobj1）；”，选中程序段，将速度改为机器人系统速度，选中程序段，依次单击“编辑”→“speed”→“system”→“v200”按钮，此时回退点位姿已被记录	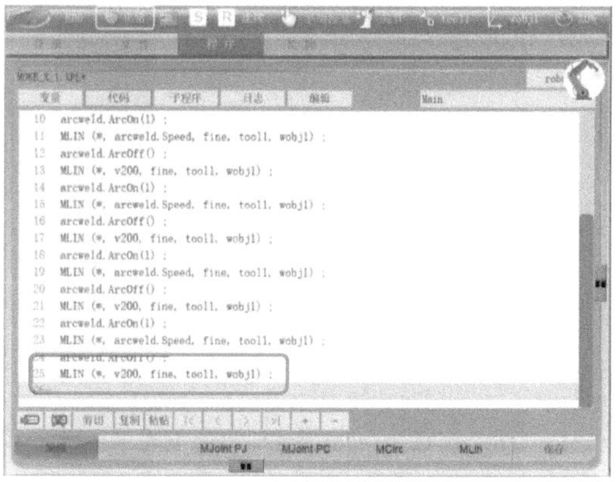
16. 记录程序点15（HOME点）	1）记录HOME点位姿。单击屏幕下方编辑菜单“MLin”按钮，此时任务程序增加1行指令“26 MLIN（＊，v200，fine，tool1，wobj1）；”，选中程序段，将速度改为机器人系统速度，选中程序段，依次单击“编辑”→“speed”→“system”→“v200”按钮；将“zone”文本框中的值改为“z50”，此时起弧点位姿已被记录 2）单击右下角的“保存”按钮，程序完成保存 至此，1+X堆焊图案的运动轨迹示教完毕	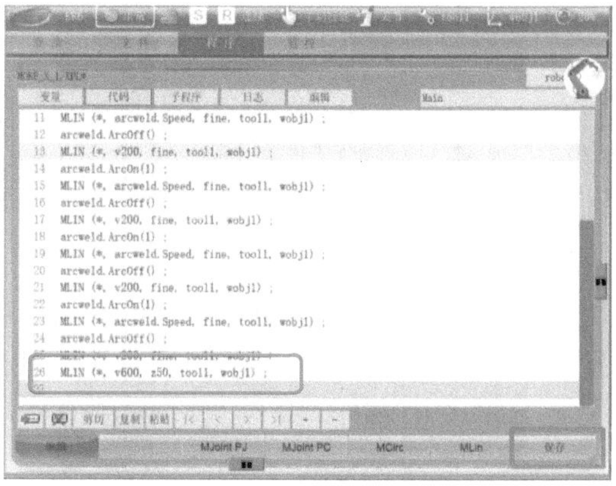

（3）测试任务程序　测试任务程序的步骤见表 4-21。

表 4-21　测试任务程序（EFORT）

步骤	操作描述	示意图
1. 低速单步执行至少一个循环	1）退出编辑界面，单击屏幕下方的“重新开始”按钮；在满足点动机器人条件下，单击显示屏上方状态栏的“连续”按钮，弹出下拉菜单，选择“单步进入”，开启单步（断续）运转模式 2）单击右上角的倍率按钮，调整速度倍率为 5%～10% 3）按示教器侧面的“使能”键，单击“开始”按钮，正向单步执行任务程序 需要注意的是，“SYS”指示灯为绿色时，表示机器人在运行；当前程序语句执行结束后，指示灯变为黄色，再单击“开始”按钮，光标跳至下一行，继续执行	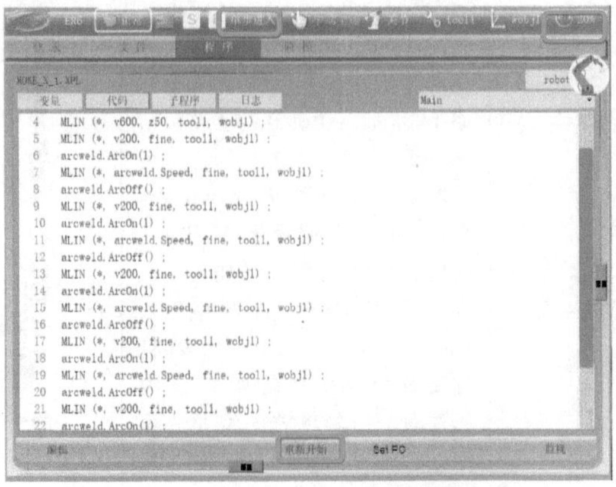 
2. 低速连续执行至少一个循环	1）单击屏幕下方的“重新开始”按钮；在满足点动机器人条件下，单击显示屏上方状态栏的“单步进入”按钮，弹出下拉菜单，选择“连续”，开启连续运转模式 2）单击倍率按钮，调整速度倍率为 5%～10% 3）按示教器侧面的“使能”键，单击“开始”按钮，正向单步执行任务程序 需要注意的是，“SYS”指示灯为绿色时，表示机器人在运行；程序执行结束后，指示灯变为黄色	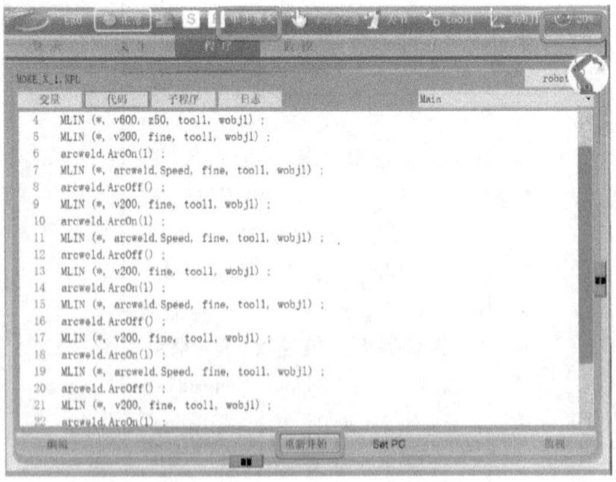

（续）

步骤	操作描述	示意图
3. 中速连续执行至少一个循环	1）单击屏幕下方的“重新开始”按钮；在满足点动机器人条件下，单击显示屏上方状态栏的“单步进入”按钮，弹出下拉菜单，选择“连续”，开启连续运转模式 2）旋转模式选择旋钮至“T2”模式，在弹出的对话框中单击“确定”按钮，单击倍率按钮，调整速度倍率为30%～50% 3）按示教器侧面的“使能”键，单击“开始”按钮，正向连续中速执行任务程序 需要注意的是，“SYS”指示灯为绿色时，表示机器人在运行；程序执行结束后，指示灯变为黄色	 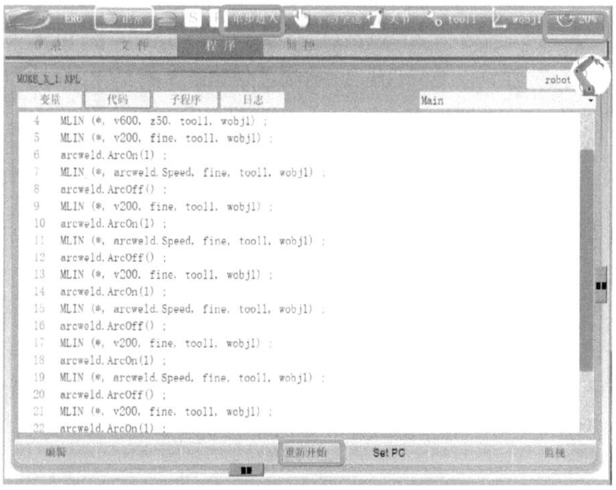
4. 高速连续执行至少一个循环	1）单击屏幕下方的“重新开始”按钮；在满足点动机器人条件下，单击显示屏上方状态栏的“单步进入”按钮，弹出下拉菜单，选择“连续”，开启连续运转模式 2）单击倍率按钮，调整速度倍率为80%～100% 3）按示教器侧面的“使能”键，单击“开始”按钮，正向连续中速执行任务程序 需要注意的是，“SYS”指示灯为绿色时，表示机器人在运行；程序执行结束后，指示灯变为黄色	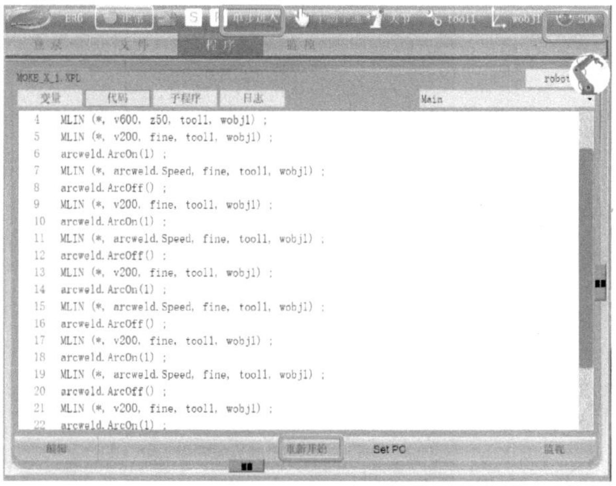

（续）

步骤	操作描述	示意图
5. 自动运转任务程序	1)旋转模式选择旋钮至“AUTO”模式,在弹出的对话框中选择“首行运行” 2)按控制柜伺服确认按钮,按示教器右下方的“PWR”按钮伺服使能 3)调整速度倍率为100% 4)将机器人控制柜模式旋钮置于“ON”位置 5)将机器人示教器有效/无效开关置于“OFF”位置 6)关闭安全门,插上安全插销,消除所有报警信息 7)按外部启动按钮	

（4）起弧焊接　执行完任务程序自动运转测试之后，确认焊件装夹和焊接地线连接牢固后，按悬浮键，启用焊接开关，打开弧焊功能，调整速度倍率为100%，执行堆焊任务，如图4-16所示。

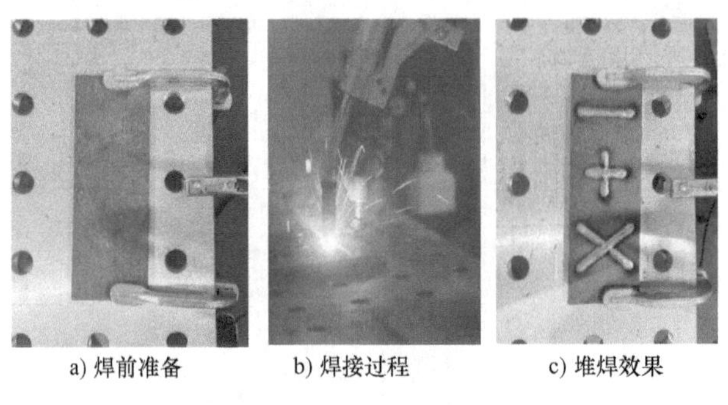

a) 焊前准备　　b) 焊接过程　　c) 堆焊效果

图4-16　执行机器人堆焊任务（EFORT）

任务4.2　中厚板T形接头直线焊缝机器人焊接任务编程

【任务描述】

T形接头是钢结构中常见的一种焊接接头形式，其焊脚尺寸的大小直接关系到结构件的力学性能和使用性能。合理规划焊枪姿态和优化工艺参数是获得理想的T形接头角焊缝焊脚尺寸的关键因素。

本任务通过完成厚度为10mm的碳钢板T形接头角焊缝机器人任务编程（图4-17，焊脚尺寸要求为6mm），掌握直线焊缝机器人任务编程与调试的主要内容与方法。

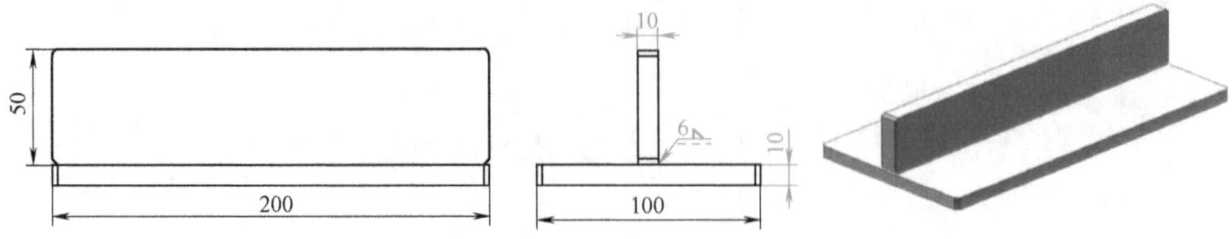

图4-17　厚度为10mm的碳钢板T形接头角焊缝任务要求

【知识准备】

4.2.1　直线焊缝轨迹示教

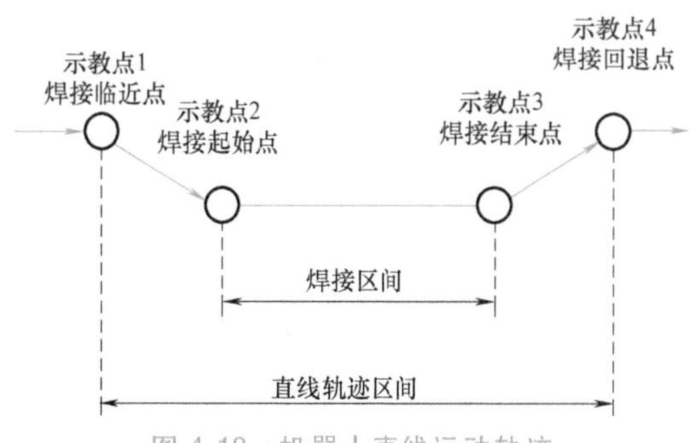

图 4-18　机器人直线运动轨迹

直线焊缝是对接、角接、搭接等典型接头的主要焊缝形式之一。机器人完成直线焊缝的焊接仅需示教两个目标位置点（直线的两端点），并且直线的末端定位采用“精确定位（FINE）”。以图 4-18 所示的机器人直线运动轨迹为例，示教点 1 到 4 的移动均为线性运动。其中，示教点 2→示教点 3 为焊接（作业）区间。

机器人直线运动轨迹（T 形接头）的示教要领见表 4-22。

表 4-22　机器人直线运动轨迹（T 形接头）的示教要领

目标位置	示教要领	工具姿态示意图
示教点 1（焊接临近点）	1）点动机器人至焊接临近点，采用定点转动方式调整工具方向至作业姿态 2）将目标位置数据记忆并存储于位置变量（P[i]）或位置寄存器（PR[i]）中 3）指定目标定位为平滑过渡（如 CNT80～CNT100）	43°～48°
示教点 2（焊接起始点）	1）保持工具姿态不变，平动机器人至焊接起始点 2）将目标位置数据记忆并存储于位置变量（P[i]）或位置寄存器（PR[i]）中 3）指定目标定位为平滑过渡（如 CNT10～CNT30）	
示教点 3（焊接结束点）	1）保持工具姿态不变，沿焊缝长度方向平动机器人至焊接结束点 2）将目标位置数据记忆并存储于位置变量（P[i]）或位置寄存器（PR[i]）中 3）指定目标定位为精确定位（FINE）	65°～80°
示教点 4（焊接回退点）	1）保持工具姿态不变，平动机器人向远离焊缝方向至焊接回退点 2）将目标位置数据记忆并存储于位置变量（P[i]）或位置寄存器（PR[i]）中 3）指定目标定位为平滑过渡（如 CNT10～CNT30）	

4.2.2　机器人焊接条件设置

为获得良好的焊接机器人单元、焊接电源单元以及机器人焊枪单元集成应用效果，需要合理设置机器人焊接条件。机器人焊接（弧焊）的主要规范参数包括焊接电流、电弧电压、焊接速度和焊丝干伸长度等。

（1）焊接电流　焊接电流是指焊接时流经焊接回路的电流。通常根据焊件的材质及板厚、焊接位置和焊接速度等参数选定相应的焊接电流。对于熔化极气体保护焊而言，调整焊接电流，实质上是在调整送丝速度，如图 4-19 所示。同一焊丝，焊接电流越大，送丝速度越快；焊接电流相同，焊丝越细，送丝速度越快。表 4-23 是不同直径焊丝所适用的焊接电流范围。因此，焊接电流须与电弧电压相匹配，即保证送丝速度与电弧电压对焊丝的熔化能力一致，进而实现电弧长度的稳定。

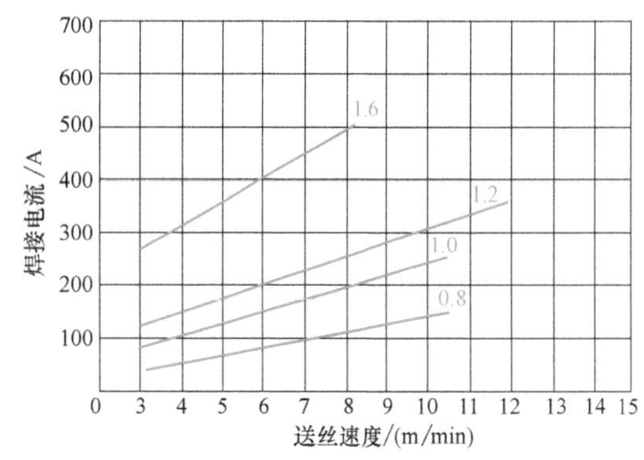

图 4-19　焊接电流与送丝速度的关系

表 4-23　不同直径焊丝所适用的焊接电流

焊丝直径/mm	焊接电流/A	适用板厚/mm
0.8	50~150	0.8~2.3
1.0	90~250	1.2~6.0
1.2	120~350	2.0~10
1.6	>300	>6.0

（2）电弧电压　电弧电压是指电弧两端（两电极）之间的电压。电弧电压越高，产生的焊接热量越多，焊丝熔化速度越快，焊接电流也越大。电弧电压等于焊接电源输出电压减去焊接回路的损耗电压，可用公式表示为 $U_{电弧}=U_{输出}-U_{损}$。在焊接电源符合安装要求的前提下，损耗电压主要指焊枪电缆加长所带来的电压损失。当需要延长焊枪电缆时，可参考表 4-24 调节焊接电源的输出电压。根据焊接条件选定相应板厚的焊接电流后，可按下列公式计算电弧电压：

当焊接电流低于 300A 时，$U_{电弧}=0.04I_{电流}+16\pm1.5$；

当焊接电流超过 300A 时，$U_{电弧}=0.04I_{电流}+20\pm2.0$。

若电弧电压偏高，使弧长变长，焊接飞溅颗粒变大，焊接过程中会发出“啪嗒、啪嗒”声，易产生气孔，使焊道变宽，熔深和余高变小；反之，电弧电压偏低，则弧长变短，焊丝插入熔池，飞溅增加，焊接过程中会发出“嘭、嘭、嘭”声，使焊道变窄，熔深和余高变大。

表 4-24　不同长度电缆所适用的焊接电源输出电压

电缆长度/m	焊接电流/A				
	100	200	300	400	500
10	~1V	~1.5V	~1V	~1.5V	~2V
15	~1V	~2.5V	~2V	~2.5V	~3V
20	~1.5V	~3V	~2.5V	~3V	~4V
25	~2V	~4V	~3V	~4V	~5V

（3）焊接速度　焊接速度是指单位时间内完成的焊缝长度。在焊接电流和电弧电压一定的情况下，焊接速度的选择应保证单位时间内焊缝获得足够的热量。焊接热量 $Q_{热量}=I^2Rt$，其中 I 为焊接电流，R 为电弧及焊丝干伸长度的等效电阻，t 为焊接时间，称为焊接热量的三要素。焊接速度越快，单位长度焊缝的焊接用时越短。对于熔化极气体保护焊而言，半自动焊接速度为 30~60cm/min，自动焊接速度可高达 250cm/min 以上。焊接速度过快时，焊道变窄，熔深和余高会变小。

（4）焊丝干伸长度　焊丝干伸长度是指焊丝从导电嘴到焊件表面的距离。焊接过程中，保持焊丝干伸长度不变是保证焊接过程稳定的重要因素之一。当焊接电流小于 300A 时，干伸长度 $L=(10\sim15)\Phi$；当焊接电流大于 300A 时，干伸长度 $L=(10\sim15)\Phi+5$。其中，Φ 为焊丝直径。若焊丝干伸长度过长，则气体保护效果不佳，易产生气孔，引弧性能变差，电弧不稳，飞溅增大，熔深变浅，焊缝成形变坏；反之，焊丝干伸长度过短，则看不清电弧，喷嘴易被飞溅物堵塞，飞溅大，熔深变浅，焊丝易与导电嘴黏连。当焊接电流一定时，增加焊丝干伸长度会使焊丝熔化速度增大，导致电弧电压下降，焊接电流降低，焊接热量减少。

【任务实施】

1. FANUC 焊接机器人 T 形接头直线焊缝焊接操作

本任务是完成厚度为 10mm 的碳钢板 T 形接头直线焊缝的机器人焊接，包括创建程序、编辑程序、测试程序、起弧焊接等流程，其路径规划如图 4-20 所示。

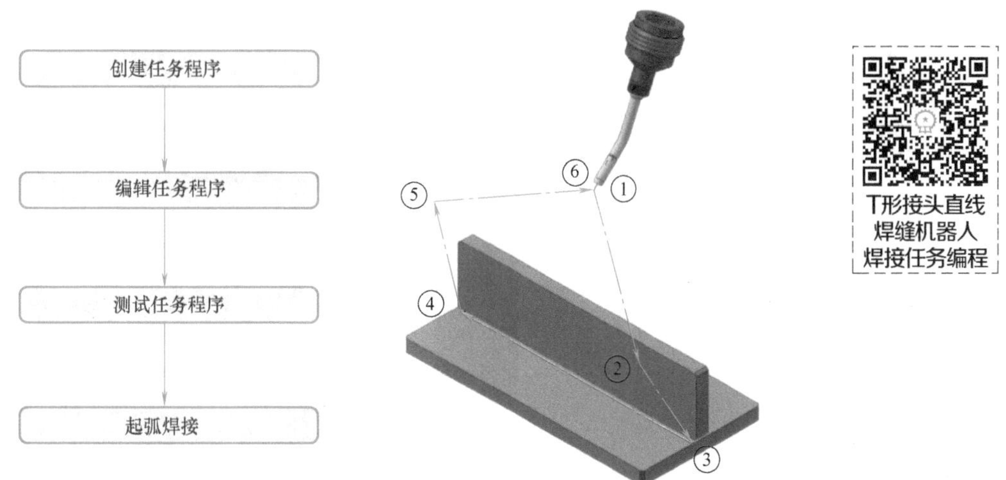

图 4-20　厚度为 10mm 的碳钢板 T 形接头直线焊缝的机器人焊接任务编程流程与路径规划

具体的任务实施步骤如下：

（1）创建任务程序　使用示教器创建一个程序名为“MOKE”的任务程序，包括进入程序一览界面、输入任务程序名称和进入程序编辑界面三个步骤，具体操作见表 4-25。

表 4-25　创建任务程序（FANUC）

步骤	操作描述	示意图
1. 进入程序一览界面	按<SELECT>(一览)键，显示程序一览界面	选择 全部 1556780 字节可用 3/7 编号 程序名 注释 1 -BCKEDT- [ ] 2 GETDATA MR [Get PC Data] 3 MOKE_C [ ] 4 REQMENU MR [Request PC Menu] 5 SENDDATA MR [Send PC Data] 6 SENDEVNT MR [Send PC Event] 7 SENDSYSV MR [Send PC SysVar] [类型] 创建 删除 监控 [属性]
2. 输入任务程序名称	按<F2>(创建)键，进入程序名命名界面，选择“大写”选项，输入“MOKE”	--- 创建TP程序 --- 程序名: MOKE -- 结束 -- Alpha input 1 大写 输入程序名 ABCDEF GHIJKL MNOPQR STUVWX YZ_@*

（续）

步骤	操作描述	示意图
3. 进入程序编辑界面	待程序名输入完毕，按<ENTER>（输入）键，进入程序编辑界面，任务程序创建完毕	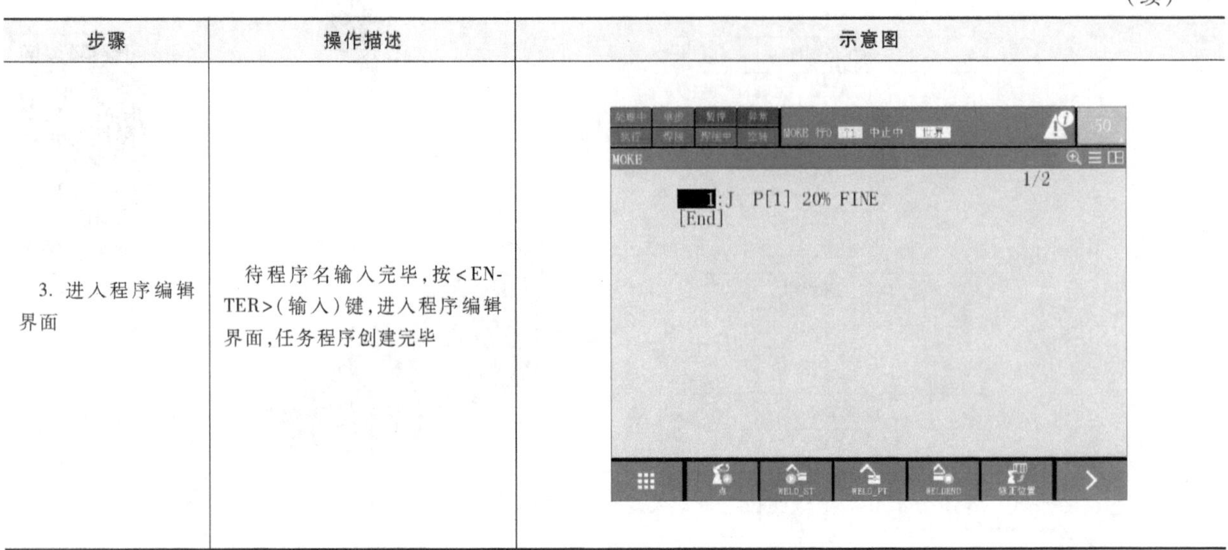

（2）编辑任务程序　参照图 4-21 所示的路径，逐一记录 HOME 点、临近点、焊接起始点、焊接结束点、回退点 5 个目标程序点位姿信息，操作步骤见表 4-26。

表 4-26　编辑任务程序（FANUC）

步骤	操作描述	示意图
1. 记录程序点 1（HOME 点）	1）以手动方式将机器人移至 HOME 点。根据工作站空间及机器人安装方式，合理设置机器人 HOME 点位姿，如 J1 = J2 = J3 = J4 = J6 = 0°、J5 = −90° 2）记录 HOME 点位姿。按<F1>（点）键，弹出“标准动作”指令选项，选择“J P[ ] 20% FINE”，按<ENTER>（输入）键确认，此时任务程序增加 1 行指令“1:J@ P[1] 20% FINE”，并显示“位置已记录至 P[1]”	

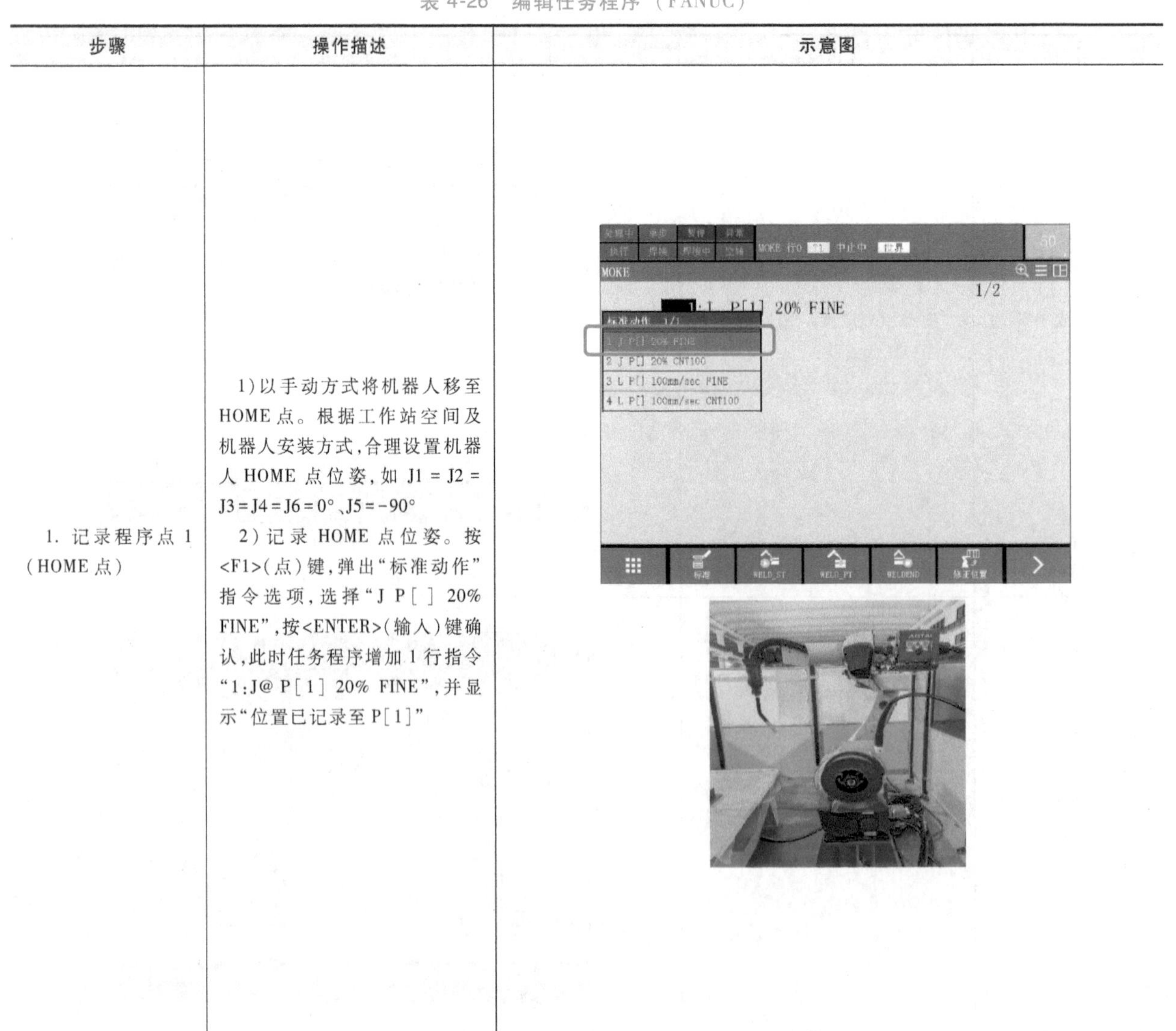

（续）

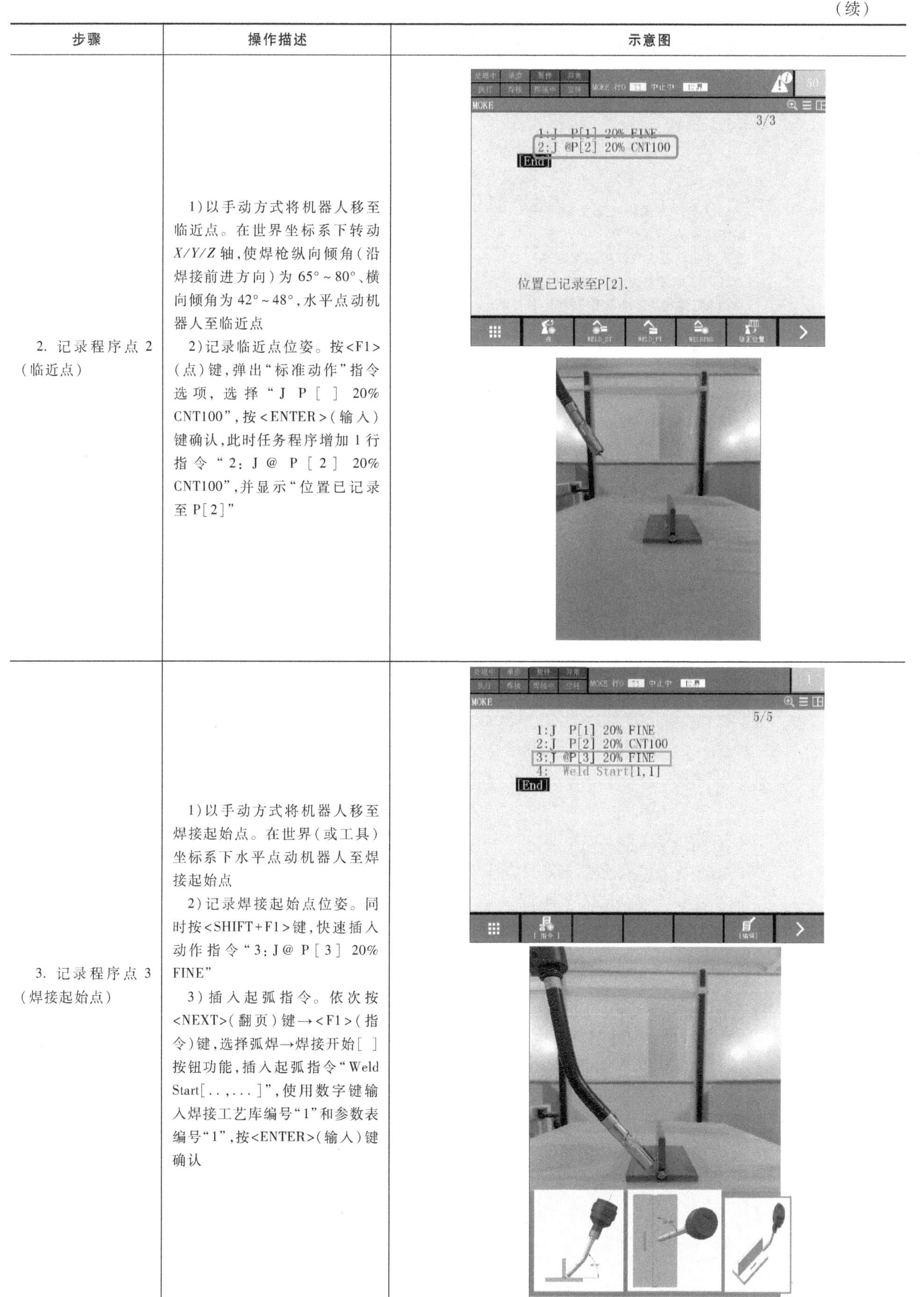

步骤	操作描述	示意图
2. 记录程序点 2（临近点）	1）以手动方式将机器人移至临近点。在世界坐标系下转动 *X/Y/Z* 轴，使焊枪纵向倾角（沿焊接前进方向）为 65°～80°、横向倾角为 42°～48°，水平点动机器人至临近点 2）记录临近点位姿。按<F1>（点）键，弹出“标准动作”指令选项，选择“J P[ ] 20% CNT100”，按<ENTER>（输入）键确认，此时任务程序增加 1 行指令“2：J @ P[2] 20% CNT100”，并显示“位置已记录至 P[2]”	
3. 记录程序点 3（焊接起始点）	1）以手动方式将机器人移至焊接起始点。在世界（或工具）坐标系下水平点动机器人至焊接起始点 2）记录焊接起始点位姿。同时按<SHIFT+F1>键，快速插入动作指令“3：J@ P[3] 20% FINE” 3）插入起弧指令。依次按<NEXT>（翻页）键→<F1>（指令）键，选择弧焊→焊接开始[ ]按钮功能，插入起弧指令“Weld Start[..,...]”，使用数字键输入焊接工艺库编号“1”和参数表编号“1”，按<ENTER>（输入）键确认	

（续）

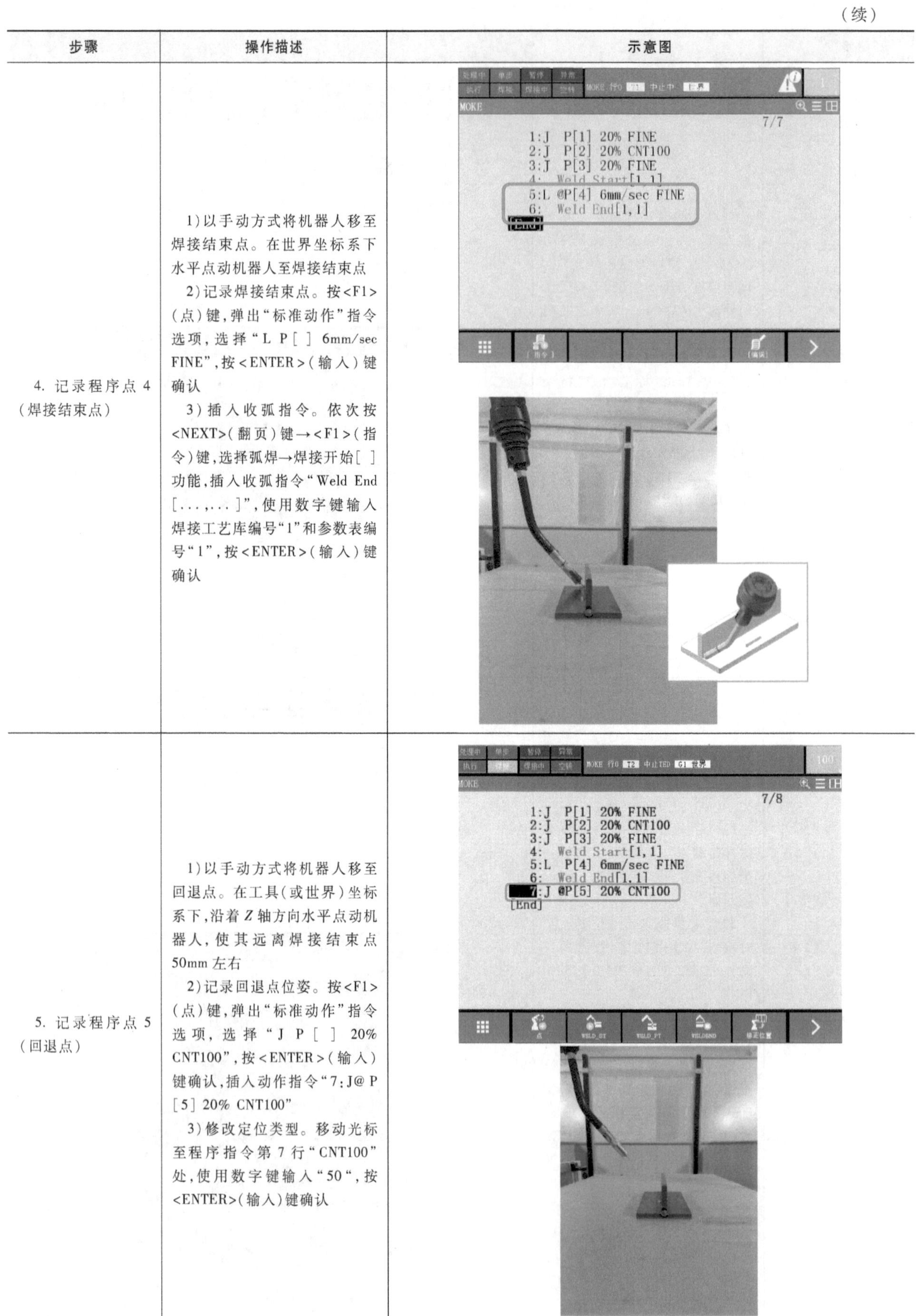

步骤	操作描述	示意图
4. 记录程序点 4（焊接结束点）	1）以手动方式将机器人移至焊接结束点。在世界坐标系下水平点动机器人至焊接结束点 2）记录焊接结束点。按<F1>（点）键，弹出“标准动作”指令选项，选择“L P[ ] 6mm/sec FINE”，按<ENTER>（输入）键确认 3）插入收弧指令。依次按<NEXT>（翻页）键→<F1>（指令）键，选择弧焊→焊接开始[ ]功能，插入收弧指令“Weld End[...,...]”，使用数字键输入焊接工艺库编号“1”和参数表编号“1”，按<ENTER>（输入）键确认	
5. 记录程序点 5（回退点）	1）以手动方式将机器人移至回退点。在工具（或世界）坐标系下，沿着 Z 轴方向水平点动机器人，使其远离焊接结束点 50mm 左右 2）记录回退点位姿。按<F1>（点）键，弹出“标准动作”指令选项，选择“J P[ ] 20% CNT100”，按<ENTER>（输入）键确认，插入动作指令“7:J@P[5] 20% CNT100” 3）修改定位类型。移动光标至程序指令第 7 行“CNT100”处，使用数字键输入“50”，按<ENTER>（输入）键确认	

（续）

步骤	操作描述	示意图
6. 记录程序点 6（HOME 点）	1）记录 HOME 点位姿。同时按<SHIFT+F1>键，快速插入动作指令“8: J @ P［6］ 20% CNT100” 2）修改位姿信息。移动光标至程序指令第 8 行“P［6］”处，使用数字键输入“1”，按<ENTER>（输入）键确认 3）修改定位类型。移动光标至程序指令第 8 行“CNT100”处，选择“FINE”，按<ENTER>（输入）键确认 至此，厚度为 10mm 的碳钢板 T 形接头直线焊缝的机器人焊接运动轨迹示教完毕	

（3）测试任务程序　遵循程序员安全操作规程，依次在低速（倍率为 5%～10%）、中速（倍率为 30%～50%）和高速（倍率为 80%～100%）下执行任务程序至少一个循环。确认程序执行无误后，方可自动运转任务程序。

（4）起弧焊接　执行完任务程序自动运转测试之后，确保焊件装夹和焊接地线连接牢固后，按<SHIFT+WELD ENB>键，启用焊接起弧，调整速度倍率为 100%，执行角焊任务，如图 4-21 所示。

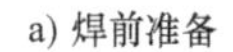

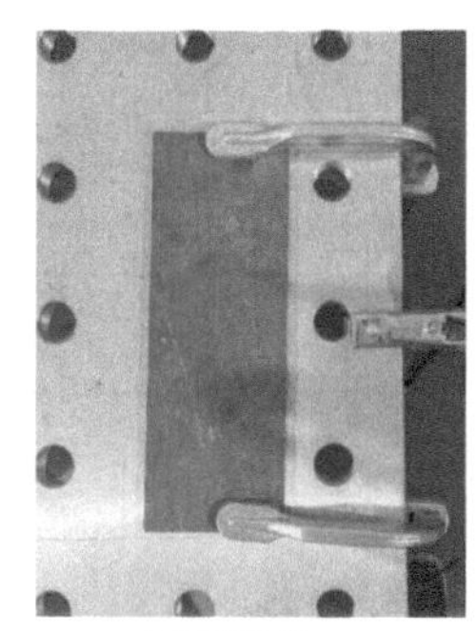

a) 焊前准备

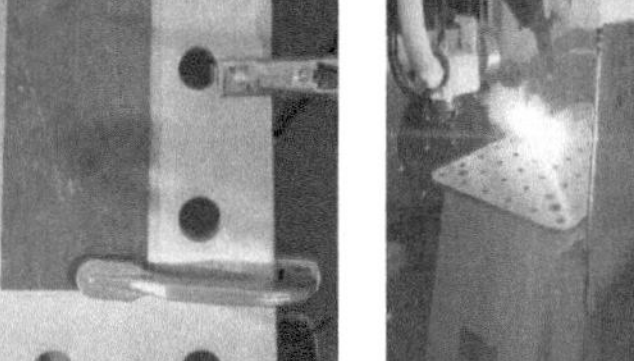

b) 焊接过程

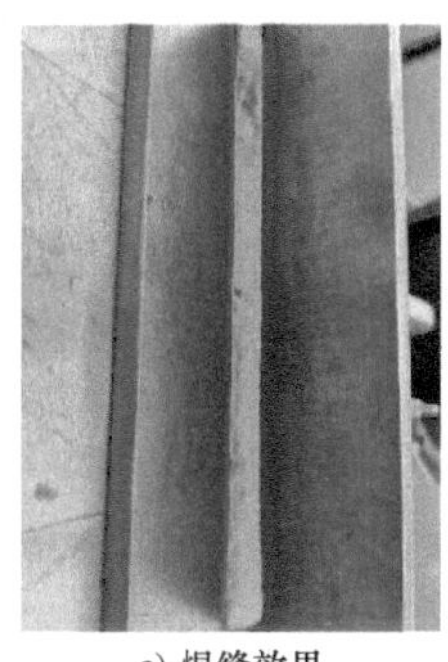

c) 焊缝效果

图 4-21　执行 T 形接头机器人直线焊缝焊接任务（FANUC）

2. EFORT 焊接机器人 T 形接头直线焊缝焊接操作

任务实施步骤如下：

（1）创建任务程序　使用示教器创建一个程序名为“MOKE_T”的任务程序，详见表 4-27。

表 4-27　创建任务程序（EFORT）

步骤	操作描述	示意图
1. 进入程序一览界面	按<SELECT>（一览）键，显示程序一览界面	

（续）

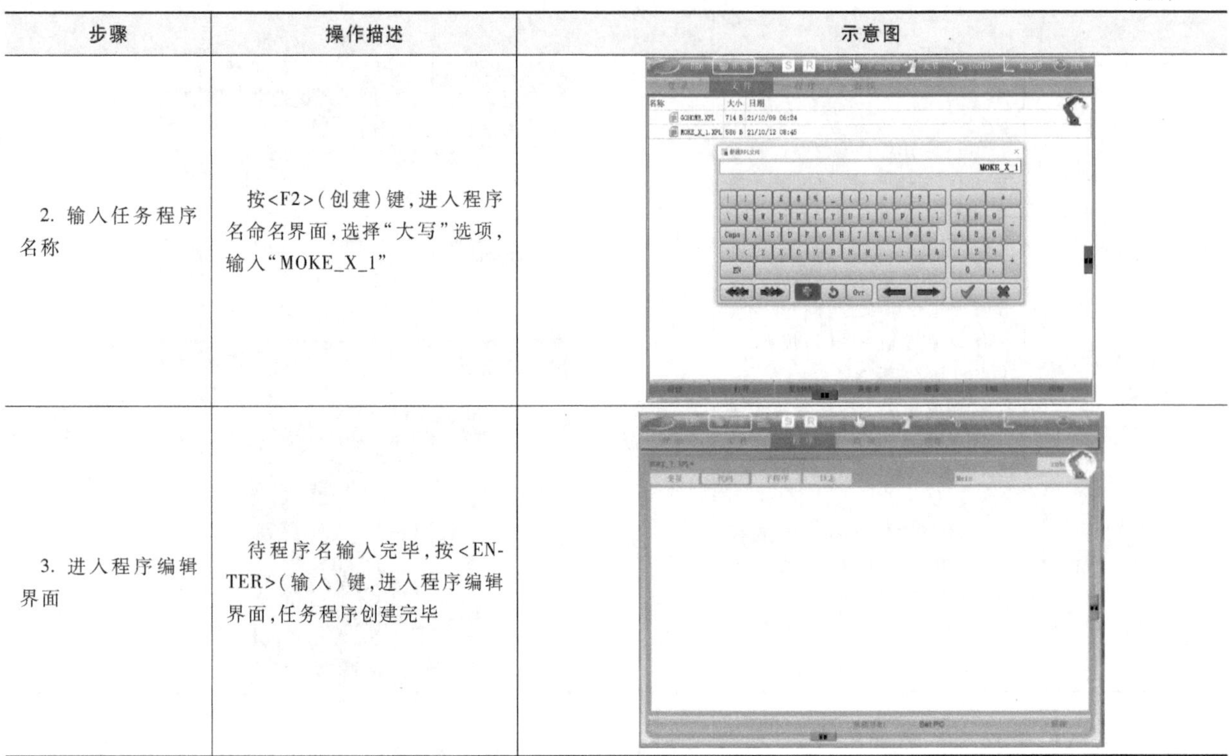

步骤	操作描述	示意图
2. 输入任务程序名称	按<F2>（创建）键，进入程序命名界面，选择“大写”选项，输入“MOKE_X_1”	
3. 进入程序编辑界面	待程序名输入完毕，按<ENTER>（输入）键，进入程序编辑界面，任务程序创建完毕	

（2）编辑任务程序　操作步骤见表4-28。

表4-28　编辑任务程序（EFORT）

步骤	操作描述	示意图
1. 插入“变量初始化”指令	1）在编辑界面单击“编辑”按钮，进入程序编辑界面 2）单击“CALL”按钮调用子程序，单击图标进入程序选择界面 3）单击程序编辑区，弹出子程序选择界面，单击“arcweld”左侧的图标›，选中“arcweld.ResetVar”程序，单击右下角的图标选择调用 4）完成调用后单击“确认”按钮，完成程序编写	

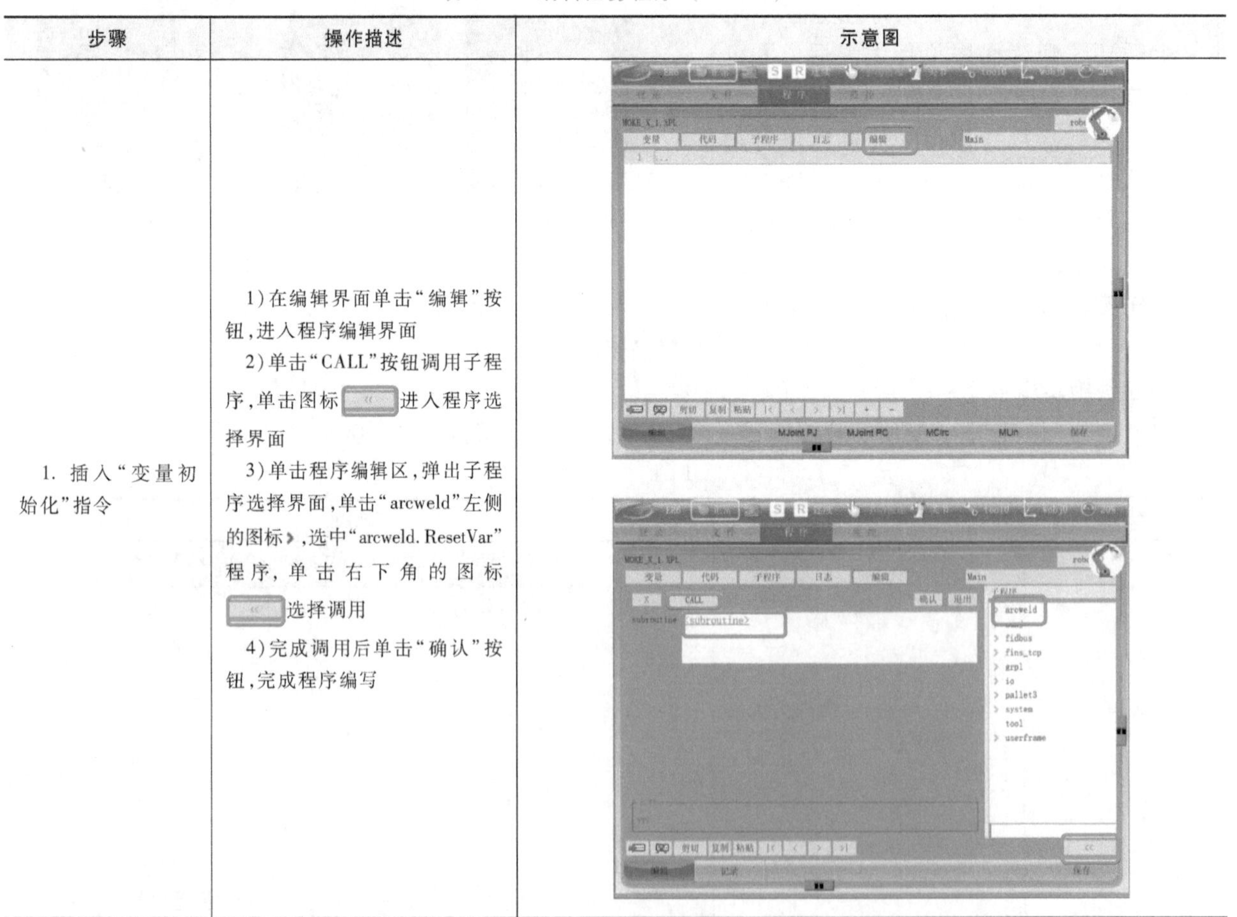

（续）

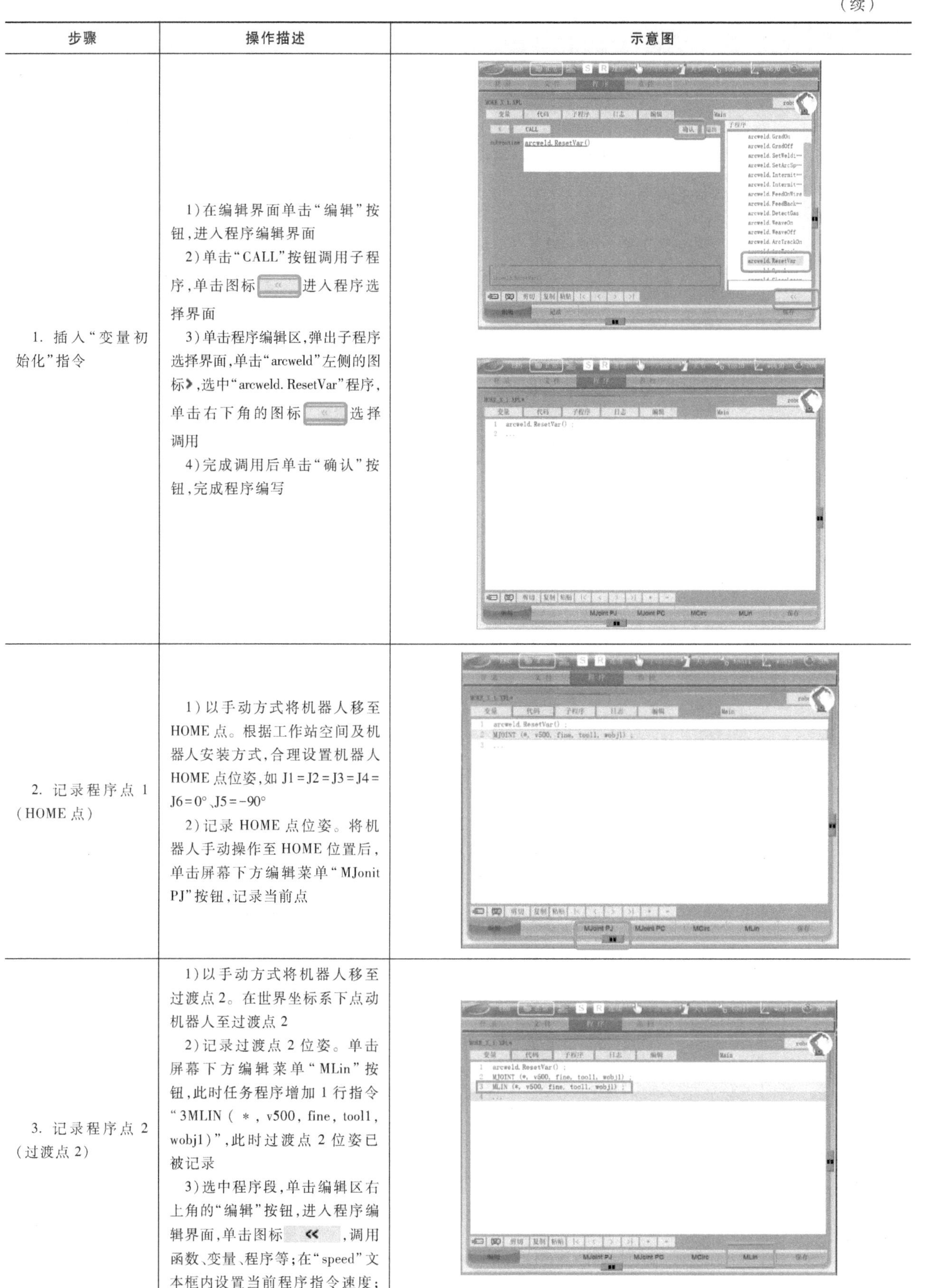

步骤	操作描述	示意图
1. 插入“变量初始化”指令	1）在编辑界面单击“编辑”按钮，进入程序编辑界面 2）单击“CALL”按钮调用子程序，单击图标［«］进入程序选择界面 3）单击程序编辑区，弹出子程序选择界面，单击“arcweld”左侧的图标❯，选中“arcweld. ResetVar”程序，单击右下角的图标［«］选择调用 4）完成调用后单击“确认”按钮，完成程序编写	
2. 记录程序点1（HOME点）	1）以手动方式将机器人移至HOME点。根据工作站空间及机器人安装方式，合理设置机器人HOME点位姿，如J1=J2=J3=J4=J6=0°、J5=−90° 2）记录HOME点位姿。将机器人手动操作至HOME位置后，单击屏幕下方编辑菜单“MJonit PJ”按钮，记录当前点	
3. 记录程序点2（过渡点2）	1）以手动方式将机器人移至过渡点2。在世界坐标系下点动机器人至过渡点2 2）记录过渡点2位姿。单击屏幕下方编辑菜单“MLin”按钮，此时任务程序增加1行指令“3MLIN（＊，v500，fine，tool1，wobj1）”，此时过渡点2位姿已被记录 3）选中程序段，单击编辑区右上角的“编辑”按钮，进入程序编辑界面，单击图标 « ，调用函数、变量、程序等；在“speed”文本框内设置当前程序指令速度；在“zone”文本框内设置平滑过渡	

（续）

步骤	操作描述	示意图
3. 记录程序点 2（过渡点 2）	1）以手动方式将机器人移至过渡点 2。在世界坐标系下点动机器人至过渡点 2 2）记录过渡点 2 位姿。单击屏幕下方编辑菜单“MLin”按钮，此时任务程序增加 1 行指令“3MLIN（＊，v500，fine，tool1，wobj1）”，此时过渡点 2 位姿已被记录 3）选中程序段，单击编辑区右上角的“编辑”按钮，进入程序编辑界面，单击图标 « ，调用函数、变量、程序等；在“speed”文本框内设置当前程序指令速度；在“zone”文本框内设置平滑过渡	
4. 记录程序点 3（焊接起始点）	1）以手动方式将机器人移至焊接起始点 1。在世界坐标系下水平点动机器人至焊接起始点 1 2）记录焊接起始点 1 位姿。单击屏幕下方编辑菜单“MLin”按钮，此时任务程序增加 1 行指令“4MLIN（＊，v600，z50，tool1，wobj1）”，选中程序段，将速度改为“v200”；将“zone”文本框中的值改为“fine”，此时起弧点位姿已被记录 3）插入起弧指令。依次单击编辑区右上角的“编辑”→“CALL”→“<<”→“arcweld”→“arcweld . Arcon”按钮，调用起弧指令 4）单击“fileNum”按钮，选择右下角的“值”，弹出数字键盘，输入“2”，调用 2 号焊接参数文件； 单击确认按钮，完成起弧指令的调用	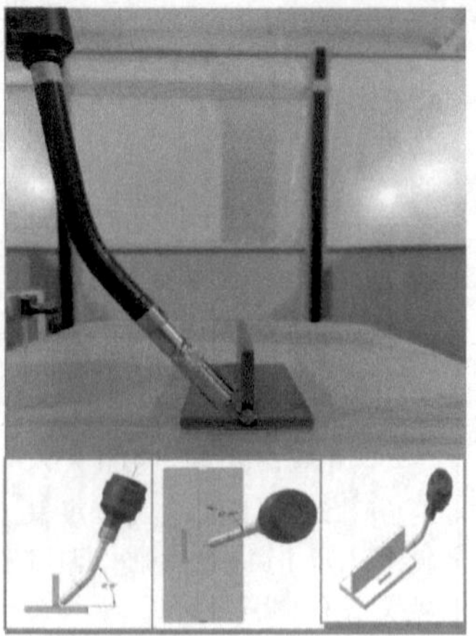

（续）

步骤	操作描述	示意图
5. 记录程序点 4（焊接结束点）	1）以手动方式将机器人移至焊接结束点 1。在世界坐标系下水平点动机器人至焊接结束点 1 2）记录焊接结束点 1。单击屏幕下方编辑菜单“MLin”按钮，此时任务程序增加 1 行指令“6MLIN（ *，v200，fine，tool1，wobj1）”，选中程序段，将速度改为焊接系统速度，选中程序段，依次单击“编辑”→“speed”→“arcweld speed”；将“zone”文本框中的值改为“fine”，此时熄弧点位姿已被记录 3）插入收弧指令。依次单击编辑区右上角的“编辑”→“CALL”→“<<”→“arcweld”→“arcweld .Arcoff”→“确认”按钮，调用熄弧指令	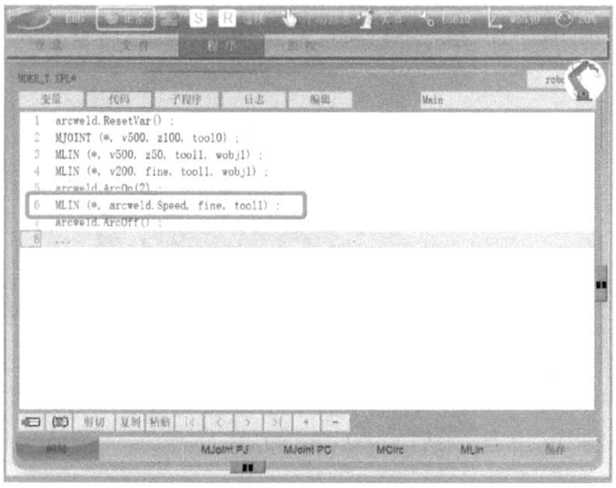
6. 记录程序点 5（回退点）	1）以手动方式将机器人移至回退点。在工具（或世界）坐标系下，沿着 Z 轴方向水平点动机器人，使其远离焊接结束点 50mm 左右 2）记录回退点位姿。单击屏幕下方编辑菜单“MLin”按钮，此时任务程序增加 1 行指令“8MLIN（ *，v200，fine，tool1，wobj1）”，选中程序段，将速度改为机器人系统速度，选中程序段，依次单击“编辑”→“speed”→“system”→“v200”按钮，此时起弧点位姿已被记录	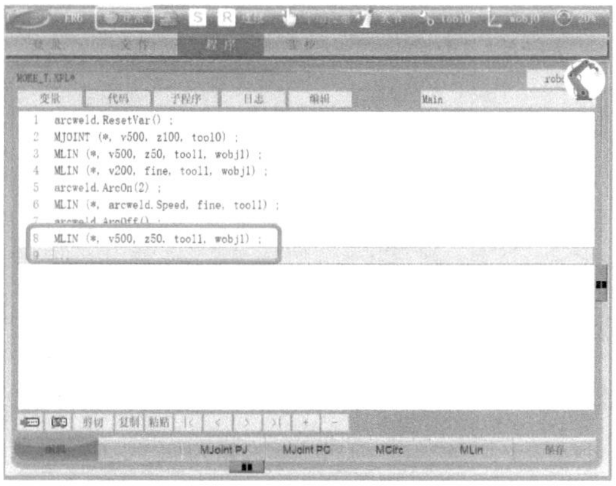
7. 记录程序点 6（HOME 点）	1）记录 HOME 点位姿。单击屏幕下方编辑菜单“MLin”按钮，此时任务程序增加 1 行指令“9MLIN（ *，v500，fine，tool1，wobj1）”，选中程序段，将速度改为机器人系统速度，选中程序段，依次单击“编辑”→“speed”→“system”→“v500”按钮；将“zone”文本框中的值改为“z50”；此时起弧点位姿已被记录 2）单击右下角的“保存”按钮，保存程序 至此，厚度为 10mm 的碳钢板 T 形接头直线焊缝的机器人焊接运动轨迹示教完毕	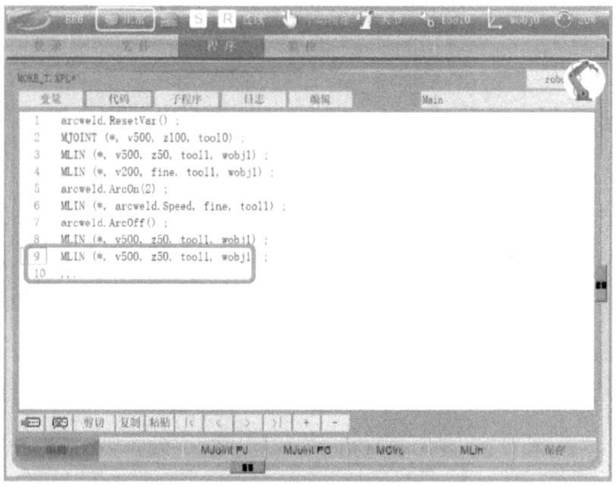

（3）测试任务程序 遵循程序员安全操作规程，依次在低速（倍率为 5%～10%）、中速（倍率为 30%～50%）和高速（倍率为 80%～100%）下执行任务程序至少一个循环，确认程序执行无误后，方可

自动运转任务程序。

（4）起弧焊接　执行完任务程序自动运转测试之后，确保焊件装夹和焊接地线连接牢固后，按悬浮键，启用焊接开关，打开弧焊功能，调整速度倍率为100%，执行直线焊缝的机器人焊接任务，如图4-22所示。

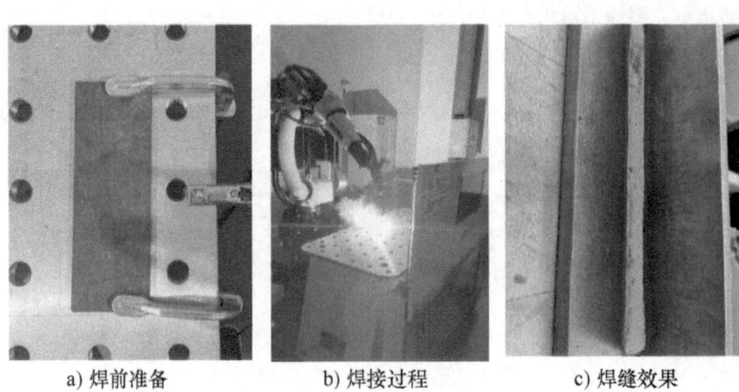

a) 焊前准备　　b) 焊接过程　　c) 焊缝效果

图4-22　执行T形接头直线焊缝的机器人焊接任务

【项目评价】

焊接机器人基础编程项目评价见表4-29。

表4-29　焊接机器人基础编程项目评价

项目	任务	评价内容	权重	得分
焊接机器人基础编程	中厚板机器人堆焊任务编程	掌握中厚板焊接机器人编程技巧和常用机器人编程基本设置和功能的使用	50	
	中厚板T形接头直线焊缝机器人焊接任务编程	掌握中厚板焊接机器人编程技巧和常用机器人编程基本设置和功能的使用	50	
合计			100	

【工匠故事】

大国工匠——焊花飞舞的钢铁裁缝陈俭峰

陈俭峰，高级技师，全国劳动模范，浙江省首席技师，享受国务院特殊津贴，浙江省优秀共产党员。

1977年，16岁的陈俭峰初中毕业后便从事焊接工作。多年来，他始终本着节约能源、减少环境污染、降低生产成本的目的，追求精益求精的工艺品质，不断为企业创造技术奇迹，与企业同舟共济、共谋发展。

2015年，他参与攻关的“低温容器轻型化关键技术的研发及工程应用”课题获得浙江省人民政府颁发的“浙江省科学技术进步奖”。应用该课题成果每年可省下1000多万元材料费用。

“小”工匠，“大”创新。据统计，截至目前，陈俭峰累计有4项技术获得了国家知识产权总局发明专利授权证书，13项技术获得了国家知识产权总局实用新型专利授权证书。

2009年，陈俭峰建立了以自己名字命名的焊接工作室，毫无保留地对求知者进行工艺指导，手把手培养焊接技能人才。目前，工作室已经带徒400多人，其中有9人获焊接技师职称，7人获得焊接高级技师职称，3人获浙江省质量技术监督局颁发的特种设备焊接操作技能教师资格证。

项目5

焊接机器人维护保养

【证书技能要求】

焊接机器人编程与维护职业技能等级要求(初级)	
5.1.1	能按照维护手册,悬挂提醒标牌
5.1.2	能按照维护手册,设置设备互锁
5.1.3	能按照维护手册,限制动作速度
5.2.1	能根据维护手册,配备作业工具、测量仪表
5.2.2	能根据维护手册,进行系统运转前各项检查
5.2.3	能根据维护手册,进行系统运作后各项检查
5.2.4	能根据维护手册,填写日常维护报表
5.3.1	能根据维护手册,定期进行设备连接部分检查维护,更换易损件
5.3.2	能按照维护手册,定期进行周边设备润滑部分检查维护
5.3.3	能按照维护手册,更换机器人电池
5.3.4	能按照维护手册,更换机器人润滑油脂

【项目引入】

本项目继续选用初级焊接机器人编程与维护实训工作站为教学及实训平台，围绕上述证书技能要求，通过维护焊接机器人单元、焊接电源单元和机器人焊枪单元，掌握焊接机器人编程与维护实训工作站的日常维护和定期维护内容，确保机器人的性能长期保持稳定。根据焊接机器人编程与维护实训工作站维护保养规程，本项目一共设置4个任务。

【知识目标】

1. 能够识别机器人系统文件备份与还原的方法。
2. 能够了解机器人焊枪和送丝机的结构组成。
3. 能够掌握机器人电池的换装方法。
4. 能够掌握机器人润滑油（脂）的更换方法。

【能力目标】

1. 能够完成焊接机器人系统文件的备份与还原操作。
2. 能够完成机器人焊枪配件的更换。
3. 能够完成焊接机器人本体电池和控制柜电池的更换。

4. 能够完成焊接机器人润滑油（脂）的更换。

【学习导图】

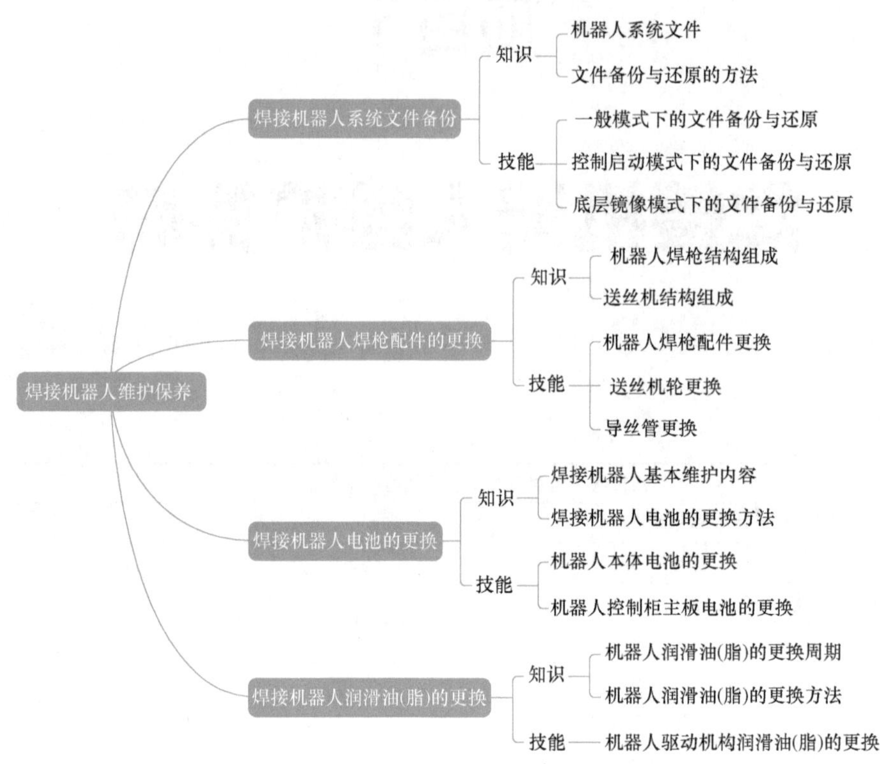

任务 5.1 焊接机器人系统文件备份

【任务描述】

在焊接机器人编程与维护实训工作站实际应用中，程序员和维护工程师需要经常处理焊接任务变更、机器人焊枪更换、非法关机或意外断电导致的系统及程序无法打开等问题，因此定期备份焊接机器人系统文件就显得尤为重要。

本任务通过备份焊接机器人系统文件、程序文件、逻辑文件、I/O 配置文件、数据文件等应用文件，掌握焊接机器人编程与维护实训工作站系统文件的备份与还原方法。

【知识准备】

5.1.1 机器人系统文件

机器人系统文件是数据在机器人控制柜（系统）存储器内的存储单元。一般来讲，机器人控制柜（系统）使用的文件主要包括系统运行文件和系统应用文件两种类型。系统运行文件指的是机器人操作系统文件，与计算机操作系统（如 Windows）文件类似，被固化在机器人存储单元的闪存只读存储器（Flash Read Only Memory，FROM）中，无法随意变更或修改；系统应用文件指的是程序文件、逻辑文件、系统参数文件、I/O 配置文件和数据文件等，被保存在机器人存储单元的静态随机存取存储器（Static Random Access Memory，SRAM）中，可以根据需要进行创建、变更、删除等操作，也是机器人系统文件备份与还原的对象。表 5-1 是 FANUC 焊接机器人系统应用文件的类型及功能。

表 5-1　FANUC 焊接机器人系统应用文件的类型及功能

文件类型	功能
程序文件(.TP)	保存机器人完成任务的指令
逻辑文件(.DF)	保存功能键所对应的默认逻辑
系统文件(.SV)	保存系统变量、伺服参数、工具/工件坐标系等设置
I/O 配置文件(.IO)	保存 I/O 分配数据
数据文件(.VR)	保存数值、位置、码垛、视觉等寄存器数据

5.1.2　文件备份与还原的方法

焊接机器人编程与维护实训工作站（系统）文件备份与还原有一般模式、控制启动模式和底层镜像模式三种模式。一般模式适合于单个任务程序文件的备份与还原；控制启动模式适合于一类或全部应用文件的备份与还原；底层镜像模式适合于整个应用系统（含工艺软件包）的备份与还原，见表 5-2。

表 5-2　FANUC 焊接机器人文件备份与还原模式

模式	备份	还原或加载
一般模式	1. 文件的一种类型或全部备份 2. 镜像备份	单个文件加载 需要注意的是，写保护文件不能被加载；处于编辑状态的文件不能被加载；部分系统文件不能被加载
控制启动模式	1. 文件的一种类型或全部备份 2. 镜像备份	1. 单个文件加载 2. 一种类型或全部应用文件还原 需要注意的是，写保护文件不能被加载；处于编辑状态的文件不能被加载
底层镜像模式	文件及应用系统备份	文件及应用系统还原

（1）一般模式下的文件备份　一般模式下 FANUC 焊接机器人文件备份的方法见表 5-3。

一般模式下的文件备份

一般模式下 FANUC 焊接机器人文件还原的方法见表 5-4。

（2）控制启动模式下的文件备份　控制启动模式下 FANUC 焊接机器人文件备份的方法见表 5-5。

表 5-3　一般模式下 FANUC 焊接机器人文件备份方法

步骤	操作描述	示意图
1	将 U 盘插入示教器(TP)或机器人控制柜上的 USB 接口	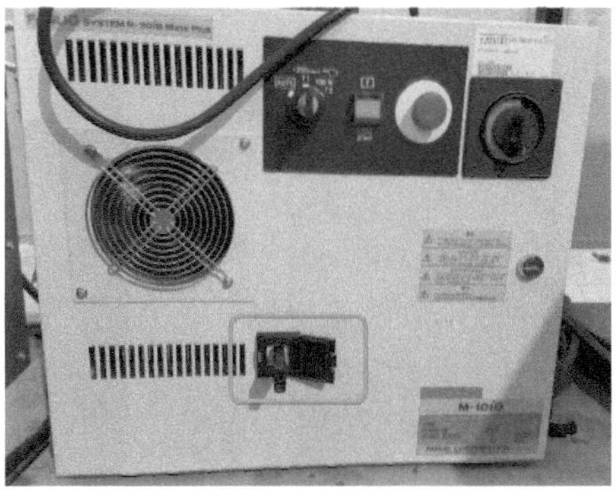

（续）

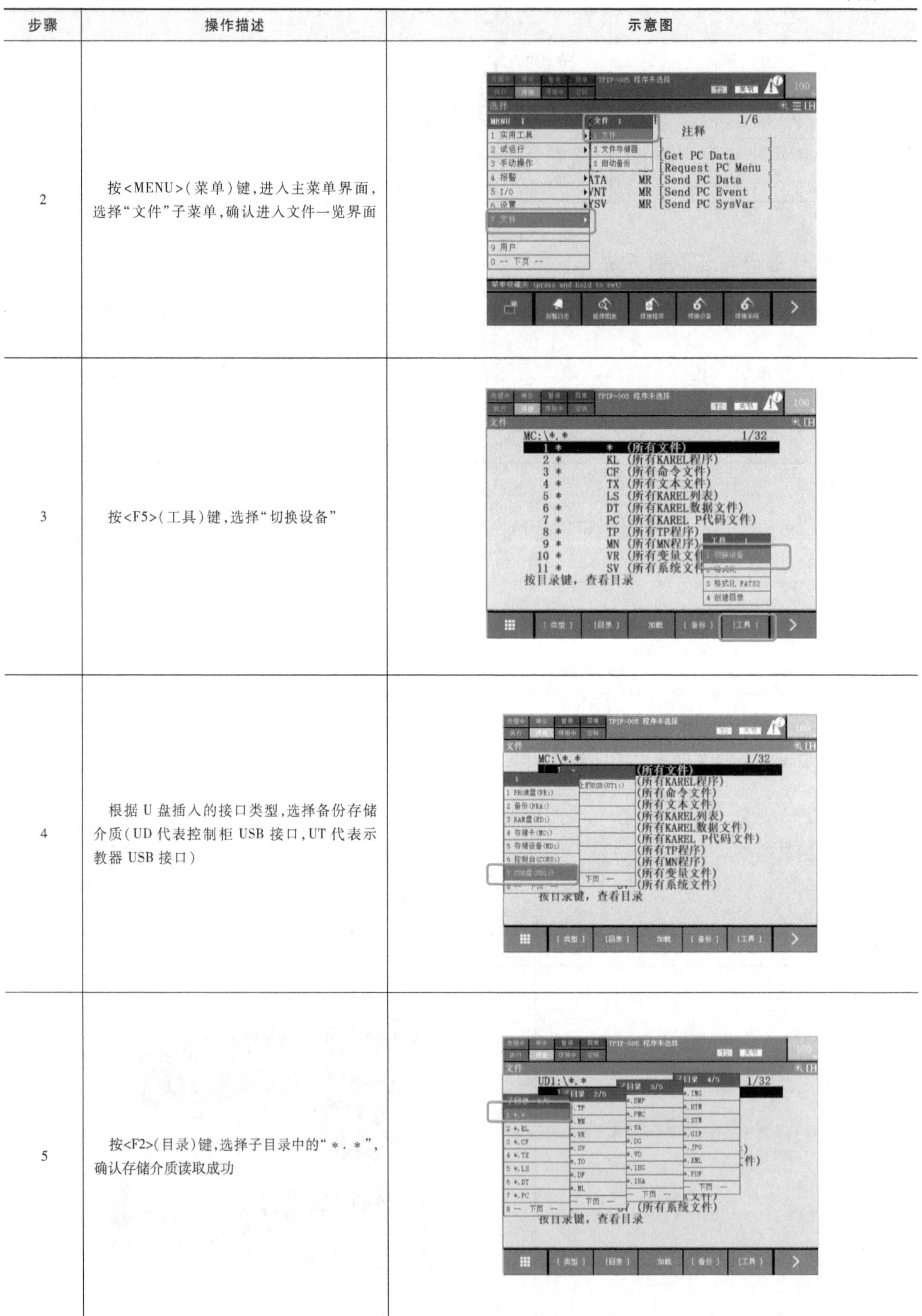

步骤	操作描述	示意图
2	按<MENU>（菜单）键，进入主菜单界面，选择“文件”子菜单，确认进入文件一览界面	
3	按<F5>（工具）键，选择“切换设备”	
4	根据U盘插入的接口类型，选择备份存储介质（UD代表控制柜USB接口，UT代表示教器USB接口）	
5	按<F2>（目录）键，选择子目录中的“*．*”，确认存储介质读取成功	

（续）

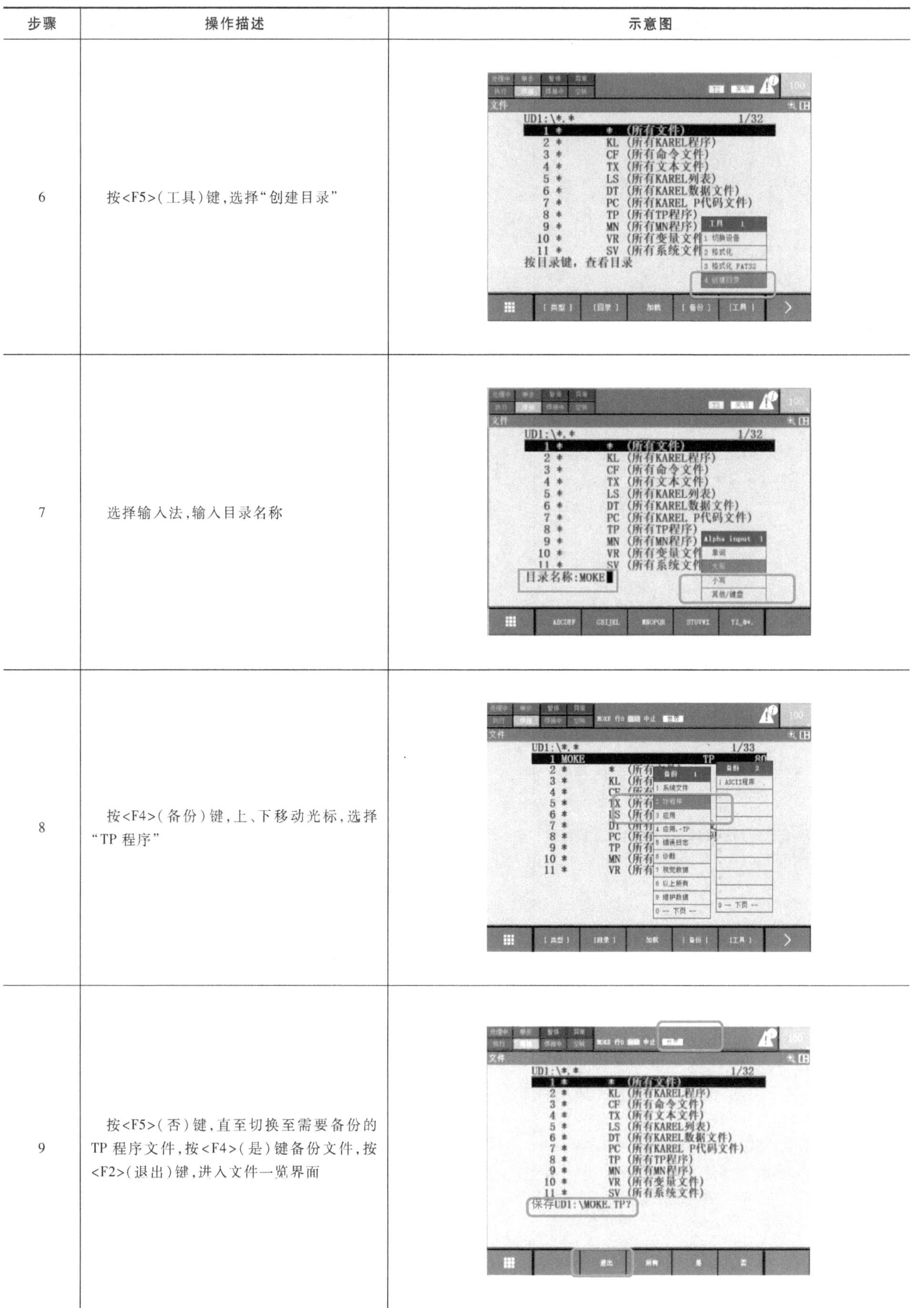

步骤	操作描述	示意图
6	按<F5>(工具)键,选择“创建目录”	
7	选择输入法,输入目录名称	
8	按<F4>(备份)键,上、下移动光标,选择“TP 程序”	
9	按<F5>(否)键,直至切换至需要备份的TP 程序文件,按<F4>(是)键备份文件,按<F2>(退出)键,进入文件一览界面	

（续）

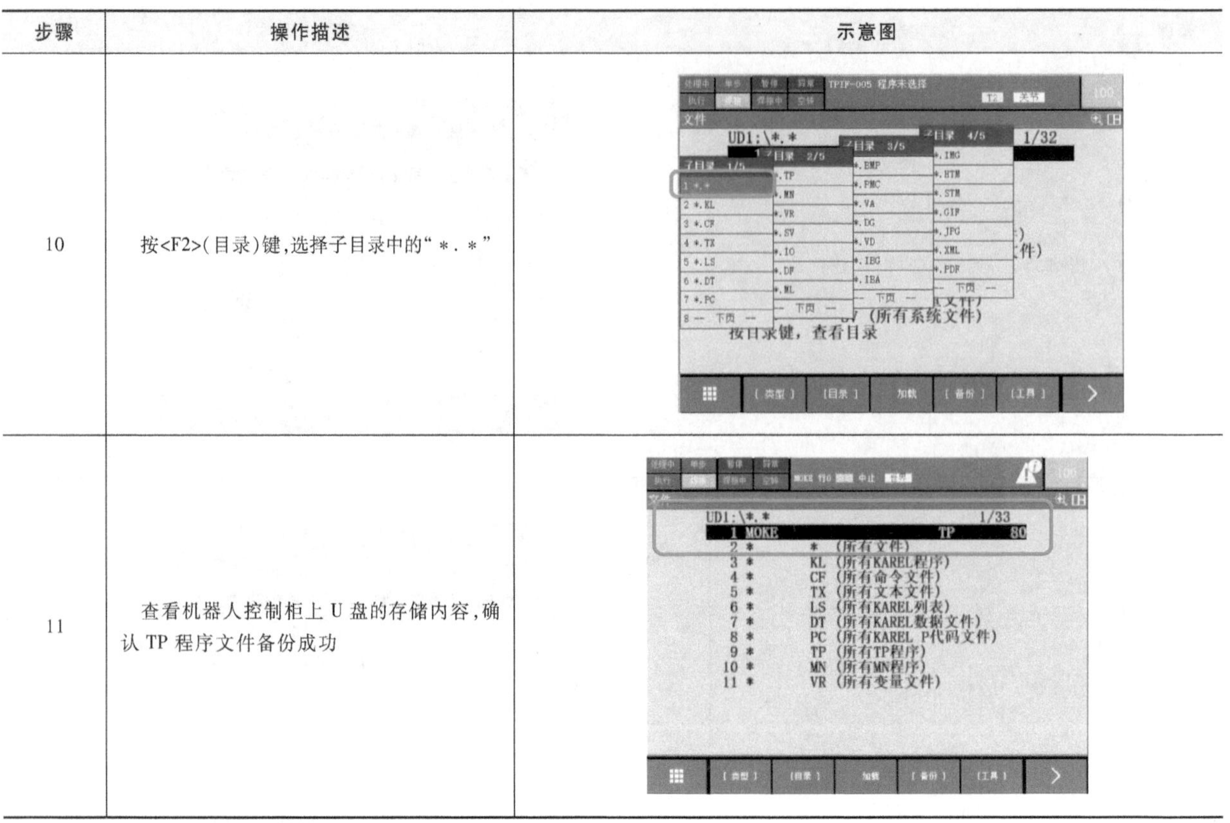

步骤	操作描述	示意图
10	按<F2>(目录)键，选择子目录中的“＊.＊”	
11	查看机器人控制柜上U盘的存储内容，确认TP程序文件备份成功	

表5-4　一般模式下FANUC焊接机器人文件还原的方法

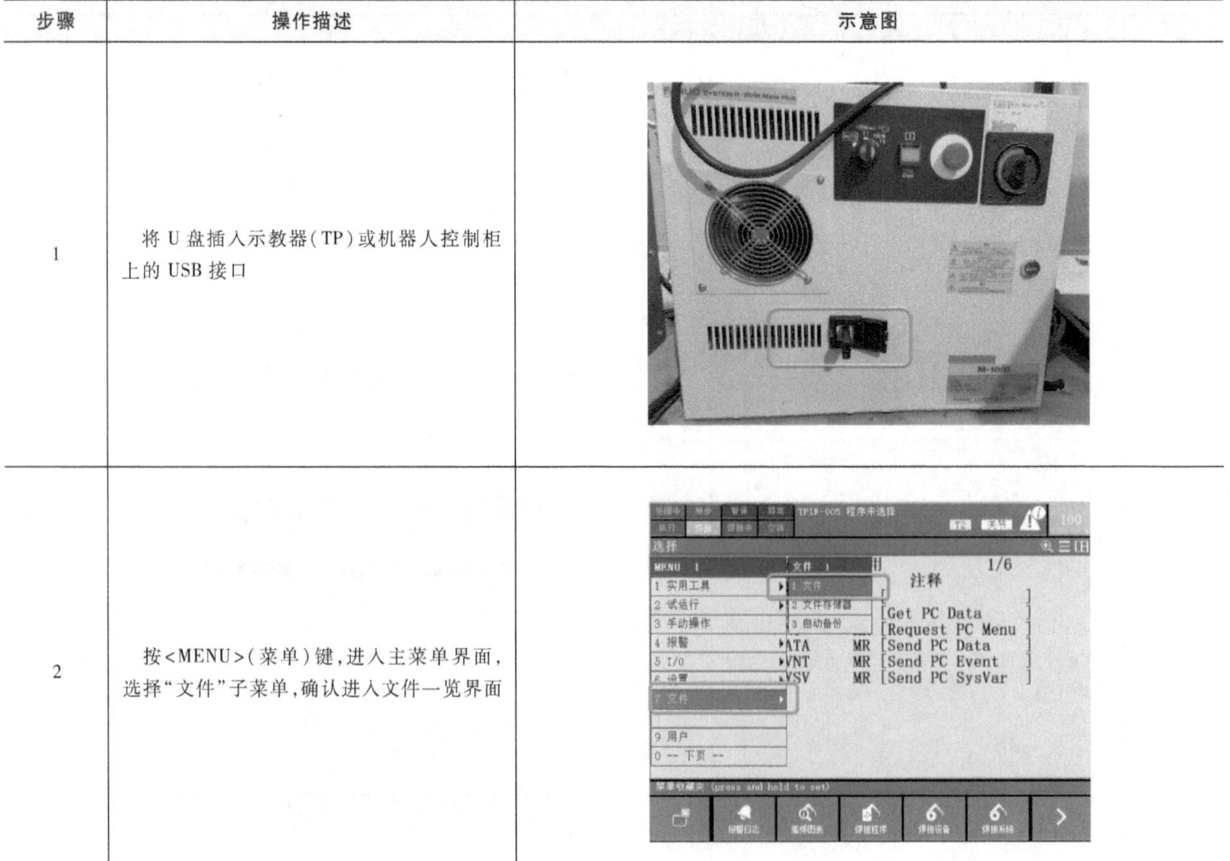

步骤	操作描述	示意图
1	将U盘插入示教器(TP)或机器人控制柜上的USB接口	
2	按<MENU>(菜单)键，进入主菜单界面，选择“文件”子菜单，确认进入文件一览界面	

（续）

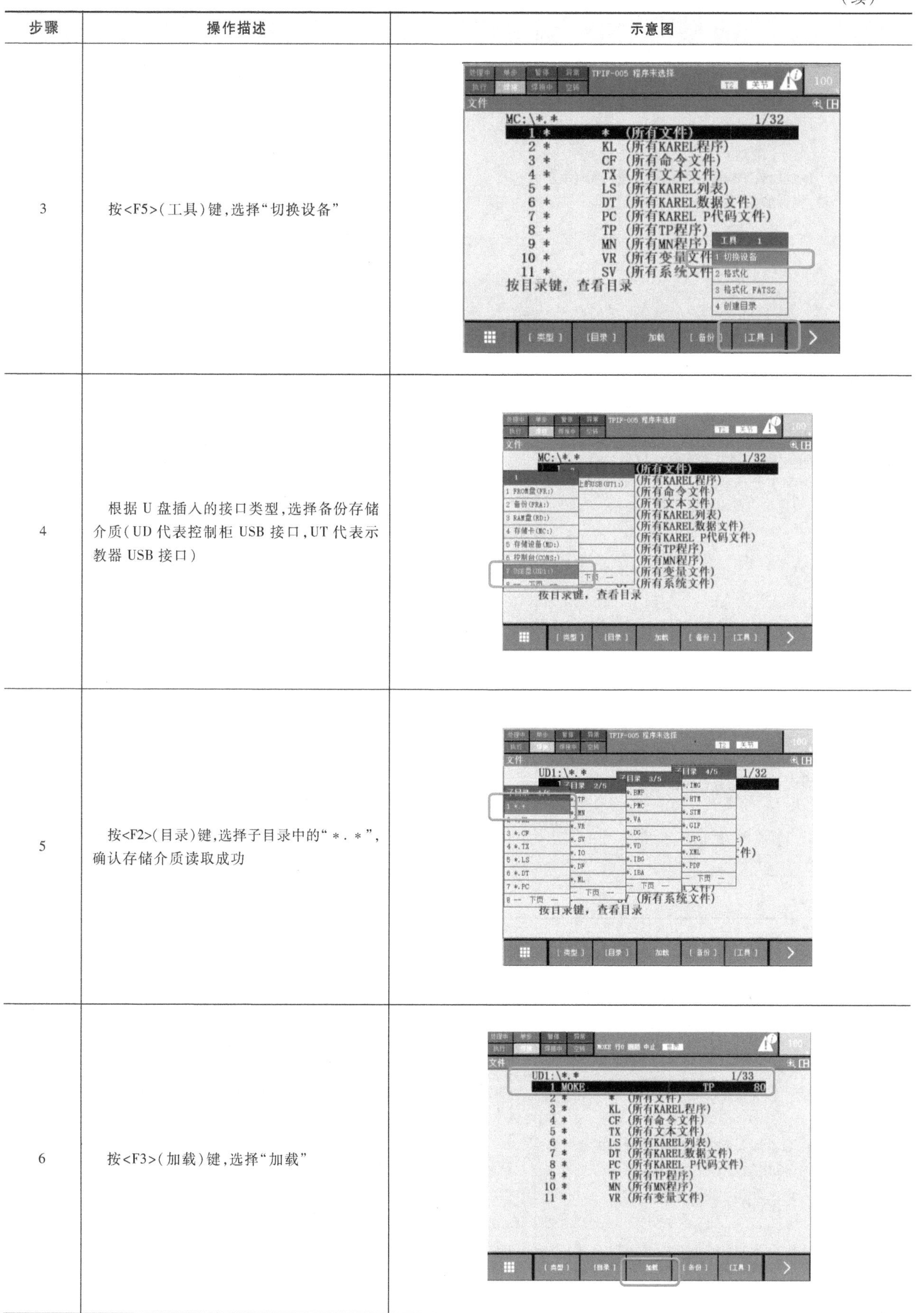

步骤	操作描述	示意图
3	按<F5>（工具）键，选择“切换设备”	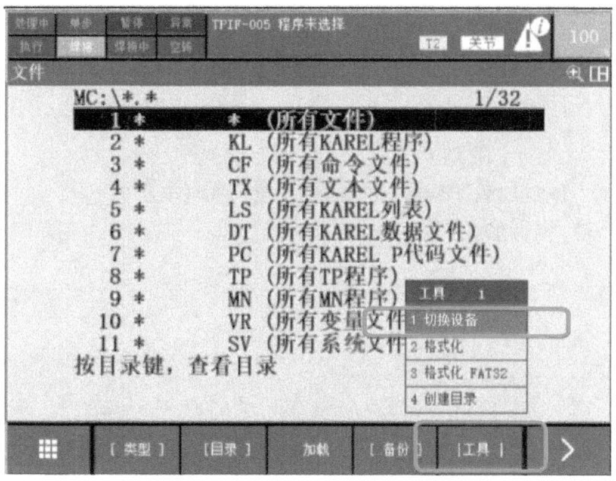
4	根据 U 盘插入的接口类型，选择备份存储介质（UD 代表控制柜 USB 接口，UT 代表示教器 USB 接口）	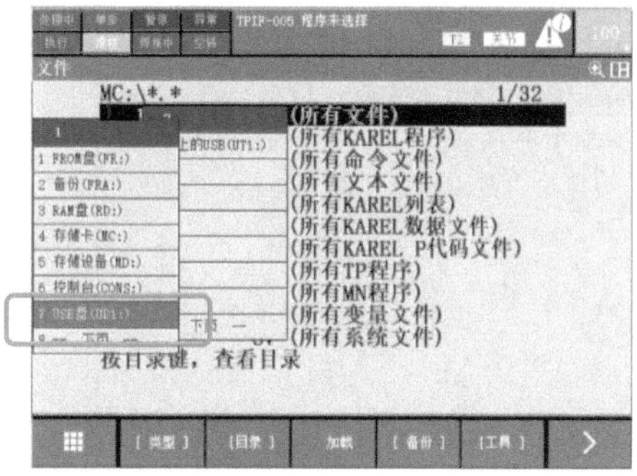
5	按<F2>（目录）键，选择子目录中的“＊．＊”，确认存储介质读取成功	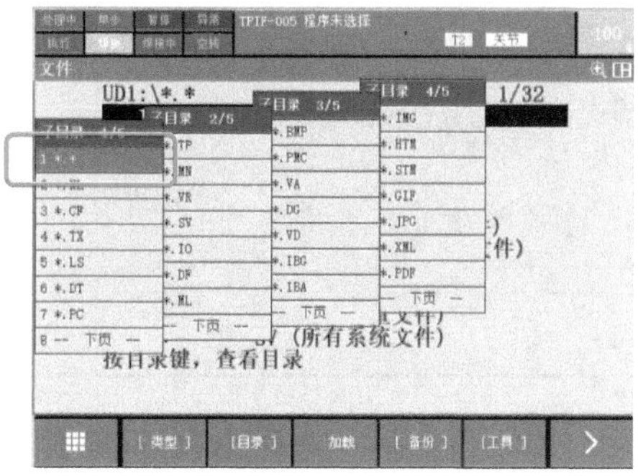
6	按<F3>（加载）键，选择“加载”	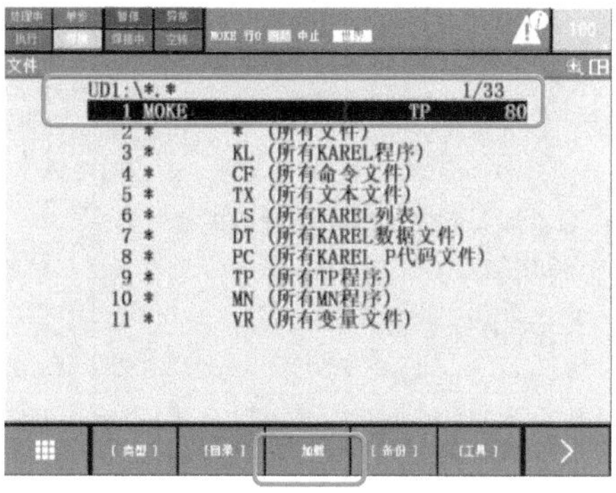

（续）

步骤	操作描述	示意图
7	显示加载 TP 程序确认界面，按<F4>（是）键，执行加载	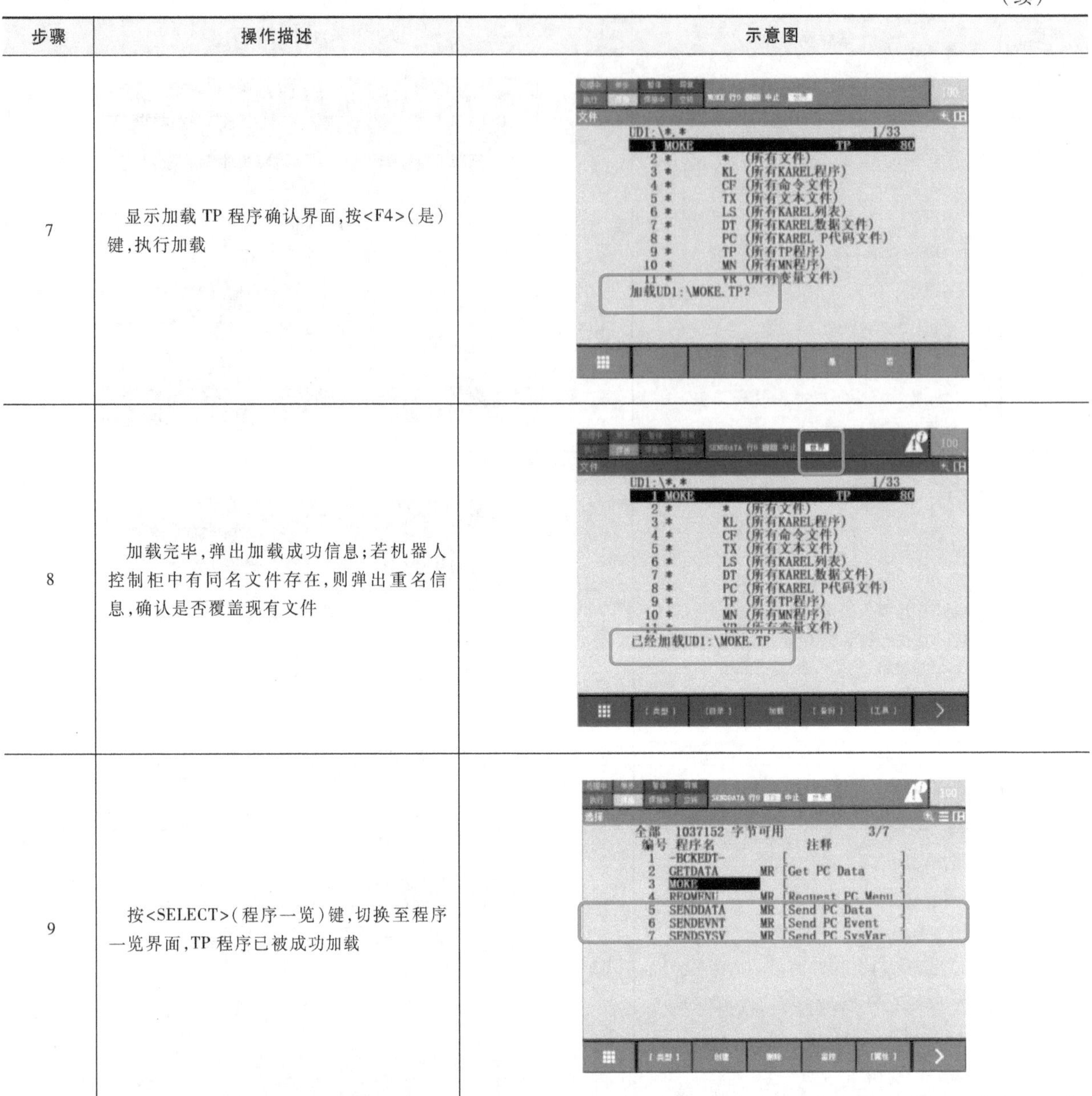
8	加载完毕，弹出加载成功信息；若机器人控制柜中有同名文件存在，则弹出重名信息，确认是否覆盖现有文件	
9	按<SELECT>（程序一览）键，切换至程序一览界面，TP 程序已被成功加载	

表 5-5　控制启动模式下 FANUC 焊接机器人文件备份的方法

步骤	操作描述	示意图
1	将 U 盘插入示教器（TP）或机器人控制柜上的 USB 接口	

（续）

步骤	操作描述	示意图
2	开机，同时按<PREV>（返回）键+<NEXT>（翻页）键，直到出现“CONFIGURATION MENU”菜单时松开按键	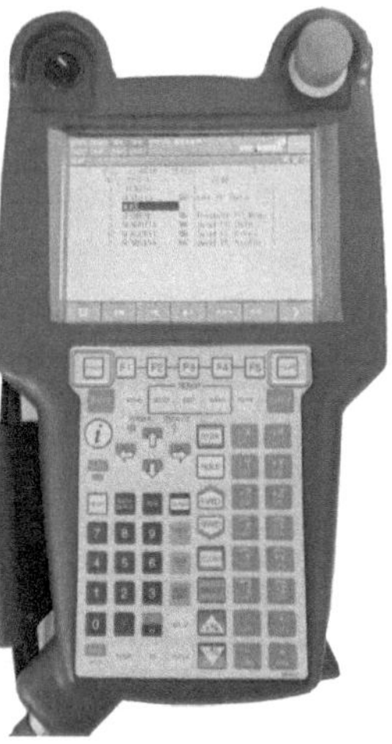
3	按数字键，输入“3”，选择“Controlled start”，按<ENTER>键进入Controlled start模式	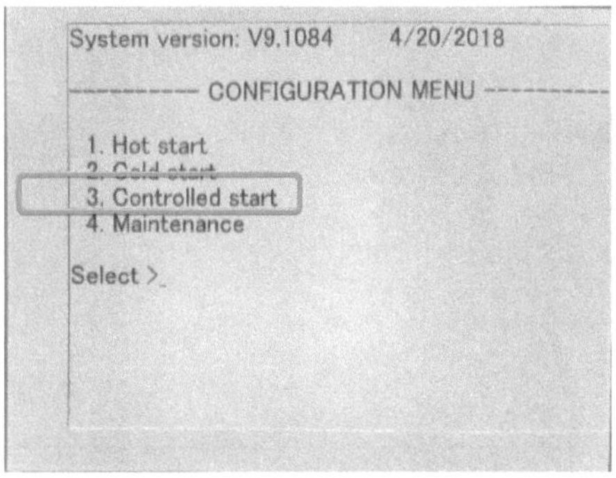 System version: V9.1084　4/20/2018 CONFIGURATION MENU 1. Hot start 2. Cold start 3. Controlled start 4. Maintenance Select >
4	按<MENU>（菜单）键，进入主菜单界面，选择“文件”子菜单，确认进入文件一览界面	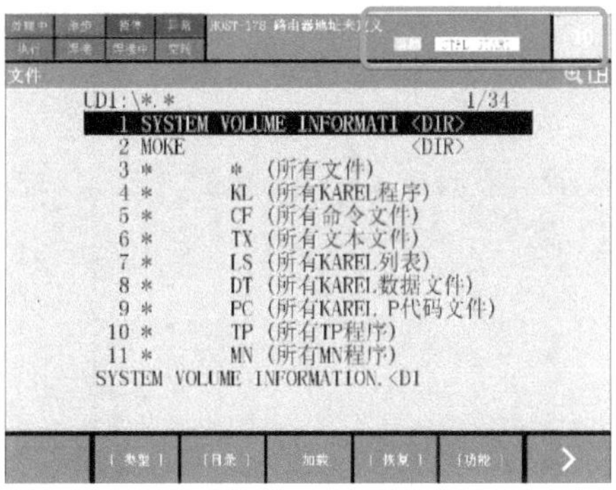
5	按<F5>（工具）键，选择“切换设备”	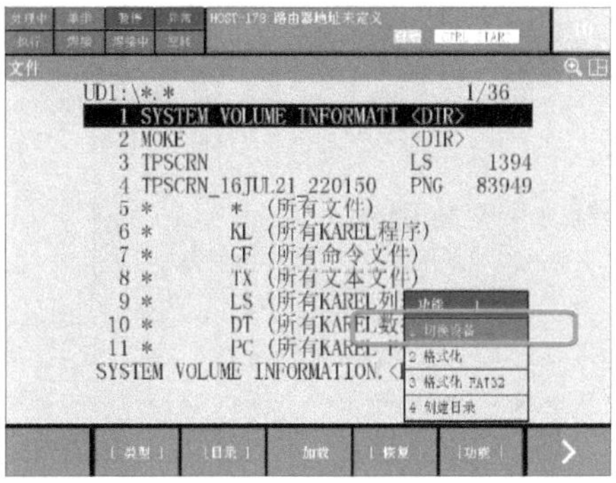

（续）

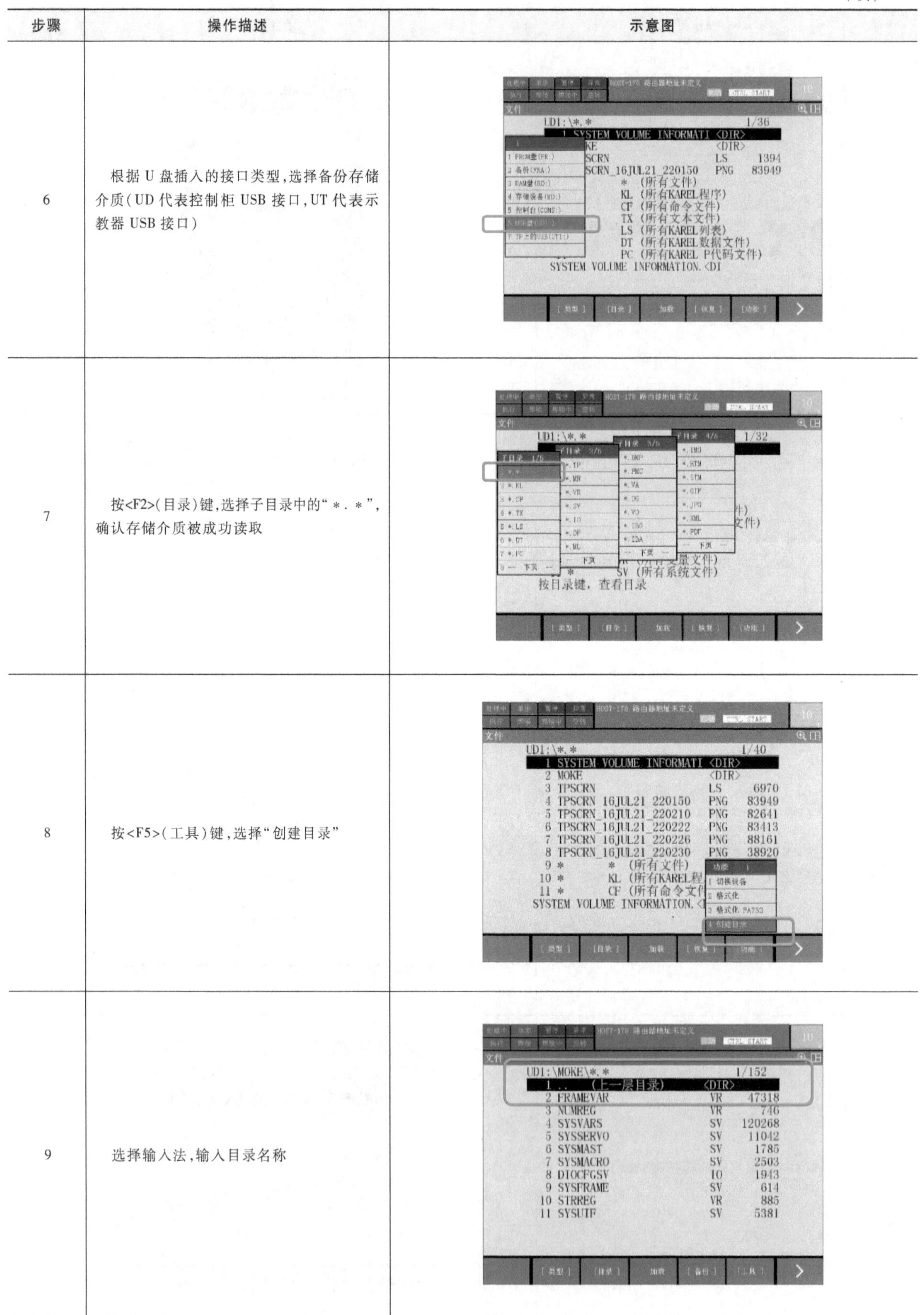

步骤	操作描述	示意图
6	根据U盘插入的接口类型，选择备份存储介质（UD代表控制柜USB接口，UT代表示教器USB接口）	
7	按<F2>（目录）键，选择子目录中的“＊.＊”，确认存储介质被成功读取	
8	按<F5>（工具）键，选择“创建目录”	
9	选择输入法，输入目录名称	

（续）

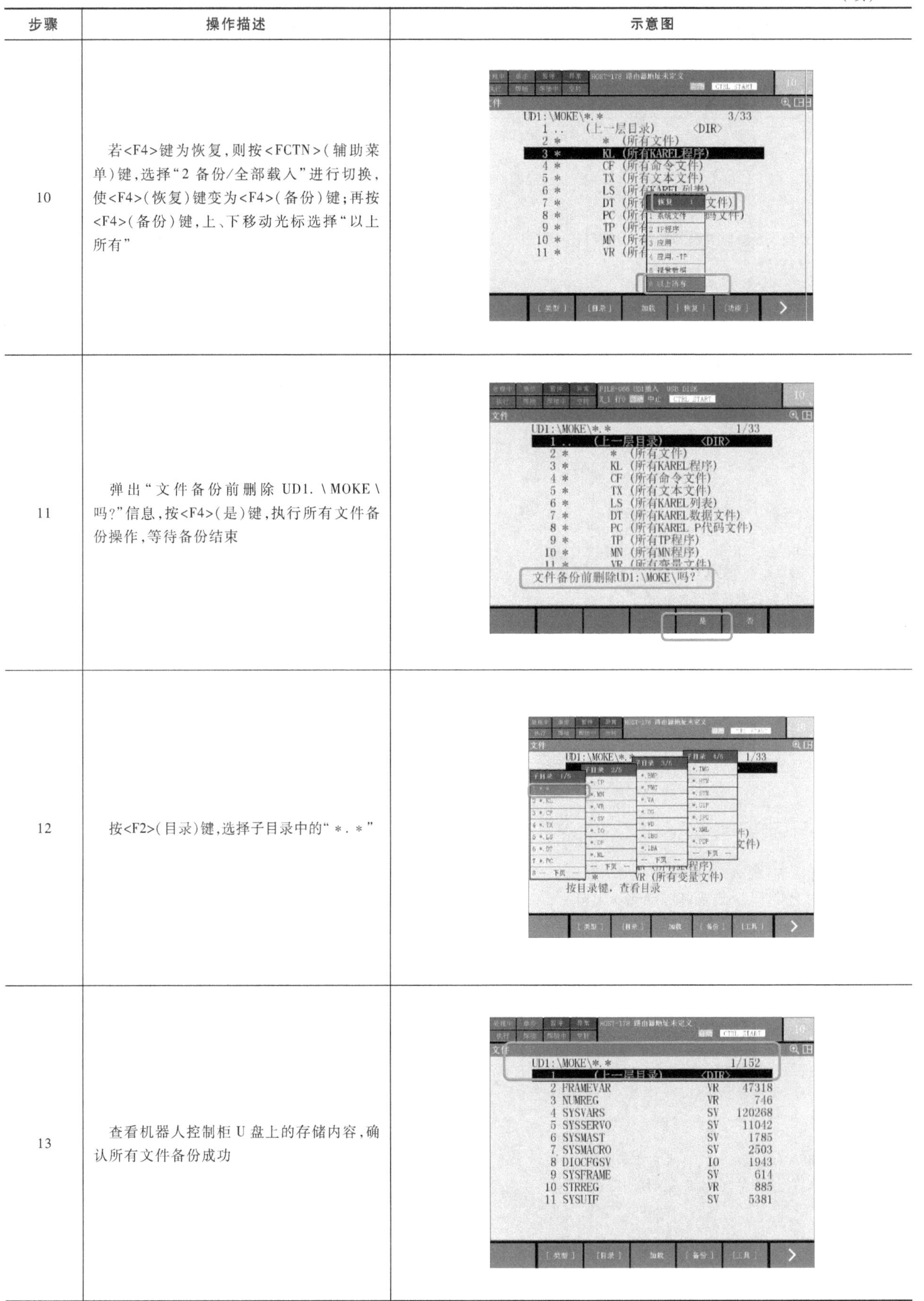

步骤	操作描述	示意图
10	若<F4>键为恢复，则按<FCTN>（辅助菜单）键，选择“2 备份/全部载入”进行切换，使<F4>（恢复）键变为<F4>（备份）键；再按<F4>（备份）键，上、下移动光标选择“以上所有”	
11	弹出“文件备份前删除 UD1.\MOKE\吗?”信息，按<F4>（是）键，执行所有文件备份操作，等待备份结束	
12	按<F2>（目录）键，选择子目录中的“＊.＊”	
13	查看机器人控制柜U盘上的存储内容，确认所有文件备份成功	

控制启动模式下 FANUC 焊接机器人文件还原的方法见表 5-6。值得注意的是，处于写保护和编辑状态下的文件都不能被加载。

表 5-6 控制启动模式下 FANUC 焊接机器人文件还原的方法

步骤	操作描述	示意图
1	将 U 盘插入示教器（TP）或机器人控制柜上的 USB 接口	
2	开机，同时按<PREV>（返回）键+<NEXT>（翻页）键，直到出现“CONFIGURATION MENU”菜单时松开按键	
3	按数字键，输入“3”，选择“Controlled start”，按<ENTER>键进入 Controlled start 模式	
4	按<MENU>（菜单）键，进入主菜单界面，选择“文件”子菜单，确认进入文件一览界面	

（续）

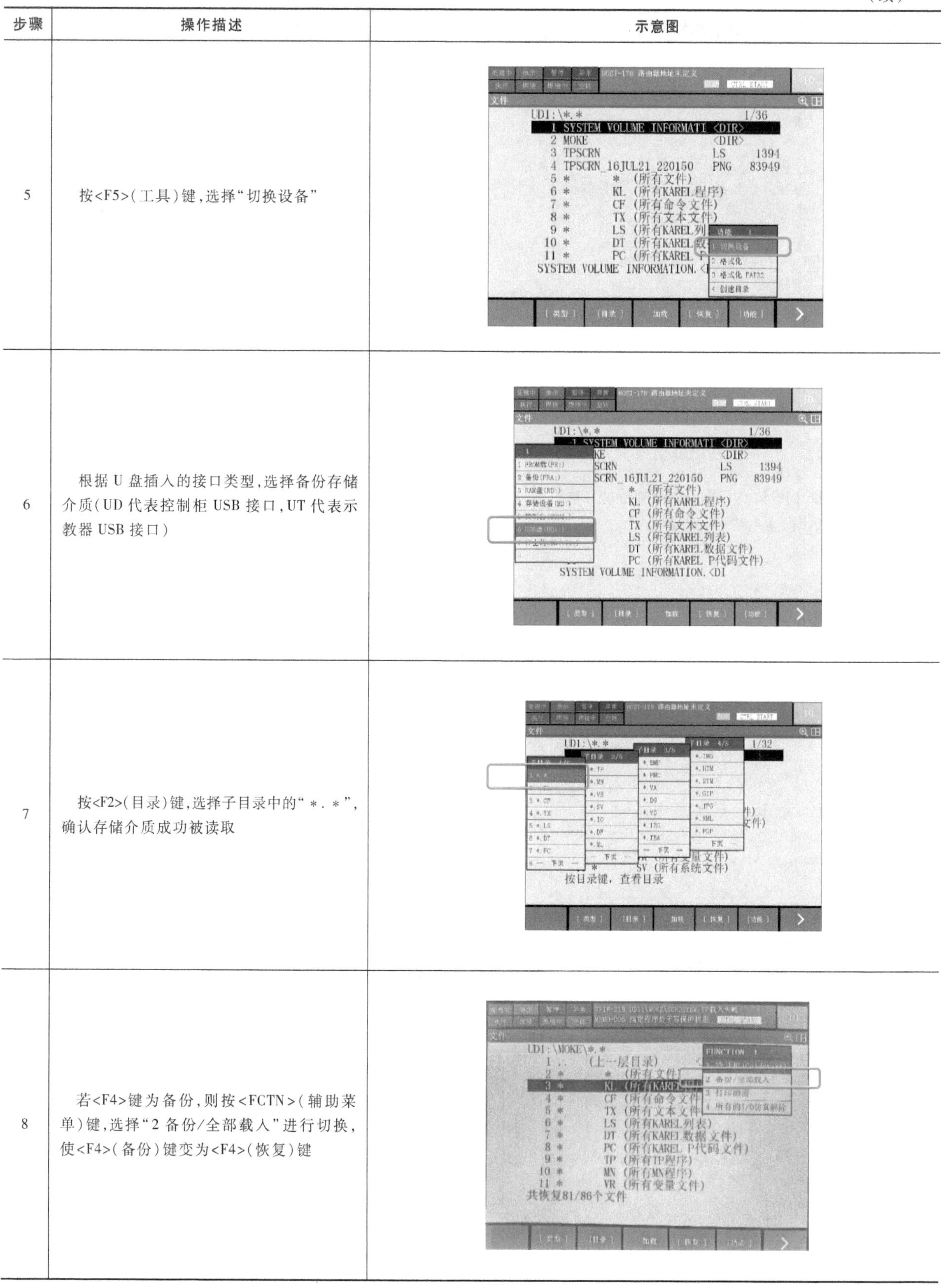

步骤	操作描述	示意图
5	按<F5>（工具）键，选择“切换设备”	
6	根据U盘插入的接口类型，选择备份存储介质（UD代表控制柜USB接口，UT代表示教器USB接口）	
7	按<F2>（目录）键，选择子目录中的“＊.＊”，确认存储介质成功被读取	
8	若<F4>键为备份，则按<FCTN>（辅助菜单）键，选择“2 备份/全部载入”进行切换，使<F4>（备份）键变为<F4>（恢复）键	

（3）底层镜像模式下的文件备份　底层镜像模式下FANUC焊接机器人文件镜像备份的方法见表5-7。值得注意的是，镜像模式的备份压缩文件大小每个为1M左右。

表 5-7　底层镜像模式下 FANUC 焊接机器人文件镜像备份的方法

步骤	操作描述	示意图
1	将 U 盘插入示教器（TP）或机器人控制柜上的 USB 接口	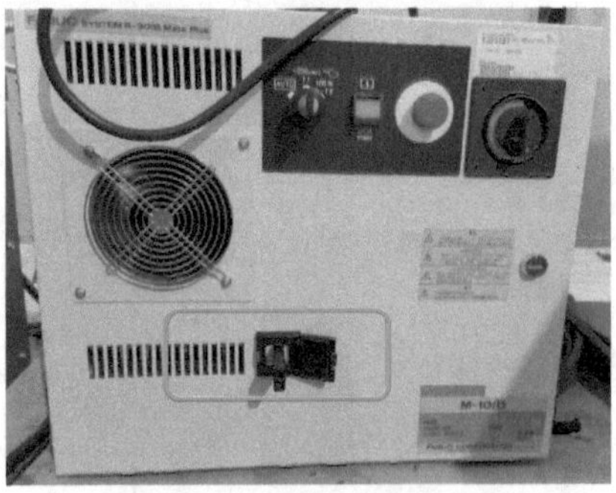
2	开机，同时按<F1+F5>键，直到出现“BMON MENU”菜单时松开按键	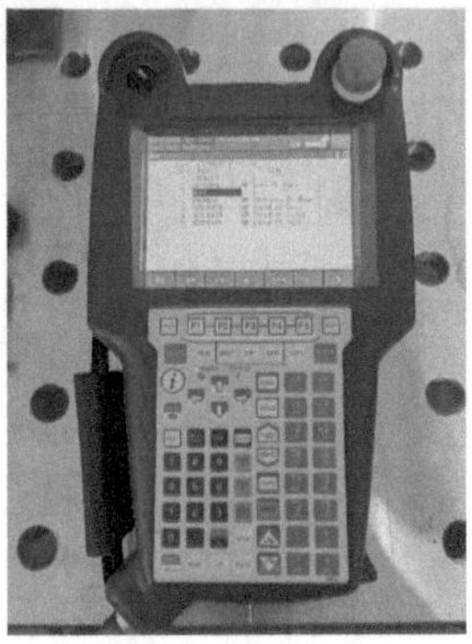
3	按数字键，输入“4”，选择“Controller backup/restore”，按<ENTER>键，进入 BACKUP/RESTORE MENU 界面	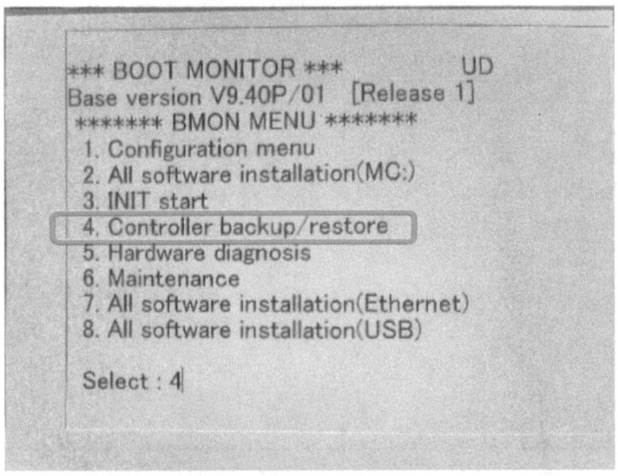
4	按数字键，输入“2”，选择“Backup Controller as Images”，按<ENTER>键，进入 Device Selection menu 界面	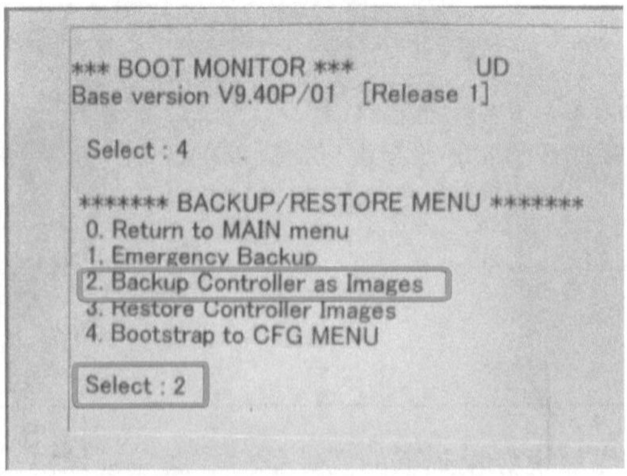

（续）

步骤	操作描述	示意图
5	按数字键，输入“3”，选择“USB（UD1：）”	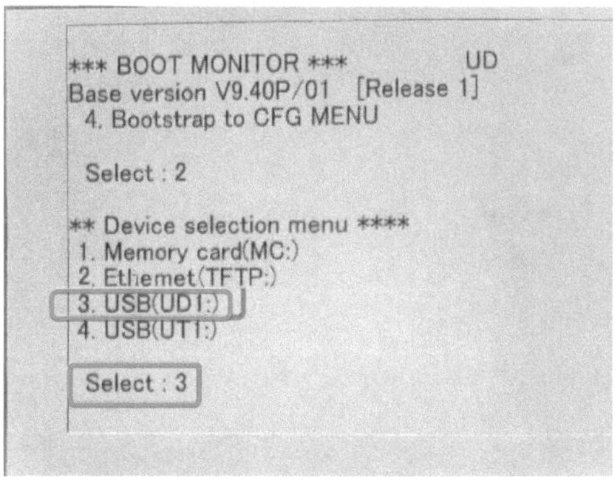 *** BOOT MONITOR *** UD Base version V9.40P/01 [Release 1] 4. Bootstrap to CFG MENU Select : 2 ** Device selection menu **** 1. Memory card(MC:) 2. Ethemet(TFTP:) 3. USB(UD1:) 4. USB(UT1:) Select : 3
6	按<ENTER>键后，弹出所选存储介质的根目录列表，选择对应的文件夹名称	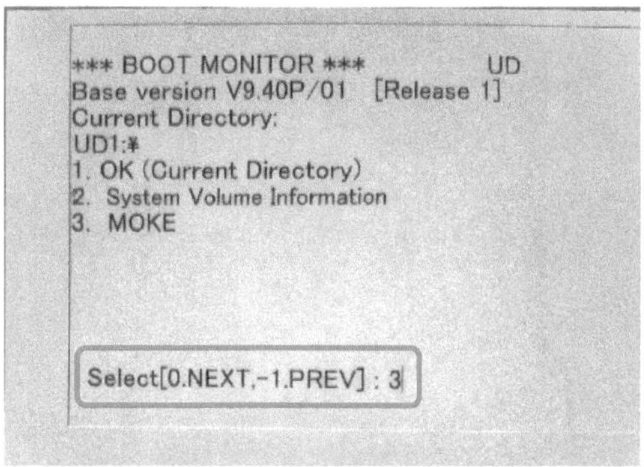 *** BOOT MONITOR *** UD Base version V9.40P/01 [Release 1] Current Directory: UD1:¥ 1. OK (Current Directory) 2. System Volume Information 3. MOKE Select[0.NEXT,-1.PREV] : 3
7	弹出“Current Directory”文件夹列表，按数字键，输入“1”，确认当前所选文件夹	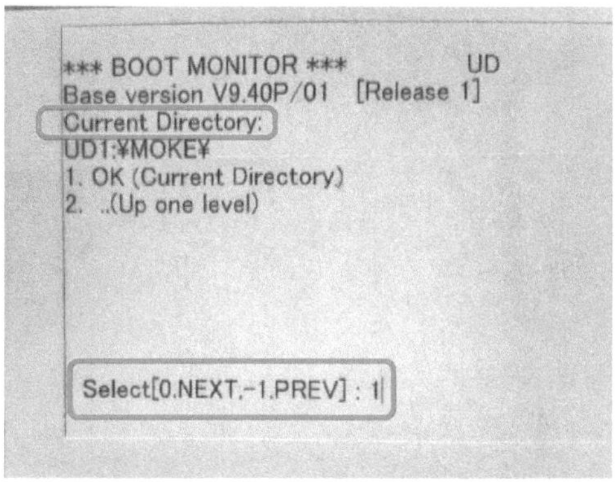 *** BOOT MONITOR *** UD Base version V9.40P/01 [Release 1] Current Directory: UD1:¥MOKE¥ 1. OK (Current Directory) 2. ..(Up one level) Select[0.NEXT,-1.PREV] : 1
8	按<ENTER>键后，系统显示“ Are You Ready?［Y＝1/N＝else］：1”，输入“1”，备份继续；输入其他值，系统将返回“BMON MENU”界面	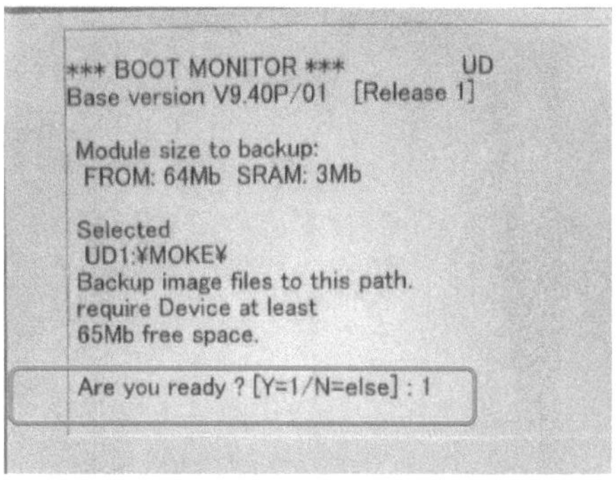 *** BOOT MONITOR *** UD Base version V9.40P/01 [Release 1] Module size to backup: FROM: 64Mb SRAM: 3Mb Selected UD1:¥MOKE¥ Backup image files to this path. require Device at least 65Mb free space. Are you ready ? [Y=1/N=else] : 1

（续）

步骤	操作描述	示意图
9	按数字键，输入“1”，按<ENTER>键后，系统开始备份	 *** BOOT MONITOR *** UD Base version V9.40P/01 [Release 1] Selected UD1:¥MOKE¥ Backup image files to this path. require Device at least 65Mb free space. Are you ready ? [Y=1/N=else] : 1 Writing FROM00.IMG (1/66) Writing FROM01.IMG (2/66) Writing FROM02.IMG (3/66)
10	备份完毕，弹出“Press ENTER to return”	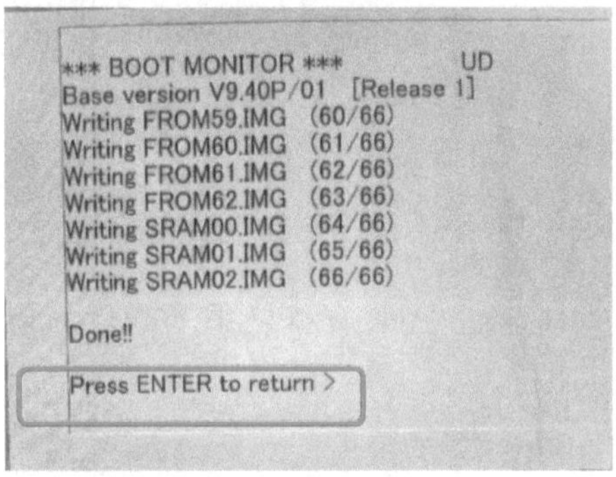 *** BOOT MONITOR *** UD Base version V9.40P/01 [Release 1] Writing FROM59.IMG (60/66) Writing FROM60.IMG (61/66) Writing FROM61.IMG (62/66) Writing FROM62.IMG (63/66) Writing SRAM00.IMG (64/66) Writing SRAM01.IMG (65/66) Writing SRAM02.IMG (66/66) Done!! Press ENTER to return >
11	按<ENTER>键，系统返回 BMON MENU 界面	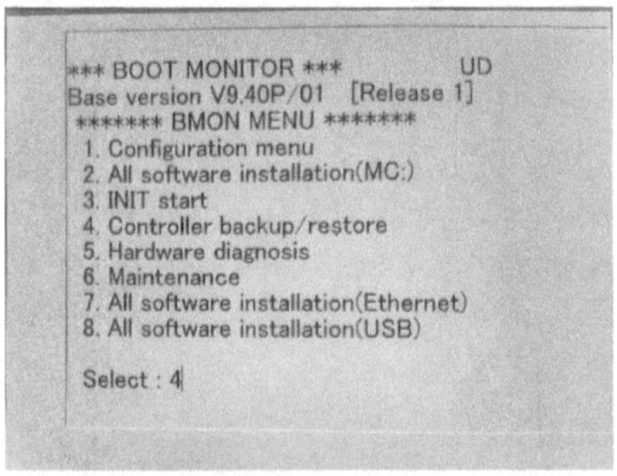 *** BOOT MONITOR *** UD Base version V9.40P/01 [Release 1] ******* BMON MENU ******* 1. Configuration menu 2. All software installation(MC:) 3. INIT start 4. Controller backup/restore 5. Hardware diagnosis 6. Maintenance 7. All software installation(Ethernet) 8. All software installation(USB) Select : 4
12	关机重启，进入一般模式界面	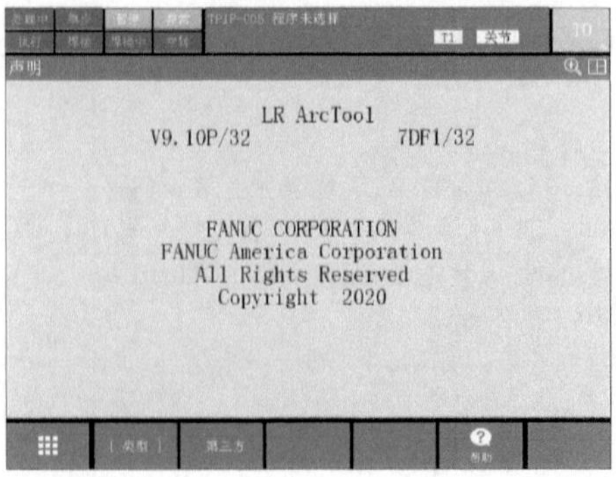 LR ArcTool V9.10P/32 7DF1/32 FANUC CORPORATION FANUC America Corporation All Rights Reserved Copyright 2020

底层镜像模式下 FANUC 焊接机器人文件镜像还原的方法见表 5-8。值得注意的是，在镜像文件加载过程中不要断电！

表 5-8　底层镜像模式下 FANUC 焊接机器人文件镜像还原的方法

步骤	操作描述	示意图
1	将 U 盘插入示教器(TP)或机器人控制柜上的 USB 接口	
2	开机，同时按<F1+F5>键，直到出现“BMON MENU”菜单，此时松开按键	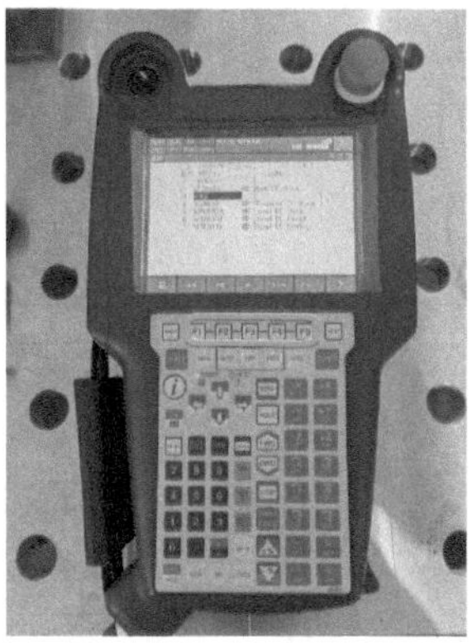
3	按数字键，输入“4”，选择“Controller backup/restore”，按<ENTER>键进入 BACKUP/RESTORE MENU 界面	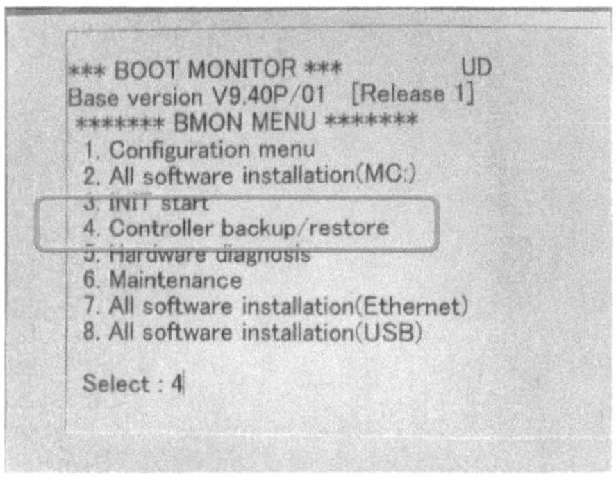
4	按数字键，输入“3”，选择“Restore Controller Images”，按<ENTER>键，进入 Device Selection menu 界面	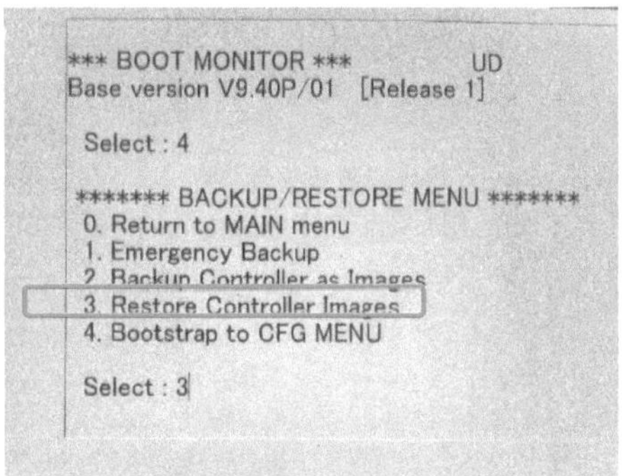

（续）

步骤	操作描述	示意图
5	按数字键，输入“3”，选择“USB（UD1：）”	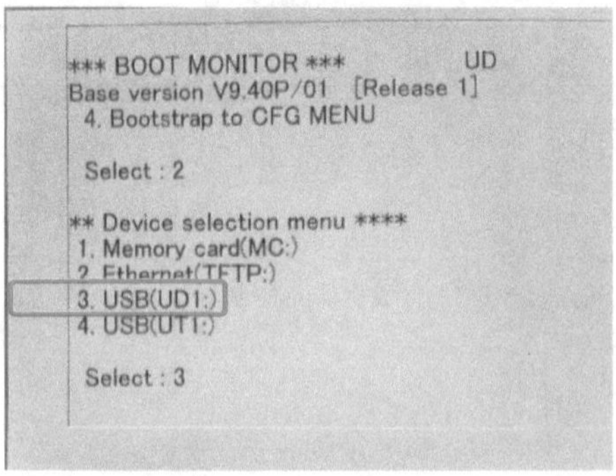
6	按<ENTER>键后，弹出所选存储介质的根目录列表，按数字键，输入“3”，选择对应的文件夹名称	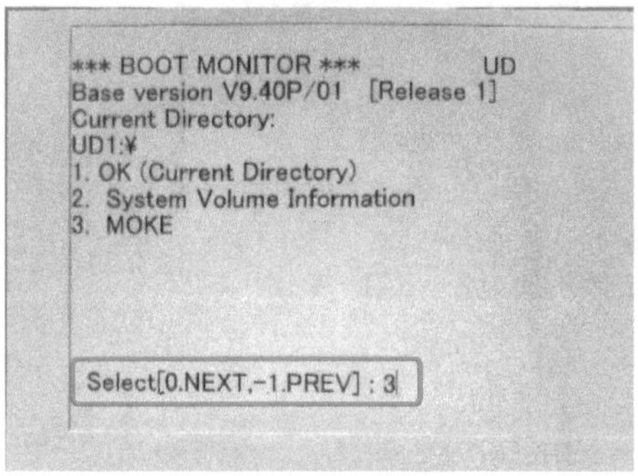
7	弹出“Current Directory”文件夹列表，按数字键，输入“1”，确认当前所选文件夹	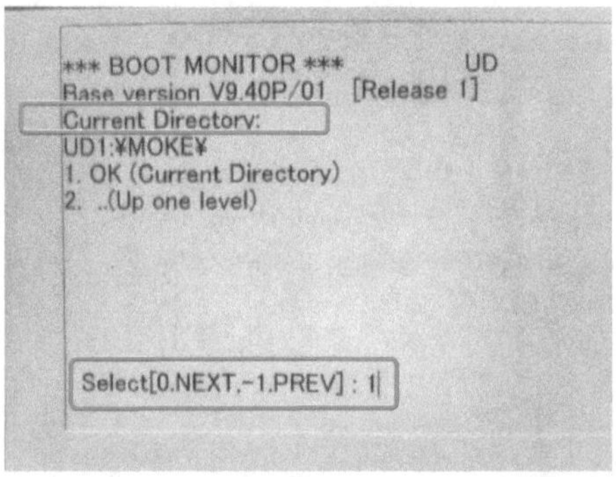
8	弹出“Restore image files?”，按数字键，输入“1”，按<ENTER>键后，系统开始镜像还原	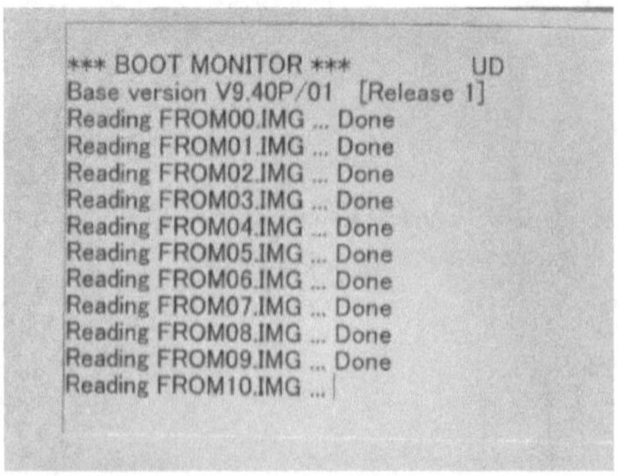

（续）

步骤	操作描述	示意图
9	还原加载完毕，弹出“Press ENTER to return”	*** BOOT MONITOR *** UD Base version V9.40P/01 [Release 1] Reading FROM60.IMG ... Done Reading FROM61.IMG ... Done Reading FROM62.IMG ... Done Clearing SRAM (3M) ... done Reading SRAM00.IMG ... Done Reading SRAM01.IMG ... Done Reading SRAM02.IMG ... Done -- Restore complete -- Press ENTER to return >
10	按<ENTER>键，系统返回 BMON MENU 界面	*** BOOT MONITOR *** UD Base version V9.40P/01 [Release 1] 4. Bootstrap to CFG MENU Select : 2 ** Device selection menu **** 1. Memory card(MC:) 2. Ethernet(TFTP:) 3. USB(UD1:) 4. USB(UT1:) Select :
11	关机重启，进入一般模式界面	

【任务实施】

1. FANUC 焊接机器人系统文件备份

本任务是在控制启动模式下完成焊接机器人系统文件、程序文件、逻辑文件、I/O 配置文件、数据文件等应用文件的备份操作，操作流程如图 5-1 所示。FANUC R-30iB Plus 机器人控制柜焊接机器人系统文件备份的具体步骤如下。

（1）插入存储介质（如 U 盘）　打开机器人控制柜 USB 接口盖板，将准备好的 U 盘插入接口中。

（2）系统上电开机　按规范给焊接机器人工作站输送电力，同时按示教器上的<PREV>（返回）键+<NEXT>（翻页）键，直到出现“CONFIGURATION MENU”菜单时松开按键。

（3）进入控制启动模式　按数字键，输入“3”，选择“Controlled start”，按<ENTER>键，进入 Controlled start 模式，如图 5-2 所示。

（4）进入文件一览界面　按<MENU>（菜单）键，进入主菜单界面，选择“文件”子菜单，确认进入文件一览界面，如图 5-3 所示。

（5）切换备份介质　按<F5>（工具）键，选择“切换设备”，进入备份存储介质界面，如图 5-4 所示。

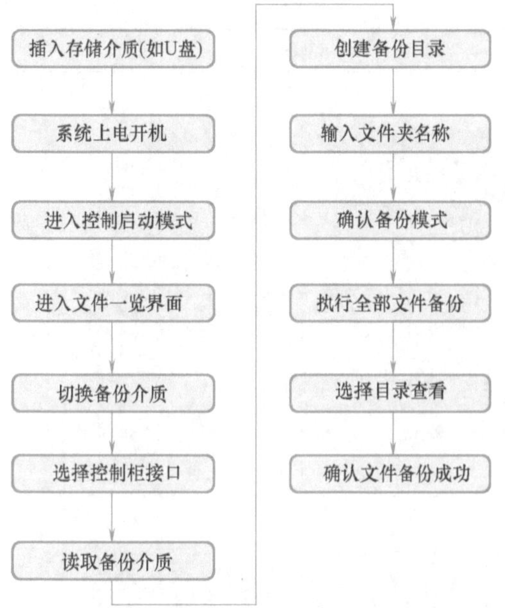

图 5-1　焊接机器人系统文件备份操作流程

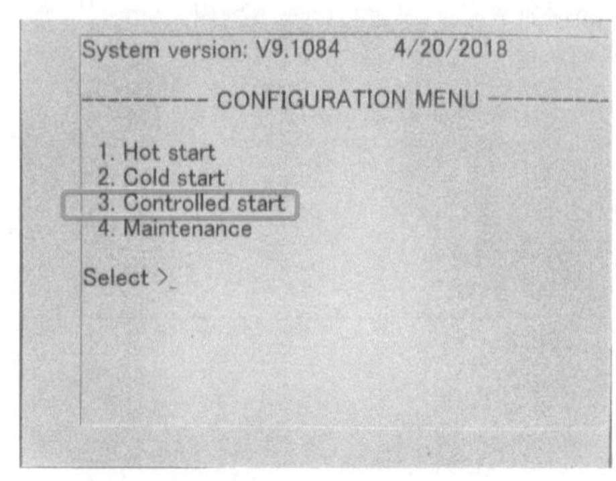

图 5-2　Controlled start 模式界面

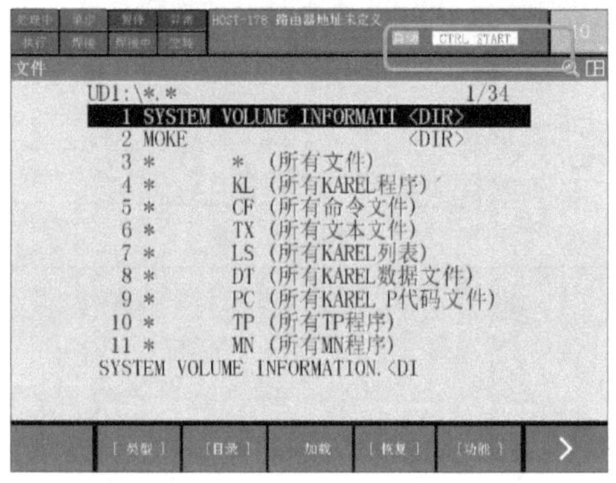

图 5-3　文件一览界面

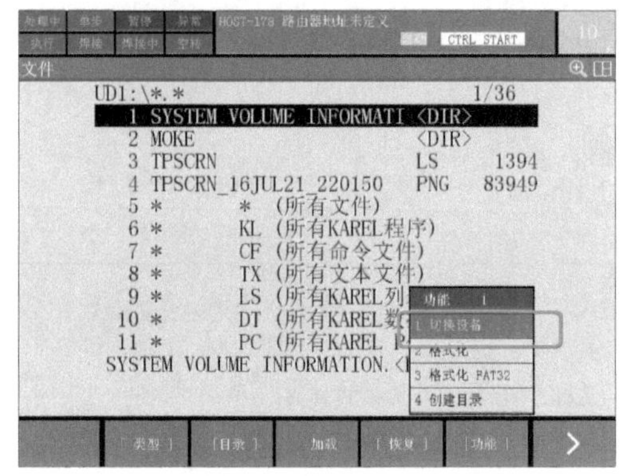

图 5-4　选择“切换设备”

（6）选择控制柜接口　根据 U 盘插入的接口类型，选择备份存储介质（UD 代表控制柜 USB 接口，UT 代表示教器 USB 接口，如图 5-5 所示。

（7）读取备份介质　按<F2>（目录）键，选择子目录中的“＊. ＊”，确认存储介质被成功读取，如图 5-6 所示。

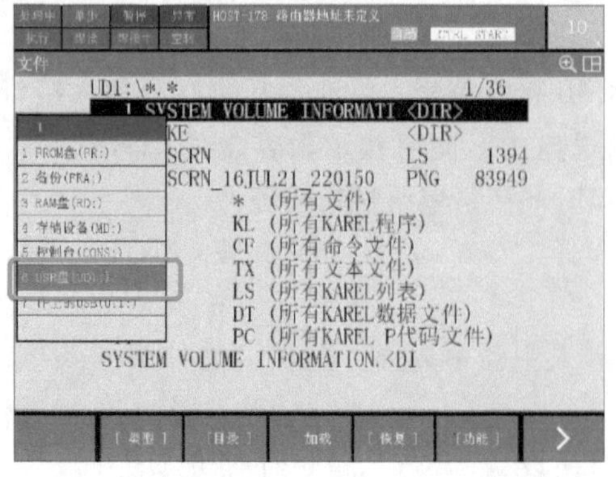

图 5-5　存储介质选择界面

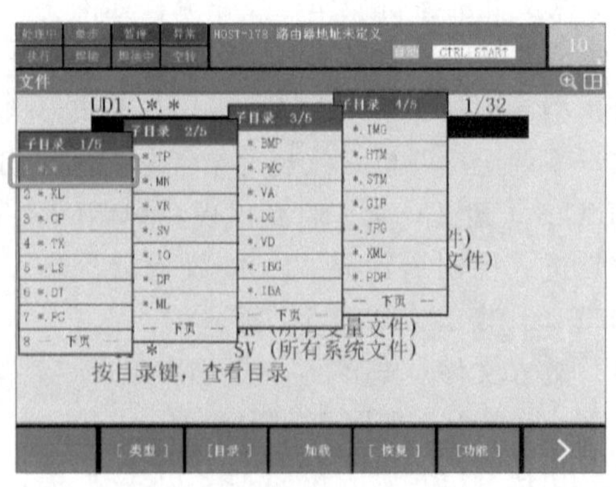

图 5-6　存储介质目录选择界面

（8）创建备份目录　按<F5>（工具）键，选择“创建目录”，如图 5-7 所示。

（9）输入文件夹名称　选择输入法，输入目录名称，如图 5-8 所示。

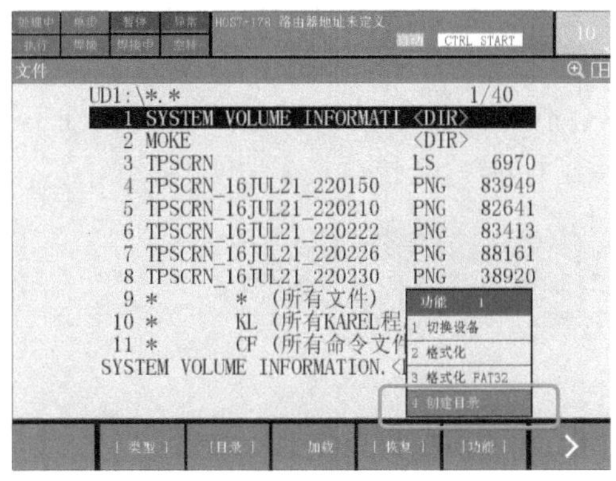

图 5-7　创建备份目录界面

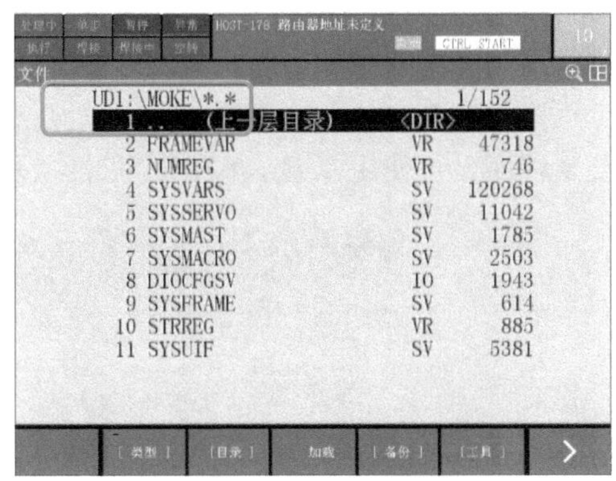

图 5-8　选择备份目录界面

（10）确认备份模式　若<F4>键为恢复，则按<FCTN>（辅助菜单）键，选择“2 备份/全部载入”进行切换，使<F4>键由恢复变为备份；再按<F4>（备份）键，上、下移动光标选择“以上所有”备份，如图 5-9 所示。

（11）执行全部文件备份　弹出“文件备份前删除 UD1：\ MOKE \ 吗?”信息，按<F4>（是）键，执行所有文件备份操作，等待备份结束，如图 5-10 所示。

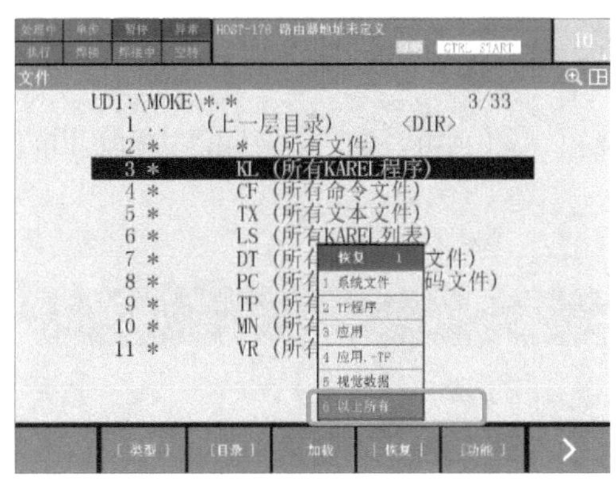

图 5-9　备份文件类型选择界面

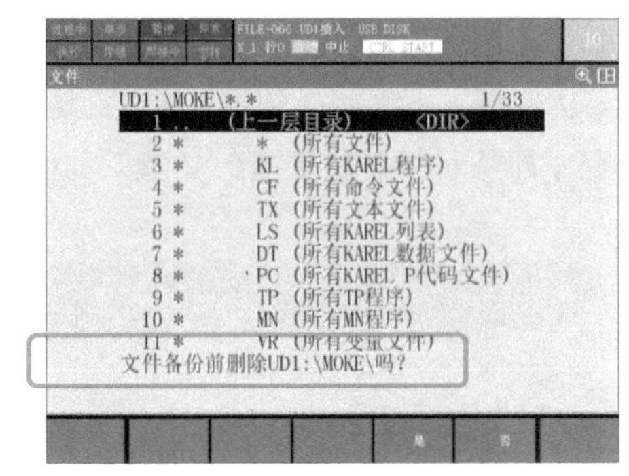

图 5-10　备份执行确认界面

（12）选择目录查看　按<F2>（目录）键，选择子目录中的“*. *”，如图 5-11 所示。

（13）确认文件备份成功　查看机器人控制柜 U 盘上的存储内容，确认所有文件备份成功，如图 5-12 所示。

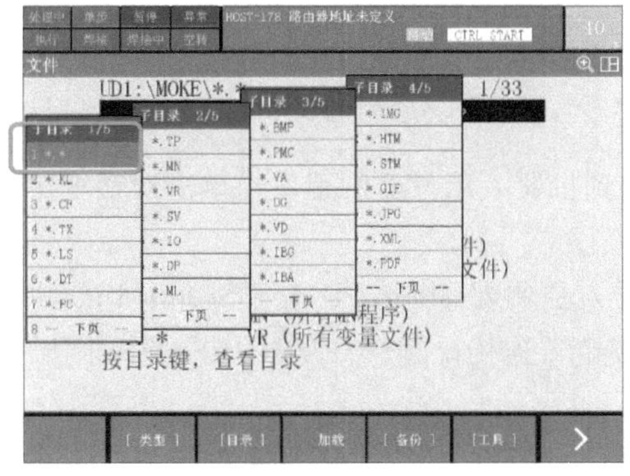

图 5-11　备份文件查看类型选择界面

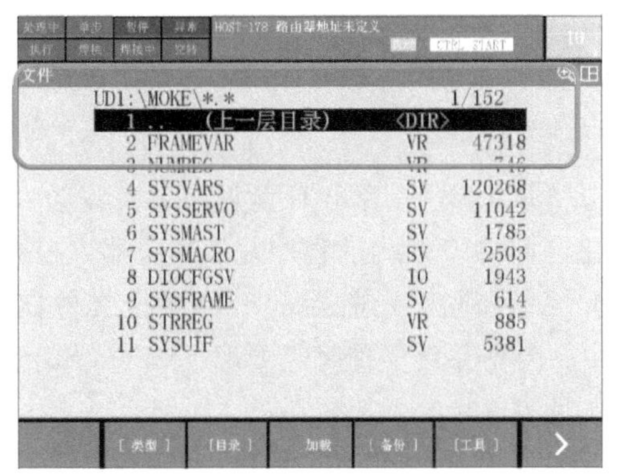

图 5-12　备份文件一览界面

2. EFORT 焊接机器人系统文件备份

（1）程序备份　EFORT 焊接机器人示教器配置了文件管理器功能，可方便用户管理项目文件。如图 5-13 所示，在文件管理器界面中，主体部分展示了目录结构，底部为文件操作的功能按钮，支持新建、复制、粘贴、重命名、删除、剪切等操作。

由于程序文件都存储在控制器上，所以更换示教器不会造成程序文件的丢失。如果需要在不同机器人之间复制程序，可使用 U 盘，EFORT 机器人示教器提供了标准 USB 接口。

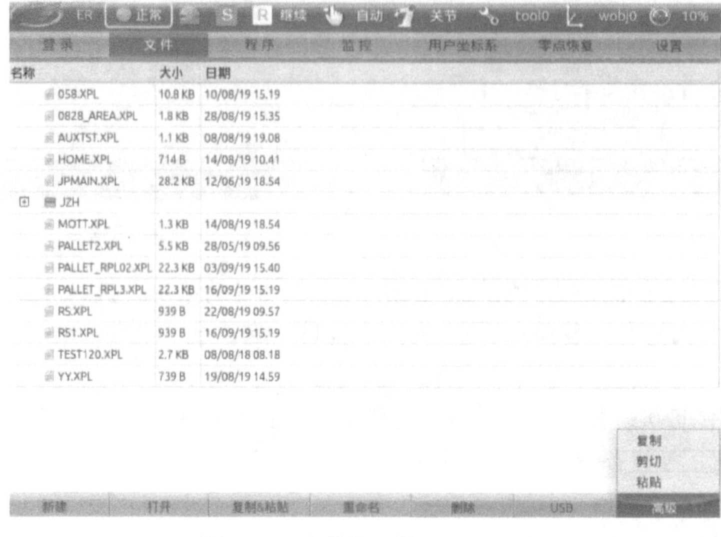

图 5-13　文件管理器（EFORT）

插入 U 盘后，单击文件管理器下方“USB”按钮，弹出“到 USB”和“从 USB”选项，单击“到 USB”，程序即从示教器被复制到 U 盘，如图 5-14 所示。

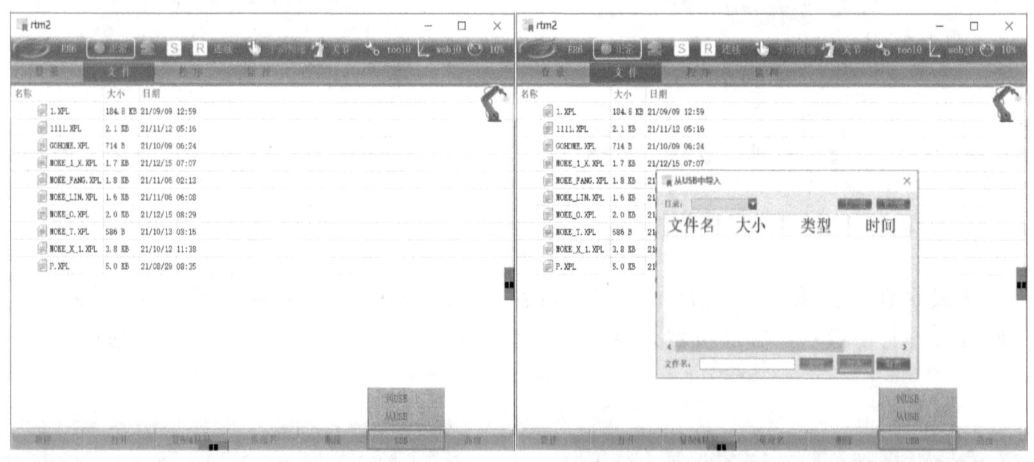

图 5-14　程序从示教器被复制到 U 盘

单击“从 USB”，弹出 U 盘程序列表，选中需要复制到机器人示教器的程序，单击对话框中的“导入”按钮，即将 U 盘内的程序复制到机器人控制器内。

（2）系统备份　示教器的 C30 系统文件储存在机器人控制器 Micro SD 卡（Secure Digital Memory Card）中，备份系统文件时需要取下 Micro SD 卡，使用读卡器连接计算机，复制 Micro SD 卡上的文件，具体操作见表 5-9。

（3）系统升级　EFORT 焊接机器人系统的更新包括两个部分：一个是固件系统升级，另一个是示教器的 C30 软件系统升级，两个部分的升级相互独立。

表 5-9　EFORT 机器人系统备份操作

步骤	图示	说明
1. 关机状态下，取下控制器 Micro SD 卡		关闭机器人电源，打开机器人控制柜，找到机器人控制器 Micro SD 卡，轻按 Micro SD 卡，卡弹出，取下 Micro SD 卡
2. 通过 Micro SD 卡读卡器将 Micro SD 卡和计算机连接起来		使用 Micro SD 卡读卡器连接 Micro SD 卡与计算机
3. 复制 Micro SD 卡中的系统文件		将 Micro SD 卡中的系统文件全部选中，并复制到计算机内或其储存载体上，即完成对机器人系统文件的备份 完成备份后将 Micro SD 卡插回机器人控制器

1）固件系统升级。查看当前示教器的固件版本号并与技术人员联系，如果版本号不是已发布的最新版本号，建议升级到最新版固件，具体操作见表 5-10。

表 5-10　固件系统升级操作（EFORT）

步骤	图示	说明
1. 双击桌面上的快捷方式图标进入主界面，单击“关于”图标进入程序	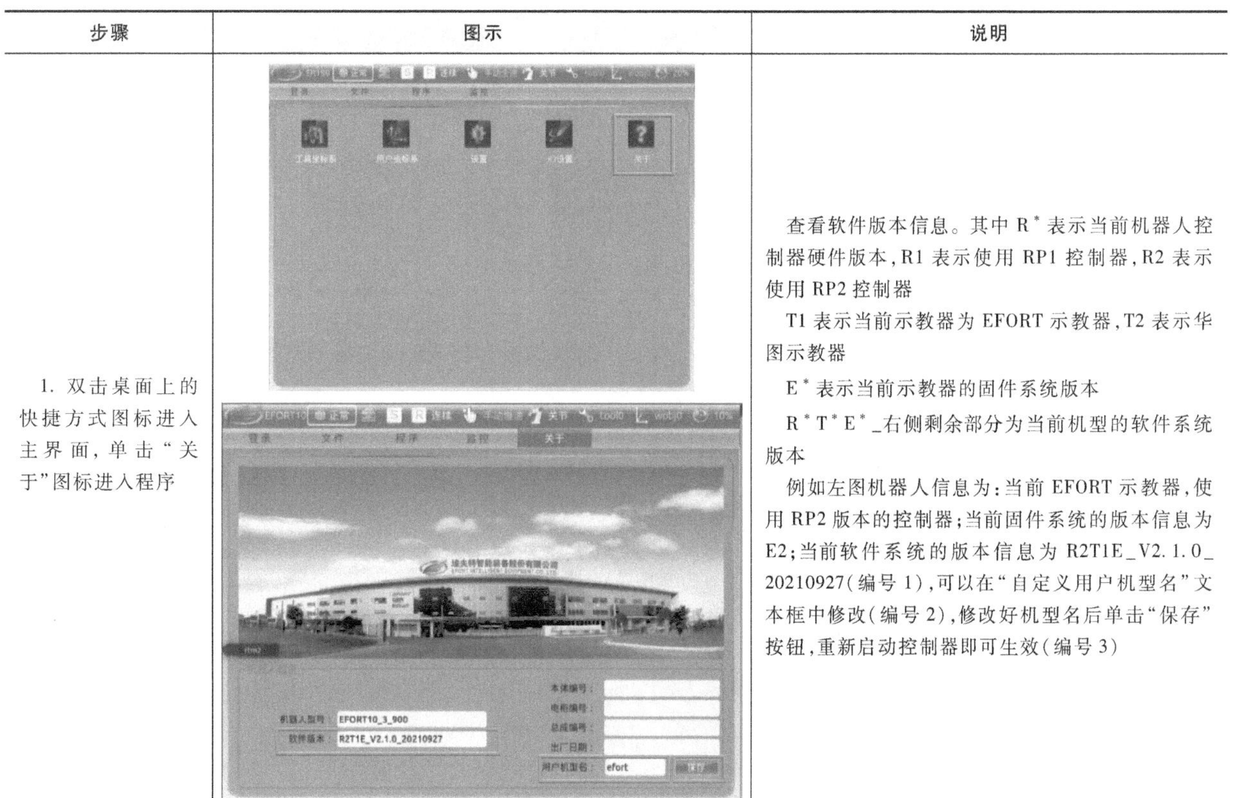	查看软件版本信息。其中 R* 表示当前机器人控制器硬件版本，R1 表示使用 RP1 控制器，R2 表示使用 RP2 控制器 T1 表示当前示教器为 EFORT 示教器，T2 表示华图示教器 E* 表示当前示教器的固件系统版本 R*T*E*_右侧剩余部分为当前机型的软件系统版本 例如左图机器人信息为：当前 EFORT 示教器，使用 RP2 版本的控制器；当前固件系统的版本信息为 E2；当前软件系统的版本信息为 R2T1E_V2.1.0_20210927（编号 1），可以在“自定义用户机型名”文本框中修改（编号 2），修改好机型名后单击“保存”按钮，重新启动控制器即可生效（编号 3）

（续）

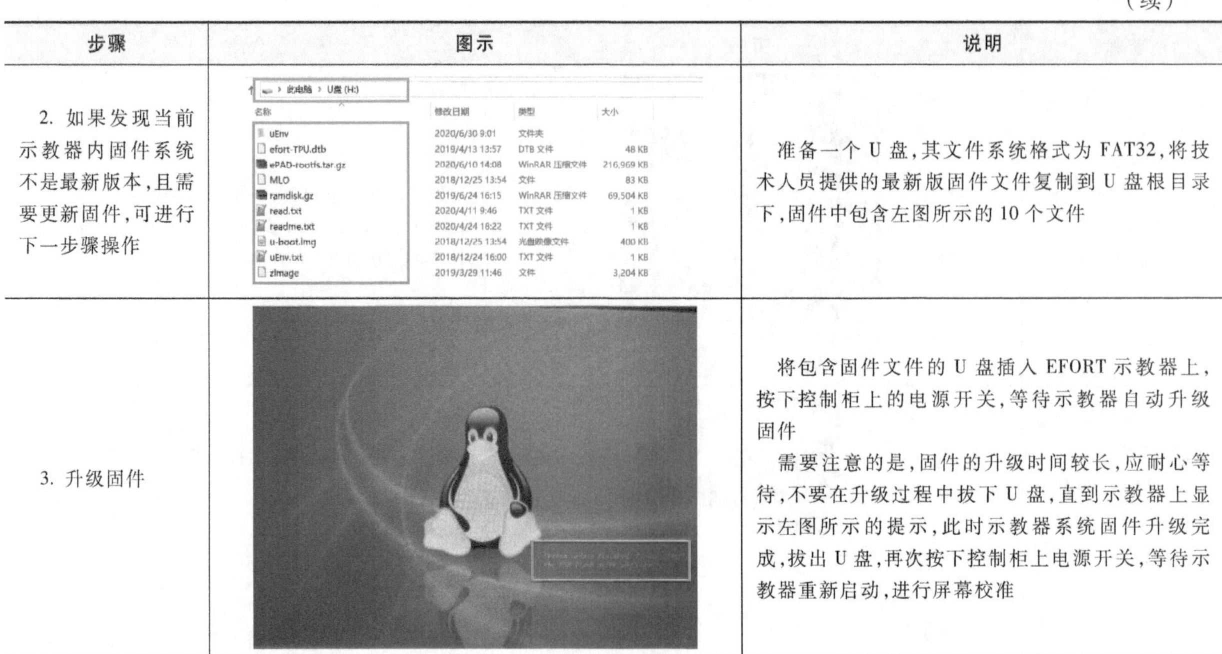

步骤	图示	说明
2. 如果发现当前示教器内固件系统不是最新版本，且需要更新固件，可进行下一步骤操作	此电脑 › U盘 (H:) uEnv 2020/6/30 9:01 文件夹 efort-TPU.dtb 2019/4/13 13:57 DTB 文件 48 KB ePAD-rootfs.tar.gz 2020/6/10 14:08 WinRAR 压缩文件 216,969 KB MLO 2018/12/25 13:54 文件 83 KB ramdisk.gz 2019/6/24 16:15 WinRAR 压缩文件 69,504 KB read.txt 2020/4/11 9:46 TXT 文件 1 KB readme.txt 2020/4/24 18:22 TXT 文件 1 KB u-boot.img 2018/12/25 13:54 光盘映像文件 400 KB uEnv.txt 2018/12/24 16:00 TXT 文件 1 KB zImage 2019/3/29 11:46 文件 3,204 KB	准备一个U盘，其文件系统格式为FAT32，将技术人员提供的最新版固件文件复制到U盘根目录下，固件中包含左图所示的10个文件
3. 升级固件		将包含固件文件的U盘插入EFORT示教器上，按下控制柜上的电源开关，等待示教器自动升级固件 需要注意的是，固件的升级时间较长，应耐心等待，不要在升级过程中拔下U盘，直到示教器上显示左图所示的提示，此时示教器系统固件升级完成，拔出U盘，再次按下控制柜上电源开关，等待示教器重新启动，进行屏幕校准

2）示教器的C30软件系统升级。示教器的C30软件系统会不定期更新版本。如果需要更新该系统版本，应联系技术人员提供软件版本更新文件，同时需要准备一个U盘，其文件系统格式为FAT32，将更新文件复制到U盘的根目录中，具体操作见表5-11。示教器固件升级文件和示教器软件系统升级文件不能放在一个U盘内，如果同时升级建议准备两个U盘。

表5-11　EFORT机器人示教器的C30软件系统升级操作

步骤	图示	说明
1. 准备升级工具	此电脑 › U盘(G:) › rtm_update 名称 修改日期 类型 大小 App_update 2019/6/26 8:39 文件 1 KB readme.txt 2019/3/28 8:51 TXT 文件 1 KB rtm.tar.gz 2020/11/10 15:19 WinRAR 压缩文件 70,660 KB	将技术人员提供的软件系统升级文件夹（rtm_update）复制到U盘根目录下，文件夹内包含左图所示的3个文件
2. 升级软件系统	App updating	将包含更新文件的U盘插入到EFORT示教器上，按下控制柜上的电源开关，出现左图所示信息，等待示教器自动升级软件系统
3. 完成软件系统升级	App update completed !	直至示教器界面显示左图所示提示“App update completed!”，示教器的C30软件系统更新完成，示教器进入系统，拔出U盘

任务 5.2　焊接机器人焊枪配件的更换

【任务描述】

焊接电弧的稳定性直接影响最终的焊接质量，而送丝的顺畅程度则决定焊接电弧的稳定性。可见，焊丝输送路径的定期检查及配件更换是焊接机器人编程与维护实训工作站日常保养中非常重要的一项内容。

本任务通过清理及更换机器人专用焊枪（图 5-15）配件（如喷嘴、导电嘴、送丝管），清理及更换送丝机配件（如送丝轮、压丝轮、导丝管）等日常保养训练，掌握焊接机器人送丝系统设备的保养内容和方法。

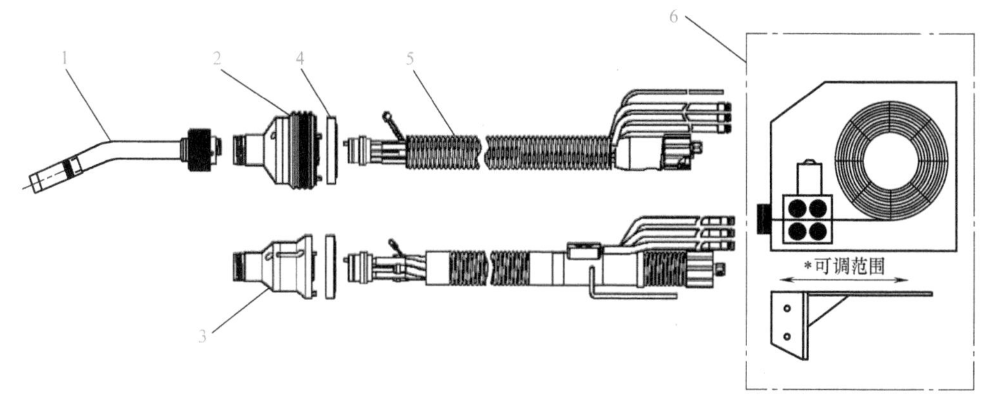

图 5-15　机器人专用焊枪

1—枪颈　2—防碰撞传感器　3—支枪臂　4—适配法兰　5—集成电缆　6—送丝机（含安装支架）

【知识准备】

焊枪是指焊接过程中执行焊接操作的部分，是电弧焊的专用工具。将焊接电源提供的电流和电压产生的电弧热量聚集在焊枪终端，熔化焊丝和待焊金属（母材），熔化的焊丝填充焊接部位，冷却后，被焊件牢固地连接成一体。焊枪功率的大小取决于焊接电源的功率和焊接材质。常见机器人专用焊枪的类型及特点见表 5-12。

表 5-12　常见机器人专用焊枪的类型及特点

分类依据	焊枪类型	焊枪特点	图示
安装方式	内置式机器人焊枪	1）直接安装在焊接机器人的第 6 根关节轴上。第 6 轴为中空设计，焊枪的集成电缆可以直接穿入 2）采用内置式焊枪进行机器人轨迹示教时，不受焊枪集成电缆干涉影响	
	外置式机器人焊枪	1）通过焊枪支架安装，焊枪集成电缆外置 2）外置式焊枪可安装在不同的焊接机器人上，而内置式焊枪只能安装在专用的焊接机器人上，即焊接机器人的第 6 轴为中空设计	

（续）

分类依据	焊枪类型	焊枪特点	图示
送丝方式	拉丝式机器人焊枪	将焊丝盘和焊枪分开，使两者通过送丝软管连接，适用于细丝自动熔化极气体保护焊，使用的焊丝直径小于或等于 0.8mm，送丝较稳定	
	推丝式机器人焊枪	推丝机和拉丝机并存，其中推丝为主要动力，拉丝是将焊丝校直。此种送丝系统的送丝软管可加长到 10m，但由于结构复杂，所以在实际中不常使用	
冷却方式	气冷式机器人焊枪	当焊接电源的焊接电流小于 300A 时，可选择气冷式焊枪，机器人焊接时电流所产生的热量会对焊枪头产生影响，可以通过焊枪周围空气的流动（对流）对焊枪头进行冷却，不会因过热而使导电嘴损坏	
	水冷式机器人焊枪	当焊接电流大于 300A 时，由于较大电流产生的热量通过焊枪周围空气对流方式无法快速散去，所以采用水冷式机器人焊枪，通过循环水系统对焊枪进行快速降温	

根据表 5-12 所列机器人专用焊枪的种类，从日常焊枪保养出发，需要了解焊枪的结构组成，如图 5-16 所示。显然，不论是推拉丝式机器人焊枪，还是水冷式机器人焊枪或是气冷式机器人焊枪，均主要由喷嘴、导电嘴、分流器、集成电缆、送丝管等组成，见表 5-13。

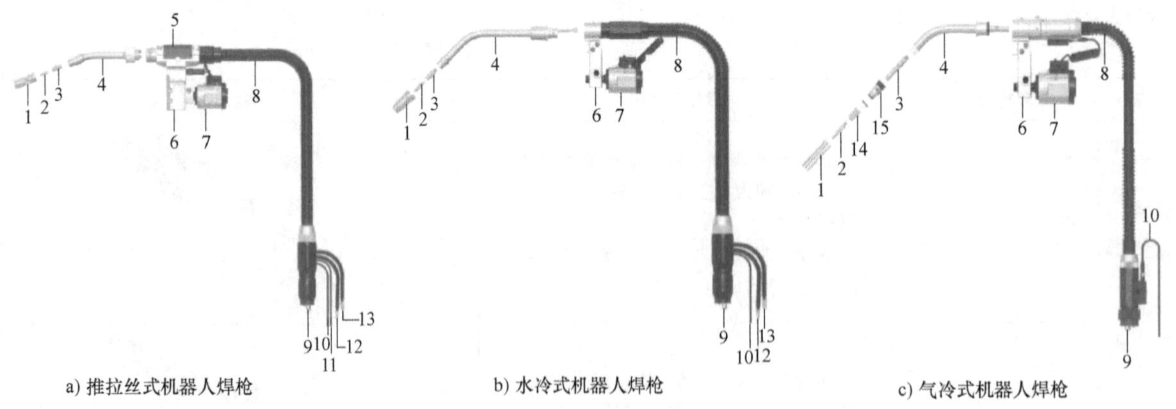

图 5-16　焊接机器人专用焊枪的结构组成

1—喷嘴　2—导电嘴　3—导电嘴座　4—枪颈　5—推丝电动机
6—支枪臂　7—防碰撞传感器　8—集成电缆　9—送丝管　10—防碰撞信号电缆
11—电动机控制电缆　12—进水口　13—出水口　14—分流器　15—绝缘套

表 5-13　机器人专用焊枪配件

配件名称	配件描述	示意图
喷嘴	1）喷嘴内孔形状和直径的大小将直接影响气体的保护效果，要求从喷嘴中喷出的气体为上小下大的尖头圆锥体，均匀地覆盖在熔池表面 2）喷嘴内孔的直径为 16～22mm 且不应小于 12mm。为节约保护气体，便于观察熔池，喷嘴直径不宜太大	
导电嘴	1）为保证导电性良好，减小送丝阻力和保证对中心，导电嘴的内孔直径必须按焊丝直径选取，若内孔直径太小，则送丝阻力大；若内孔直径太大，则送出的焊丝端部摆动太厉害，会造成焊缝不直，导电性不好。通常导电嘴的内孔直径比焊丝直径大 0.2mm 左右 2）导电嘴常用纯铜和铬青铜制造	
分流器	1）分流器上有均匀分布的小孔，从枪体中喷出的保护气经分流器后，从喷嘴中呈层流状均匀喷出，可改善保护效果 2）分流器通常采用绝缘陶瓷制成	
集成电缆	1）集成电缆的外面为橡胶绝缘管，内有弹簧软管、纯铜导电电缆、保护气管和控制线 2）焊枪集成电缆的标准长度是 3m，根据需要，可采用 6m 长的导管电缆。导管电缆由弹簧软管、内绝缘套管和控制线组成	
送丝管	1）负责从送丝机向焊枪输送焊丝，对焊接过程的稳定性有极大的影响 2）要求其具有一定的抗拉强度，推送焊丝或受力时应尽可能不拉长 3）要求其送丝阻力小，内壁光滑，内径适宜，保证匀速送丝 4）输送钢焊丝时，宜选用带绝缘外皮的钢制送丝管；输送铝和不锈钢焊丝时，宜选用特氟龙、含碳特氟龙、PA 送丝管等	

【任务实施】

（1）更换机器人焊枪喷嘴　首先沿逆时针方向旋转喷嘴，将其从焊枪上拆卸下来，然后更换一个新的喷嘴，沿顺时针方向旋转将其拧紧，如图 5-17 所示。

（2）更换机器人焊枪导电嘴　将喷嘴拆下，并将焊丝结球剪掉，然后用专用扳手沿逆时针方向拆下导电嘴，更换一个新的导电嘴并沿顺时针方向旋转，将其紧固，如图 5-18 所示。

（3）更换焊枪导丝管　先将焊枪从送丝机接口处拆下，然后拆下导丝管压紧螺母并将导丝管从焊枪中抽出来，换上新的导丝管，重新拧紧导丝管压紧螺母，将焊枪电缆插入送丝机焊枪接口中并旋紧，如图 5-19 所示。

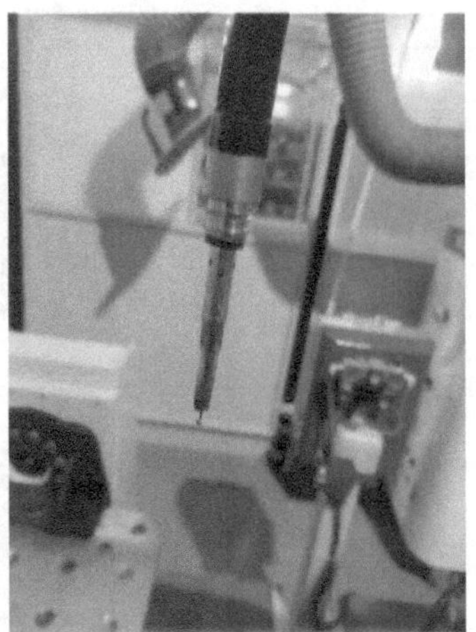
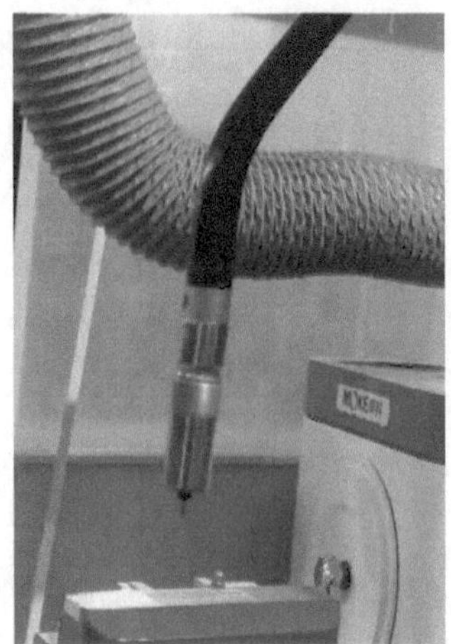

图 5-17　更换机器人焊枪喷嘴

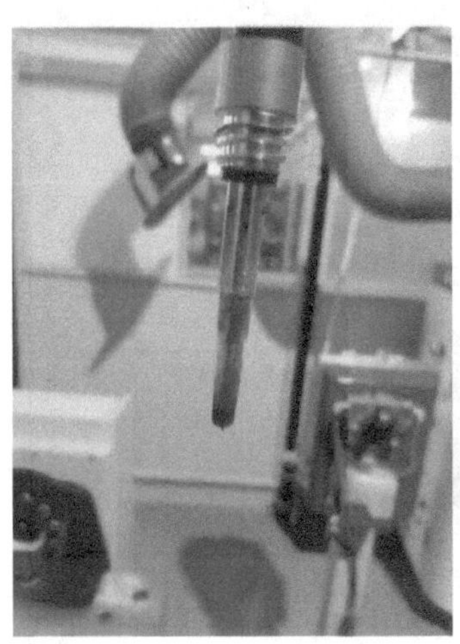

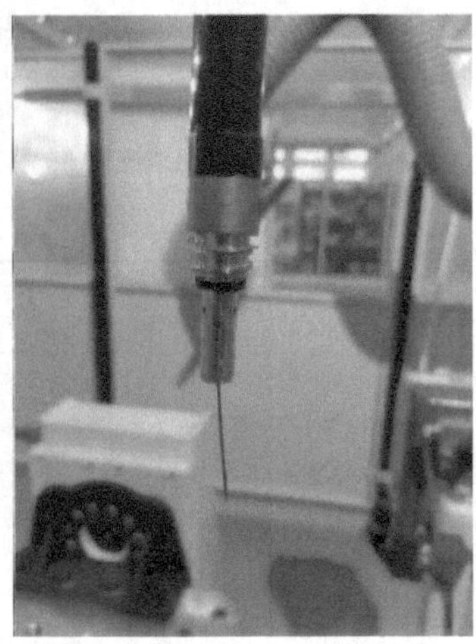

图 5-18　更换机器人焊枪导电嘴

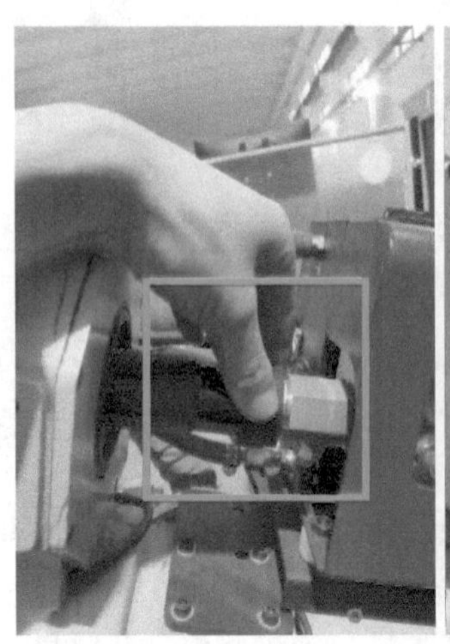
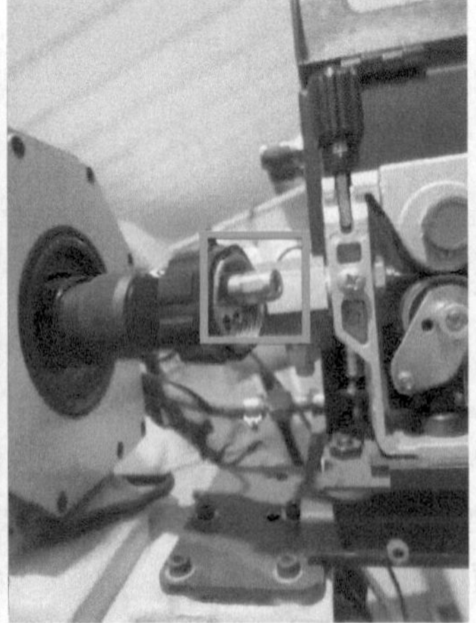
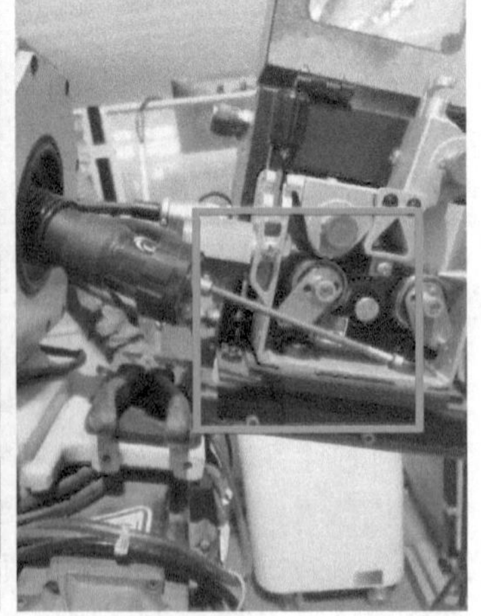

图 5-19　更换焊枪导丝管

任务 5.3 焊接机器人电池的更换

【任务描述】

焊接机器人作为先进的机电一体化设备，其机器人本体和控制柜的日常保养维护将是机器人编程与维护实训工作站各单元设备协同功能稳定发挥的基础性工作。

本任务通过更换焊接机器人本体和控制柜主板电池（图 5-20），掌握焊接机器人定期保养的内容和方法。

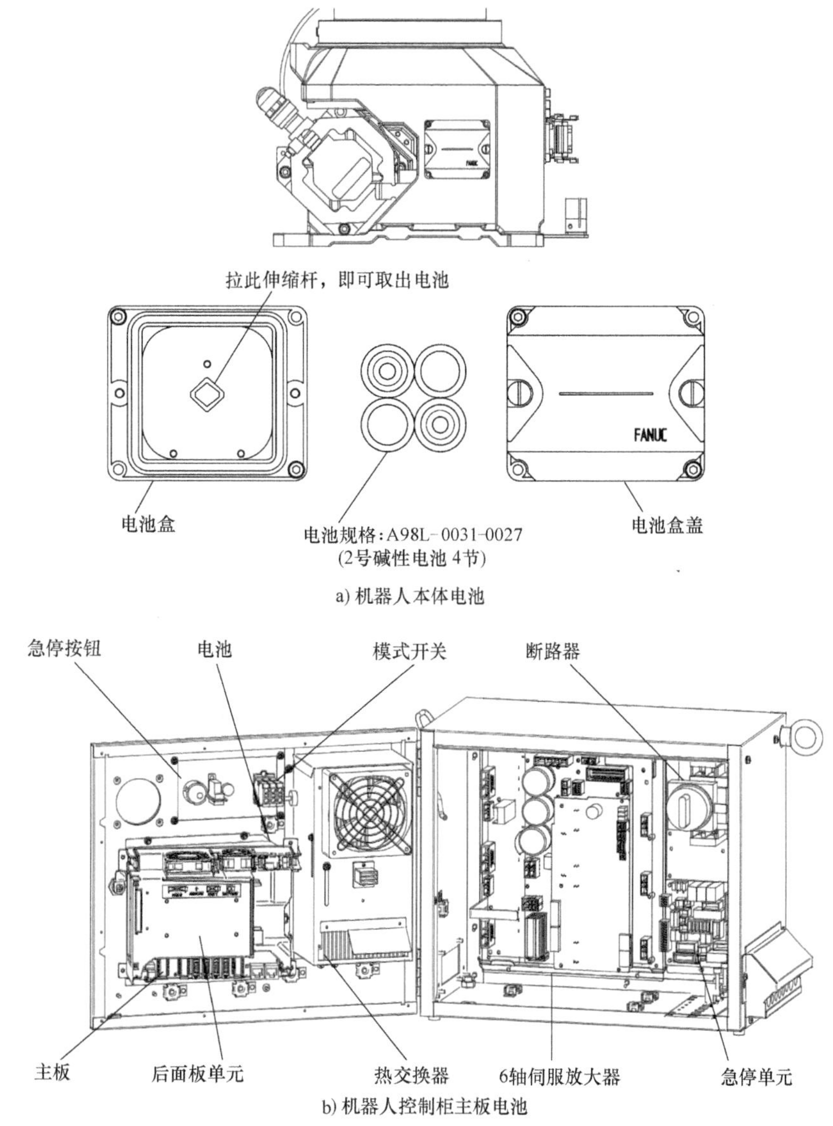

图 5-20 更换焊接机器人电池

【知识准备】

5.3.1 焊接机器人基本维护保养

焊接机器人的维护保养周期可以分为日常、3 个月、6 个月、1 年、2 年和 3 年，具体维护保养内容见表 5-14。

表 5-14 焊接机器人维护保养内容

维护保养周期	维护保养内容
日常	1）检查噪声和振动，检查电动机温度
	2）检查周边设备是否工作正常
	3）检查每根轴的抱闸是否正常
3个月	1）检查控制部分的电缆
	2）检查控制柜的通风情况
	3）检查连接机械本体的电缆
	4）检查接插件的固定状况是否良好
	5）检查机器上的盖板和各种附加件是否牢固
	6）清除机器上的灰尘和杂物
6个月	更换平衡块轴承润滑油
1年	更换机器人本体电池
2年	更换控制柜主板电池
3年	更换机器人减速机润滑脂和齿轮箱润滑油

5.3.2 更换机器人本体电池

机器人本体电池用于保存每根关节轴编码器的数据，因此机器人本体电池需要每年更换。当电池电压下降，出现报警信息“SRVO-065 BLAL alarm（Group：%d Axis：%d）”时，允许用户更换电池。若不及时更换机器人本体电池，则会出现报警信息“SRVO-062 BZAL alarm（Group：%d Axis：%d）”，此时机器人将不能动作。遇到此种情况再更换电池，还需要做机器人零位校准（Mastering），才能使机器人正常运行。机器人本体电池更换的方法见表 5-15。

表 5-15 机器人本体电池更换的方法

步骤	操作描述	示意图
1	保持焊接机器人系统电源开启，按下示教器或控制柜上的急停按钮。若在切断电源的状态下更换电池，将会导致当前位置信息丢失，需要进行机器人零位校准操作	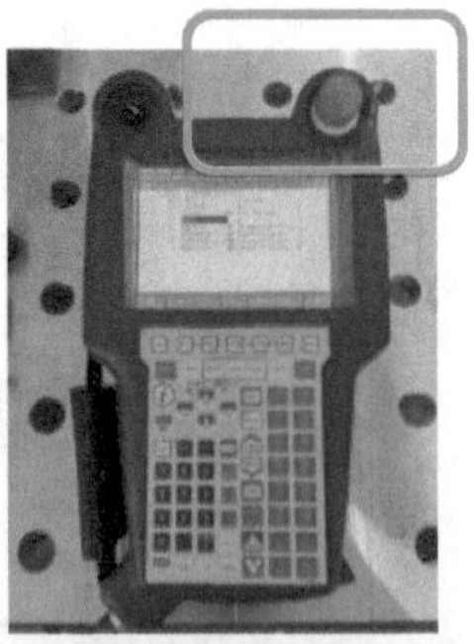
2	打开电池盒的盖子，拉起电池盒中央的伸缩杆，取出旧电池	

（续）

步骤	操作描述	示意图
3	换上新电池。推荐使用FANUC原装电池，安装时不要装错电池的正负极（电池盒的盖子上有标识）	
4	盖好电池盒的盖子，拧紧螺钉	

5.3.3 更换机器人控制柜主板电池

焊接机器人的程序和系统变量存储在控制柜主板的SRAM中，由一节位于控制柜主板上的锂电池供电，以保存数据。当这节电池的电压不足时，会在机器人示教器上显示报警信息“SYST-035 Low or No Battery Power in PSU”。

当电压变得更低时，SRAM中的内容将不能保存，此时需要更换电池，并将原先备份的数据重新加载。因此，平时应注意用存储介质（如U盘）定期备份数据。控制柜主板上的电池两年更换一次。机器人控制柜主板电池更换的方法见表5-16。

表5-16 机器人控制柜主板电池更换的方法（FANUC）

步骤	操作描述	示意图
1	准备一节新的3V锂电池，推荐使用FANUC原装电池。在更换电池之前，建议用户事先备份好机器人的程序和系统变量等数据	

（续）

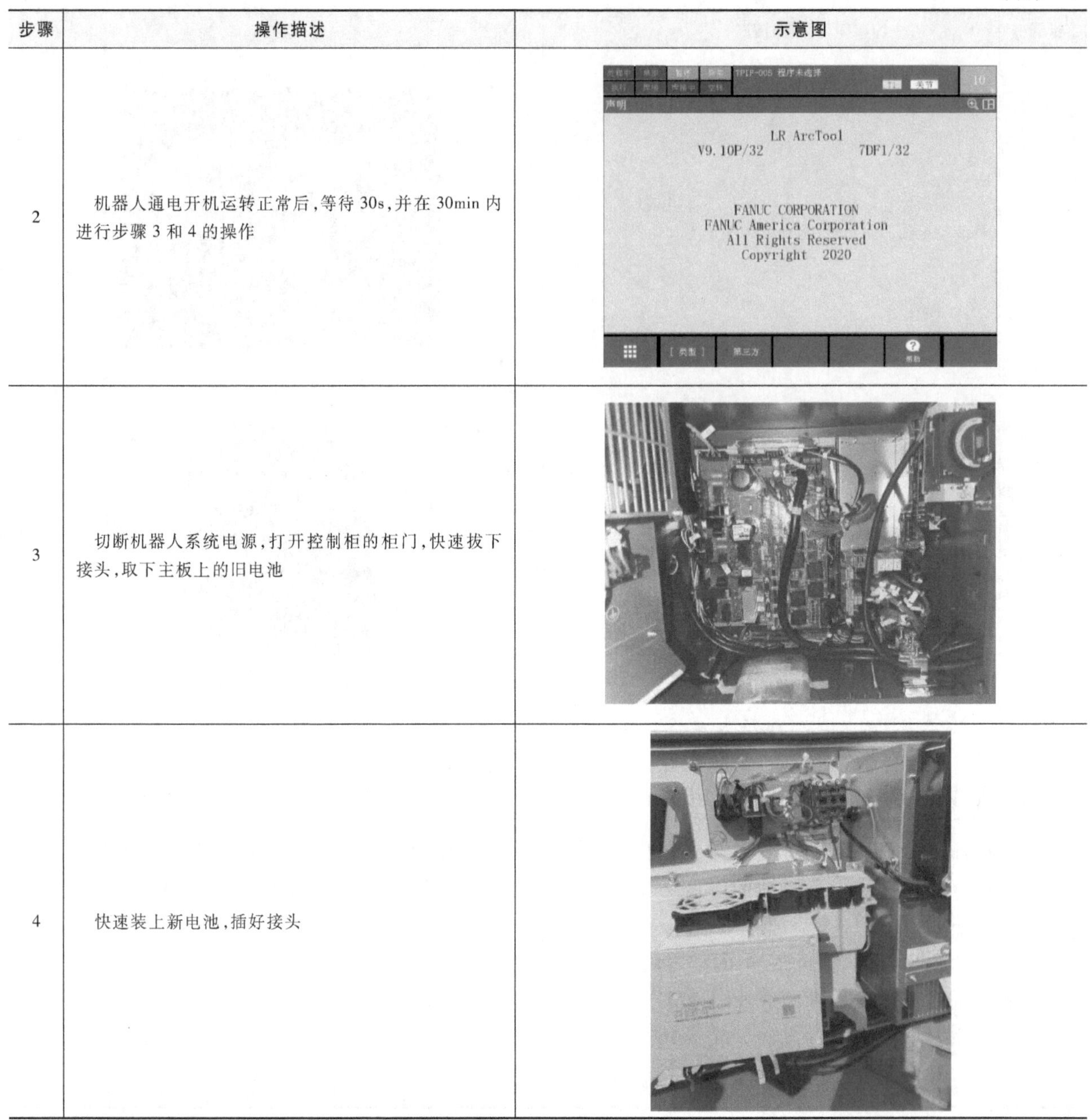

步骤	操作描述	示意图
2	机器人通电开机运转正常后，等待 30s，并在 30min 内进行步骤 3 和 4 的操作	
3	切断机器人系统电源，打开控制柜的柜门，快速拔下接头，取下主板上的旧电池	
4	快速装上新电池，插好接头	

注：切断系统电源后 30min 以内完成主板电池更换，否则存储器的数据将会丢失。

【任务实施】

1. FANUC 焊接机器人电池的更换

本任务是完成焊接机器人本体电池和控制柜主板电池的更换，具体流程如图 5-21 所示。在实施任务前，准备 4 节新的 2 号碱性电池和 1 节新的 3V 锂电池，推荐使用机器人制造商原装电池。更换 FANUC M-10iD/12 机器人本体和 R-30iB Plus 机器人控制柜电池的实施步骤如下。

（1）系统上电开机　按照规范给焊接机器人工作站输送电力。保持机器人系统电源开启，按下示教器或控制柜上的急停按钮。

（2）取出机器人本体旧电池　使用工具打开机器人机座侧面的电池盒盖子，拉起电池盒中央的伸缩杆，取出 4 节碱性电池。

（3）换上新电池　参照电池盒盖子上的正负极标识，换上新电池，盖上电池盒盖子，拧紧螺钉。

（4）切断机器人控制柜电源　在确认机器人正常通电开机 30s 后，切断机器人控制柜电源，打开控制柜的柜门，快速取下主板上的旧电池。

（5）更换机器人控制柜主板电池　插入准备的新的 3V 锂电池，关闭机器人控制柜的柜门，系统上电开机，进入初始界面。

至此，机器人本体电池和控制柜主板电池更换完毕。

2. EFORT 焊接机器人电池的更换

（1）标准　调整机器人到校准（各轴零点位置）状态。为预防发生危险，关闭连接到机器人的电源、液压源及气压源。

（2）拆卸旧电池　拆卸机器人底座后盖板，拆卸电池组，如图 5-22 所示。

（3）更换新电池　从电池盒中取下旧电池，将新电池装入电池盒中，注意电池的正负极性。重新连接电池电缆，固定电池组。安装完毕后，固定底座后盖板。

确保满足所有安全条件后，进行机器人零点重新记录及相关零位校准工作。

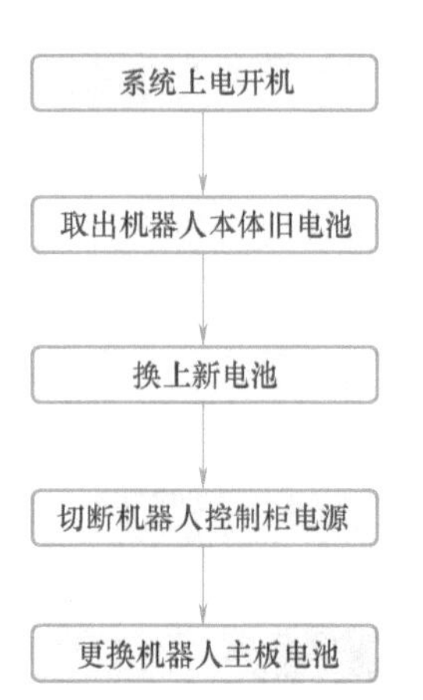

图 5-21　焊接机器人电池更换流程

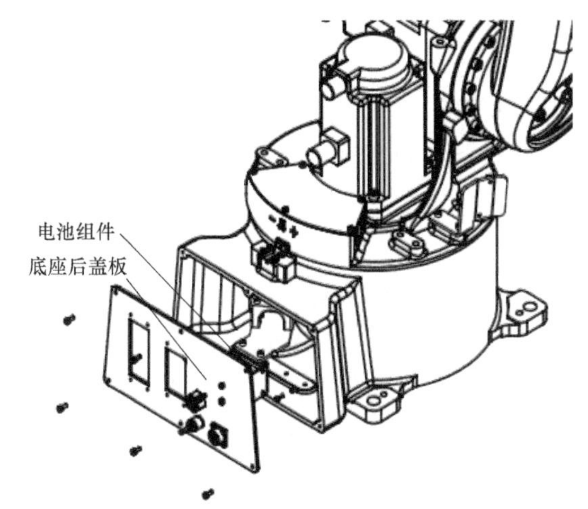

图 5-22　机器人电池组位置

任务 5.4　焊接机器人润滑油（脂）的更换

【任务描述】

润滑油（脂）时间用长了会失去润滑作用，油液会变质，同时机器转动时会有微量的磨损物落入润滑油（脂）内，会增大机械磨损，设备运行时阻力也会增大，所以必须定时更换润滑油（脂），以保持润滑油（脂）清洁，延长减速机的使用寿命，提高经济效益。

此任务通过更换焊接机器人本体润滑油（脂），掌握焊接机器人润滑油（脂）的更换周期以及更换方法。

【知识准备】

5.4.1　FANUC 焊接机器人润滑油（脂）的更换

机器人每工作 3 年或工作 10000h 左右，需要更换 J1～J6 轴减速机的润滑脂和齿轮盒的润滑油。以 FANUC M-10iD/12 机器人本体为例，J2/J3 轴减速机的润滑脂以及 J1/J4/J5/J6 轴齿轮箱的润滑油以每 3 年或累计运转时间每达 11520h 的较短一方为周期进行更换。

（1）J2/J3 轴减速机润滑脂的更换

1）移动机器人，使其成为表 5-17 所示的供脂位姿。

表 5-17　J2/J3 轴减速机供脂位姿

供脂部位		位姿					
		J1	J2	J3	J4	J5	J6
J2 轴减速机	地面安装	任意	0°	任意	任意	任意	任意
	顶吊安装		-90°				
	-90°壁挂安装		90°				
	+90°壁挂安装		-90°				
J3 轴减速机	地面安装		0°	0°			
	顶吊安装		0°	180°			
	-90°壁挂安装		0°	0°			
	+90°壁挂安装		0°	0°			

2）切断机器人系统电源。

3）拆除排脂口的螺栓和密封垫圈，如图 5-23 所示。

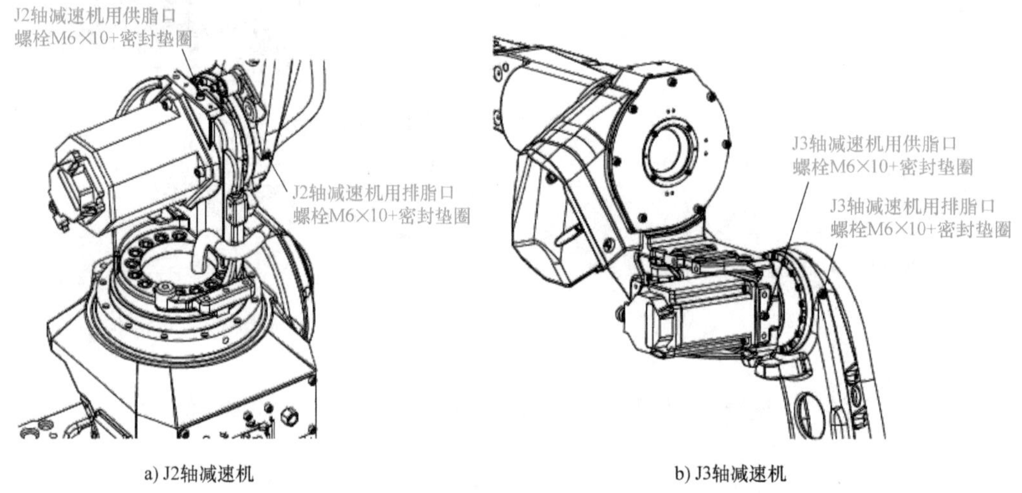

a) J2轴减速机　　b) J3轴减速机

图 5-23　机器人 J2/J3 轴减速机的供脂部位

4）拆除供脂口的密封垫圈，安装随附的润滑脂注入口。

5）参照表 5-18 中的供脂量，从供脂口供脂，直到新的润滑脂从排脂口排出为止。

表 5-18　J2/J3 轴减速机定期更换指定润滑脂及供脂量（FANUC）

供脂部位	供脂量	注油枪前端压力	指定润滑脂
J2 轴减速机	250g（280ml）	<0. 1MPa	协同油脂 VIGOGREASE RE0
J3 轴减速机	200g（220ml）		

6）供脂后，为释放润滑脂槽内的残余压力，在拆下供脂口和排脂口的密封垫圈的状态下，以大于 60°的轴角度和 100%的速度倍率使 J2/J3 轴动作 10min 以上。此时应在供脂口、排脂口下安装回收袋，以避免流出来的润滑脂飞散。

（2）J1 轴齿轮箱润滑油的更换

1）J1 轴齿轮箱润滑油的排油步骤。

① 切断机器人系统电源。

② 在排油口下设置油盘。取下供/排油口和排气口的锥形螺塞（图 5-24），排出残余的润滑油。

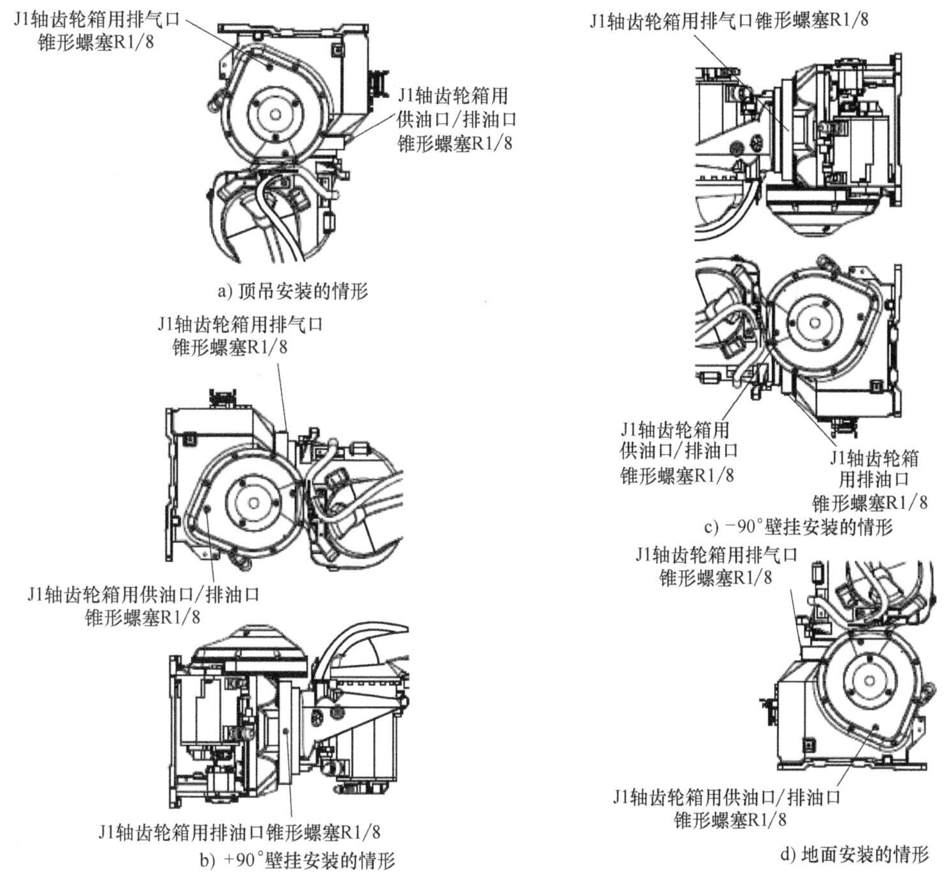

图 5-24　机器人 J1 轴齿轮箱的排/供油部位

2）J1 轴齿轮箱润滑油的供油步骤。

① 把油注入口带有阀门装到供油口上，如图 5-25 所示。

② 把油盘子带有阀门装到 J1 轴齿轮箱用排气口上。

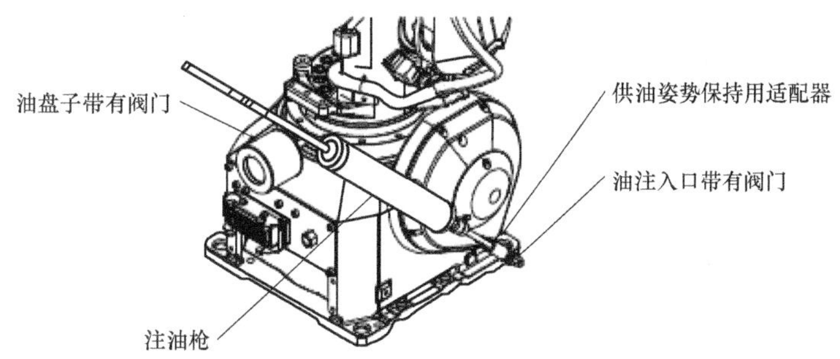

图 5-25　机器人 J1 轴齿轮箱的供油部位

③ 确认油注入口带有阀门和油盘子带有阀门的阀门已开启，用注油枪供油（供油量见表 5-19）。此时，安装供油姿势保持用适配器。当润滑油从排气口到油盘子流出时，停止注油，关闭油注入口带有阀门的阀门，取下注油枪。

④ 关闭油盘子带有阀门的阀门，取下油盘子带有阀门，换新的锥形螺塞并装到排气口上。锥形螺塞重复利用时，必须用密封胶带予以密封。

⑤ 取下油注入口带有阀门，将锥形螺塞装到供/排油口上。此时，润滑油会滴下。在供/排油口下设置油盘，并安装锥形螺塞。

⑥ 供油后，为释放油槽残余压力，以±90°的轴角度和100%的速度倍率使J1轴动作10min（务必在安装着锥形螺塞的状态下动作）。动作结束后，拆除J1轴齿轮箱排气口，而后马上释放残余压力，擦掉黏附在机器人表面上的油，并在供油口安装锥形螺塞。

表5-19 J1轴齿轮箱定期更换指定润滑油及供油量（FANUC）

供油部位	供油量	注油枪前端压力	指定润滑油
J1轴齿轮箱	1620g（1900ml）	<0.1MPa	JXTG能源 BONNOC AX68

（3）J4轴齿轮箱润滑油的更换

1）J4轴齿轮箱润滑油的排油步骤。

① 移动机器人，使其呈表5-20中的排油位姿。

表5-20 J4轴齿轮箱排油位姿（FANUC）

<table>
<tr><th colspan="2" rowspan="2">供油部位</th><th colspan="6">位姿</th></tr>
<tr><th>J1</th><th>J2</th><th>J3</th><th>J4</th><th>J5</th><th>J6</th></tr>
<tr><td rowspan="4">J4轴齿轮箱</td><td>地面安装</td><td rowspan="2">任意</td><td rowspan="4">任意</td><td>0°</td><td rowspan="4">任意</td><td rowspan="4">任意</td><td rowspan="4">任意</td></tr>
<tr><td>顶吊安装</td><td>180°</td></tr>
<tr><td>-90°壁挂安装</td><td rowspan="2">0°</td><td>-90°</td></tr>
<tr><td>+90°壁挂安装</td><td>90°</td></tr>
</table>

② 切断机器人系统电源。

③ 在排油口下设置油盘。取下供/排油口和排气口的锥形螺塞（图5-26），排出残余的润滑油。

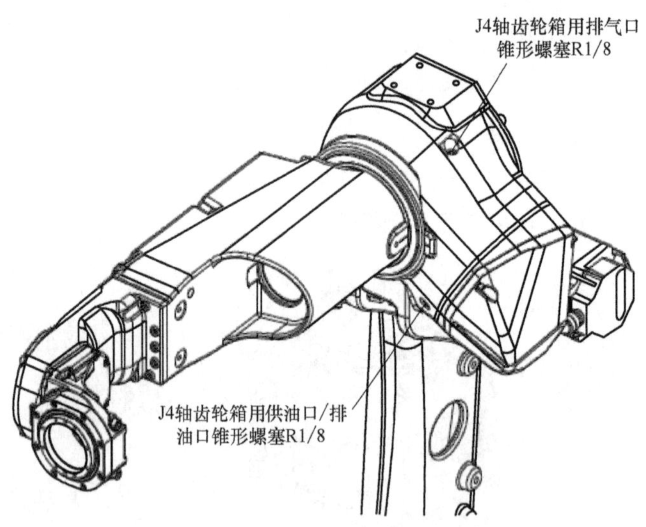

图5-26 机器人J4轴齿轮箱的排/供油部位

2）J4轴齿轮箱润滑油的供油步骤。

① 把油注入口带有阀门装到供油口上，如图5-27所示。

② 把油盘子带有阀门装到J4轴齿轮箱用排气口上。

③ 确认油注入口带有阀门和油盘子带有阀门的阀门已开启，用注油枪供油（供油量见表5-21）。此时，安装供油姿势保持用适配器。当润滑油从排气口到油盘子流出时，停止注油，关闭油注入口带有阀门的阀门，取下注油枪。

④ 关闭油盘子带有阀门的阀门，取下油盘子，把锥形螺塞装到排气口上（锥形螺塞应换成新的，重复利用时，必须用密封胶带予以密封）。

⑤ 取下油注入口带有阀门，将锥形螺塞装到供/排油口上。此时，润滑油会滴下。在供/排油口下设置油盘，并安装锥形螺塞（锥形螺塞应换成新的，重复利用时，必须用密封胶带予以密封）。

⑥ 供脂后，为释放油槽残余压力，以±90°的轴角度和100%的速度倍率使J4轴动作10min。（务必在安装着锥形螺栓的状态下动作）。动作结束后，使J4轴齿轮箱排油口朝正上方（地面安装的情形下是J3=0°），拆除J4轴齿轮箱供/排油口，而后马上释放残余压力，擦掉黏附在机器人表面上的油，并在供油口安装锥形螺塞。

（4）J5/J6轴齿轮箱润滑油的更换

1）J5/J6轴齿轮箱润滑油的排油步骤。

① 移动机器人，使其呈表5-22中的排油位姿。

② 切断机器人系统电源。

③ 在排油口下设置油盘。

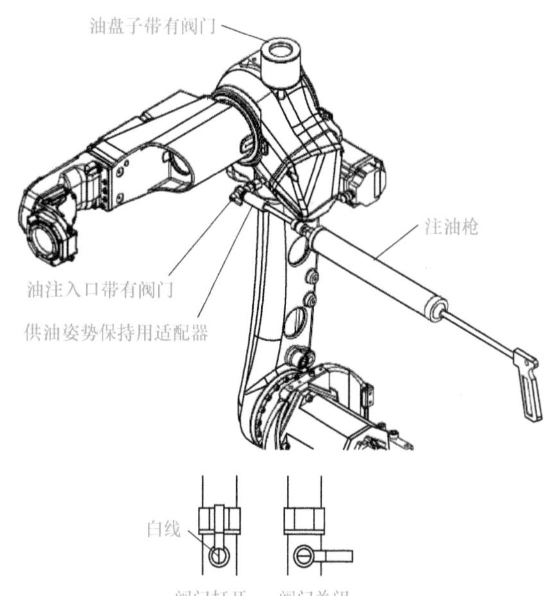

图5-27　机器人J4轴齿轮箱的供油部位

表5-21　J4轴齿轮箱定期更换指定润滑油及供油量（FANUC）

供油部位	供油量	注油枪前端压力	指定润滑油
J4轴齿轮箱	670g（790ml）	<0.1MPa	JXTG能源 BONNOC AX68

④ 取下两个排油口的螺栓和密封垫圈。另外，取下供油口的锥形螺塞（图5-28）。为防止油液溢出，应最后取下供油口的螺塞。

⑤ 等到油液全部排出以后，把螺栓和密封垫圈装到排油口上。

表5-22　J5/J6轴齿轮箱排油位姿（FANUC）

<table>
<tr><th colspan="2" rowspan="2">供油部位</th><th colspan="6">位姿</th></tr>
<tr><th>J1</th><th>J2</th><th>J3</th><th>J4</th><th>J5</th><th>J6</th></tr>
<tr><td rowspan="4">J5轴减速机</td><td>地面安装</td><td rowspan="2">任意</td><td rowspan="8">任意</td><td>0°</td><td>0°</td><td rowspan="4">0°</td><td rowspan="4">任意</td></tr>
<tr><td>顶吊安装</td><td>0°</td><td>180°</td></tr>
<tr><td>-90°壁挂安装</td><td rowspan="2">0°</td><td>90°</td><td>0°</td></tr>
<tr><td>+90°壁挂安装</td><td>90°</td><td>180°</td></tr>
<tr><td rowspan="4">J6轴减速机</td><td>地面安装</td><td rowspan="2">任意</td><td>20°～90°</td><td>-90°</td><td rowspan="4">任意</td><td rowspan="4">任意</td></tr>
<tr><td>顶吊安装</td><td>-90°～-20°</td><td>-90°</td></tr>
<tr><td>-90°壁挂安装</td><td rowspan="2">0°</td><td>0°～70°</td><td>90°</td></tr>
<tr><td>+90°壁挂安装</td><td>110°～180°</td><td>-90°</td></tr>
</table>

2）J5/J6轴齿轮箱润滑油的供油步骤。

① 把油注入口带有阀门装到供油口上，如图5-29所示。

② 确认油注入口带有阀门的阀门已开启，用注油枪供油（供油量见表5-23）。当润滑油从上侧的排油口流出时，停止注油，关闭油注入口带有阀门的阀门，取下注油枪。

③ 把螺栓和密封垫圈装到上侧的排油口上。

④ 取下油注入口带有阀门，将锥形螺塞装到供油口上。此时，润滑油会滴下。在供油口下设置油盘，并安装锥形螺塞（锥形螺塞应换成新的，重复使用时，必须用密封胶带予以密封）。

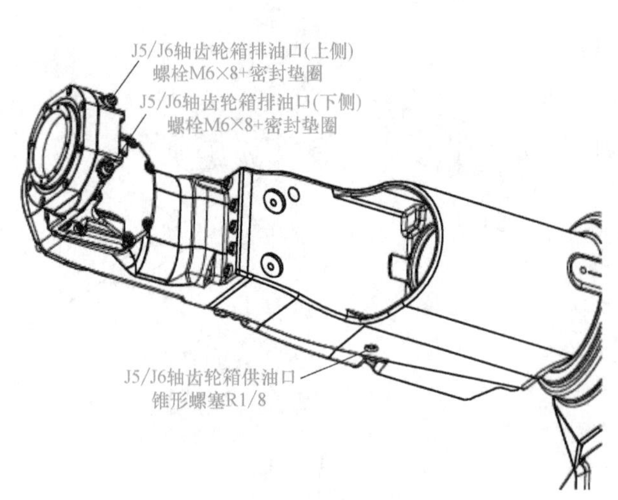

图 5-28　机器人 J5/J6 轴齿轮箱的排/供油部位

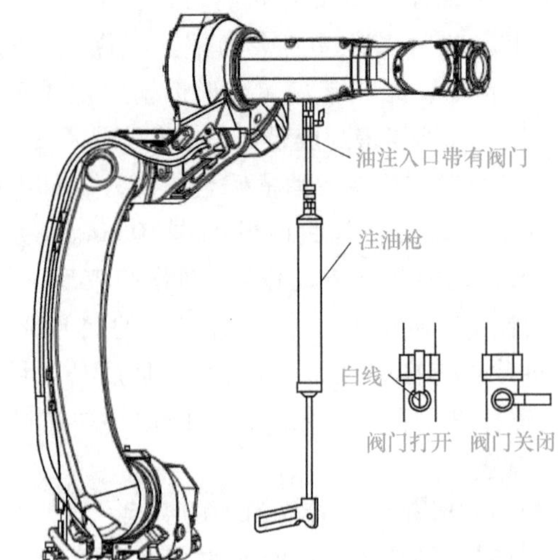

图 5-29　机器人 J5/J6 轴齿轮箱的供油部位

⑤ 供脂后，为释放油槽残余压力，移动机器人到残余压力释放时的位姿，在关闭供油口和排油口的状态下，以±90°的轴角度和 100%的速度倍率使 J5/J6 轴动作 10min。此时，需创建一个能够使 J5/J6 轴都移动的程序。

动作结束后，使排油口朝正上方（地面安装的情形下，J3 = 0°，J4 = -90°），取下一方排油口的螺栓，而后马上释放残余压力。打开排油口时，应避免润滑油的飞散。擦掉机器人表面黏附的油，彻底拧紧排油口的螺栓。

由于周围的情况而不能执行上述动作时，应使机器人运转同等次数。同时向多个轴供脂或供油时，可以使多个轴同时运行。

表 5-23　J5/J6 轴齿轮箱定期更换指定润滑油及供油量

供油部位	供油量	注油枪前端压力	指定润滑油
J5/J6 轴齿轮箱	280g（330ml）	<0.1MPa	JXTG 能源 BONNOC AX68

5.4.2　EFORT 焊接机器人同步带维护与润滑油（脂）的更换

1. 同步带维护

机器人的 J5、J6 轴均使用同步带传动，运行一段时间后可能出现松动，导致机器人的精度下降。同时，长时间运行后，同步带可能出现磨损、开裂等状况，如果不进行更换，有可能导致传动失效，甚至造成经济损失。因此，要定期（建议每隔半年）对同步带的运行状态进行检测，如果出现松动，应及时张紧；如果出现损坏，应及时更换，以保证同步带的传动精度和稳定性。

（1）同步带张紧　同步带张紧需要用到张紧仪，用户可自行操作，也可联系生产企业的售后服务人员。ER6-1400 机器人 J5 轴同步带张紧力的标准范围是（100±3）Hz，J6 轴同步带张紧力的标准范围是（157±3）Hz，可参考标准进行检测和调整。具体操作过程如下：

1）将机器人手腕部分的盖板拆除，用同步带张紧仪检测 J5、J6 轴同步带的张紧力。如果张紧力在标准范围内，则不用张紧，维护结束；如果张紧力偏离标准范围，按以下步骤继续操作。

2）松开电动机安装板的固定螺钉（图 5-30 和图 5-31），松至可以左右调整位置即可。

3）通过电动机安装板的调距螺钉，调整同步带的张紧力，用张紧仪检测张紧力的大小，直至满足标准范围。拧紧电动机安装板的固定螺钉，力矩规格参考相关标准。适当旋松调距螺钉，然后拧紧调距螺钉上的锁紧螺母，防止螺钉松动。安装手腕部分的盖板，张紧结束。

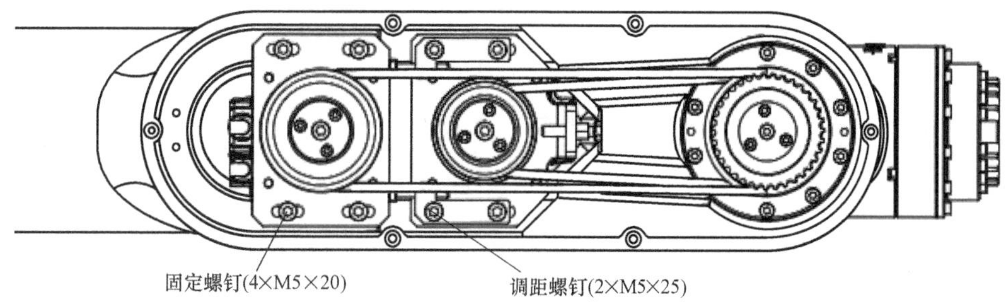

图 5-30　ER6-1400 机器人 J5 轴同步带结构

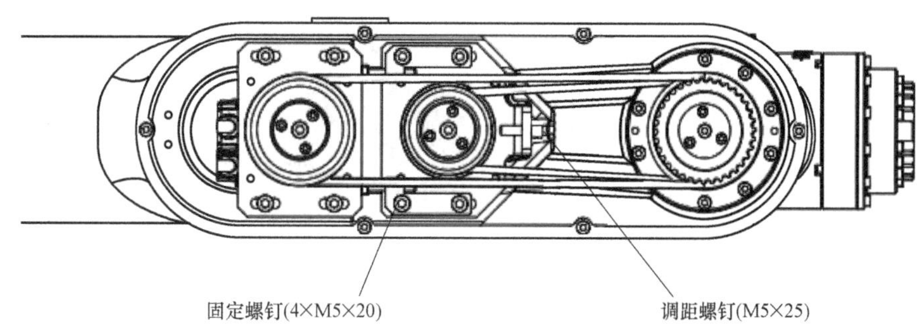

图 5-31　ER6-1400 机器人 J6 轴同步带结构

（2）同步带更换　机器人每满 3 年期限或每运行 11520h 后，需要更换同步带。

在每次进行同步带张紧维护时，也应注意观察同步带的外观状况，如果出现表 5-24 所列的损坏情况，请及时更换同步带。

表 5-24　同步带损坏情况

磨损过度		出现裂纹	
齿部磨损，露出胶皮	边角磨损，芯线掉落	齿根裂纹	侧面裂纹

2. 更换机器人驱动机构的润滑脂（油）

（1）驱动机构润滑油供油量　见表 5-25。

表 5-25　驱动机构润滑油供油量

供油位置	供油量/mL	润滑油名称	备注
J1 轴减速机	485	MOLYWHITERE No. 00	急速上油会引起油仓内的压力上升，使密封圈开裂，导致润滑油渗漏，因此供油速度应控制在 40mL/s 以下
J2 轴减速机	310		
J3 轴减速机	200		
J4 轴减速机	95		
手腕部件	80		

（2）更换润滑油时的空间方位　进行润滑油更换或补充操作时，建议使用表 5-26 给出的方位。

表 5-26　加注润滑油时各轴的方位

<table>
<tr><th rowspan="2">供油部位</th><th colspan="6">方位</th></tr>
<tr><th>J1</th><th>J2</th><th>J3</th><th>J4</th><th>J5</th><th>J6</th></tr>
<tr><td>J1 轴减速机</td><td rowspan="5">任意</td><td>任意</td><td rowspan="2">任意</td><td rowspan="4">任意</td><td rowspan="4">任意</td><td rowspan="4">任意</td></tr>
<tr><td>J2 轴减速机</td><td>0°</td></tr>
<tr><td>J3 轴减速机</td><td>0°</td><td>0°</td></tr>
<tr><td>J4 轴减速机</td><td>任意</td><td>0°</td></tr>
<tr><td>手腕部件</td><td></td><td>0°</td><td>0°</td><td>0°</td><td>0°</td></tr>
</table>

（3）J1～J4 轴减速机和手腕部件润滑油更换步骤

1）将机器人各轴移动到表 5-26 中的方位。

2）切断电源。

3）拆下润滑油供/排油口的锥形螺塞 M10×1，如图 5-32 所示。

4）注入新的润滑油，直至新的润滑油从排油口流出。

5）将锥形螺塞装到润滑油供/排油口上。

6）供油后，释放润滑油腔内的残余压力。

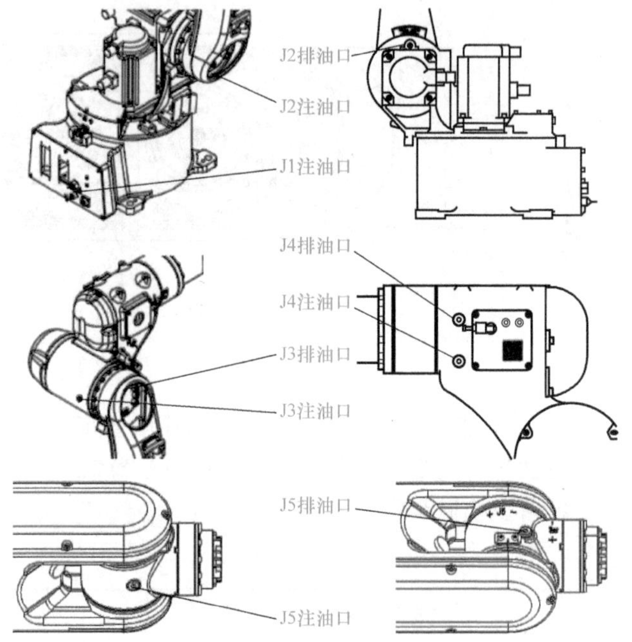

图 5-32　机器人注油口和排油口分布

如果未能正确执行更换润滑油操作，润滑腔体的内部压力可能会突然增加，有可能损坏密封部分，导致润滑油泄漏和异常操作。因此，在执行更换润滑油操作前，应将更换润滑油所需工具备齐（表 5-27），并注意下述操作事项。

1）执行更换润滑油操作前，打开排油口（拆下排油插头或锥形螺塞）。

2）缓慢地注入润滑油，供油速度应控制在 4mL/s 以下，不要过于用力，必须使用可明确加油量的润滑油枪。没有能明确加油量的油枪时，应通过测量加油前后润滑油重量的变化，对润滑油的加注量进行确认。

表 5-27　更换润滑油所需工具

序号	规格	备注
1	润滑油枪	带供油量检查计数功能
2	供油用接头（M10×1）	1 个
3	供油用软管（ϕ8mm×1m）	1 根
4	重量计	测量润滑油重量
5	密封胶带	—
6	气源	—

3）应使注油侧的软管先填充润滑油，润滑油内不要夹杂空气。

4）如果供油没有达到要求的量，可用供气用精密调节器排出油腔中的气体再进行供油，应使用调节器将气压控制在 0.025MPa 以下。

5）使用指定类型的润滑油。如果使用了指定类型之外的润滑油，可能会损坏减速机或导致其他问题的发生。

6）供油后安装锥形螺塞时应注意缠绕密封胶带，以免在进/出油口处漏油。

7）为了避免发生意外，应将地面和机器人上的多余润滑油彻底清除。

8）供油后，释放润滑油槽内的残余压力，安装锥形螺塞，并缠绕密封胶带，以免油脂从供/排油口处泄漏。

（4）释放润滑油槽内的残余压力　供油后，为了释放润滑槽内的残余压力，应适当操作机器人，并在进/出油口下安装回收袋，以避免流出来的润滑油飞散。

为了释放残余压力，在开启排油口的状态下，使 J1 轴在±30°轴角度范围内，J2/J3 轴在±5°轴角度范围内，J4、J6 轴在 30°轴角度范围内反复动作 20min 以上，速度控制在低速运动状态。

由于周围的情况而不能执行上述动作时，应使机器人运转同等次数（轴角度只能取一半的情况下，应使机器人运转原来的 2 倍时间）。运转结束后，在排油口上安装好锥形螺塞（用组合垫或缠绕密封胶带）。

【任务实施】

更换机器人润滑油（脂）时要按照规定步骤进行，具体实施步骤如图 5-33 所示。

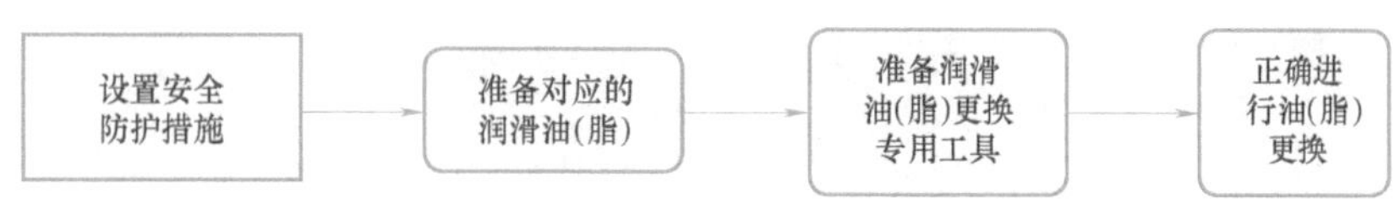

图 5-33　更换机器人润滑油（脂）实施步骤

【项目评价】

焊接机器人保养维护项目评价见表 5-28。

表 5-28　焊接机器人保养维护项目评价

项目	任务	评价内容	权重	得分
焊接机器人维护保养	焊接机器人系统文件备份	正确进行焊接任务程序备份	30	
	焊接机器人焊枪配件的更换	正确更换焊接机器人焊枪配件	25	
	焊接机器人电池的更换	正确更换焊接机器人电池	25	
	焊接机器人润滑油（脂）的更换	正确更换焊接机器人润滑油（脂）	20	
合计			100	

【工匠故事】

独手焊侠——卢仁峰

卢仁峰是中国兵器工业集团内蒙古第一机械集团有限公司高级焊接技师。1986 年的一次生产中的意外导致他的左手 4 级伤残。一年里经历了 8 次手掌修正手术和骨髓炎的折磨后，他又重返自己热爱的焊接工作岗位，用自制的铁环套在手腕儿上起到固定和支撑作用，每天焊接上百根焊条，一蹲就是数小时。他左手残疾，仅靠右手练就了一身电焊绝活儿。

40 年来，卢仁峰牵头完成 152 项技术难题攻关，提出改进工艺建议 200 余项，先后获得了全国道德模范提名奖、中国兵器工业集团首席焊接技师、2021 年大国工匠年度人物等众多荣誉。几十年如一日，卢仁峰心中不变的信念就是，“做最精的产品是我的职责所在”。他用一只手执着追求焊接技术革新，被誉为“独手焊侠”。

参 考 文 献

[1] 上海发那科机器人科技有限公司. FANUC ROBOT ARC TOOL 操作手说明书 [Z]. 2016.

[2] 埃夫特智能装备股份有限公司. ER 系列工业机器人弧焊操作手册 [Z]. 2021.

[3] 宁波摩科机器人科技有限公司. 焊接机器人周边设备说明书 [Z]. 2020.